苏州奥林匹克体育中心索网结构分析与施工

朱明亮　罗　斌　郭正兴　著

中国建筑工业出版社

图书在版编目（CIP）数据

苏州奥林匹克体育中心索网结构分析与施工/朱明亮，罗斌，郭正兴著．—北京：中国建筑工业出版社，2018．9
ISBN 978-7-112-22563-7

Ⅰ．①苏…　Ⅱ．①朱…②罗…③郭…　Ⅲ．①体育中心—悬索结构—结构分析—苏州②体育中心—悬索结构—工程施工—苏州
Ⅳ．①TU245

中国版本图书馆CIP数据核字(2018)第186593号

本书在对索网结构特征和研究现状总结和概括的基础上，以苏州奥林匹克体育中心体育场及游泳馆为工程实例，对这种马鞍形索网结构分析、施工关键技术进行了详细的阐述。全书共分为上下两篇13章，分别介绍了苏州奥林匹克体育中心体育场和游泳馆索网结构的分析与施工关键技术。上篇共7章，详细介绍了体育场轮辐式马鞍形单层索网结构的分析与施工关键技术，下篇共6章，详细介绍了游泳馆马鞍形正交单层索网结构的分析与施工关键技术。

本书可供土木工程领域科研、设计和施工相关科技人员使用，也可作为类似工程项目设计施工的参考书。

责任编辑：李天虹
责任设计：李志立
责任校对：姜小莲

苏州奥林匹克体育中心索网结构分析与施工
朱明亮　罗　斌　郭正兴　著
*
中国建筑工业出版社出版、发行(北京海淀三里河路9号)
各地新华书店、建筑书店经销
北京建筑工业印刷厂制版
北京建筑工业印刷厂印刷
*
开本：787×1092毫米　1/16　印张：14¾　字数：365千字
2018年8月第一版　2018年8月第一次印刷
定价：50.00元
ISBN 978-7-112-22563-7
(32636)

前　　言

对于要求跨度大、重量轻的空间结构来说，拉索作为建筑材料相对于传统钢材和混凝土材料而言具有明显的优势。张力结构正是通过高强度的拉索创造出带有紧张感、力动感的大型内部空间，已成为建筑技术特别是体育场馆等大跨度空间结构技术进步的象征。索网结构是张力结构的一种重要形式，常应用在大跨度空间结构中，除了受力合理、能够充分利用材料强度、用钢量少等特点外，其建筑外形美观、新颖、轻巧。

苏州奥林匹克体育中心包含一场两馆，即体育场、体育馆和游泳馆，其中体育场和游泳馆均采用了索网结构。其中，体育场结构尺寸为 260m×230m，外环马鞍形高差为 25m，整个挑篷结构的展开面积达到 31600m^2，是国内首座采用轮辐式单层索网结构的工程。主要由外压环梁、径向索以及内拉环索组成，这种结构体系具有全张力结构的受力特点，整个结构属于自平衡受力体系。外圈的倾斜 V 形柱在空间上形成了一个圆锥形空间壳体结构，从而形成刚性良好的屋盖支承结构，直接支撑顶部的外侧受压环。游泳馆采用马鞍形正交单层索网结构，由 V 形结构立柱、马鞍形环梁、承重索和稳定索、刚性屋面及幕墙构成，环梁投影为直径 106m 的圆形，拉索采用定长双索。

本书在对索网结构特征和研究现状总结和概括的基础上，以苏州奥林匹克体育中心体育场及游泳馆为工程实例，对这种马鞍形索网结构分析、施工关键技术进行了详细的阐述。

本书是由东南大学土木工程学院土木工程施工研究所长期从事预应力空间结构教学、科研和工程实践的科技工作者，根据苏州奥林匹克体育中心体育场及游泳馆工程实践过程中形成的科研成果及施工经验精心撰写的一本专著。详细论述了苏州奥林匹克体育中心体育场及游泳馆的设计与施工中的基础理论和技术问题。

本书共分为上下两篇 13 章，分别介绍了苏州奥林匹克体育中心体育场和游泳馆索网结构的分析与施工关键技术。上篇共 7 章，详细介绍体育场轮辐式马鞍形单层索网结构的分析与施工关键技术，下篇共 6 章，详细介绍了游泳馆马鞍形正交单层索网结构的分析与施工关键技术。

本书可供土木工程领域科研、设计和施工相关科技人员使用，也可作为类似工程项目设计施工的参考书。

本书由东南大学土木工程学院朱明亮副教授、罗斌教授、郭正兴教授撰写，最后由郭正兴教授审定。撰写过程中，东南大学土木工程学院硕士研究生夏晨、魏程峰、孙岩等参与了有关章节的素材收集与绘图制表工作，谨在此表示衷心的感谢。同时对本书中所参考和引用过的文献资料的作者也一并表示感谢。

鉴于作者的水平有限，面广量大，书中难免有不妥之处，敬请读者批评指正。

目　　录

上篇

苏州奥林匹克体育中心体育场
轮辐式马鞍形单层索网结构分析与施工

第 1 章　轮辐式索网结构概述

随着社会和经济的发展，人们对大跨度和具有更高结构效率的空间建筑的需求在逐步增大。近年来，大跨度空间结构在体育场馆、会展中心、候车（机）大厅以及其他需要大空间的公共建筑中得到了广泛的应用和发展。作为空间结构体系的一种，轮辐式索网结构体系对结构设计提出了更高的要求，对该类结构的施工分析和成形方法研究具有重要的意义。

1.1　轮辐式索网结构形式及分类

1.1.1　轮辐式索网结构形式

大跨度空间结构的种类丰富，大致可以根据构成要素的不同分为三类：第一类是以刚性构件（梁、桁架、杆件等）组成的，如国家体育场以 24 榀门式刚架旋转布置形成屋盖主体，如图 1-1 所示；第二类是以柔性拉索为主、配以少量受压刚性构件形成的，或者完全由拉索构成的，如索穹顶结构（亚特兰大佐治亚穹顶、无锡太湖新区科技交流中心索穹顶，如图 1-2 所示）、索网结构（深圳宝安体育场、伦敦奥运会自行车馆，如图 1-3 所示）；第三类是刚性构件和拉索杂交形成，二者对结构受力的作用不可分割，如张弦梁结构（南京河西会展中心，如图 1-4 所示）和弦支穹顶结构（北京工业大学体育馆，如图 1-5 所示。）

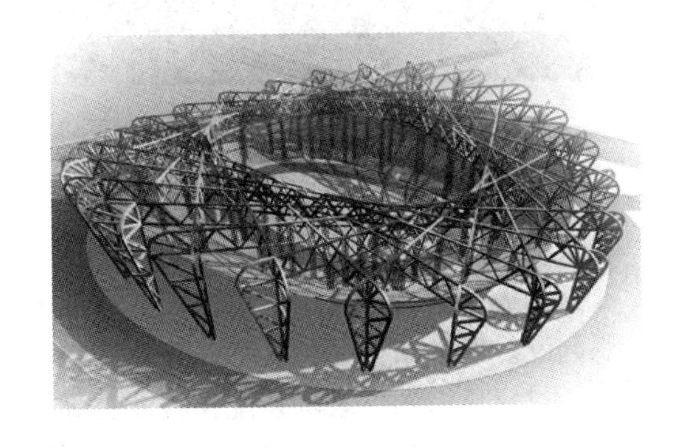

图 1-1　刚性结构（国家体育场）

（*a*）亚特兰大佐治亚穹顶

（*b*）无锡太湖新区科技交流中心索穹顶

图 1-2　索穹顶结构

（*a*）深圳宝安体育场

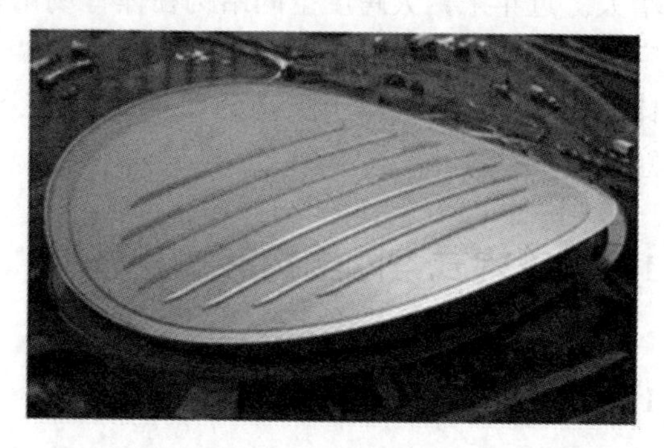

（*b*）伦敦奥运会自行车馆

图 1-3　索网结构

图 1-4　南京河西会展中心

图 1-5　北京工业大学体育馆

这三类结构相比，柔性结构是构件受力效率最高的，拉索全截面受拉，不存在构件的失稳问题。柔性结构又被称为张力结构，此类结构的自重轻，受力效率高，具有适应跨度更大、材料更节约、现场装配化程度更高、施工速度更快和施工环境更加环保等优点。

作为一种典型的张力结构，轮辐式索网结构是从自行车轮辐的受力机理演化而来的（如图 1-6 所示），其构成特点是：有一个刚度较大的受压外环，通过沿径向布置的拉索或索桁架连到中心受拉内环索，拉索或索桁架的张拉力与外环的压力平衡，整个结构属于自平衡受力体系。

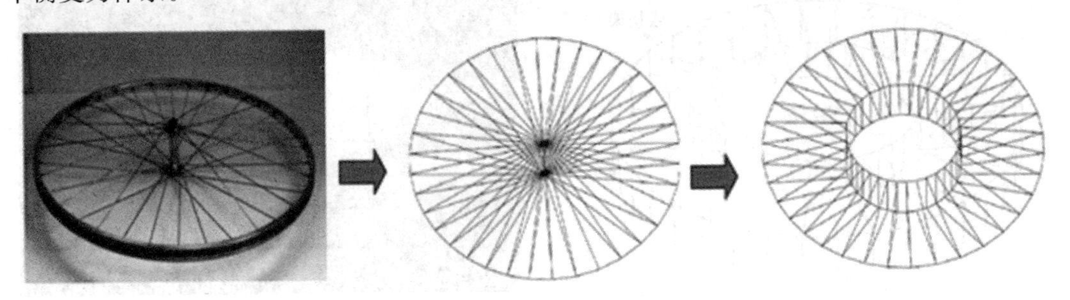

图 1-6 轮辐式索网结构演变过程

为明确轮辐式索网结构的范畴，总结其特征如下：1）结构呈闭合的环形布置，可以是圆形、椭圆形甚至方形；2）主承重结构为张力结构，包含外压环、内拉环以及连系两者的拉索，平面内自平衡，拉索不需要额外的基础锚固；3）外压环与内拉环之间的拉索形成网格，方便覆盖膜面或其他材料。

轮辐式索网结构体系具有全张力结构的受力特点，同时克服了一般全张力结构体系复杂、传力不直接的缺点，这种结构通常屋面表面覆盖膜材，自重轻，结构轻巧美观，主要用于大型体育场馆等建筑。

1.1.2 轮辐式索网结构分类

轮辐式索网结构按照径向索的层数划分，可分为单层和双层两类。

单层轮辐式张拉结构，一般其外压环高低起伏，从而形成了马鞍形的空间曲面造型，马鞍形形状的屋盖可以为单层轮辐式索网结构提供较大的竖向刚度。中间的圆环是为了体育场功能的需要而设置的，其作用是将径向索连系起来，形成封闭的传力途径。如果屋盖是完全轴对称的，则索系与外压环形成的结构体系是完全自平衡的。这种类型的结构摆脱了以往对重屋面的依赖，可以和膜材相配合，使屋面轻盈通透，如图 1-7 所示。

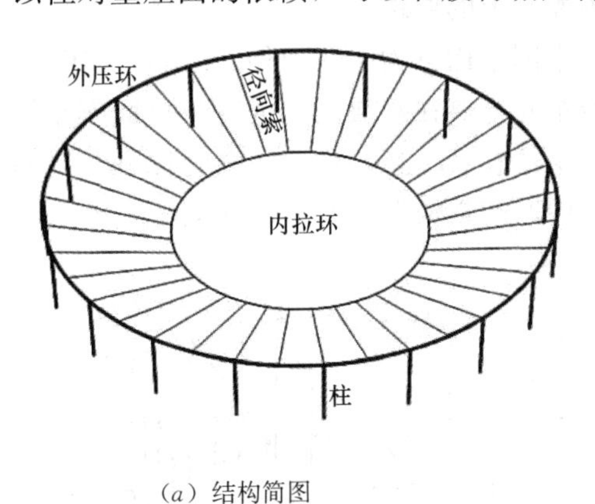

(*a*) 结构简图

(*b*) 工程应用现场图

图 1-7 单层轮辐式索网结构

双层轮辐式张拉结构，实质上就是辐射状布置的索桁架结构，其基本结构包括内拉环、外压环、索桁架：内拉环可以是柔性拉索，也可以是刚性环；外压环受压弯作用，常见的构件形式都可以采用，如钢筋混凝土梁、钢箱梁、钢桁架等，如图 1-8 所示。

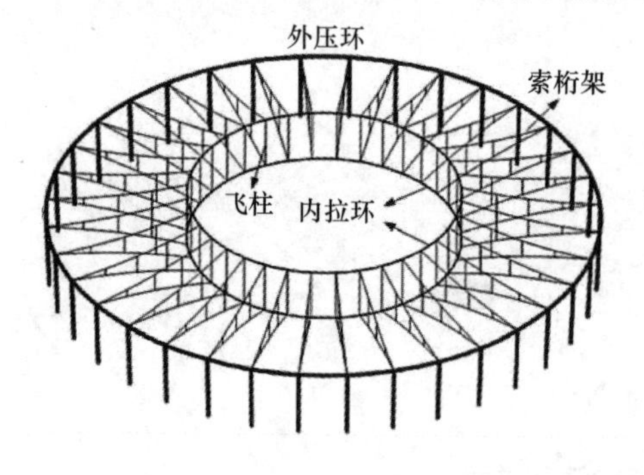

（*a*）结构简图

（*b*）工程应用现场图

图 1-8　双层轮辐式索网结构

双层轮辐式索网结构的造型比单层轮辐式索网结构更加丰富，两种常见的双层轮辐式索网结构形式（图 1-9）：一种是双层外压环和单层内拉环，如佛山世纪莲体育场；另一种则是单层外压环和双层内拉环，如深圳宝安体育场。

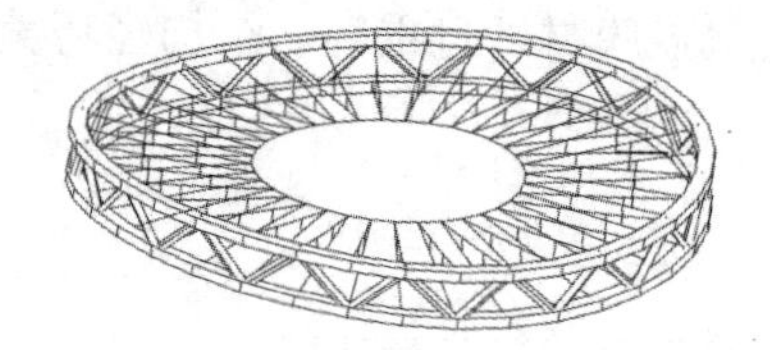

（*a*）双层外压环和单层内拉环

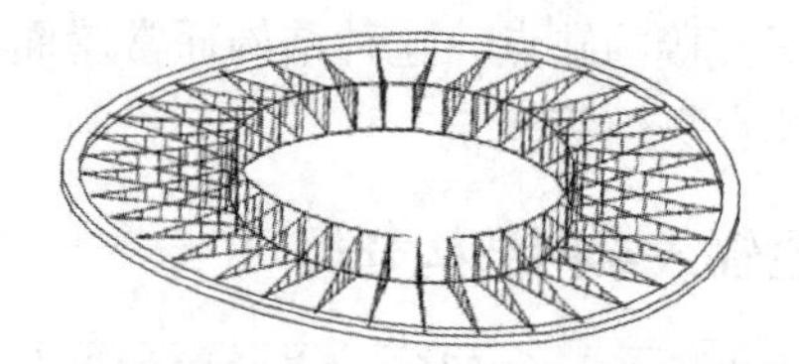

（*b*）单层外压环和双层内拉环

图 1-9　双层轮辐式张拉结构分类

双层轮辐式索网结构中，由外向内向下倾斜的径向索是承重索，由外向内向上倾斜的径向索是稳定索。因此，与单层轮辐式索网结构不同，双层轮辐式索网结构的空间造型不一定要做成马鞍形曲面。当然，由于这种结构多用于体育场馆的屋盖，体育建筑功能上的要求一般会将其做成马鞍形曲面，但并不是受力原理上的要求。

根据索桁架的布置形式，可以将双层轮辐式索网结构分为内凹和外凸两类，如图 1-10 所示。内凹形索桁架，上下弦索之间由悬挂索连系起来，在双层内环或外环之间有刚性压杆（在双层内环间的刚性压杆称为飞柱）。外凸形索桁架，上下弦索之间为撑杆。这两者的区别是，外凸的索桁架有侧向失稳的可能，而内凹的索桁架没有这个问题。

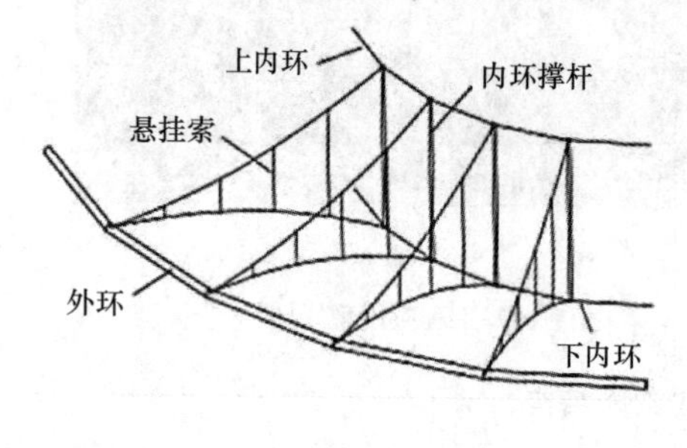

（*a*）内凹形

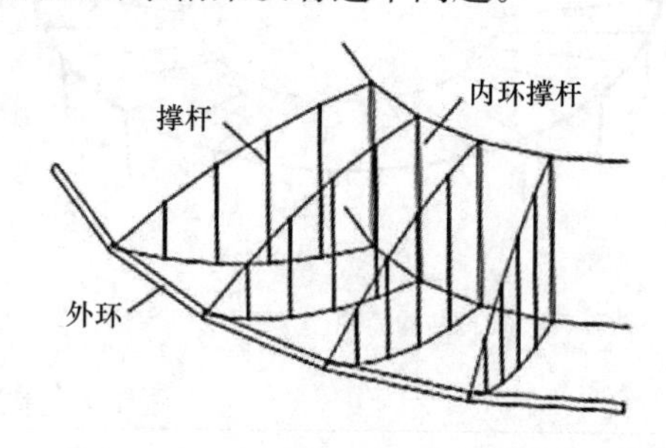

（*b*）外凸形

图 1-10　双层轮辐式张拉结构索桁架布置形式

1.2　轮辐式索网结构工程应用

截至目前，国内外已经建成了多座轮辐式索网结构建筑，这些建筑主要应用在举行大型体育赛事的体育场建筑中，主要分布在美国、日本、韩国等经济发达国家和地区，近年来，随着中国社会和经济的快速发展，目前也建成了若干座轮辐式索网结构。这些国内外工程中，除贾比尔·艾哈迈德体育场和苏州奥林匹克体育中心体育场为单层轮辐式索网结构，其余均为双层轮辐式索网结构，如表 1-1 所示。

国内外主要轮辐式索网结构工程　　**表 1-1**

工程名称	建成年份	索系层数	屋面形式	国家/地区
北京工人体育馆	1961	双层	膜面	中国
戈特利布·戴姆勒体育场	1993	双层	膜面	德国
马来西亚科隆坡室外体育场	1998	双层	膜面	马来西亚
韩国釜山体育场	2002	双层	膜面	韩国
佛山世纪莲体育场	2006	双层	膜面	中国
贾比尔·艾哈迈德体育场	2009	单层	膜面	科威特
深圳宝安体育场	2010	双层	膜面	中国
浙江乐清体育场	2012	双层	膜面	中国
盘锦红海滩体育场	2013	双层	膜面	中国
苏州奥林匹克体育中心体育场	2018	单层	膜面	中国

1.2.1　国外工程实践

马来西亚科隆坡室外体育场建成于 1998 年（图 1-11），其平面为椭圆形，长轴 286m，短轴 225.6m，罩篷宽 66.5m。体育场采用环形索膜结构，从而创造出 38000m^2 的无柱有顶空间。

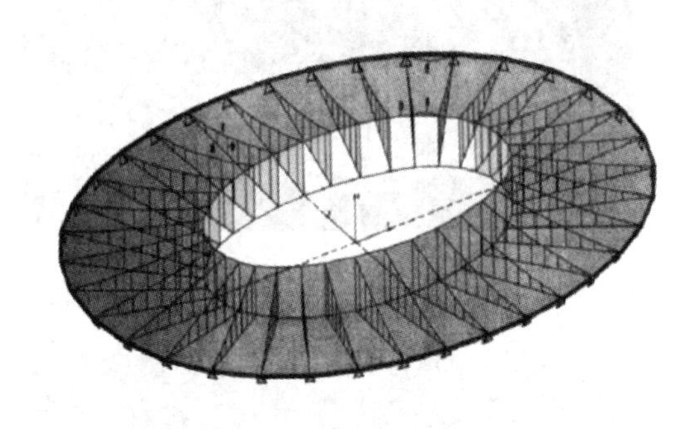

图 1-11　科隆坡室外体育场（双层）

应用于 2002 年足球世界杯的韩国釜山体育场（图 1-12），屋盖结构的总体形状为一个直径 228m 的圆，中间椭圆形开口尺寸为 180m×152m，屋盖的内部结构是由上下环向拉索和 48 榀径向索桁架构成，这些径向索桁架用于连接上、下环向拉索和斜钢柱。

此外还有科威特的贾比尔·艾哈迈德体育场（图 1-13）、德国斯图加特的戈特利布·戴姆勒体育场（图 1-14）、应用于 2012 年的欧洲杯足球赛的波兰华沙国家体育场（图 1-

15）、乌克兰奥林匹克体育场（图 1-16）都为轮辐式索网结构。

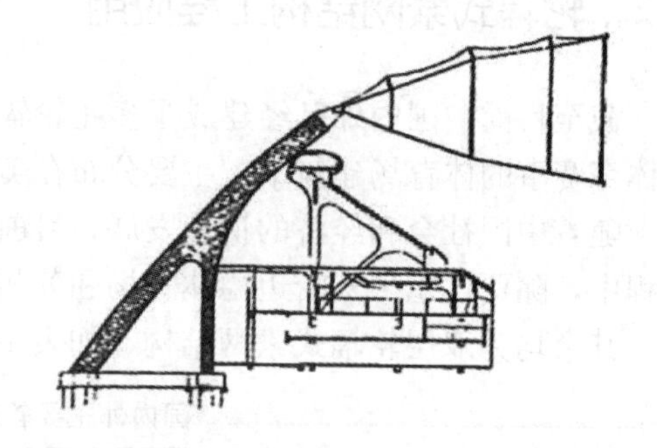

图 1-12　釜山体育场（双层）

图 1-13　贾比尔·艾哈迈德体育场（单层）

图 1-14　戈特利布·戴姆勒体育场（双层）

图 1-15　华沙国家体育场（双层）

图 1-16　乌克兰奥林匹克体育场（双层）

1.2.2　国内工程实践

北京工人体育馆是我国最早的轮辐式索网结构（图 1-17），建于 1961 年。屋盖结构平面投影为圆形，直径 94m，在空间上呈中心对称的圆锥面。中央是一个直径 16m、高 11m 的刚性内环，由钢板和钢筋制成；外环为混凝土环梁，截面为 2m×2m，与下部混凝土支撑柱刚接。上下径向索各为 144 根平行钢丝束，上径向索规格为 72ϕ5，下径向索规格为 40ϕ5。施工时，采用搭设胎架安装内环，分批张拉径向索的施工方法。

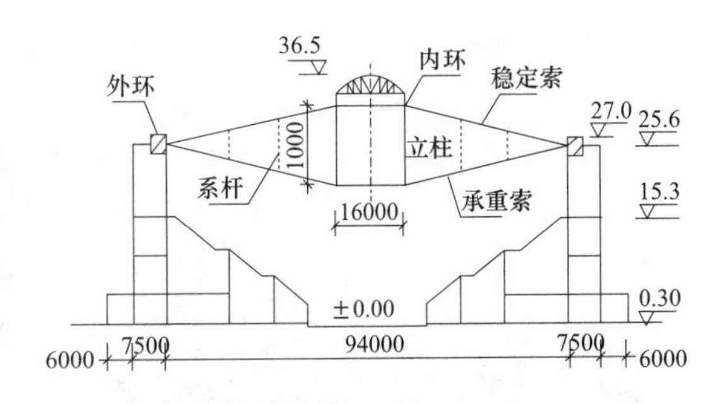

图 1-17　北京工人体育馆（双层）

2006 年建成的佛山世纪莲体育场（图 1-18），屋盖结构属于双外环、单内环的轮辐式索网结构，屋盖支承完全独立于看台结构。该屋盖平面投影为圆形，上外环直径 331m，下外环直径 276.15m，内环直径 80m。上下外环高差为 20m，由 V 字形撑杆连接。上下径向索之间的吊索由一榀索桁架的上径向索连向相邻索桁架的下径向索，形成波折屋面，正好为膜材的铺设及成形提供了条件。屋盖支承在倾斜的混凝土柱上，柱子与屋盖结构之间采用铰接。该屋盖结构在施工中采用整体张拉的施工方法：首先在胎架上搭设钢结构环梁，然后在场地内展开内环索和径向索；之后张拉上径向索，再张拉下径向索，最后安装膜面。

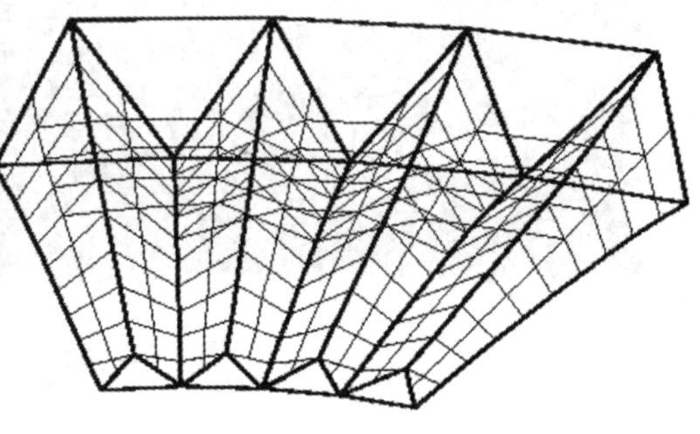

图 1-18　佛山世纪莲体育场（双层）

2010 年建成的大运会深圳宝安体育场屋盖结构采用双内环、单外环的轮辐式索网结构（图 1-19）。整个体育场的平面为直径 245m 的圆形，主结构平面投影略显椭圆形（长轴 237m，短轴 230m，进深 54m）。该屋盖结构共有一个外部的压环，两个中央的拉环。外部的压环呈马鞍形，其高点和低点之间的高差为 9.65m。

宝安体育场在我国首次采用了“定尺定长设计与张拉”技术，即采用不可调节长度的索头，通过控制索的下料长度和环梁安装位形，保证成形状态的索力与设计目标一致。其优点是索头体积小，制作费用低，安装方便；带来的技术难点是要通过理论研究确定拉索与构建的施工误差限值。该结构施工时也采用了整体张拉的施工方案。

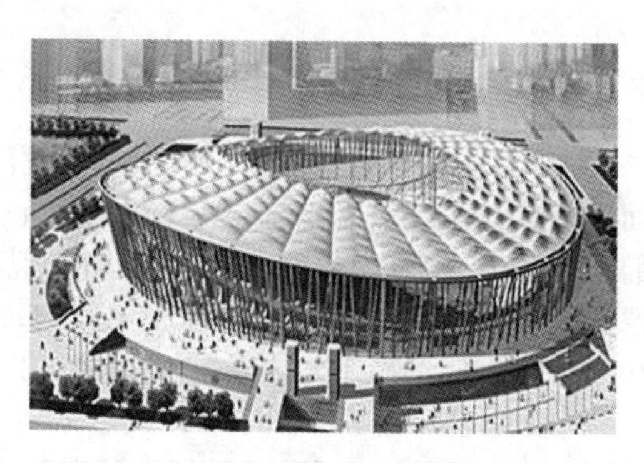

图 1-19　深圳宝安体育场（双层）

继佛山世纪莲体育场和深圳宝安体育场后，我国又建造了盘锦红海滩体育场（图 1-20）和浙江乐清体育场（图 1-21）两座轮辐式索网结构。

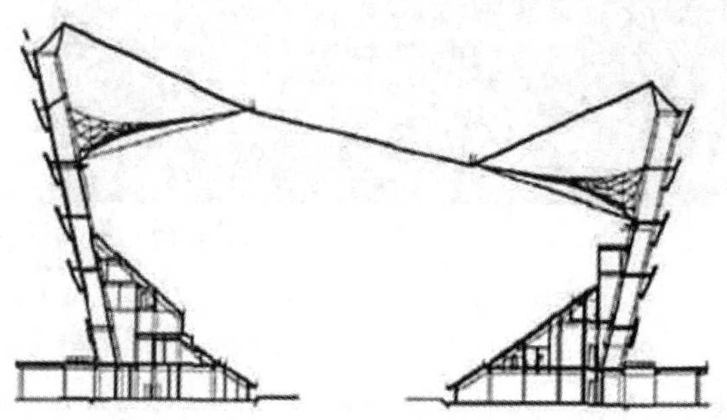

图 1-20　盘锦红海滩体育场（双层）

图 1-21　浙江乐清体育场（双层）

1.3　国内外研究现状

在国内外体育事业迅速发展的背景下，自重轻、受力效率高、适应跨度更大、材料利用充分、施工速度快等优点使轮辐式索网结构被用于多国的体育场馆建设，大大推动了轮辐式索网结构设计和施工分析理论的进步。关于轮辐式索网结构设计方面的研究主要集中在找形问题，一种是从确定的几何位形出发，寻找能够满足这一位形的预应力分布，又称找力分析（Force-finding），一般索穹顶结构、轮辐式索网结构属于这种情况；另一种是给定拉索想要达到的预应力值，以及结构的边界条件，确定结构内部节点的位形坐标，又称找形分析（Form-finding），单层索网结构、膜结构等属于这种情况。施工关键技术的研究集中在施工成形方法研究、施工成形分析理论研究及误差敏感性分析研究等方面。

1.3.1　索网结构的找形分析研究

找形分析的方法可以分为三大类：几何分析法、物理模型法、数值法。张拉结构由于结构类型灵活多变，一般无法直接用几何方程来描述。而物理模型法的优点是直观，缺点是制作模型比较困难，并且模型精度也比较差。20 世纪 70 年代以后，随着计算机技术的迅猛发展，各种数值分析方法应运而生，数值法克服了模型法的不足之处，可以利用图形显示和图形交互技术多角度、全方位地对结构形体进行修改、完善，从而成为张力结构形状确定的主要方法。德国、美国、英国、日本等国学者率先进行了大量的研究，提出了各种数值分析方法，形成了多个各有利弊和适用范围的理论体系：

1965 年，A. S. Day 提出了动力松弛法，并与 J. H. Bunce 一起将其应用于索网结构的找形分析中。该方法不需要解大型非线性方程组，适用于大型结构的计算，后来又经 B. H. V. Topping 和 D. S. Wakefield 等人深入研究和发展，动力松弛法被全面应用于索网和空间结构的分析中，其基本思想是通过虚设的质量和阻尼将静力问题转化为动力问题来处理。国内方面，单建、李中立、张华等也对该法进行了大量的研究，张其林等提出了找形过程中确定形状的三类问题。

1973 年，H. J. Schek 提出了力密度法，主要用于索网结构的形状确定。其基本思想是通过设定杆单元内力与其长度之比，即力密度值，建立关于节点坐标的线性方程组，求解得到对应的曲面形状。力密度法的优点在于对找形问题中的平衡态提供了一种线性解，但力密度缺乏明确的意义，结构最终的预应力分布、曲面形状难以控制。国内学者苏建华、韩大建基于力密度法提出考虑与弹性支承相互作用的找形方法，为力密度法在索结构中的应用作出了重大贡献。

1973 年，J. H. Argyris 等提出了非线性有限元法，将其首先应用到膜结构的分析中的是学者 G. H. Powell、E. Hang、Toshio 和 Chin－Tsangli，后被广泛地应用在许多领域中。非线性有限元法找形过程中，重点要解决的是收敛性问题，围绕这个关键性问题提出了直接施加初始应变法、温度荷载施加应变法和多余约束法等方法，虽然这些方法可以解决大多数张拉整体结构的找形问题，但是复杂结构的找形不易实现，特别是没有有效的通用程序。

本书所研究的轮辐式索网结构，是由给定位形确定预应力分布的问题。1985 年，S. Pellegrino 和 C. R. Calladine 提出了平衡矩阵法，该理论认为应当根据杆系结构的拓扑关系得到平衡矩阵，分析平衡矩阵的空间特性，才能确定其预应力分布方式。袁行飞等应用平衡矩阵理论研究了索穹顶结构的几何稳定性，针对这一问题提出了整体可行预应力的概念，通过对构件受拉受压属性以及几何对称性的分组，确定索穹顶结构的预应力。阚远和叶继红提出了索穹顶找力分析的不平衡力迭代法，克服了整体可行预应力法中将构件分组发生错误时无法找到合理预应力的问题。

1.3.2 轮辐式索网结构的性能研究与设计

1978年，P·Krishna对当时常见的索系屋盖的设计进行了系统的介绍与总结，其中就包括双层轮辐式索网结构形式。但限于当时的条件，外环并非呈马鞍形，而是位于同一高度，此外，内环采用刚性构件，且半径相对较小。作者针对上述结构形式，通过无量纲参数分析得到了屋盖挠度、索力增量与预应力、拉索截面的关系，并进而得到了合理的初步设计方法。

2003年，冯庆兴对双层轮辐式索网结构（单层外环和双层内环，索桁架采用带两根撑杆的凸桁架）的静动力性能展开了研究，并对不同平面投影对应结构的静力性能进行了比选。其关于结构静力性能的参数分析，则研究了索桁数量、预应力大小以及内环撑杆高度对索系刚度的影响，并在此基础上，提出了Levy型空腹索桁结构体系以增强结构的平面内刚度。

2011～2013年，郭彦林、田广宇、王昆等对轮辐式索网结构结构设计理论和体型展开了比较系统和深入的研究，引入力密度法用于轮辐式索网结构的找形，提出“由形找力再找形”的思路。与此同时，以国内具有代表性的双层轮辐式索网结构——深圳宝安体育场作为工程背景，通过变化索桁架形式对双层轮辐式索网结构体型展开研究，作为对比，还分别从结构平面投影和外环空间形态的角度对单层轮辐式索网结构体型展开研究。

1.3.2.1 轮辐式索网结构成形技术研究

（1）成形方法

轮辐式索网结构的施工过程较其他的结构类型有所不同，它是由柔性的无应力结构状态变化到具有一定刚度结构的过程，因此其难度也相应大很多。近年来，随着社会经济的发展，该类结构在工程领域的应用也越来越普遍，在工程实践中，对其施工成形方法的研究也日新月异，并提出了许多创新方法。

目前国内外已建的轮辐式索网结构，其施工方法主要有三类：第一类是通过搭设支撑胎架安装索网并完成张拉，如北京工人体育馆；第二类是分批提升的施工方法，即通过工装索牵引把结构索分批提升到高空，然后整体张拉成形，如佛山世纪莲体育场、深圳宝安体育场等双层轮辐式索网结构；第三类是整体提升的施工方法，即通过工装索牵引把结构索一次整体张拉到结构的设计形态，如科威特贾比尔·艾哈迈德体育场以及本书背景工程苏州奥林匹克体育中心体育场挑篷结构等单层轮辐式索网结构。

这三类方法相比较，第一类方法适用于平面尺寸不大且内环是刚性环的结构，可以通过给内环搭设胎架以节约前期张拉周期与成本。如果对于由辐射式拉索或者索桁架组成的大型轮辐式索网结构，内环本身就是索结构且重量较轻，故采用后面两类方法，即分批或者整体将其提升到位，施工周期短，施工成本低。

下面以深圳宝安体育场和浙江乐清体育场为例，介绍轮辐式索网结构的一般施工方法，之前已对其工程概况进行了介绍。

宝安体育场采用张拉径向索的方案。首先，用胎架安装环梁和支承柱；然后，在地面上拼装上环索和上径向索；其次，张拉上径向索，直到其与环梁上的节点相连上，同时安装飞柱、下环索和下径向索；最后，分步张拉下径向索并将其连接至外环梁节点板，如图 1-22 所示。

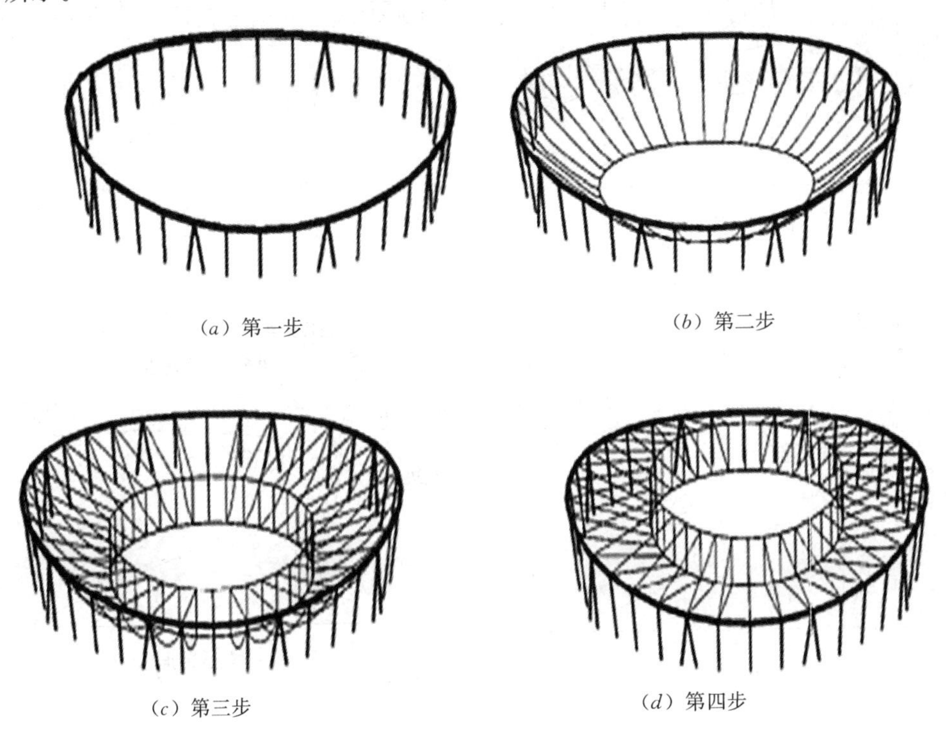

（a）第一步　（b）第二步

（c）第三步　（d）第四步

图 1-22　宝安体育场分批提升施工方案

浙江乐清体育场也采用张拉径向索的方案。首先，在设计位置安装外压环，在近地面组装需整体提升的索杆系；然后，提升千斤顶通过挂架与外压环上的临时耳板连接固定，利用工装索斜向牵引上弦索的边索头，将整个地面组装的索杆系提升至高空，直至上弦索与外压环连接就位；最后，对下弦索同步张拉结构成形，如图 1-23 所示。

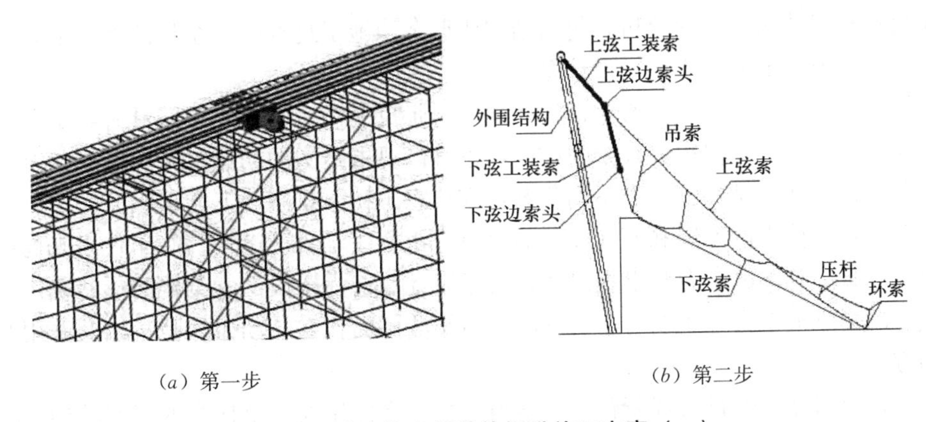

（a）第一步　（b）第二步

图 1-23　乐清体育场整体提升施工方案（一）

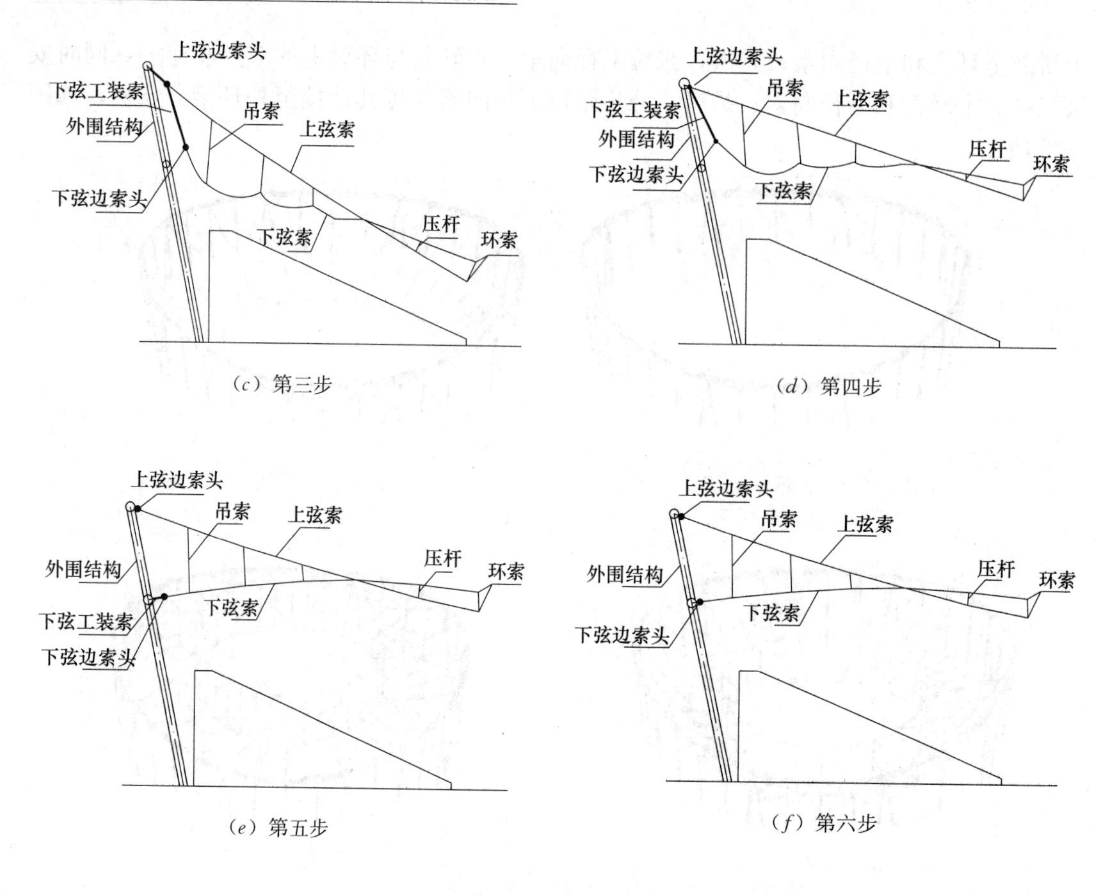

（*c*）第三步　（*d*）第四步

（*e*）第五步　（*f*）第六步

图 1-23　乐清体育场整体提升施工方案（二）

综上所述，施工成形方法的研究是非常重要的，特别是苏州奥林匹克体育中心体育场挑篷结构，属于单层轮辐式索网结构，相较于目前国内外已建成的双层轮辐式索网结构，索网在牵引和张拉过程中属于连续动作，风险更大，因此，在工程实施前，需要对施工成形方法进行仔细研究，这样才有可能减少工程施工成本、降低施工难度。

（2）分析理论

轮辐式索网结构的成形分析，包括结构成形态和施工过程中各个形态的获取，其形状确认问题的类型主要取决于结构设计思想。

从建筑几何的角度，可以要求结构在预应力张拉完毕后的初始状态具有给定的外形和节点几何坐标。对于几何边界复杂的结构，也可以要求结构的初始平衡状态仅仅符合给定的边界条件。索和膜结构分三个不同状态：零状态、初始状态、工作状态。

随着计算机技术的发展和不断完善的数值分析方法，自 20 世纪 60 年代以来德国、美国、英国、日本等国的学者相继提出并发展了以计算机为手段的索结构的形状确定。目前比较成熟的力学模型方法主要有力密度法、最小曲面面积法、动力松弛法以及采用基于有限元的方法。

其中，力密度法通过选择所预期的索力与索长之比作为一个任意的索网结构力的平衡方程中的已知值，就可得到关于节点坐标的线性方程，求出在预应力态时索网结构的任意外形的空间坐标。20 世纪 60 年代 A. S. Day 首次提出了动力松弛法的概念用于一般结构的计算，并在之后应用于索网结构的分析中。

对于包括轮辐式索网结构在内的全张力结构的施工过程力学分析方法，目前主要有：非线性静力有限元法、非线性力法、动力松弛法等。东南大学罗斌提出基于非线性动力有限元的索杆系静力平衡态找形分析新方法，通过引入虚拟的惯性力和黏滞阻尼力以及系列分析技术，多个时间步连续求解，当系统总动能达到峰值时更新有限元模型，通过迭代使动力平衡态逐渐收敛于静力平衡态。通过算例验证，该方法是合理可行的，已经应用于浙江大学紫金港校区体育馆、无锡新区科技交流中心 索穹顶屋盖等工程。本书主要基于该方法进行结构的施工模拟分析。

1.3.2.2　轮辐式索网结构误差敏感性分析研究

在以轮辐式索网结构为代表的全张力结构的施工张拉设计中，许多的技术措施实际上是围绕着如何降低误差效应而提出的。这些技术措施包括：在加工和施工过程中严格控制各类参数的精度，如节点的尺寸精度、拉索的放样长度等；对张拉索进行合理的选择；对张力进行补偿和调整等。但是，目前关于全张力结构的几何误差效应的相关研究和针对该类结构施工张拉设计方面的研究很少。基于以上种种考虑，很有必要研究初始缺陷对索杆张力结构体系的影响，这直接关系到整个结构的成形及整体预张力的分布。

目前国内索结构相关技术规程是根据拉索的长度确定其索长误差范围的，但结构形式的不同，单个结构中拉索种类较多，以及在不同结构中的边界条件不同等原因，都会导致索长误差和索力之间的不同敏感程度。蒋本卫将随机生成的正态分布长度误差赋予悬吊屋盖结构以考察结构对不同拉索长度误差的敏感性，其中考虑了拉索张拉时是以索力为控制目标的，对主动张拉索保证其索力与设计目标一致，对被动张拉索则仅考虑其存在长度误差。

郭彦林等用随机生成正态分布索长误差的方法研究了轮辐式结构预应力分布对索长误差的敏感性。这些研究工作都是研究张拉结构中某些拉索的长度误差对结构初始预应力态、静动力性能的影响，是敏感性分析，对指导张拉施工有意义，但尚未提出如何确定张拉结构索长误差限值。

轮辐式索网结构的施工成形状态受索长和张拉力的影响大。由于张力结构拉索根数多，为节省设备投入和提高张拉效率，一般多采用被动张拉技术，即将索系分为主动索和被动索，通过直接张拉主动索，而在整体结构中建立预应力，其施工控制的关键是主动索的张拉力、被动索长和外联节点安装坐标。目前国内外的误差分析主要针对索长等单一误差分析，而有关索长、张拉力和外联节点坐标组合误差影响分析和研究较少。

作为本书的背景工程，苏州奥林匹克体育中心体育场挑篷结构，拉索定长（不设调节量），如果拉索长度误差和索端连接板安装误差过大，在施工现场将无法顺利安装，且施工成形后状态无法满足设计的初始预应力态，所以需进行索长和索端节点安装误差组合影响分析，确定误差限值，指导施工。

1.4　苏州奥林匹克体育中心体育场工程简介

苏州奥林匹克体育中心项目规划总面积近 60 公顷，总建筑面积约 360000m^2，是集体育竞技、休闲健身、商业娱乐、文艺演出于一体的多功能、综合性的甲级体育中心，可以举办全国综合性运动会和国际单项体育赛事，是一个绿化环保的生态型体育中心、环境优美的敞开式体育公园。体育中心由体育场（45000 座）、体育馆（13000 座）、游泳馆（3000 座）和综合商业服务楼、中央车库等配套建筑组成，如图 1-24 所示。

图 1-24　苏州奥林匹克体育中心效果图

作为苏州奥林匹克体育中心规模最大的单体建筑，苏州奥林匹克体育中心体育场（以下简称体育场）建筑面积约 83000m²，为地上五层钢筋混凝土框架结构加 V 形柱支撑轮辐式马鞍形单层索网结构，钢结构除在混凝土结构三层设置铰接柱脚及上层看台侧向设置连杆外，自成平衡体系。混凝土看台高度 31.8m，钢结构屋面高度 52.0m，如图 1-25 所示。

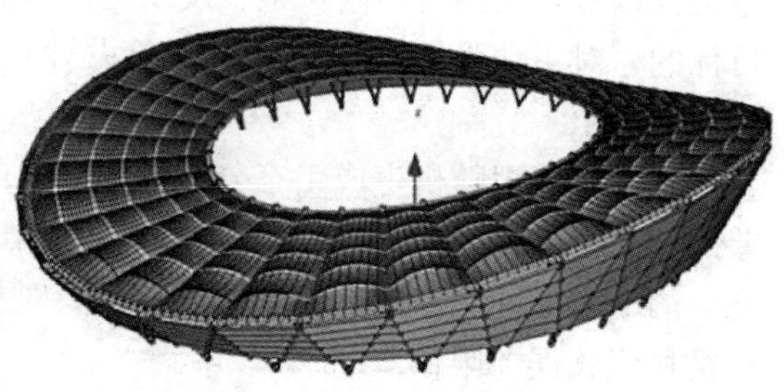

图 1-25　体育场效果图和三维轴测图

外圈的倾斜 V 形柱和外环梁在空间上形成了一个圆锥形空间网格结构，支承在混凝土结构的柱顶上，如图 1-26 所示。

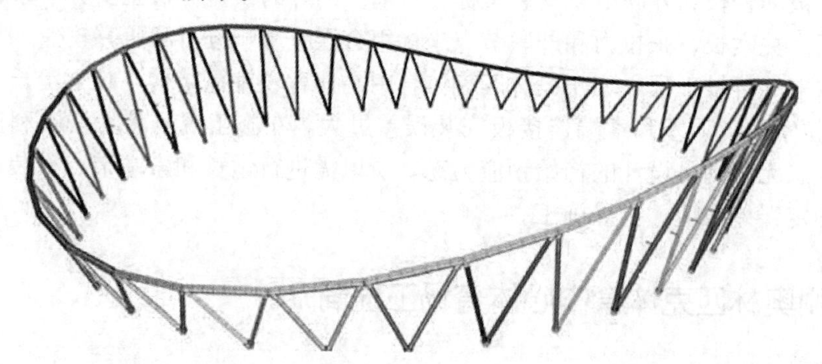

图 1-26　体育场 V 形柱和外环梁示意图

体育场的屋盖结构体系为轮辐式马鞍形单层索网，由内环索和径向索构成。索网上覆 PTFE 膜材，投影总面积约为 31900m²，如图 1-27 所示。

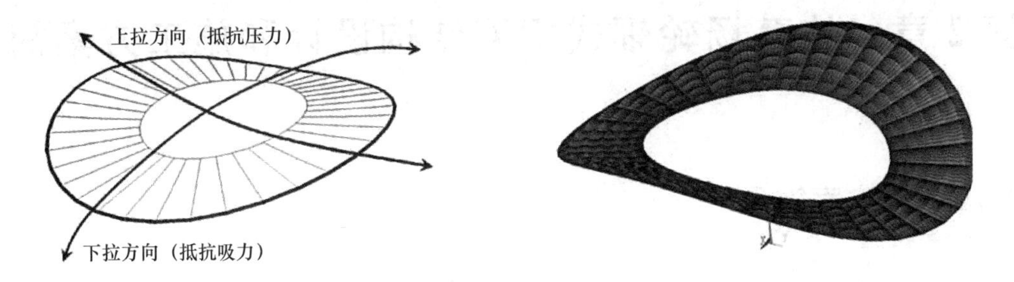

图 1-27　体育场屋盖结构示意图

屋面次结构由二铰钢拱与平衡钢拱水平推力的构造索构成，其上覆盖 PTFE 膜材，如图 1-28 所示。

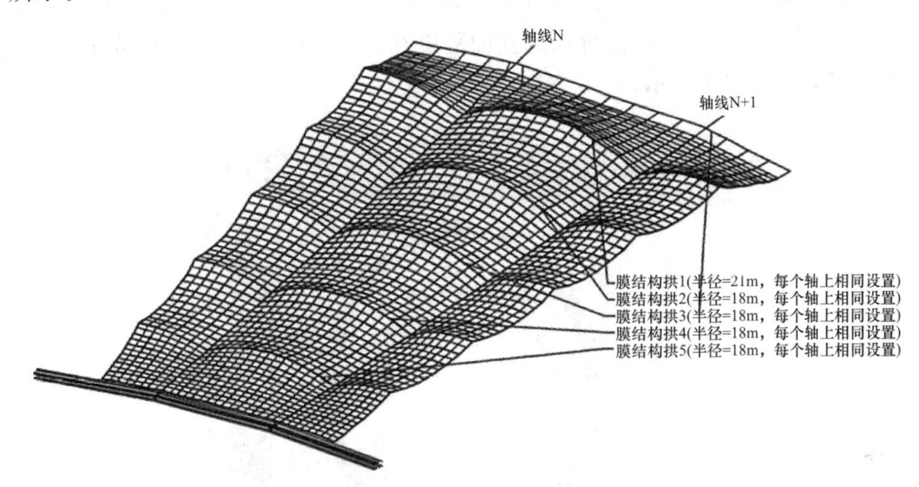

图 1-28　体育场挑篷膜结构示意图

第 2 章　体育场轮辐式索网结构设计和施工方案简介

2.1　设计方案简介

2.1.1　结构几何尺寸

体育场的屋盖结构为中间开孔的椭圆形单层轮辐式索网结构，是一种典型的张拉整体结构，主要包括结构柱、外压环、径向索以及内环索。屋盖外边缘压环几何尺寸为 260m×230m，马鞍形的高差为 25m，体育场的立面高度在 27～52m 间变化，形成了轻微起伏变换的马鞍形内环，如图 2-1 所示。

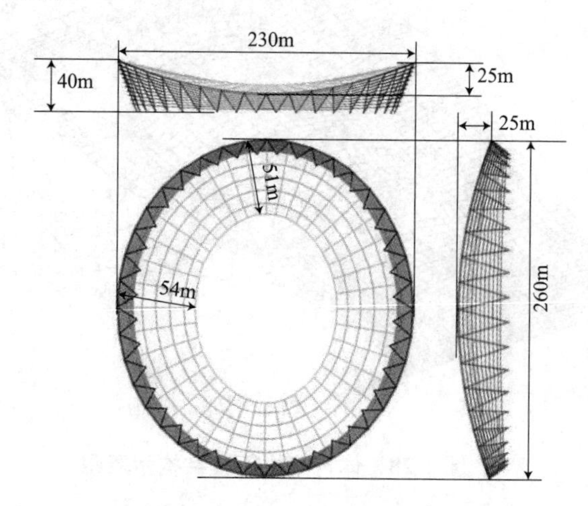

图 2-1　体育场平立面示意图

2.1.2　构件材料和规格

钢结构柱采用 V 形圆钢管柱（部分 V 形柱内有加强板），外径为 950～1100mm，壁厚为16～35mm，见表 2-1 和图 2-2。

V 形立柱截面参数表　　表 2-1

介于两轴线间立柱	外直径 ϕ（mm）	壁厚 T_1（mm）	锥形端部壁厚 T_{1-1}（mm）	加强板厚 T_2（mm）	结构用钢
1-2	950	16	20	—	Q345C
2-3	950	16	20	—	Q345C
3-4	950	25	30	—	Q390C

续表

介于两轴线间立柱	外直径 ϕ（mm）	壁厚 T_1（mm）	锥形端部壁厚 T_{1-1}（mm）	加强板厚 T_2（mm）	结构用钢
4-5	950	20	25	—	Q345C
5-6	950	35	35	25	Q345C
6-7	950	35	35	—	Q345C
7-8	1100	25	30	30	Q390C
8-9	1100	20	25	—	Q345C
9-10	1100	25	30	30	Q390C
10-10/1	1100	20	25	—	Q345C
10/1-11	1100	35	35	35	Q390C

备注：本结构为双轴对称结构，表中仅列出 1/4 轴线，轴线编号见图 2-3。

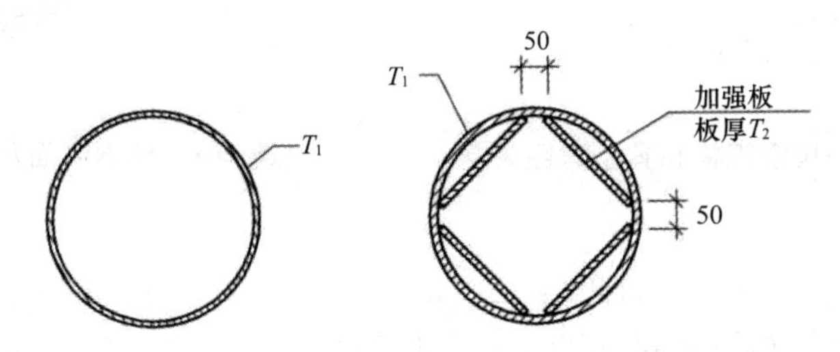

图 2-2　体育场 V 形立柱截面示意图

受压钢环梁外径为 1500mm，壁厚为 45～60mm，见表 2-2。

压环梁截面参数表　　**表 2-2**

介于两轴线间立柱	外直径 ϕ（mm）	壁厚 T（mm）	结构用钢
1-2	1500	45	Q345C
2-3	1500	45	Q345C
3-4	1500	45	Q345C
4-5	1500	50	Q345C
5-6	1500	50	Q345C
6-7	1500	50	Q345C
7-8	1500	60	Q345C
8-9	1500	60	Q345C
9-10	1500	60	Q345C
10-11	1500	60	Q345C

备注：本结构为双轴对称结构，表中仅列出 1/4 轴线，轴线编号见图 2-3。

结构拉索由40榀径向索和1圈环向索组成，径向索根据不同的受力部位共有三种直径：100mm，110mm，120mm（内环曲率大的地方预应力大，故采用大直径索）。内环索1圈由8根直径为100mm的拉索构成，每根环索均分为两段，用锥形索头和螺纹拉杆连接，如图2-4所示。

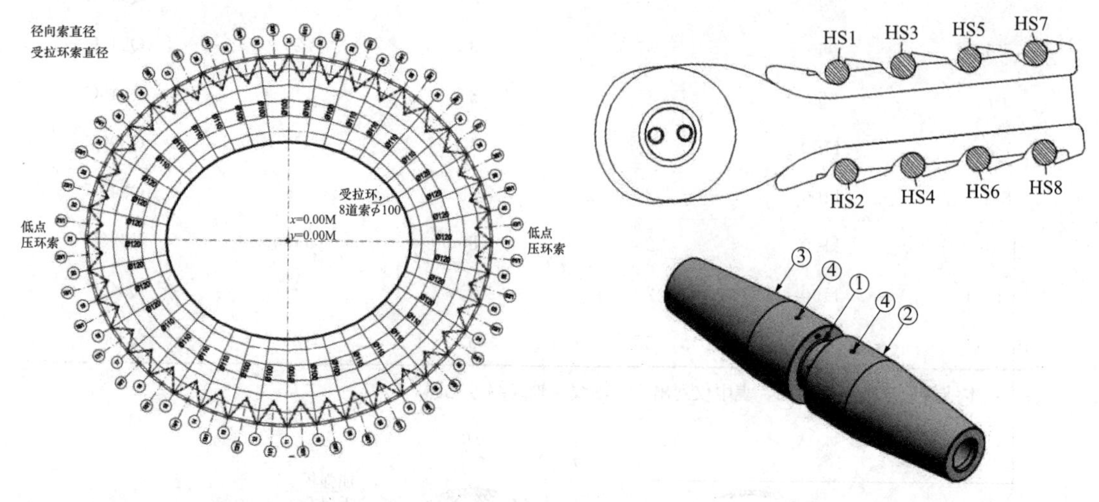

图2-3　体育场拉索规格布置示意图

图2-4　环索剖面及连接点示意图

所有拉索均采用1670级全封闭Galfan钢绞线（外三层为Z形钢丝，内部为圆钢丝，见图2-5），内层采用热镀锌连同内部填充，外层采用锌－5%－铝混合稀土合金镀层防腐处理。拉索索头如图2-6所示。

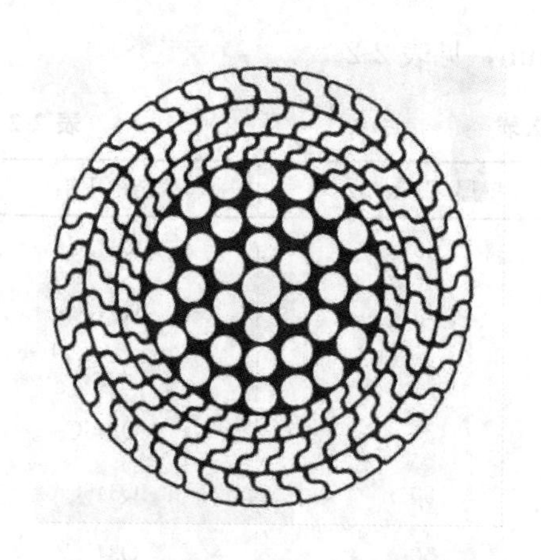

图2-5　全封闭锁紧钢丝束断面图

图2-6　径向拉索索头示意图

2.1.3　结构关键节点

2.1.3.1　屋盖压环梁节点

结构V形立柱与压环梁之间均采用相贯焊连接，并用板厚t＝40mm的连接板加强。环梁各段之间采用法兰连接，如图2-7所示。

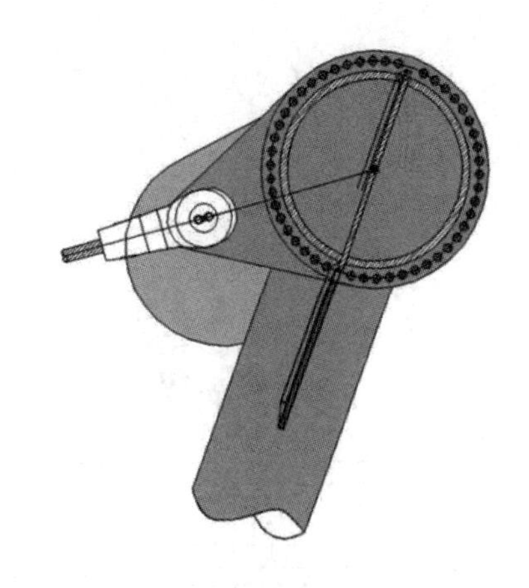

图 2-7　屋盖压环梁节点详图

2.1.3.2　柱脚节点

80 根钢柱两两相连形成 40 组 **V** 形柱，一共有 40 个柱脚节点，如图 2-8、图 2-9 所示。

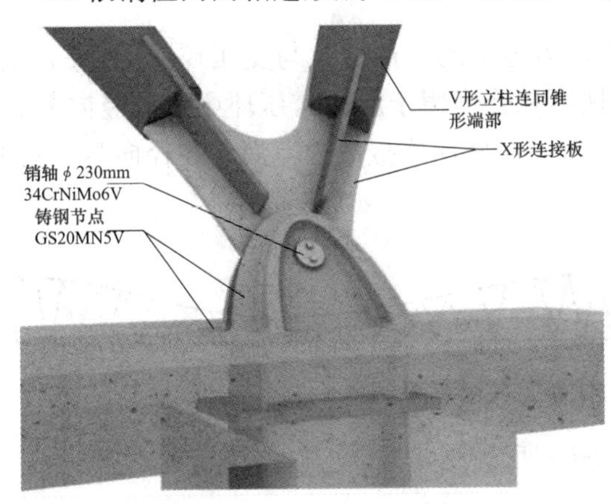

图 2-8　柱脚节点详图（一）

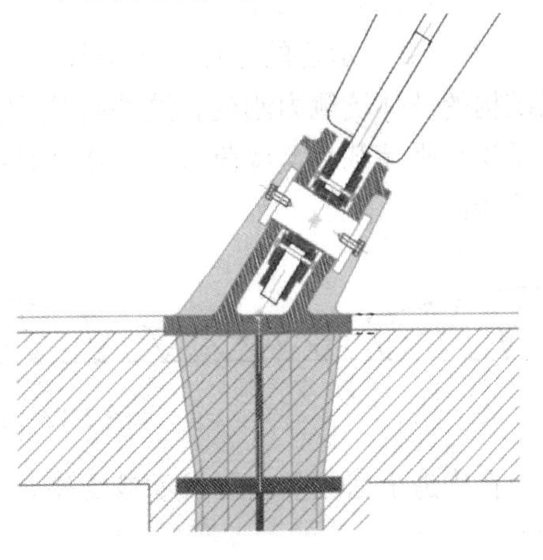

图 2-9　柱脚节点详图（二）

本工程柱脚节点有着独特且具有创造性的设计，让特定部位的立柱承受指定的荷载，将 V 形立柱分为以下四大类：

(1) 承重且抗侧力体系立柱

图 2-10 中示意的立柱（粗实线）承受结构主要荷载，包括作用于体育场屋盖结构上的竖向荷载与水平荷载，以及周边的幕墙荷载，并将所有荷载传递到支座。

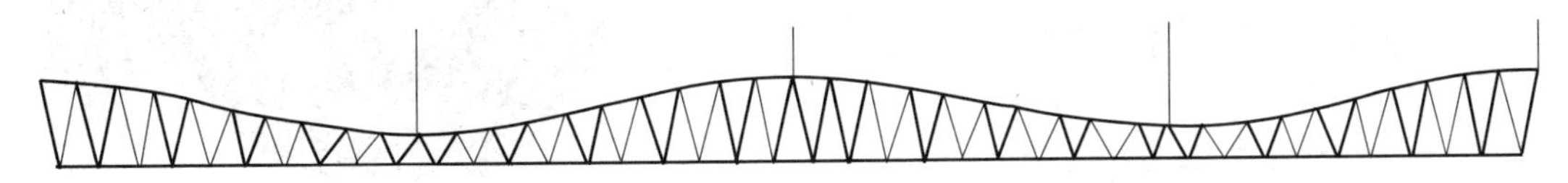

图 2-10　承重且抗侧力体系立柱示意图

在构造上采用固定销轴连接配关节轴承，如图 2-11 所示。

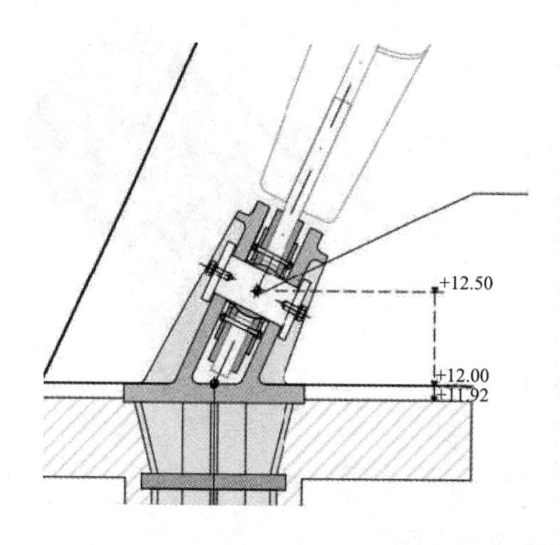

图 2-11　固定销轴连接详图

(2) 抗侧力体系立柱

图 2-12 中示意的立柱（粗虚线）作为抗侧力体系的一部分，与受压环共同作用，增强结构的整体抗侧力刚度。这些抗侧力体系柱不承受作用于屋面与压环梁上的竖向荷载，只承受水平荷载与幕墙荷载，因此在柱脚支座处，将竖向连接放松，而仅在径向与环向进行连接固定。

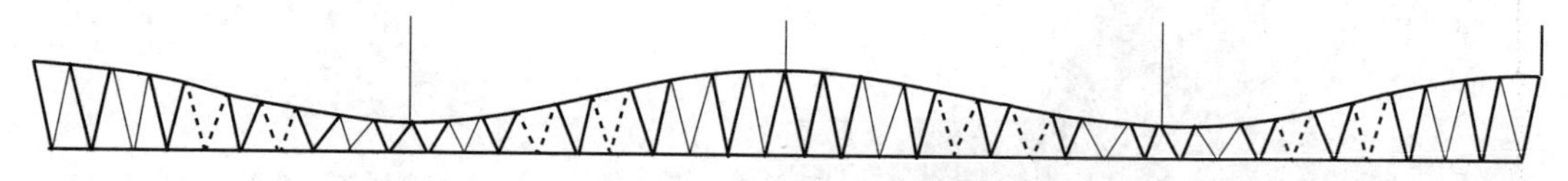

图 2-12　抗侧力体系立柱示意图

在构造上采用竖向可滑动铰支座，如图 2-13 所示。

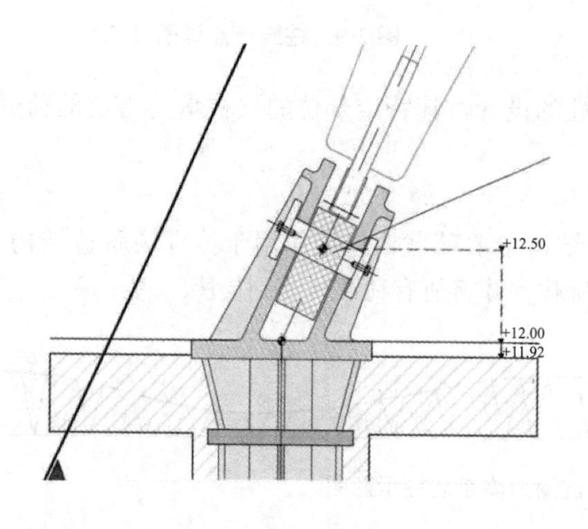

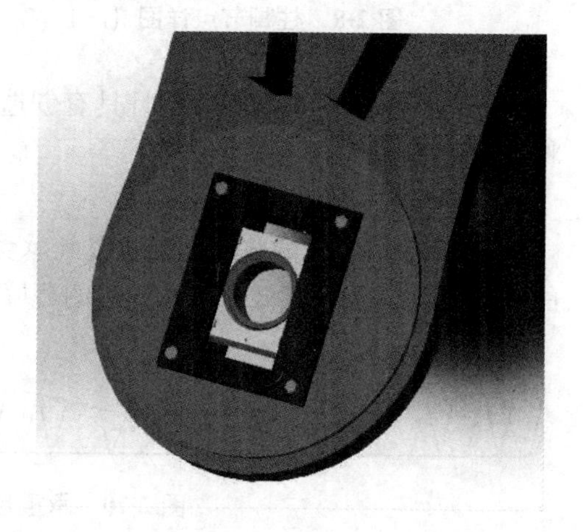

图 2-13　竖向可滑动铰支座详图

（3）幕墙立柱

图 2-14 中示意的（细实线）立柱不承受屋盖结构的整体荷载，仅承受周边的幕墙自重与作用于幕墙上的荷载，如作用在幕墙上的风与地震作用。故在柱脚支座设计中将径向连接固定，其余方向均放松。

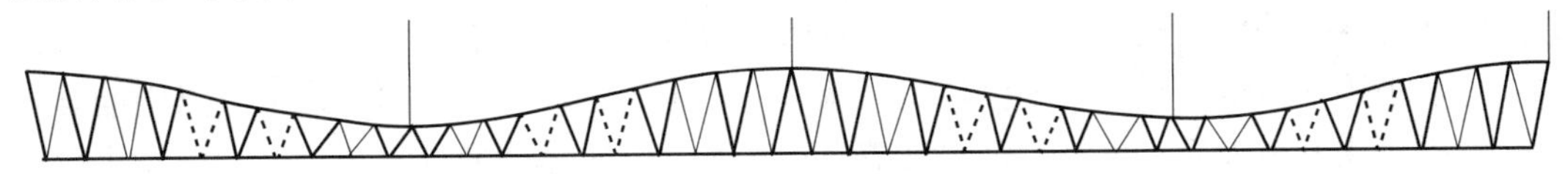

图 2-14　幕墙立柱示意图

在构造上采用两向滑动铰支座，如图 2-15 所示。

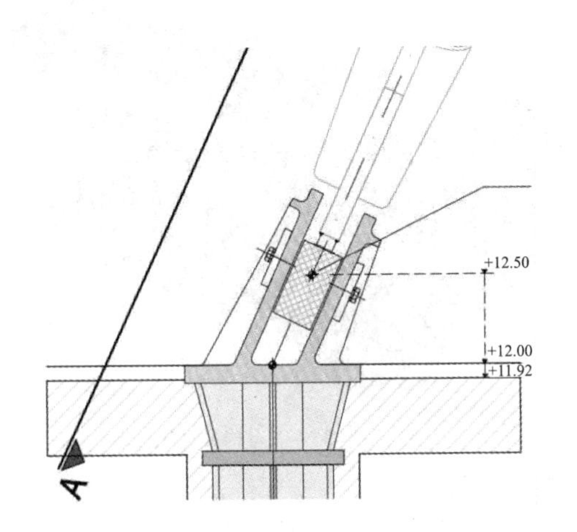

图 2-15　两向滑动铰支座详图

（4）单根不承受结构竖向荷载的立柱

图 2-16 中，30/1 轴和 31/1 轴的一组 V 形立柱中有单根不承受结构竖向荷载的立柱，该根柱只承受水平荷载与幕墙荷载，然而与抗侧力体系立柱不同的是，竖向约束在单侧柱沿长轴方向放松，在构造上采用允许轴向滑动的套筒连接。

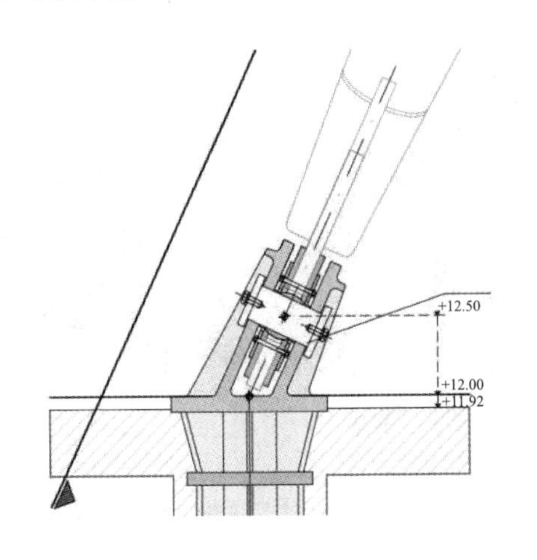

图 2-16　允许轴向滑动的套筒连接详图

这几类带滑动的连接形式增加了支座的复杂性和不确定性，其中可以上下滑动的关节轴承铰支座、可以上下左右滑动的关节轴承铰支座均是国内首创的。

2.1.3.3 环索索夹节点

拉索索夹的化学性能及力学指标参照欧洲及德国标准 DIN EN 10213 的规定，且索夹铸造后须对索孔等位置进行二次机械加工打磨，以满足精度要求。

为减小铸钢重量、减少铸钢模具，降低造价，本工程环索和径向索连接节点中间耳板与加强板采用钢材焊接，再将铸钢索夹节点焊在其上，实体模型见图 2-17（*a*）。索夹由两部分构成：中间的耳板及加强板由轧制钢板 Q390 构成、铸钢件上设置了孔道用于放置及固定内环索，采用 G20Mn5＋QT，详见图 2-17（*b*）。

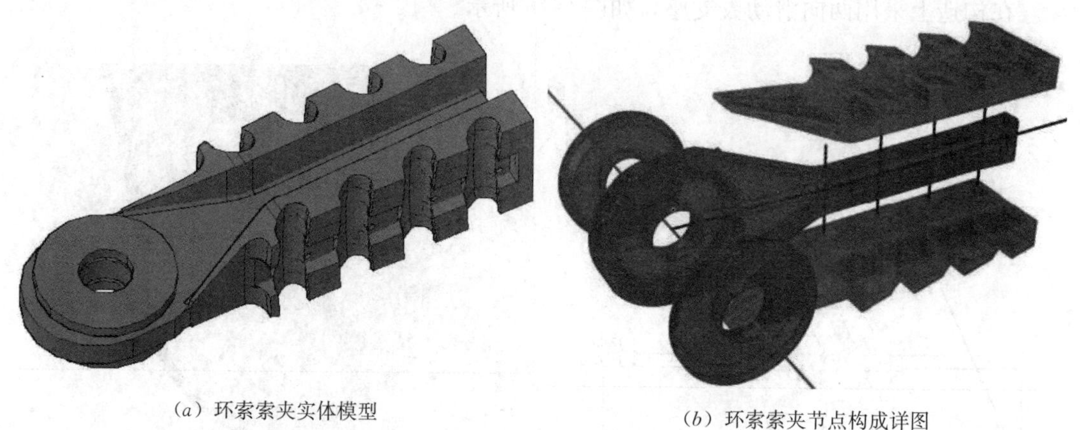

（*a*）环索索夹实体模型　　（*b*）环索索夹节点构成详图

图 2-17　环索索夹示意图

所有的铸钢件均采用同样的几何尺寸，浇铸成形后进行机械加工，从而便于与下部不同角度的中间耳板进行连接，而上部依然能保证对环索进行可靠固定。在加工过程中，将侧边多余的铸钢件切除，既美观也经济合理，如图 2-18（*a*）所示。

中间的耳板由一块位于中心的钢板与两块加强板共同构成，这两块加强板将通过一圈贯通的坡口焊缝与中间耳板焊接，如图 2-18（*b*）所示。

此节点是索网结构的最重要节点之一，是保证径向索和环索共同工作的关键节点。

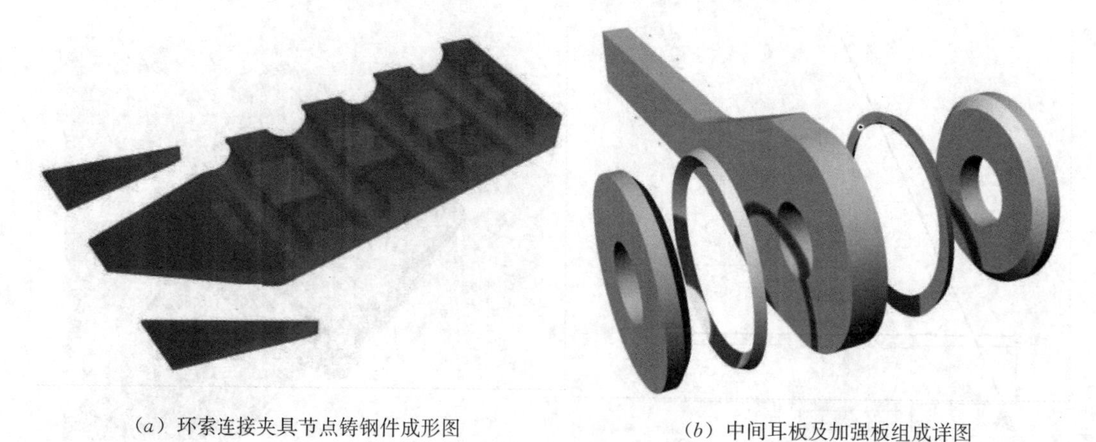

（*a*）环索连接夹具节点铸钢件成形图　　（*b*）中间耳板及加强板组成详图

图 2-18　环索索夹构成详图

2.1.3.4　膜拱节点

膜屋面由 40 个膜单元组成，单元膜片四周边界分别与环索、径向索及压环梁进行连接，膜顶部与钢拱进行连接，形成整体张拉结构。膜拱结构节点示意图如图 2-19 所示。

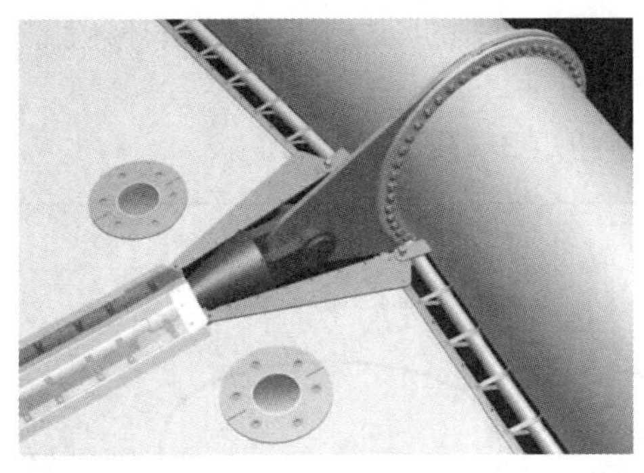

（*a*）膜与环梁连接节点

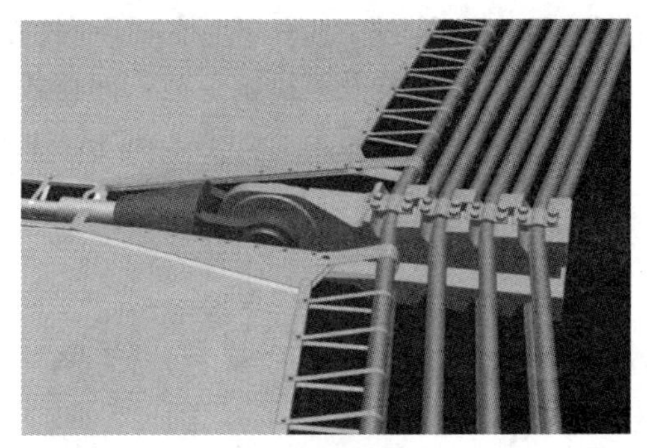

（*b*）膜与环索连接节点

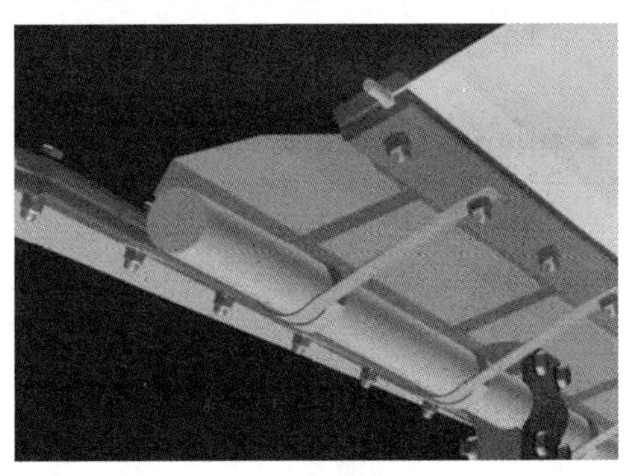

（*c*）膜与径向索节点

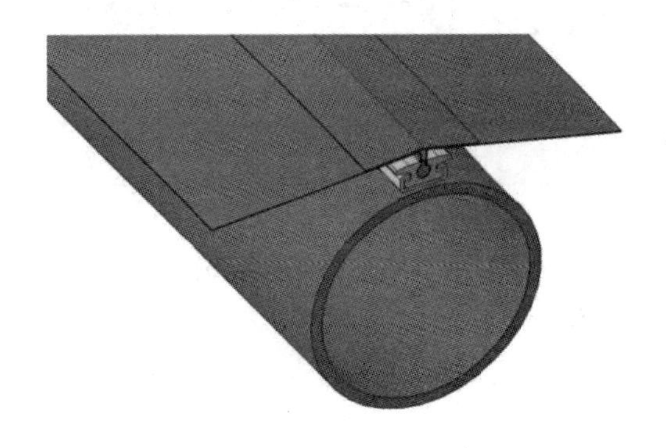

（*d*）膜与钢拱连接节点

图 2-19　屋面膜拱节点详图

2.1.4　设计荷载条件

体育场的荷载取值包括恒载、风荷载、雪荷载、地震作用，另外还有由照明设备、扬声设备、布线、由操作和维修技术设备导致的荷载以及雨和冰雹等活荷载。此外，温度荷载所引起的效应也要加以考虑。

2.1.4.1　结构自重

所有结构构件的自重将通过程序自动计算，构件长度为结构模型中节点到节点之间的距离。通过在截面及材料参数定义中所定义的容重和截面面积，所有结构构件的自重将准确得出。钢结构密度考虑 $7850kg/m^3$，其节点的自重通过将结构构件密度增加 10%进行考虑。结构上的超重节点将通过附加节点荷载的方法施加。

2.1.4.2　附加恒载

部分附加恒载如图 2-20 所示。

（1）径向索索头自重：根据索头规格重量分别为 4.5、6.0、7.5kN，以集中荷载形式施加在径向索两端；

(2) 内环索索夹自重：每个 15.0kN，以集中荷载形式施加在径向索与环索交汇处；

(3) 马道恒荷载：内环马道在内环每个环索索夹集中荷载 55.0kN，外环马道在低点压环梁上线荷载 1.3kN/m，径向马道在 1/21 轴径向索每个拱角节点上集中荷载 48kN；

(4) 幕墙恒荷载：幕墙面荷载 0.5kN/m²，深百叶幕墙荷载 34.0～61.0kN 通过集中荷载施加到幕墙立柱的悬挑梁上，压环梁上外包层荷载 7.0kN/m 以线荷载的形式施加到结构外环梁上；

(5) 屋面膜结构及膜拱恒荷载：面荷载 0.1kN/m²；

(6) 压环梁均布扭矩 9.8kN · m/m，虹吸水槽扭矩 2.47kN · m/m。

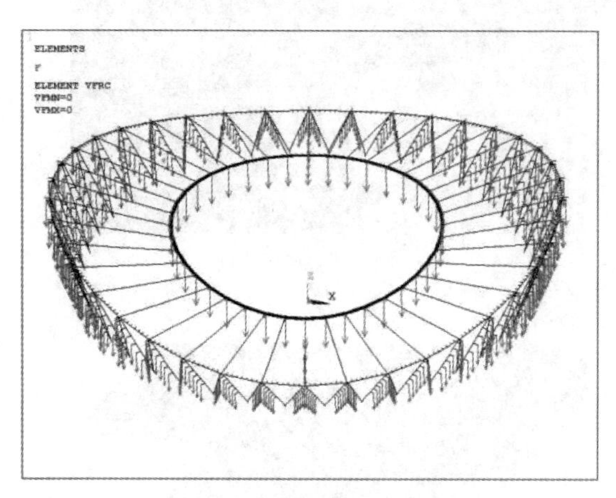

(*a*) 集中荷载施加示意图

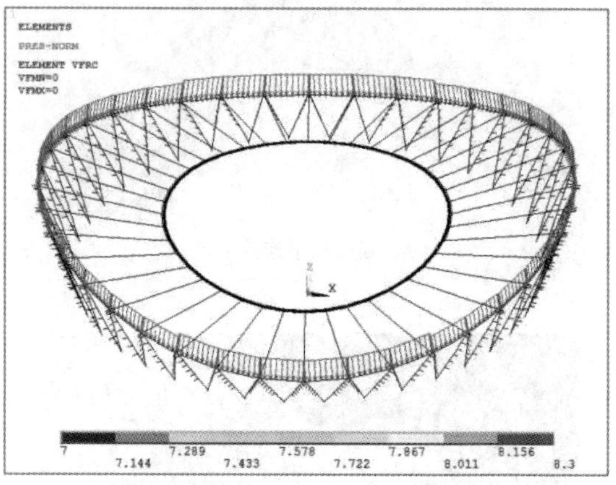

(*b*) 压环梁线荷载施加示意图

图 2-20 部分附加恒载示意图

2.1.4.3 预应力工况

拉索初始预应力值，通过施加等效温差的方法加以模拟，具体拉索初始预应力值见图 2-21、表 2-3。

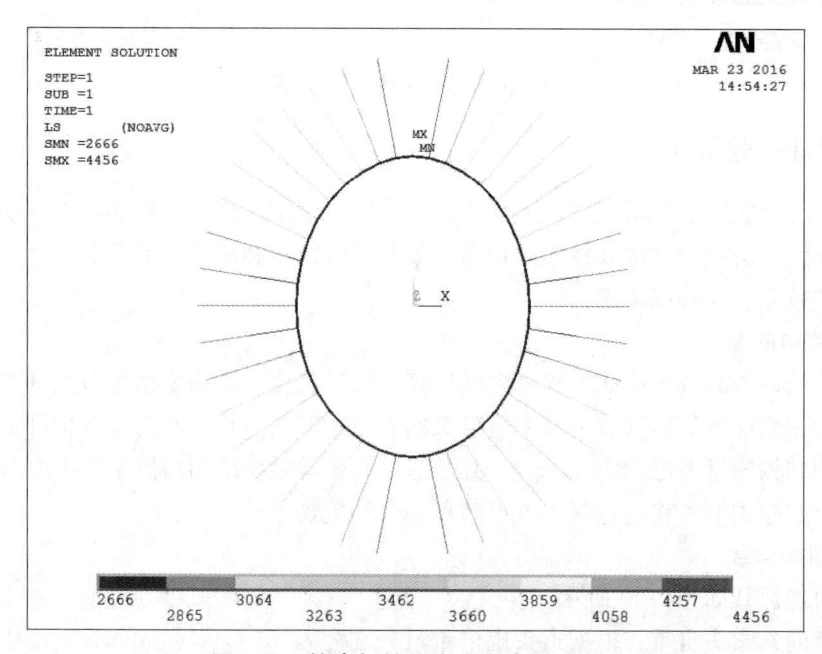

图 2-21 拉索初始预张力示意图（kN）

拉索初始预张力表（kN）　　表 2-3

轴线	1	2	3	4	5	6	7	8	9	10	11
径向索	4456	4410	4234	3791	3639	3634	3550	3213	2883	2878	2941
环索	2666～2789										

备注：本结构为双轴对称结构，表中仅列出 1/4 轴线，轴线编号见图 2-3。

2.1.4.4　活荷载

（1）不上人屋面活荷载：按 0.50kN/m^2 考虑，冰雹和暴雨以及屋面的检修荷载也已经包括在这个荷载内了。

（2）屋面设备活荷载：在内环马道上除了电缆桥架及电缆，还需要设置灯光设备，其线荷载取值 0.45kN/m。

（3）均布雪荷载：基本雪压取值是吴县东山的 100 年一遇的基本雪压值 0.45kN/m^2。

（4）积水荷载：在主要排水沟位置设置排水荷载，采用 5.0kN/m 的积水荷载。

（5）风荷载：苏州市基本风压 w_0=0.50kN/m^2，建筑物地面粗糙度类别为 B 类。

（6）温度荷载：对于钢屋盖结构最大升温差+30°，最大降温差−30°。

2.1.4.5　地震作用

地震动参数取值：基本设防烈度 7 度（0.10g），场地类别 III 类，设计地震分组第一组，特征周期 0.50s（多遇地震）、0.65s（罕遇地震），阻尼比 0.02（对于钢结构单体）、0.04（对于整体模型）。

2.2　施工方案简介

一般的预应力空间钢结构（如张弦梁、张弦桁架、索承网格结构等），均是先进行钢结构的安装，拉索的安装穿插于其中，等最后结构拼装完成之后再进行拉索张拉，施加预应力。轮辐式索网结构是典型的张拉整体结构，以受拉构件为主，含有少量的受压构件，其施工方法与传统结构的施工方法有显著的差异，其结构施工是个动态的过程，其过程内力与施工位形不断变化。

目前对于轮辐式索网结构初始预应力分布的理论和荷载受力分析研究较多，而其施工安装和成形分析却一直是国内外学者研究的热点和难点。国外对于轮辐式索网结构的研究和应用较早，在结构施工方面也做了一些实践，并取得了一些理论研究成果和实际工程经验，但主要集中在双层轮辐式索网结构。科威特的贾比尔·艾哈迈德体育场是目前世界上第一个单层轮辐式索网结构，它的成功应用对我国此类结构的推广有着宝贵的借鉴价值，但这些成果和经验多以专利的形式存在，其核心技术大多没有公开。与双层轮辐式索网结构相比较，由于单层轮辐式索网结构为连续牵引提升，施工难度和风险非常大，需要从施工方案、工装设备以及成形理论等方面加以详尽的研究，才能保证结构的顺利施工。

通过查阅国内外轮辐式索网结构施工相关文献，参考国外实际工程施工方案，针对体育场挑篷结构实际工程特点，对本工程的施工方法进行创新，采用无支架整体牵引提升、高空分批锚固的施工方法，减少大量的高空作业，大大节约了施工工期、减少了施工措施费。

2.2.1 整体结构施工顺序

整体结构结构包括：外环钢构（V形柱和环梁等）、索网结构和屋面膜拱结构。整体结构施工方案如下：

（1）外环钢构安装：在支撑架上拼装外环钢构，包括V形柱和环梁等。

（2）索网施工

a. 索网低空组装：在地面进行拉索的组装；

b. 索网空中牵引提升：通过工装索分批牵引径向索，使整个索网面向上抬起；

c. 索网张拉：在拉索提升过程中，索头达到锚固点后进行锚固。

（3）屋面膜结构施工。

（4）其他附属设施的安装。

2.2.2 索网结构施工方案

索网结构采用固定千斤顶斜向牵引整体提升、分批锚固的无支架施工方法，包括低空无应力组装、整体牵引提升、高空分批锚固三阶段。

根据施工方法，将牵引工装索分成三部分：QYS1、QYS2和QYS3，索网结构和牵引工装索布置如图2-22所示。

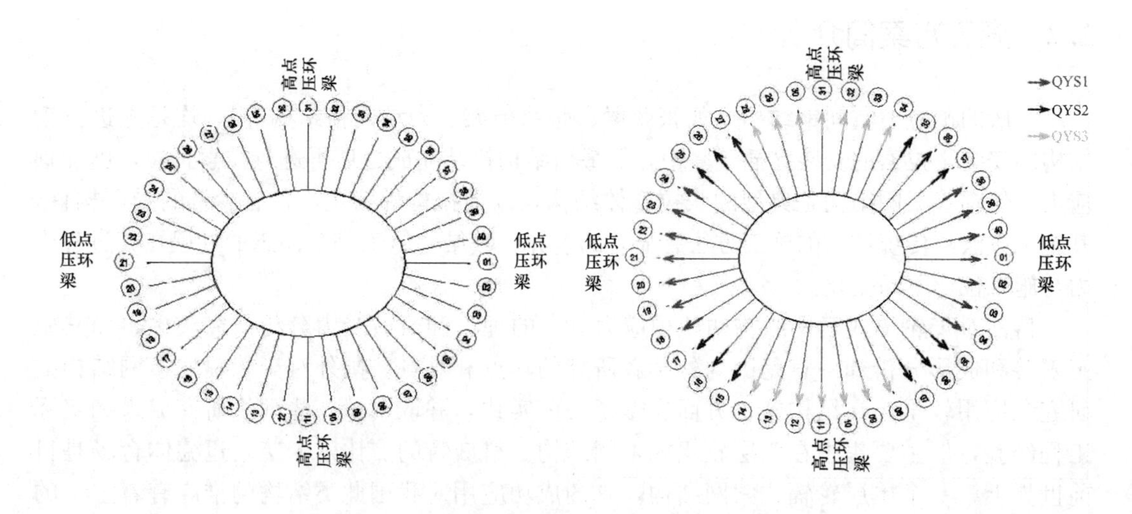

图2-22 索网结构和牵引工装索布置示意图

首先，结构索网和工装索在低空组装，QYS1、QYS2、QYS3整体同步提升；然后，QYS1提升到位、固定，并撤去该位置提升设备，QYS2和QYS3继续提升；其次，QYS2提升到位、固定，并撤去该位置提升设备，QYS3继续提升；最后，QYS3提升到位、固定，索网施工步骤如图2-23所示。

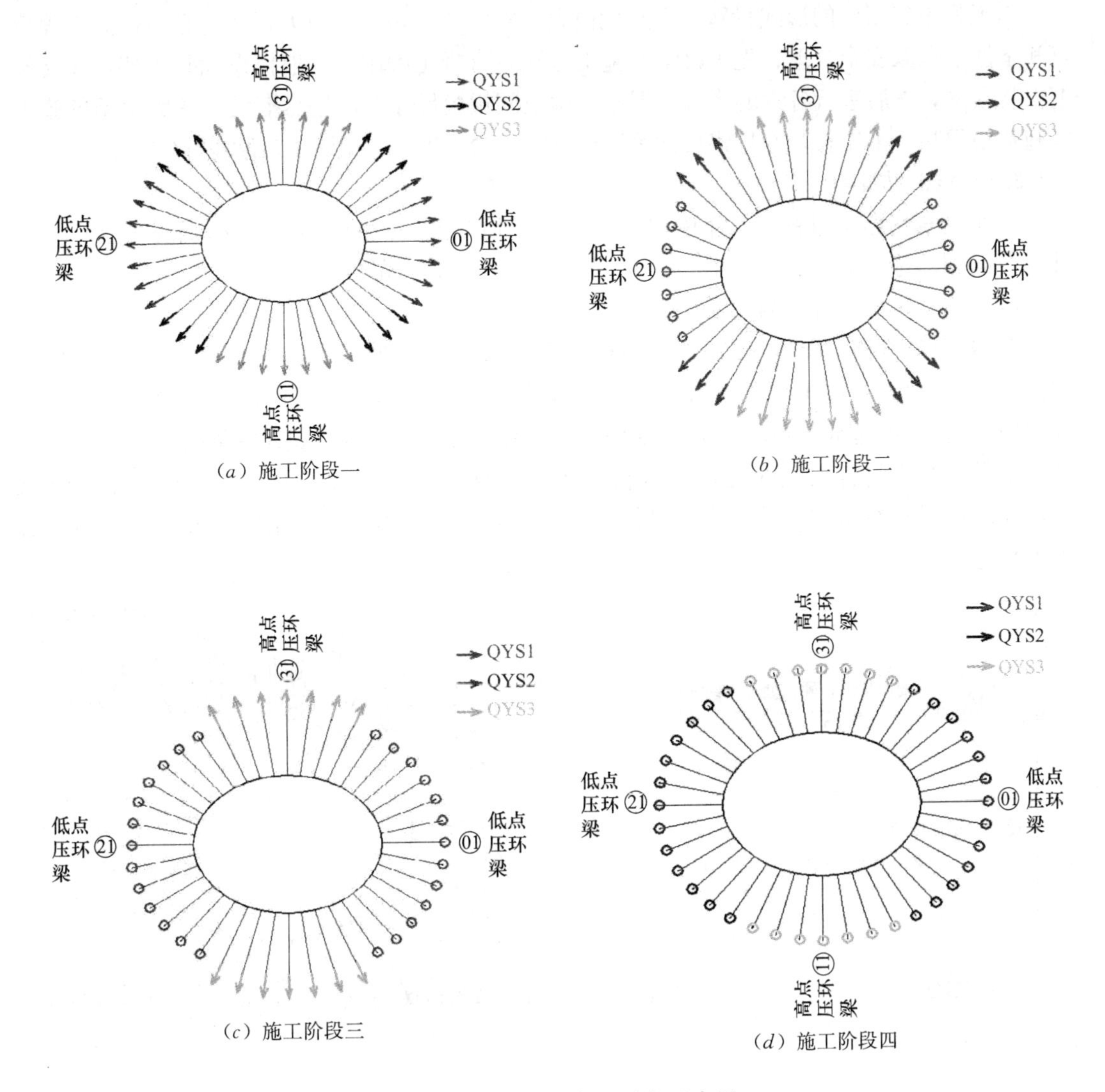

图 2-23　索网结构施工过程示意图

2.2.3　施工难点及对策

2.2.3.1　施工难点

整个屋面曲面为马鞍形单层轮辐式索网结构。索网结构施加预应力张拉的过程是结构施工中非常重要的环节，不仅直接决定了结构施工成形状态的内力和位形，而且关系到结构基于实际施工成形状态条件在使用过程中的受力性能。

拉索规格尺寸大，索力大，数量多，径向索共 40 根，环索共 8 根。为节省拉索费用，本工程采用定长索（索头不设调节量），降低了结构施工的容差性，必然对施工精度提出了高要求。实际施工中一旦出现问题，对工期和经济的影响都是非常大的。

不同于国内其他大型工程的双层索网（承重索和稳定索位于同一竖向平面或交替布置），本工程轮辐式单层索网的构形具有独特性（承重索和稳定索分别位于高区和低区），这必然导致索网安装和张拉过程中的几何位形和索力分布也具有不同以往的独特性。

本工程单层索网的形式特殊、空间规模大、索段数量多、索力大，因此必须根据工程特点和条件，采取安全合理、先进科学的施工方法。常规工程中，一般搭设满堂支架，在支架上组装索网，然后进行各索的张拉。但本工程空间规模尺寸大，显然搭设满堂脚手架的施工措施费用很高，工期长，而且将长索吊运至支架平台上展开和组装的难度也非常大。

2.2.3.2 施工对策

下面就索网施工过程的几个阶段（施工前场地布置、索网低空组装和索网高空牵引提升）中遇到的施工方法方面的难点所采用的相应对策进行介绍。

（1）施工现场平面布置

在体育场内部预留约 6m 宽的环道做硬化处理，以方便设备和索体材料运输与堆放，如图 2-24 所示。通过体育场西侧两条进出场通道将径向索索盘与环索索盘运输至场地内，并利用一台 150t 履带吊和一台 70t 汽车吊将各索盘摆放至指定位置以便展开。

用吊机分别将各索盘的拉索在看台及场地内展开，其中各径向索在看台上沿径向展开，并用护板垫在索体与看台之间以保护混凝土看台；环索在场内铺开，并与径向索通过索夹相连。

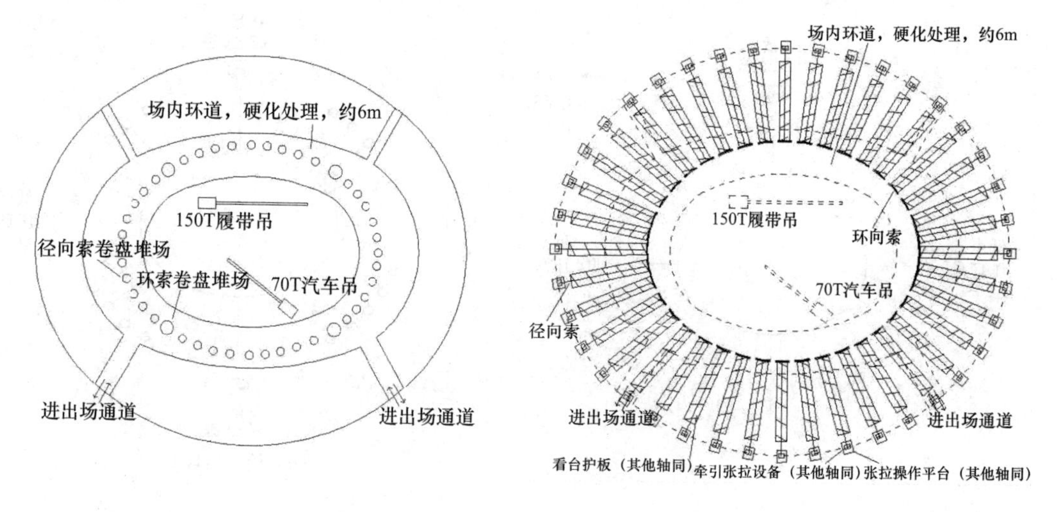

图 2-24　拉索进场场地布置示意图

（2）索网低空组装

索网低空组装的原则有自内向外和自上而下对称安装相同位置的构件、耳板后焊应消除拉索制作长度误差和外联钢结构安装误差、地面组装时应严格控制拉索长度和索夹位置等，索网低空组装施工顺序：拉索展开→铺设环索→铺设径向索→安装环索连接夹具→安装索头→安装牵引设备和工装索→准备牵引提升。

首先，将拉索展开，拉索采用卷盘运输至现场，为避免拉索展开时索体扭转，环索采用卧式卷索盘。用吊机将索盘运至环索投影位置，在放索过程中，因索盘绕产生的弹性和牵引产生的偏心力，开盘后，应按照索体表面的顺直标线将拉索理顺，防止索体扭转，拉索在地面展开（图 2-25）。

图 2-25 拉索地面展开工程现场示意图

然后，铺设径向索和环索，由于环索每根总长较长，运输和现场铺设展开较为困难，因此要求每根环索均分为两段，即 8 根环索一共分为 16 段进行运输和现场铺设，环索分段如图 2-26 所示，其中环索连接端部距环索索夹中点为 700mm，环索连接锥形索头长 1370mm。

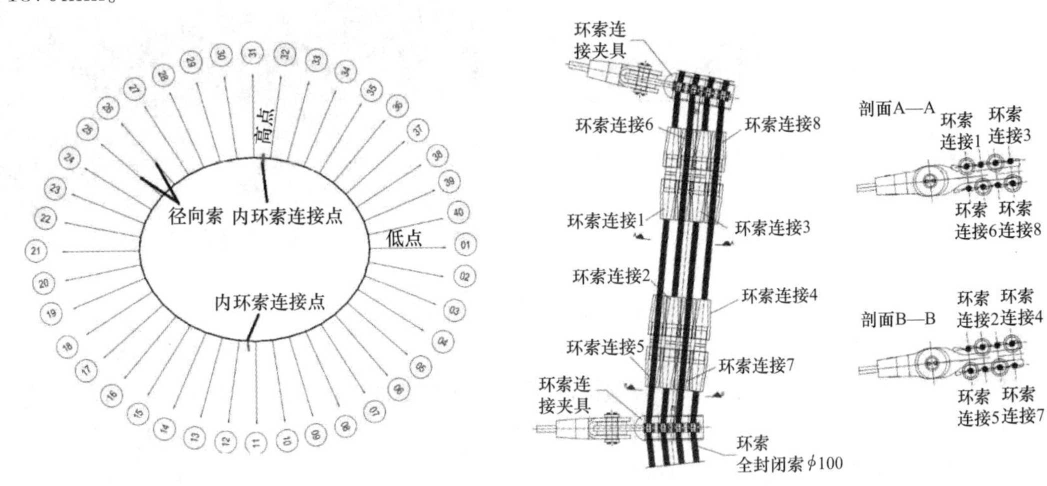

图 2-26 环索分段平面和剖面图

最后，安装牵引设备和工装索。通过施工力学分析，根据索网组装状态下的结构位形，确定所需的工装索的长度，如表 2-4 所示。

径向索牵引工装索（QYS）组装长度 表 2-4

编号	工装索长度（mm）	数量
QYS1	11500	14
QYS2	13000	12
QYS3	14500	14

（3）索网牵引提升

索网牵引提升的原则有分级牵引上径向工装索，使各牵引索逐渐向上环梁靠近，牵引过程中应以控制索网整体位形为主，以控制工装索的牵引长度和牵引力为辅，牵引过程中索网整体位形的控制标准为：整体位形与理论分析基本相符，几何稳定，拉索不出现扭转。索网牵引提升步骤为：搭设操作平台→安装和调试牵引设备→初步牵引提升→正式牵引提升→第一批拉索锚固就位→继续牵引提升→第二批拉索锚固就位→继续牵引提升→第三批拉索锚固就位。

首先，搭设操作平台，耳板处采用脚手架吊挂架作为操作平台，钢结构施工时，本吊挂架已经搭设。操作平台搭设时在环梁上对应位置外包布条，放置对环梁产生磨损（图 2-27）。

其次，安装和调试牵引设备（图 2-28），采用连续牵引提升设备，本设备将通用预应力工程施工装备中张拉千斤顶、精轧螺纹钢筋和钢绞线自动工具锚通过加工的多块平台钢板连接件组装成能满足提升安装需要的连续提升千斤顶，其重量轻、组装拆卸灵活，设备改造费用低，其使用精轧螺纹钢筋作为立柱支撑架，不仅保证了千斤顶改造后具有较好的强度和刚度，且其在拆卸后仍可用作张拉预应力钢棒进行预应力施工，达到一顶多用的目的。

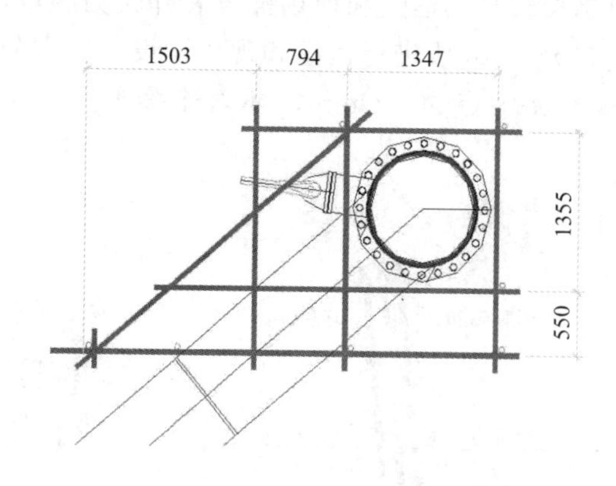

图 2-27　操作平台示意图

另外，本设备对承压较大的千斤顶底部承压钢板和下工具锚固定钢板之间的精轧螺纹钢筋立柱采用螺纹套筒加强的方式，很好地提高了下部立柱支撑架的承压能力和立柱的稳定性。本设备导向安全锚钢绞线夹片顶压弹簧的弹性系数较上、下工具锚小，避免了提升过程中千斤顶活塞回缩时导向安全锚先于下工具锚锚紧，从而避免了精轧螺纹钢筋立柱成为受压杆。

图 2-28　索网连续牵引提升设备工程应用

最后，需要通过力学分析，根据施工过程每一个阶段所有轴线处的张拉力进行工装耳板（图 2-29）的设计和千斤顶（表 2-5）的选择。

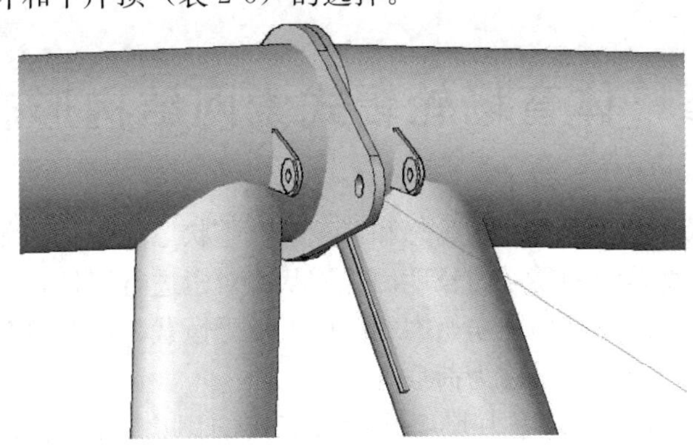

图 2-29　牵引提升工装耳板

工装索规格和牵引液压千斤顶型号（1/4 结构）　　表 2-5

工装牵引索编号	最大牵引力（kN）	牵引液压千斤顶			
		型号	数量（台/牵引点）	额定牵引吨位（t/台）	钢绞线根数（根/台）
QYS1-1（低点）	555.18	YCW60B	2	60	4
QYS1-2	570.19	YCW60B	2	60	4
QYS1-3	563.15	YCW60B	2	60	4
QYS1-4	861.29	YCW60B	2	60	4
QYS2-5	1071.4	YCW150B	2	150	8
QYS2-6	1088.5	YCW150B	2	150	8
QYS2-7	1850.6	YCW150B	2	150	8
QYS3-8	2698.3	YCW250B	2	250	12
QYS3-9	2510.0	YCW250B	2	250	12
QYS3-10	2507.7	YCW250B	2	250	12
QYS3-11（高点）	2571.0	YCW250B	2	250	12

第3章　体育场轮辐式索网结构形态研究

索结构有三个状态：零状态、初始态和荷载态。零状态是指结构无应力时的安装位形状态，对应的拉索长度是索的零应力长度。从零状态对索进行张拉，达到设计预应力值和几何位形，就得到了初态。结构在初始态的基础上承受恒载、活载等其他荷载作用后，所具有的几何位形和内力分布状态称为荷载态。

索结构的零状态对应的无应力长度并没有直接的用途，因为拉索制作时一般都是带应力下料的，不过这个零应力长度是计算带应力下料长度的基础。初始态对张力结构而言是最为重要的，表现在三点：第一，它对应建筑设计希望实现的几何形态；第二，它的预应力值和几何位形为结构承受荷载提供了刚度和承载力；第三，它是施工张拉的目标状态，即张拉完成后的预应力与几何位形满足设计给定的要求。

体育场挑篷结构所有拉索定长，不设调节量，施工成形态取决于索长和外联节点安装坐标，通过零状态找形分析的一个重要目的就是得到受压环梁的变形预调值。如图 3-1 所示，圆环在力 F 作用下，处于实线所示位形，这代表受压环在拉索的拉力作用下处于设计初始态。如果在实线位形拼接受压环，当拉索拉力作用之后，受压环就会变形到虚线所示位形。如果能找到一个位形，如图中的点画线所示，在该位形下受力 F 的作用，能够变形到实线的位形，那么点画线的位形就是零状态；它与实线位形的差就是受压环的变形预调值。

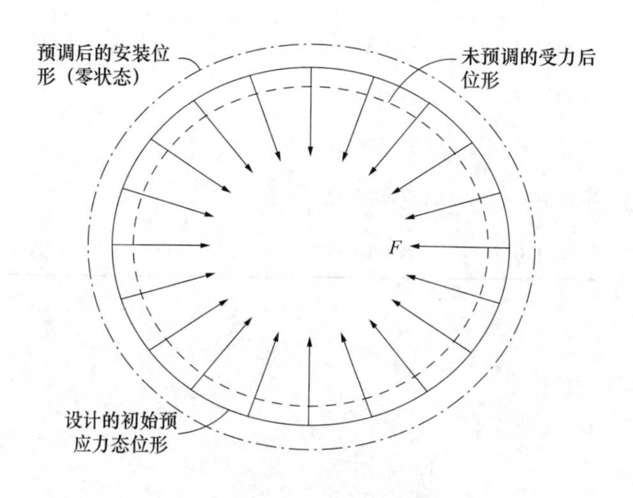

图 3-1　受压环梁的变形预调值

3.1 零状态找形理论

根据目标结构位形，通过零状态找形分析，确定结构安装的零状态，以满足设计对位形的要求，零状态找形流程如图 3-2 所示。

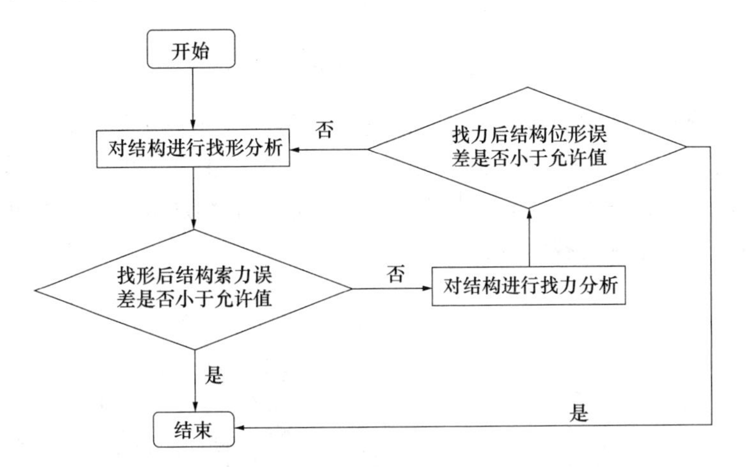

图 3-2　零状态找形计算流程图

零状态找形方法总体来说可分为正算法和反算法，如图 3-3 和图 3-4 所示。分析过程与施工过程一致的为正算法，分析过程与施工过程相反的为反算法。

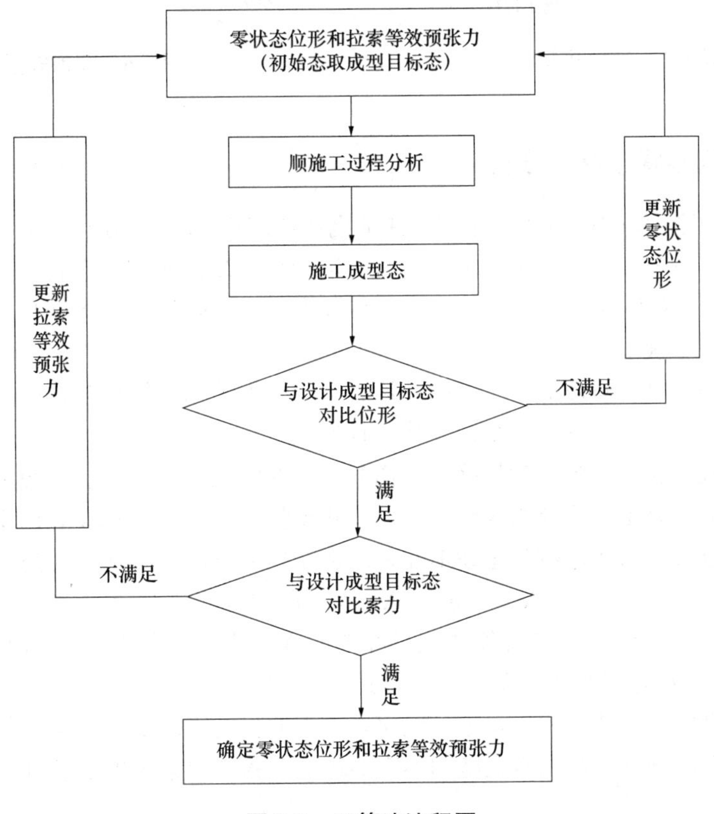

图 3-3　正算法流程图

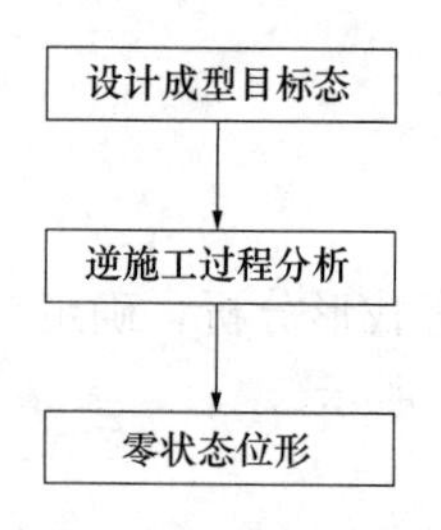

图 3-4 反算法流程图

零状态找形分析分为保守过程和非保守过程两种，如图 3-5 和图 3-6 所示，保守过程中，正算法和反算法均能得到零状态，而非保守过程中，正算法可以得到零状态，反算法则不能，所以，用正算法进行零状态找形分析任何情况下都是可行的，本书采用正算法对体育场挑篷结构进行零状态找形分析。

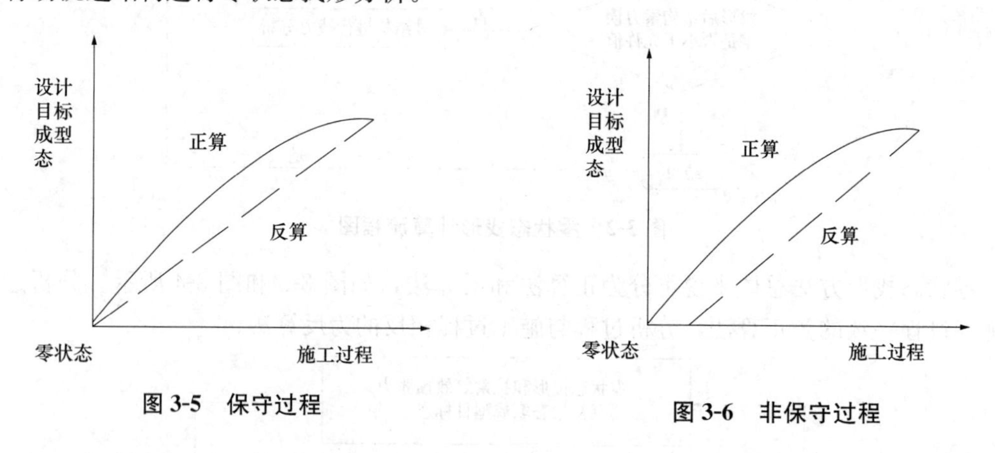

图 3-5 保守过程

图 3-6 非保守过程

3.1.1 全结构零状态找形分析

若整体结构刚度较小，或者预应力张拉时刚构的刚度较小，导致结构的外廓尺寸，如结构的跨度、矢高等，不能满足要求，则需要进行整体结构的零状态找形；若整体结构刚度较大，预应力张拉时刚构的刚度也较大，仅仅索杆系在张拉时位形变化较大，则需对索杆系进行子结构零状态找形。

体育场挑篷轮辐式马鞍形单层索网结构属于全张力结构，结构整体刚度及预应力张拉时钢结构的刚度较小，需进行全结构零状态找形分析。

全结构零状态找形分析，就是确定结构各节点的施工安装坐标。一般分析都是已知未受力的结构位形，求受力后的结构状态。但零状态找形分析与之相反，已知受力状态，求未受力的结构位形。因此，零状态找形需采用逆迭代的方法，其逆迭代公式为：

$$X^{(1)}=X_{\mathrm{P}},\ X^{(i)}=X_{\mathrm{P}}-\Delta X^{(i-1)} \tag{3.1}$$

式中：X_{P} 为目标初始态下结构各节点的坐标；$X^{(i)}$ 为第 i 次迭代的零状态节点坐标，$\Delta X^{(i-1)}$ 为第 $i-1$ 次迭代平衡的节点位移，其中 $i\geqslant 2$。

节点坐标更新后，结构位形发生了变化，拉索的长度也改变了。索长的变化量与索长相比是小量，因此分析中在拉索上施加不变的等效预张力，索长的变化并不会引起索力的较大变化。

3.1.2　索杆结构找力分析

拉索等效预张力 P 是在索结构分析中以等效初应变 ε_0 或等效温差 ΔT_0 等方式直接施加在拉索上的非平衡力，是模拟拉索张拉的一种分析手段。在拉索等效预张力和结构自重的共同作用下达到结构自重初始态。P 与 ε_0 和 ΔT_0 的关系为：

$$\varepsilon_0=P/(EA),\ \Delta T_0=-\varepsilon_0/\alpha=-P/(EA\alpha) \tag{3.2}$$

式中：E、A、α 分别为拉索的弹性模量、截面积和温度线膨胀系数。

预应力钢结构工程中设计初始态是已知的，施工分析首先需要确定拉索等效预张力，从而进行找形分析和张拉过程分析。找力分析可分两步骤：（1）确定等效预张力分布模式：根据结构特点和设计初始态以及实际施工情况，确定在哪些预应力构件上施加等效预张力；（2）按照一定的算法确定满足已知目标条件的等效预张力值。

等效预张力找力分析一般采用迭代方法。保持结构模型完整性，根据一定的迭代策略不断调整拉索等效预张力，使平衡态的索力满足收敛标准。增量比值法、定量比值法、补偿法和退化补偿法的迭代公式和假定如式（3.3）～式（3.6）所示，各迭代法的共同假定是群索结构中索力相互影响小。

增量比值法：

$$[k]^{(i)}=[k]^{(i-1)},\ P_j^{(i)}=\frac{P_j^{(i-1)}-P_j^{(i-2)}}{F_j^{(i-1)}-F_j^{(i-2)}}(F_{Aj}-F_j^{(i-1)})+P_j^{(i-1)} \tag{3.3}$$

定量比值法：

$$[k]^{(i)}=[k]^{(i-1)},\ P_j^{(i)}=\frac{P_j^{(i-1)}}{F_j^{(i-1)}}F_{Aj} \tag{3.4}$$

补偿法：

$$[k]^{(1)}=\cdots=[k]^{(i)}=[k],\ \Delta P_j^{(i)}/\Delta F_j^{(i)}=\lambda_j=\lambda\ (1\leqslant j\leqslant n) \tag{3.5}$$

退化补偿法：

$$[k]^{(1)}=\cdots=[k]^{(i)}=[k],\ P_j^{(i)}=F_{Aj}-F_j^{(i-1)}+P_j^{(i-1)} \tag{3.6}$$

式中：F_{Aj} 为第 j 根拉索的目标索力；$P_j^{(i)}$ 和 $F_j^{(i)}$ 分别为第 j 根拉索第 i 次迭代的等效预张力和索力；$[k]^{(i)}$ 为第 i 次迭代的结构刚度；$\{g\}$ 为结构自重和其他外荷载的荷载向量；n 为拉索根数；λ 为补偿因子。

各迭代法通过迭代调整来弥补各自假定的不足。各迭代方法的特点为：

① 增量比值法的假定条件最少，在可适用条件下其收敛速度更快。但存在的问题为：若 $F_j^{(i-1)}=F_j^{(i-2)}$，则迭代发散，需赋两次初值。

② 当预应力钢结构中存在稳定和大刚度的刚构，且结构自重等外载在拉索中产生的拉力与目标索力相比为小量时，则定量比值法较为适用。但存在问题有：若结构自重等外载在拉索中产生的拉力超过目标索力时，则需在拉索中施加负的等效预张力，此时无法收敛。

③ 补偿法适用于结构整体刚度大，符合小变形理论，拉索等效预张力对结构刚度影响小，且各索刚度状况基本一致的预应力钢结构。补偿因子 λ 值是决定补偿法收敛速度和是否收敛的关键因素之一。

④ 退化补偿法是补偿法的特例，即 $\lambda=1$，适用于索端刚度大的情况，收敛稳定但速度慢。

利用上述各找力迭代方法的特点，对结构进行找形分析，以混合迭代法（等效预张力以等效初应变的方式施加）为例，具体实施步骤如下：

（1）赋初值，赋予各组拉索等效初应变值或等效温度值，一般可取

$$\varepsilon_i^{(1)}=F_i/(E_i\times A_i) \tag{3.7}$$

（2）进行几何非线性分析，提取拉索索力，判断索力值与目标索力的误差是否满足 $e_i^{(1)}<e_{\lim}$，满足，则结束，否则继续；

（3）采用退化补偿法迭代公式：

$$\varepsilon_j^{(2)}=\lambda(F_j-F_j^{(1)})/E_jA_j+\varepsilon_j^{(1)} \tag{3.8}$$

以 $\varepsilon_j^{(2)}$ 进行第 2 次迭代；

（4）提取拉索索力，判断索力值与目标索力的误差是否满足 $e_i^{(2)}<e_{\lim}$，满足，则结束，否则继续；

（5）若 $F_j^{(i-1)}\neq F_j^{(i-2)}$，则采用增量比法公式：

$$\varepsilon_j^{(i)}=\frac{\varepsilon_j^{(i-1)}-\varepsilon_j^{(i-2)}}{F_j^{(i-1)}-F_j^{(i-2)}}(F_j-F_j^{(i-1)})+\varepsilon_j^{(i-1)} \tag{3.9}$$

若 $F_j^{(i-1)}=F_j^{(i-2)}$，则采用退化补偿法迭代式：

$$\varepsilon_j^{(i)}=(F_j-F_j^{(i-1)})/E_jA_j+\varepsilon_j^{(i-1)} \tag{3.10}$$

（6）重复第 5 步，直到误差是否满足 $e_i^{(i)}<e_{\lim}$退出迭代，找力完成。

3.2 体育场轮辐式索网结构零状态找形分析

3.2.1 分析模型参数

（1）单元类型

单元类型见表 3-1。

单元类型 **表 3-1**

构件		单元类型
拉索		Link10
钢构	环梁	Beam188
	立柱	Beam188
	钢柱与混凝土看台连接	Beam44
	屋面、幕墙	Surf154
	单根不承受竖向荷载立柱连接套筒	Combine14
	索夹及索头	Mass21

注：Combine14 单元弹簧刚度取设计值，胎架（Link10 单元）的设计参数根据结构在自重下竖向位移基本为零确定。

（2）材料特性

1）钢材：弹性模量为 2.06×10^5 MPa，泊松比为 0.3，温度膨胀系数为 1.2×10^{-5}/℃，密度为 8630kg/m³（其节点以及连接板的自重通过将钢结构密度 7850kg/m³ 增加 10%的方法进行考虑），结构上的超重节点（如索头、铸钢节点等）密度为 0，通过附加节点荷载的方式施加。

2）拉索：弹性模量为 1.6×10^5MPa，泊松比为 0.3，温度膨胀系数为 1.2×10^{-5}/℃，密度为 7850kg/m³。

（3）施工荷载条件

荷载条件包括恒载和预应力两部分，其中，恒载包括结构自重、径向索铸钢索头荷载、内环索铸钢节点及其连接件恒荷载、马道荷载、屋面膜结构及膜结构拱荷载和幕墙荷载几部分。

1）恒载：

① 结构自重：所有的结构构件的自重通过程序自动计算。构件长度为结构模型中节点到节点之间的距离，通过在截面材料定义子模块中所定义的容重和截面面积，能准确得出自重。

② 径向索铸钢索头荷载：径向索的索头采用铸钢件，重量较大（每个索头重量为 4kN），不能忽略，在结构计算时采用点荷载的形式添加（图 3-7）。

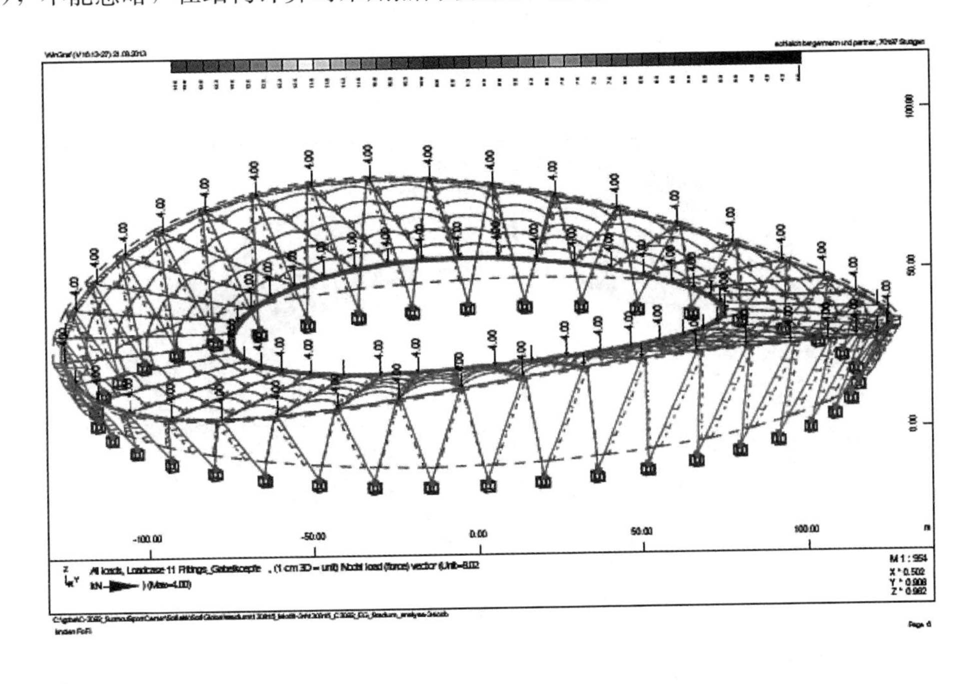

图 3-7　径向索铸钢索头荷载（单位：kN）

③ 内环索铸钢节点及其连接件恒荷载：内环索的铸钢节点起到了连接内环索及径向索的作用，经计算和分析单个铸钢内环索节点重量为 15 kN，如图 3-8 所示。

④ 马道荷载：体育场马道分环向和径向两种，环向马道支撑在内环索铸钢节点间，

径向马道支撑在膜结构拱间，均作为节点荷载施加在结构上，其中，环向马道荷载简化到每个铸钢节点上荷载为 23.65 kN；径向马道荷载简化到每个拱角节点上荷载为 13.5 kN（图 3-9）。

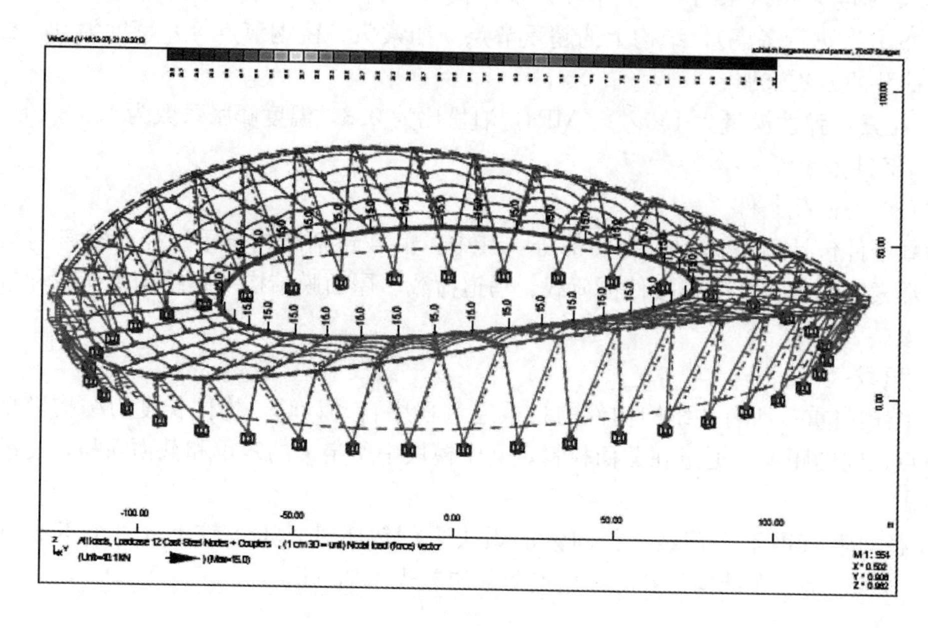

图 3-8 内环索铸钢节点荷载（单位：kN）

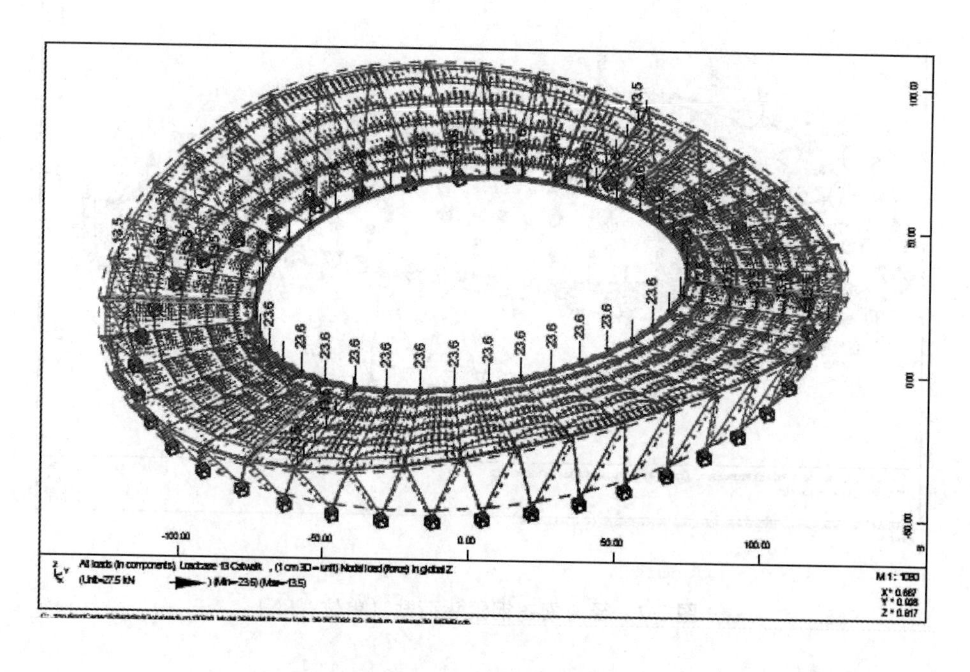

图 3-9 环向和径向马道荷载（单位：kN）

⑤ 屋面膜结构及膜结构拱荷载：膜结构作为屋面结构的覆盖材料支承在拱结构之上，此屋面结构体系很轻，简化成面荷载约 0.1 kN/mm²，如图 3-10 所示。

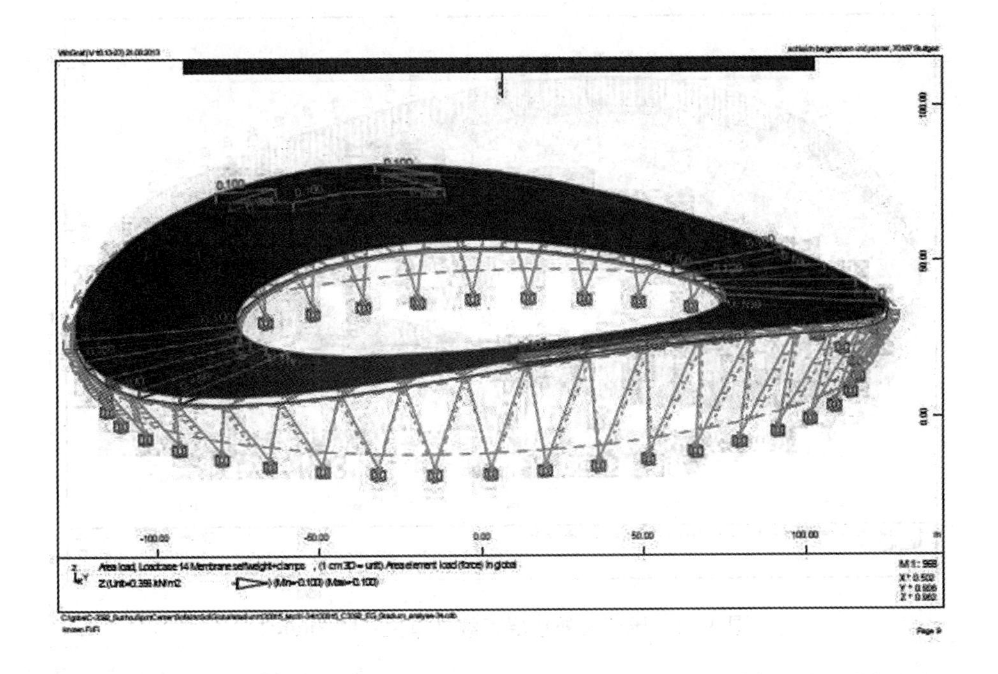

图 3-10　屋面膜结构荷载（单位：kN/mm²）

⑥ 幕墙荷载：主要包括幕墙面荷载（图 3-11）和压环梁上的外包层荷载（图 3-12）。

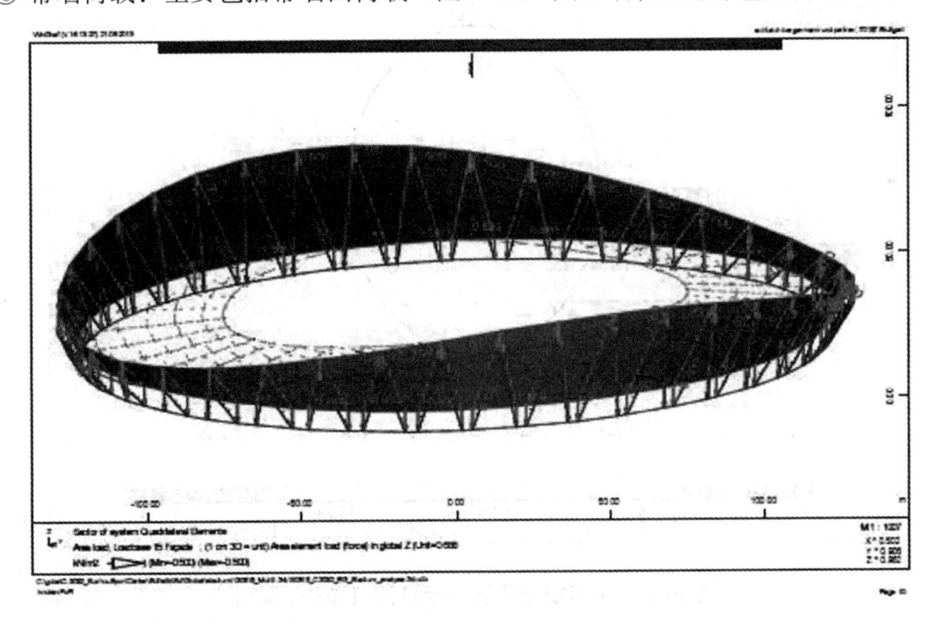

图 3-11　幕墙面荷载（单位：kN/mm²）

2）预应力：

拉索初始预应力值（恒载态），通过施加等效温差的方法加以模拟，具体拉索初始预应力值如图 3-13 及表 3-2 所示。

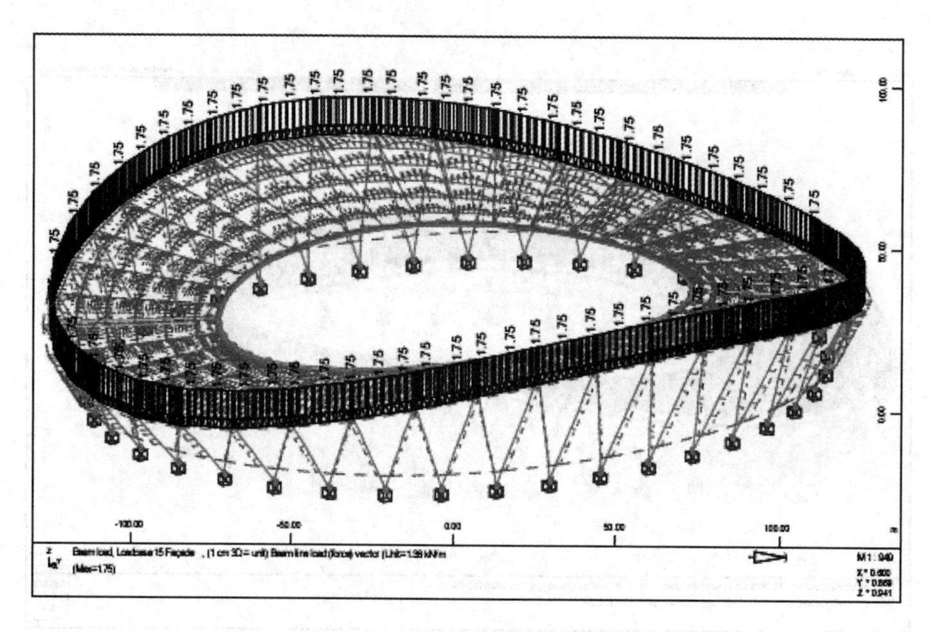

图 3-12　压环梁外包层荷载（单位：kN/mm²）

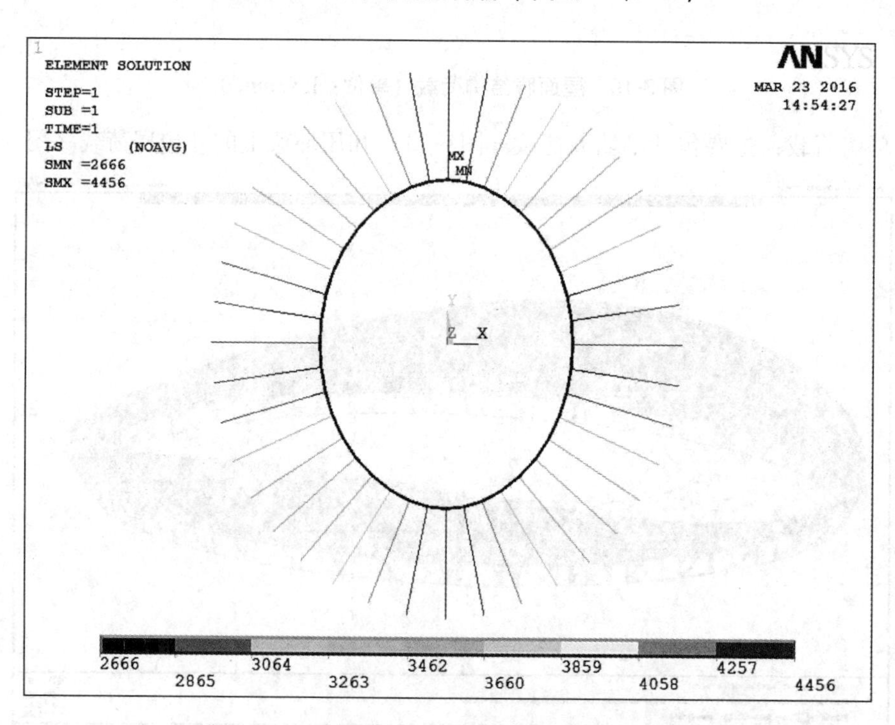

图 3-13　拉索初始预张力示意图（单位：kN）

拉索初始预张力（单位：kN）　　表 3-2

轴线	1	2	3	4	5	6	7	8	9	10	11
径向索	4456	4410	4234	3791	3639	3634	3550	3213	2883	2878	2941
环索	2666～2789										

注：本结构为双轴对称结构，表中仅列出 1/4 轴线。

（4）边界条件

体育场三类不同柱的柱脚约束通过耦合的功能实现。

（5）分析模型

分析模型如图 3-14 所示。

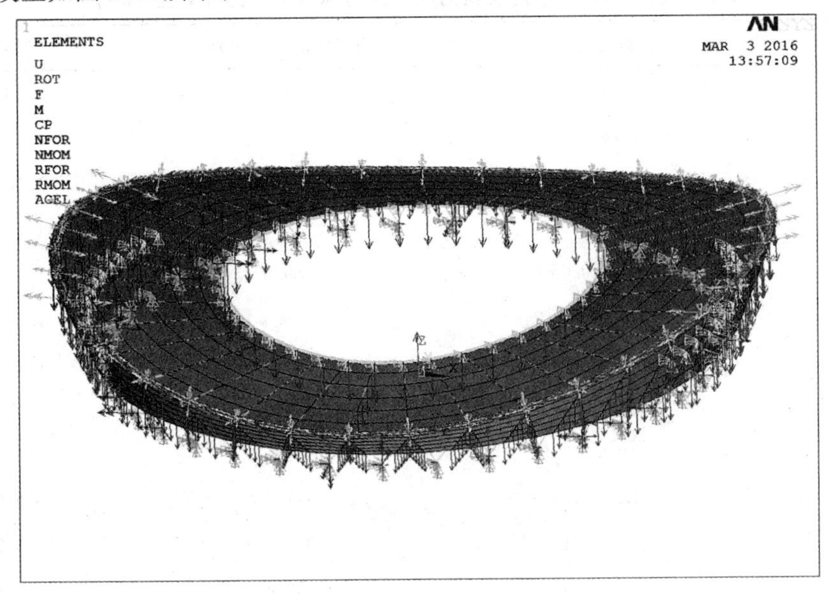

图 3-14　体育场挑篷结构分析模型

3.2.2　分析结果

零状态找形分析目标为：从零状态按顺施工过程分析得到成形态，与设计目标一致，零状态位形如图 3-15 所示。

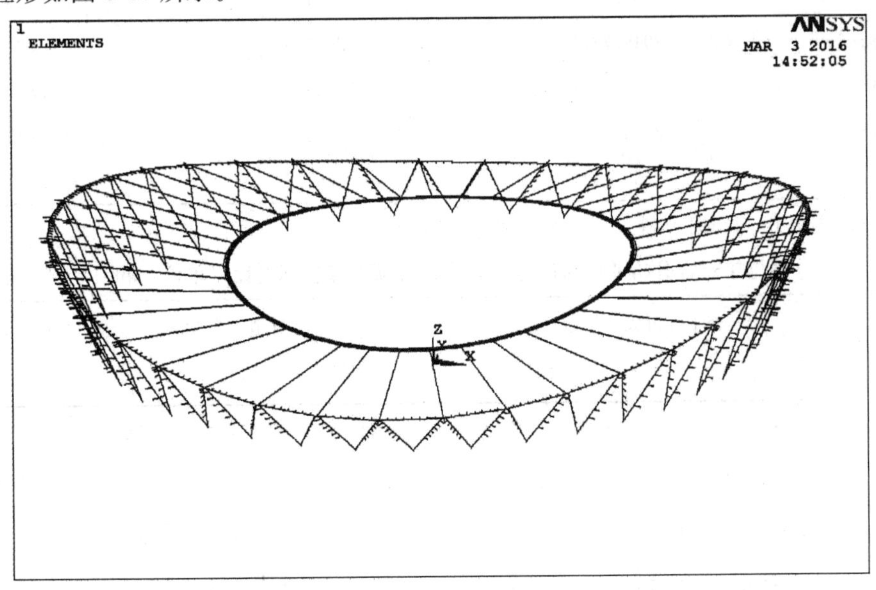

图 3-15　零状态位形

顺施工过程分析的成形态与设计目标态对比，如表 3-3 和表 3-4 所示，索力和位形最大误差分别为 2.59%和 4.99%，符合要求，结构呈 1/4 对称，列出 1～11 轴的径向索和环索索力、柱顶节点坐标结果。

顺施工过程分析的成形态索力与设计目标索力对比（单位：kN）　　表 3-3

拉索编号	设计索力	施工分析成形索力	误差
JS1	4495.0117	4427.6	1.50%
JS2	4478.3745	4415.2	1.41%
JS3	4309.5439	4245	1.50%
JS4	3865.1138	3797.8	1.74%
JS5	3643.0205	3580.2	1.72%
JS6	3624.6743	3556.3	1.89%
JS7	3622.5938	3555.5	1.85%
JS8	3200.1458	3124	2.38%
JS9	2980.5139	2908.9	2.40%
JS10	2986.1108	2911.7	2.49%
JS11	3066.7517	2987.3	2.59%
HS1	2851.7151	2858.4	−0.23%
HS2	2854.7468	2862.8	−0.28%
HS3	2859.7693	2869.1	−0.33%
HS4	2867.8059	2877.9	−0.35%
HS5	2879.9072	2892.7	−0.44%
HS6	2894.9343	2911	−0.55%
HS7	2910.7241	2931.8	−0.72%
HS8	2924.2061	2948.2	−0.82%
HS9	2934.3955	2959.8	−0.87%
HS10	2939.7981	2965.2	−0.86%

注：拉索编号为 JS（径向索）和 HS（环索），数字为各轴线号。

顺施工过程分析的成形态与设计目标柱顶节点坐标对比（单位：mm）　　表 3-4

柱顶节点轴线号	施工分析成形坐标			设计节点坐标			误差
	x	y	z	x	y	z	
1	448.0	129957.1	27013.9	448.0	129957.0	27014.0	−4.99%
2	19595.0	128051.1	27652.0	19595.0	128051.0	27652.0	−3.95%
3	38041.0	122576.0	29452.0	38041.0	122576.0	29452.0	−2.72%
4	55169.0	113795.0	32238.0	55169.0	113795.0	32238.0	−3.28%

续表

柱顶节点轴线号	施工分析成形坐标			设计节点坐标			误差
	x	y	z	x	y	z	
5	70661.1	102366.1	35739.0	70661.0	102366.0	35739.0	−4.16%
6	84166.1	88643.1	39609.0	84166.0	88643.0	39609.0	−4.40%
7	95375.1	72932.0	43474.0	95375.0	72932.0	43474.0	−3.73%
8	103983.1	55703.0	46935.0	103983.0	55703.0	46935.0	−3.53%
9	110117.1	37440.0	49668.0	110117.0	37440.0	49668.0	−3.70%
10	113808.1	18532.0	51397.0	113808.0	18532.0	51397.0	−4.72%
11	114987.1	−693.0	51963.9	114987.0	−693.0	51964.0	−4.81%

然后，提取钢结构拼装关键点零状态坐标和零状态与设计成形态钢结构关键节点位形差值，如表 3-5 和表 3-6 所示。结构呈 1/4 对称，列出 1～11 轴钢结构关键节点拼装安装坐标和零状态与设计成形态钢结构关键节点位形差值。

钢结构关键节点拼装安装坐标（单位：mm）　　**表 3-5**

关键点轴线号	零状态安装坐标		
	x	y	z
1	0	130030	26979
2	19153	128220	27590
3	37624	122830	29362
4	54788	114120	32128
5	70325	102760	35616
6	83886	89105	39483
7	95143	73491	43348
8	103830	56313	46825
9	110050	38091	49586
10	113830	19211	51353
11	115100	0	51962

零状态与设计成形态钢结构关键节点位形差值（单位：mm） 表 3-6

关键点轴线号	位形差值
1	44.2
2	44.0
3	46.4
4	49.7
5	51.3
6	51.5
7	53.4
8	60.9
9	71.9
10	79.5
11	81.5

坐标原点、轴线编号以及各轴关键节点编号如图 3-16、图 3-17 所示。

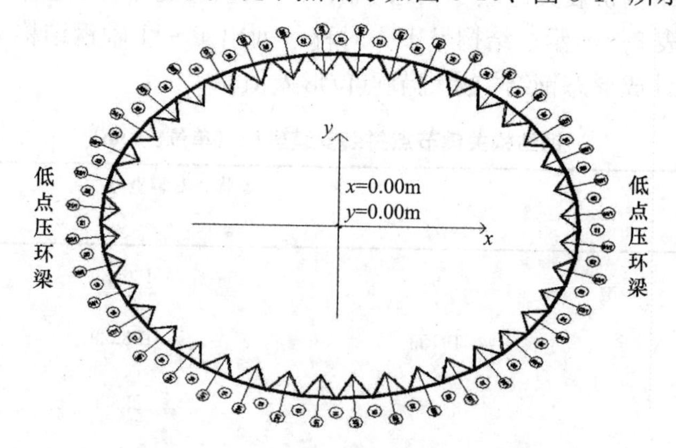

图 3-16 坐标原点及轴线编号示意图

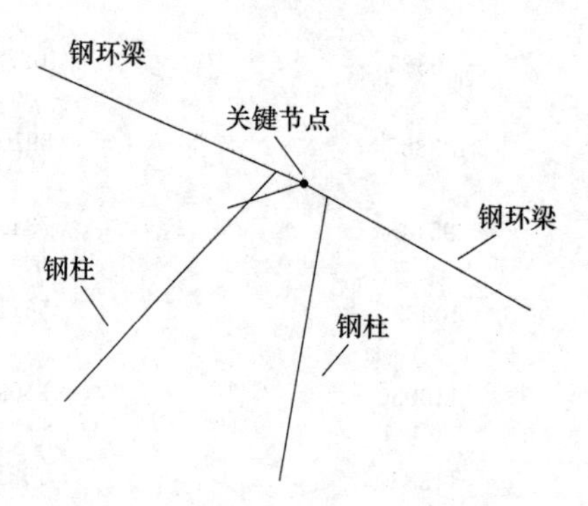

图 3-17 各轴关键节点示意图

第 4 章　轮辐式索网结构静力性能参数化分析

4.1 引言

在对结构静力性能进行参数化分析之前，我们首先需要了解悬索结构中特有的预应力对结构刚度的贡献问题。众所周知，悬索结构中的预应力是一个至关重要的因素，因此必须要考虑预应力对结构刚度的贡献作用，但预应力的增加对结构刚度的提高也是有限的。对于非线性程度较高的索结构要考虑结构的几何非线性，结构越柔、外力越大，几何非线性的影响越大。

先将轮辐式单层索网结构简化为图 4-1 所示的计算模型：由两根径向索和一根环索组成，其中内环索根据刚度等效的原则简化为一根拉索，A、T 分别表示径向索的面积和初始预应力，假定在外荷载 F 作用下产生微小竖向位移 δ，可得到结构刚度推导如下：

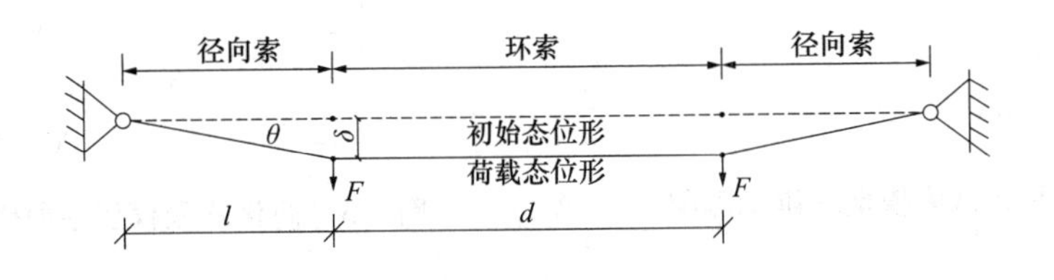

图 4-1　轮辐式单层索网结构平面简化模型

(1) 弹性刚度

由弹性变形引起的索力增量竖向分量为$\dfrac{EA\delta\sin\theta}{l}\cdot\sin\theta\approx\dfrac{EA\delta^2}{l}$，其对应的竖向刚度为$\dfrac{EA\theta^2/l}{l\theta}\approx\dfrac{EA\theta}{l^2}$，是无穷小量。

(2) 几何刚度

根据节点处的平衡条件，可以得到 $T\cdot\dfrac{\theta}{l}\approx F$，其对应的竖向刚度为$\dfrac{F}{\delta}\approx\dfrac{T}{l}$，可以看出其仅与径向索长度和初始预应力有关。

可以看出，轮辐式单层索网结构的“几何刚度”由拉索预应力（即拉索内等效预张力）提供，一般来说，预应力施加的越大，刚度越大，具有越大的颤振抵抗力。

索结构的几何刚度与应力刚化现象息息相关，即构件在无应力状态和有应力状态下刚度会发生较大程度的变化，即在有应力状态下，构件某方向的刚度会显著增大。应力刚化现象通常存在于弯曲刚度相对轴向刚度很小的结构，如索、膜、壳结构等，该效应亦可能是由大变形或者大应变引起的。

4.2 简化八索模型的刚度影响因素

首先，先将轮辐式单层索网结构进行简化，将径向索数量缩减为 4 根，同时环索数量也变为 4 根，即简化为图 4-2 所示的八索模型。其中 AA′、CC′为承重索，BB′、DD′为承重索，A、B、C、D 四点施加约束，八个点的坐标如图 4-3 所示。

对于以下八索模型，假定外环各点的平面投影为已知条件，即认为外环 A、B、C、D 四个约束点的平面投影坐标为已知，现定义 $a=90\text{m}$，$b=120\text{m}$。

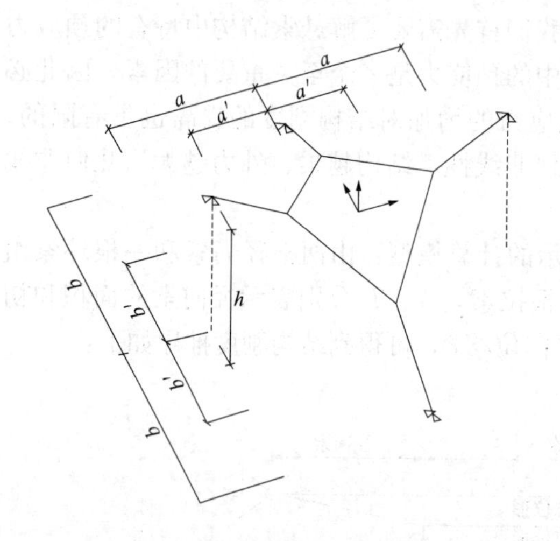

图 4-2 简化八索模型三维轴测图

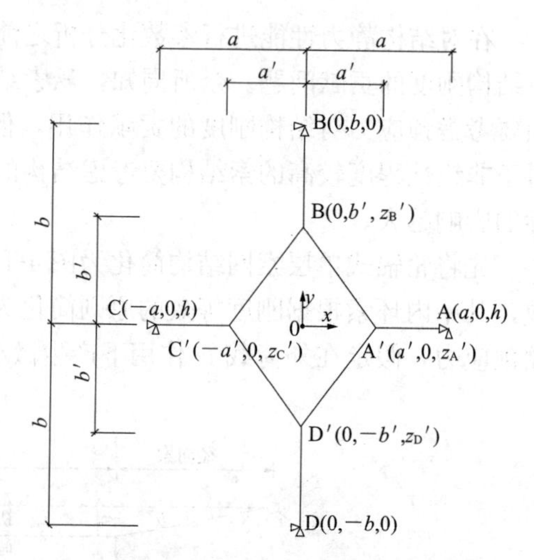

图 4-3 简化八索模型平面坐标示意图

八索模型的其他基本参数：拉索强度等级为 1670MPa，弹性模量为 1.6×10^5MPa，线膨胀系数为 1.2×10^{-5}/℃，拉索密度 7850kg/m³。

变化 h 以得到具有不同外环高差的索系模型，h 分别取 0m，15m，30m：(1) 保持稳定索等效预张力 $P=2000$kN 不变，改变内外环平面投影长短轴比值 a'/a 和 b'/b；(2) 保持内外环平面投影长短轴比值 a'/a 和 b'/b 不变（现定义比值为 0.4），分别改变拉索等效预张力 P 和拉索截面积 A。

在此基础上，每个索段划分为十个单元，考虑结构自重，并对内环各个节点统一施加向下的集中荷载 $F=50$kN（为便于发现规律，施加的竖向集中荷载值较正常使用状态的荷载偏大）后进行有限元计算求解，得到内环索各点最大竖向位移，从而分析以上参数对轮辐式单层索网结构整体刚度的影响。

经过计算求解，可以看出内环索节点竖向位移完全一致，且在向下的集中荷载 $F=50$kN 下，直接导致承重索索力的增加和内环索的张紧，而内环的协调变形又间接地带来了稳定索索力的增长，计算结果见表 4-1～表 4-4。

保持 $a'/a=0.4$ 不变，改变 b'/b 的分析结果　　**表 4-1**

组别	序号	外环高差 h（m）	a'/a	b'/b	内环竖向挠度（mm）	备注
第一组	1	0	0.4	0.2	1771.87	保持 $a'/a=0.4$ 不变，改变 b'/b
	2			0.4	1455.12	
	3			0.6	1532.64	
	4			0.8	1555.83	
第二组	1	15	0.4	0.2	1729.27	
	2			0.4	1429.15	
	3			0.6	1484.03	
	4			0.8	1504.33	
第三组	1	30	0.4	0.2	1656.90	
	2			0.4	1367.21	
	3			0.6	1382.39	
	4			0.8	1387.96	

同时改变 a'/a 和 b'/b 的分析结果　　**表 4-2**

组别	序号	外环高差 h（m）	a'/a	b'/b	内环竖向挠度（mm）	备注
第一组	1	0	0.2	0.2	1905.29	同时改变 a'/a 和 b'/b
	2		0.4	0.4	1455.12	
	3		0.6	0.6	997.59	
	4		0.8	0.8	521.06	
第二组	1	15	0.2	0.2	1850.24	
	2		0.4	0.4	1429.15	
	3		0.6	0.6	982.49	
	4		0.8	0.8	513.20	
第三组	1	30	0.2	0.2	1725.84	
	2		0.4	0.4	1367.21	
	3		0.6	0.6	947.37	
	4		0.8	0.8	494.05	

改变拉索等效预张力 表 4-3

组别	序号	外环高差 h（m）	a'/a，b'/b	等效预张力（kN）	拉索截面积（mm^2）	内环竖向挠度（mm）	备注
第一组	1	0	0.4	1000	4790	1729.00	保持 a'/a 和 b'/b 不变，保持拉索截面积不变，仅改变拉索等效预张力
	2			2000		1455.12	
	3			3000		1109.87	
	4			4000		869.15	
	5			5000		706.88	
第二组	1	15	0.4	1000	4790	1702.05	
	2			2000		1429.15	
	3			3000		1088.66	
	4			4000		852.73	
	5			5000		694.11	
第三组	1	30	0.4	1000	4790	1643.12	
	2			2000		1367.21	
	3			3000		1037.78	
	4			4000		811.02	
	5			5000		659.81	

改变拉索截面积 表 4-4

组别	序号	外环高差 h（m）	a'/a，b'/b	等效预张力（kN）	拉索截面积（mm^2）	内环竖向挠度（mm）	备注
第一组	1	0	0.4	2000	2395	1667.15	保持 a'/a 和 b'/b 不变,保持拉索等效预张力不变，仅改变拉索截面积
	2				4790	1455.12	
	3				7185	1223.00	
	4				9580	1017.01	
	5				11975	853.31	
第二组	1	15	0.4	2000	2395	1635.73	
	2				4790	1429.15	
	3				7185	1202.13	
	4				9580	1001.00	
	5				11975	840.74	
第三组	1	30	0.4	2000	2395	1561.02	
	2				4790	1367.21	
	3				7185	1154.31	
	4				9580	963.06	
	5				11975	818.80	

将表中数据统计整理后，绘制如图 4-4 所示。

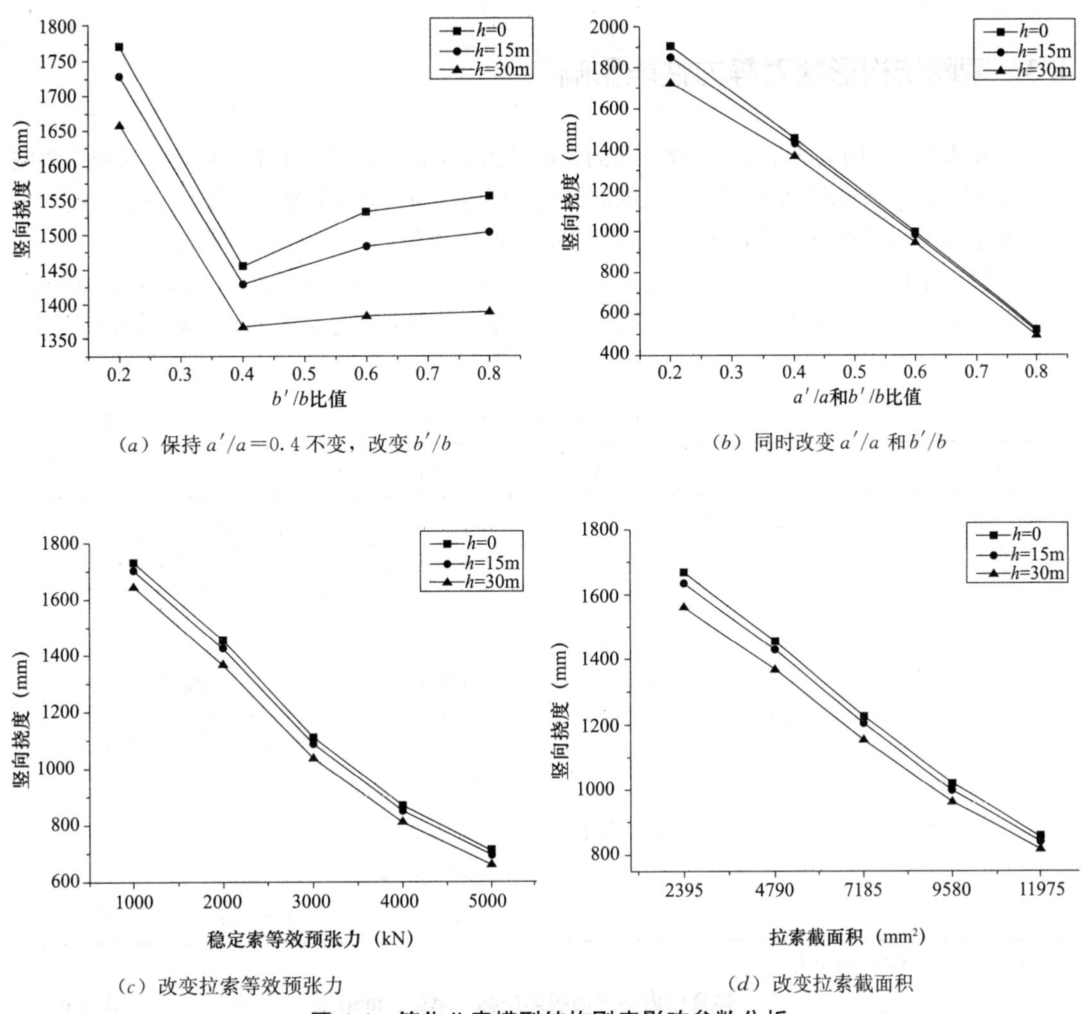

（a）保持 $a'/a=0.4$ 不变，改变 b'/b

（b）同时改变 a'/a 和 b'/b

（c）改变拉索等效预张力

（d）改变拉索截面积

图 4-4　简化八索模型结构刚度影响参数分析

单纯从对结构刚度影响的角度来看，可以得出以下结论：

（1）由图 4-4（a）～图 4-4（d）可以看出，在一定范围内外环的高差 h 越大，结构竖向刚度有一定的增大，但并不显著。

（2）由图 4-4（a）可以看出，当 $a'/a=0.4$，$b'/b=0.4$ 时索网刚度最大，即可理解为内外环平面投影相似程度越大，索网整体刚度越大；

（3）由图 4-4（b）可以看出，在内外环相似的条件下，当 a'/a 和 b'/b 越大，即内环平面投影面积越大（径向索的长度越短），索网结构整体刚度越大；

（4）由图 4-4（c）和图 4-4（d）对比可以看出，在几何位形确定的条件下，分别单独增加拉索等效预张力和拉索截面积，索网的刚度均有显著的提高。相对而言，改变拉索等效预张力对刚度的影响更加明显。

上述结论反映的实际上是：轮辐式马鞍形单层索网结构的整体刚度会受到结构内环平面投影形状和面积、外环马鞍形高差、拉索预应力和截面积等因素的影响。下文通过改变这些影响因素，对索系和外环梁的静力性能进行参数化分析。

4.3 索网结构形状对静力性能影响

一般情况下，场地条件决定了体育场的外环平面投影尺寸，因此本书在对轮辐式单层索网结构的分析过程中，屋盖结构形状改变的前提是外环各点的平面投影坐标已知且保持不变。

鉴于本书的工程背景为苏州奥林匹克体育中心体育场，因此现取外环各点坐标与该项目实际模型坐标相同（见表 4-5），与此同时，以下参数化分析的过程中也将该项目实际模型的内环索各点的平面投影坐标（见表 4-6）作为一个组别进行对比分析（轴线号如图 4-5 所示）。

体育场外环坐标（单位：mm） **表 4-5**

轴线号	x 坐标	y 坐标	z 坐标	备注
1（低点）	115000.0	0.0	52000.0	外环短轴：115×2=230m
2	113739.6	19205.4	51387.8	
3	109980.1	38081.8	49611.2	
4	103785.9	56305.1	46844.2	
5	95113.3	73481.4	43358.9	离心率：
6	83860.6	89088.9	39495.9	$\sqrt{1-\left(\frac{230}{260}\right)^2}=0.4663$
7	70298.7	102737.9	35633.3	
8	54763.5	114090.4	32149.2	
9	37608.0	122793.2	29385.3	
10	19146.1	128182.1	27611.3	
11（高点）	0.0	130000.0	27000.0	外环长轴：130×2=260m

注：屋盖结构轴线编号见图 4-5。

体育场内环平面投影坐标（单位：mm） **表 4-6**

轴线号	x 坐标	y 坐标	索径向平面长度	备注
1（低点）	61000.0	0.0	54000	内环短轴：61×2=122m
2	60289.9	11352.4	54024	
3	58151.7	22767.4	54044	离心率：
4	54570.3	33977.8	54043	$\sqrt{1-\left(\frac{122}{154.2}\right)^2}=0.6116$
5	49634.0	44333.6	54018	
6	43287.2	53670.5	53858	平均径向索平面长度：
7	35493.4	61954.3	53616	53635mm
8	26648.4	68765.1	53337	内环镂空平面投影面积：
9	17648.9	73523.3	53159	14773mm²
10	8869.3	76206.7	52982	
11（高点）	0.0	77090.2	52910	内环长轴：77.09×2=154.2m

注：屋盖结构轴线编号见图 4-5；经验算，内环并不是严格意义上的椭圆形，略有偏差。

利用大型通用有限元软件 ANSYS 建立有限元模型，选取模型基本参数如下：拉索单元 Link10，拉索强度等级为 1670MPa，弹性模量为 1.6×10^5MPa，线膨胀系数为

$1.2\times10^{-5}/℃$，拉索密度 $7850kg/m^3$，保持环索初始预应力 $P=40000kN$，环索截面积 $95808mm^2$。

拉索采用 Link10 单元模拟，每个索段划分为十个单元，径向索须承担膜面传递来的屋面荷载，在分析中施加均布屋面荷载 $1.8kN/m^2$（为便于分析，大于结构正常使用状态下的屋面荷载）。考虑结构自重并分为六个荷载步（$F=0.3$、0.6、0.9、1.2、1.5、$1.8kN/m^2$），进行有限元计算求解，得到内环索各点最大竖向位移、径向索和环索索力以及径向索外端约束处支座反力，从而分析研究各因素对结构静力性能的影响。

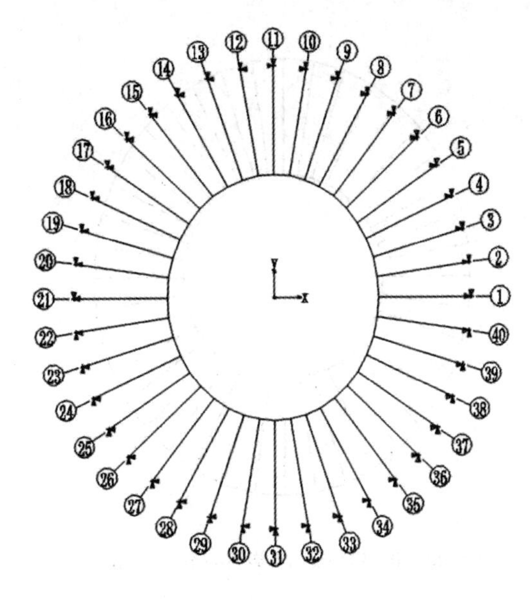

图 4-5　屋盖结构轴线编号（结构 1/4 对称）

本章节通过分别改变内环平面投影形状（即改变内环平面投影椭圆离心率）、内环平面投影大小（即径向索平面投影长度）、外环马鞍形曲面高差，从而达到轮辐式单层索网结构形状的改变。

4.3.1　内环平面投影形状的影响

已知体育场实际结构模型的外环平面投影椭圆离心率为 0.4663，内环平面投影椭圆离心率为 0.6116。为了方便对比，以下分析过程中在保持外环平面投影椭圆离心率为 0.4663（与体育场相同）、马鞍形高差为 25m 不变的前提下，分别改变内环平面投影椭圆离心率为 0（内环为正圆）、0.25、0.4663（与外环相同）和 0.6116（体育场实际内环）。

模型参数见表 4-7。

模型参数——不同内环平面投影形状　　表 4-7

组别	内环平面投影			内环镂空面积 (mm^2)	内外环相似程度	外环马鞍形高差 H（m）	环索初始预应力（kN）	环索截面积 (mm^2)
	半短轴 x_{max}（m）	半长轴 y_{max}（m）	离心率					
第一组	61	61	0	11690	88.46%			
第二组	61	63.001	0.25	12073	91.36%			
第三组	61	68.956	0.4663	13215	99.99%	25	40000	95808
第四组（体育场实际）	61	77.090	0.6116	14773	88.20%			

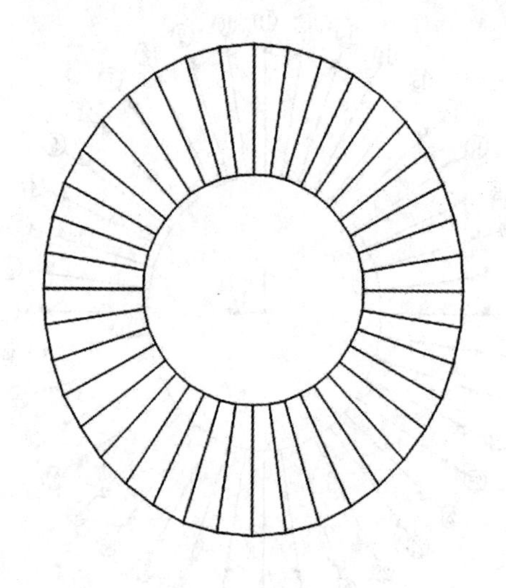

（*a*）第一组：内环平面投影离心率为 0（正圆）

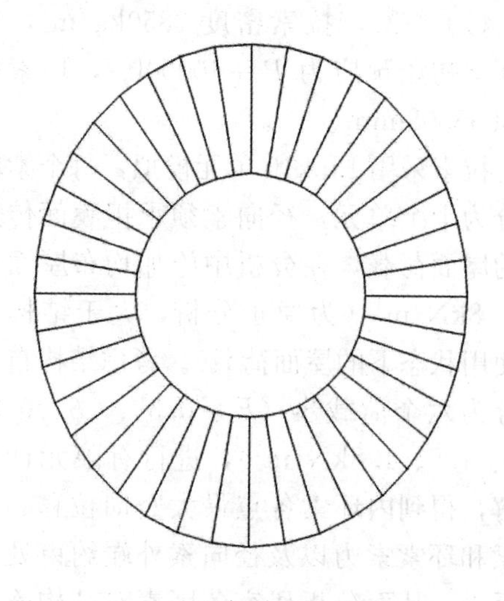

（*b*）第二组：内环平面投影离心率为 0.25

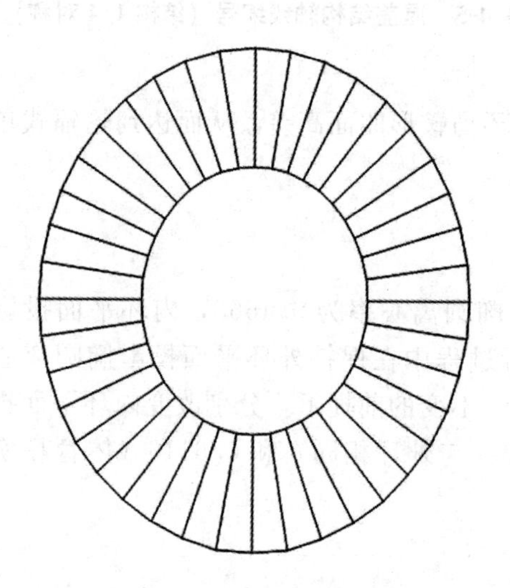

（*c*）第三组：内环平面投影离心率为 0.4663
（与外环相同）

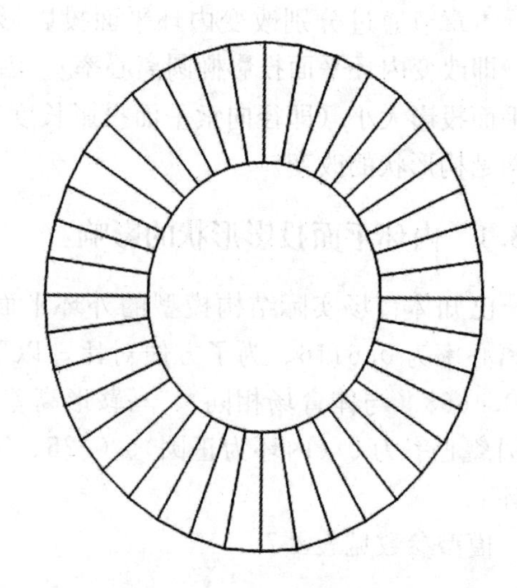

（*d*）第四组：内环平面投影离心率为 0.6116
（与体育场相同）

图 4-6　不同内环平面投影形状示意图

在此基础上，分别建立纯索网模型（不带外环梁的模型）和带外环梁的模型，按照上文所述建立有限元模型、施加约束和荷载，对结构进行分析求解。

4.3.1.1　对纯索网结构影响

首先单独研究内环平面投影形状对纯索网结构静力性能的影响，先假定外环梁刚度无穷大，即将径向索外端约束。对纯索网结构进行求解分析，可以得到四组模型在外荷载作用下的竖向位移和索力图（图 4-7～图 4-10）。

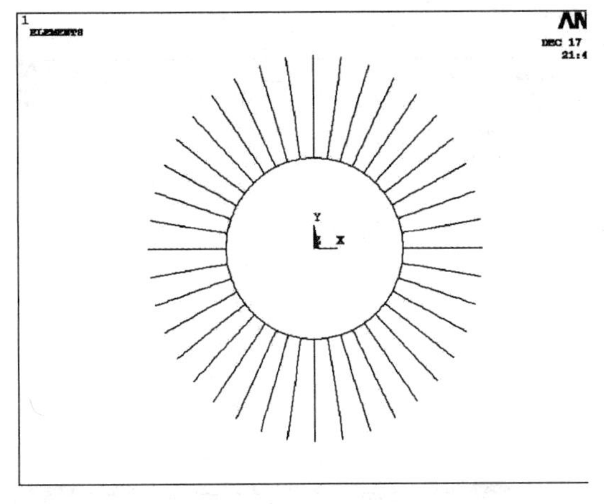

（*a*）模型平面投影示意图

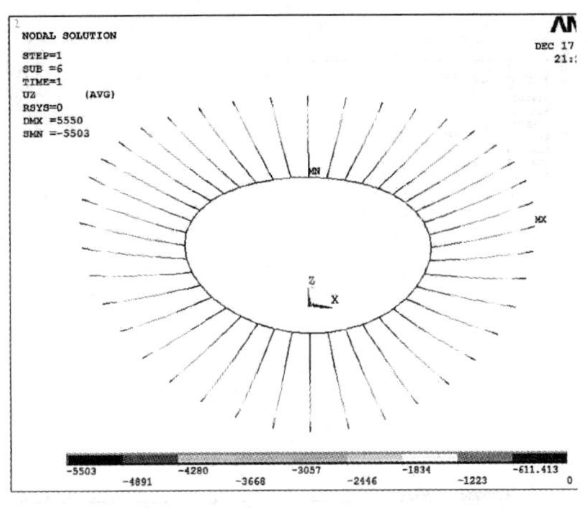

（*b*）外荷载为 1.8kN/m²时竖向位移图（单位：mm）

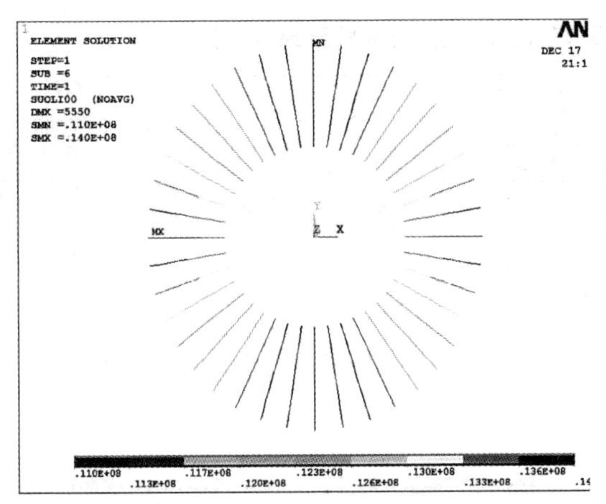

（*c*）外荷载为 1.8kN/m²时径向索索力图（单位：N）

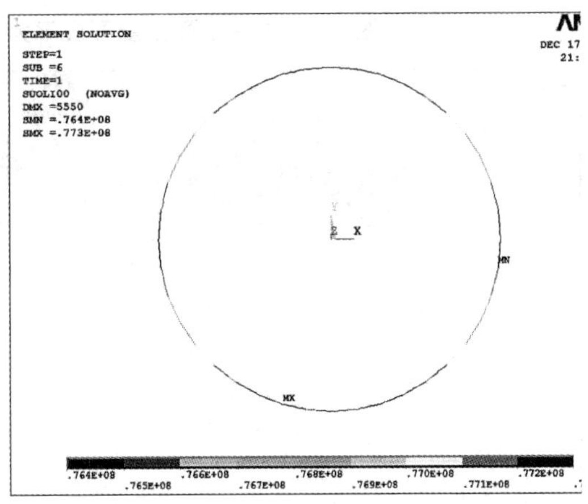

（*d*）外荷载为 1.8kN/m²时环索索力图（单位：N）

图 4-7　内环平面投影离心率为 0（第一组）时求解结果

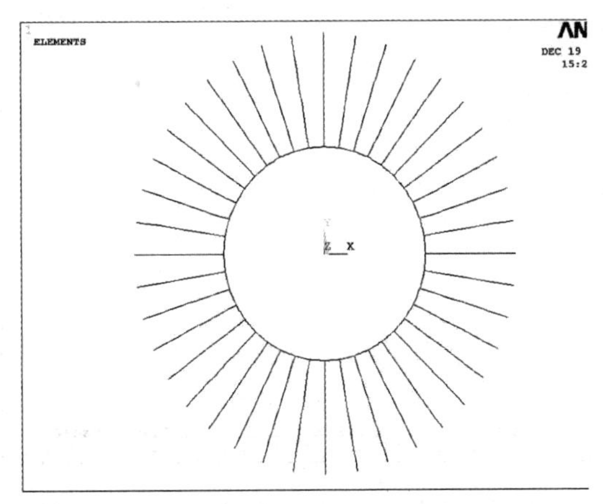

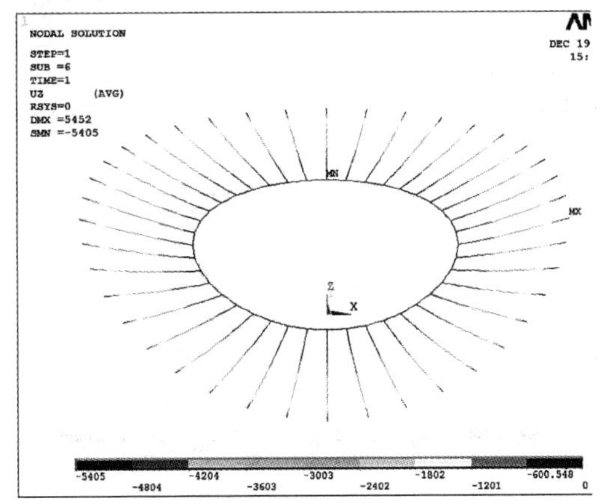

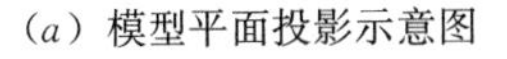

（*a*）模型平面投影示意图　　（*b*）外荷载为 1.8kN/m²时竖向位移图（单位：mm）

图 4-8　内环平面投影离心率为 0.25（第二组）时求解结果（一）

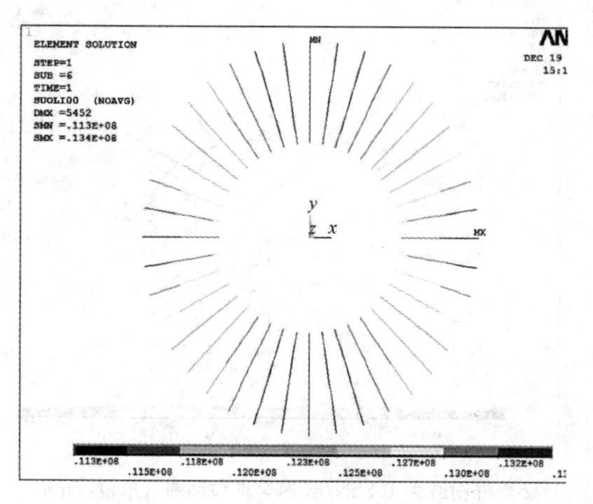

（*c*）外荷载为 1.8kN/m^{2}时径向索索力图（单位：N）

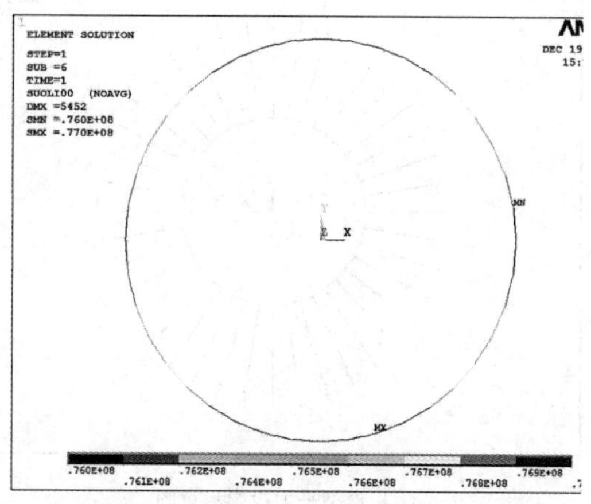

（*d*）外荷载为 1.8kN/m^{2}时环索索力图（单位：N）

图 4-8　内环平面投影离心率为 0.25（第二组）时求解结果（二）

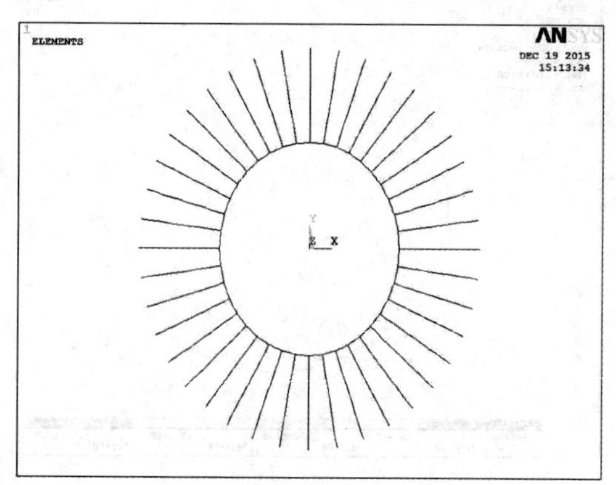

（*a*）模型平面投影示意图

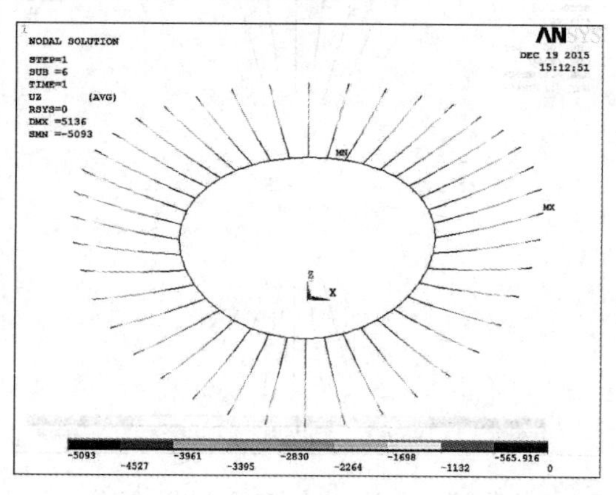

（*b*）外荷载为 1.8kN/m^{2}时竖向位移图（单位：mm）

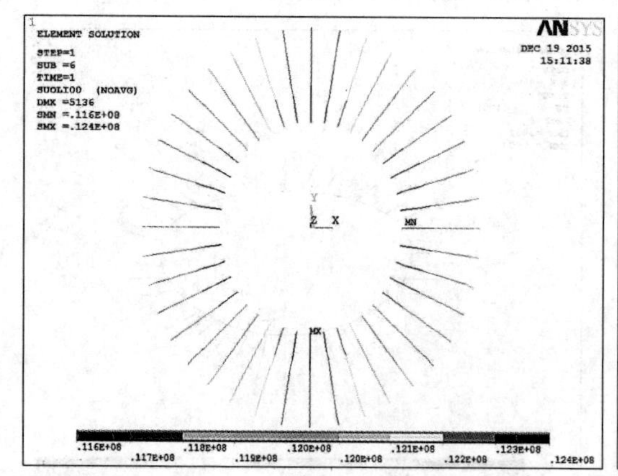

（*c*）外荷载为 1.8kN/m^{2}时径向索索力图（单位：N）

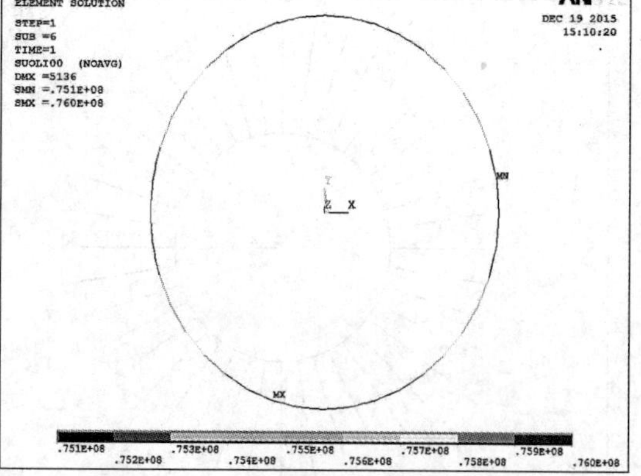

（*d*）外荷载为 1.8kN/m^{2}时环索索力图（单位：N）

图 4-9　内环平面投影离心率为 0.4663（第三组）时求解结果

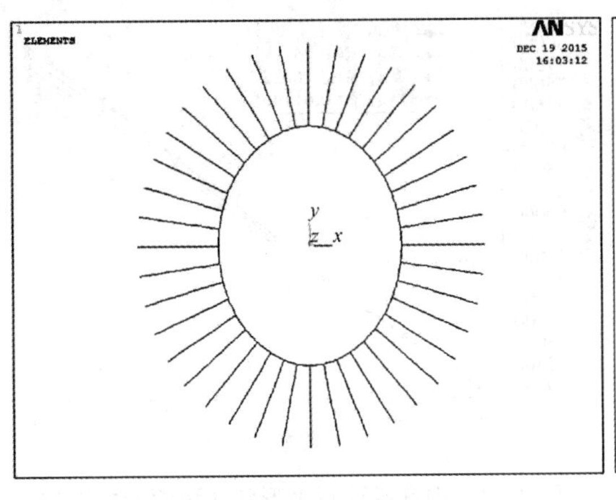

（*a*）模型平面投影示意图

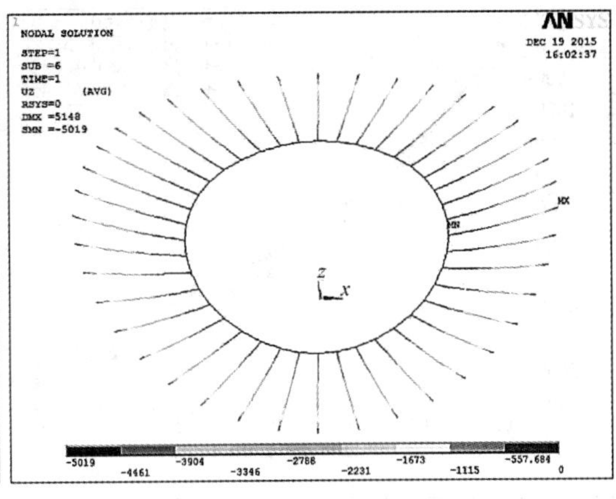

（*b*）外荷载为 1.8kN/m²时竖向位移图（单位：mm）

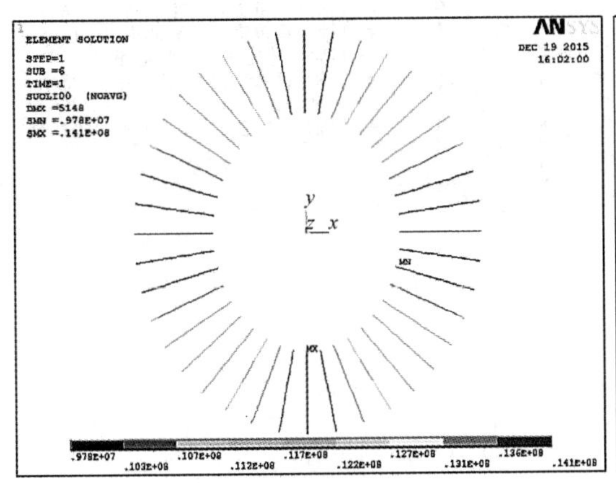

（*c*）外荷载为 1.8kN/m²时径向索索力图（单位：N）

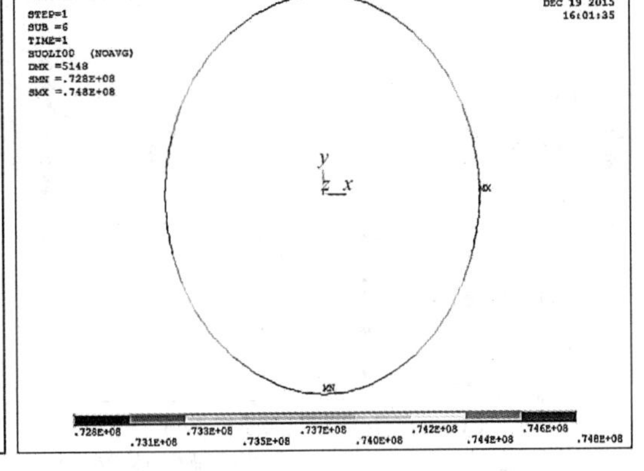

（*d*）外荷载为 1.8kN/m²时环索索力图（单位：N）

图 4-10　内环平面投影离心率为 0.6116（第四组）时求解结果

随着屋面荷载的不断增大，悬索结构竖向位移以及径、环向索力的变化规律如图 4-11～图 4-13 所示。可以看出，对于不同离心率下的轮辐式马鞍形单层悬索结构，竖向位移与均布荷载的关系均呈现出较为明显的非线性，即屋面荷载越大，索网竖向位移的增量越小。这个现象是由于拉索的刚化效应引起的，显然这个特性对结构有利。

由图 4-11 可以看出，相同条件下，内环平面投影离心率越大，整个轮辐式单层索网结构的竖向刚度越大，但刚度增大的幅度较小（均布荷载为 1.8kN/m²的时候四组模型竖向位移相差仅 500mm）。

由图 4-12、图 4-13 可以看出，在均布荷载相同的情况下：对于 1 轴（承重索）来说，内环平面投影离心率越大索力越小；而对于 11 轴（稳定索）来说，内环平面投影离心率越大索力越大；而随着均布荷载的不断增大，径向索和环索的索力值都不断增大。

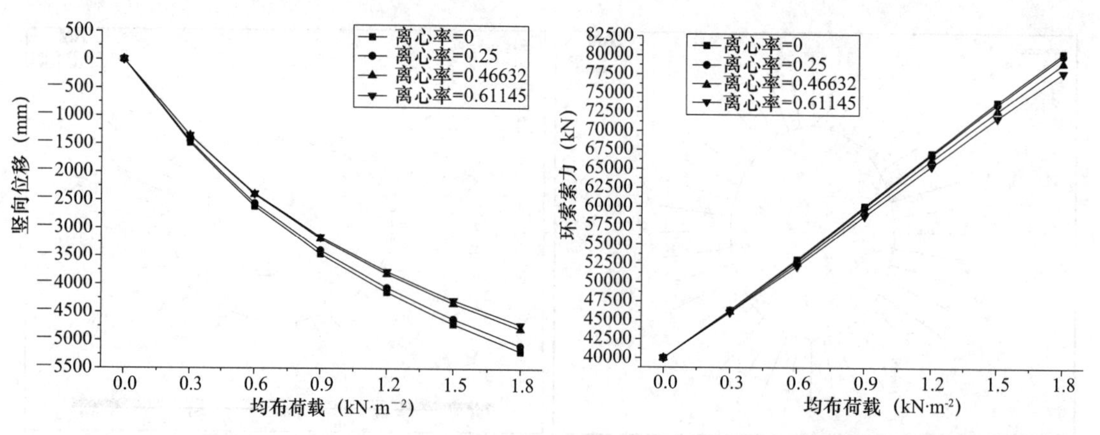

图 4-11　内环平面投影形状对索系竖向位移影响　　**图 4-12　内环平面投影形状对环索索力影响**

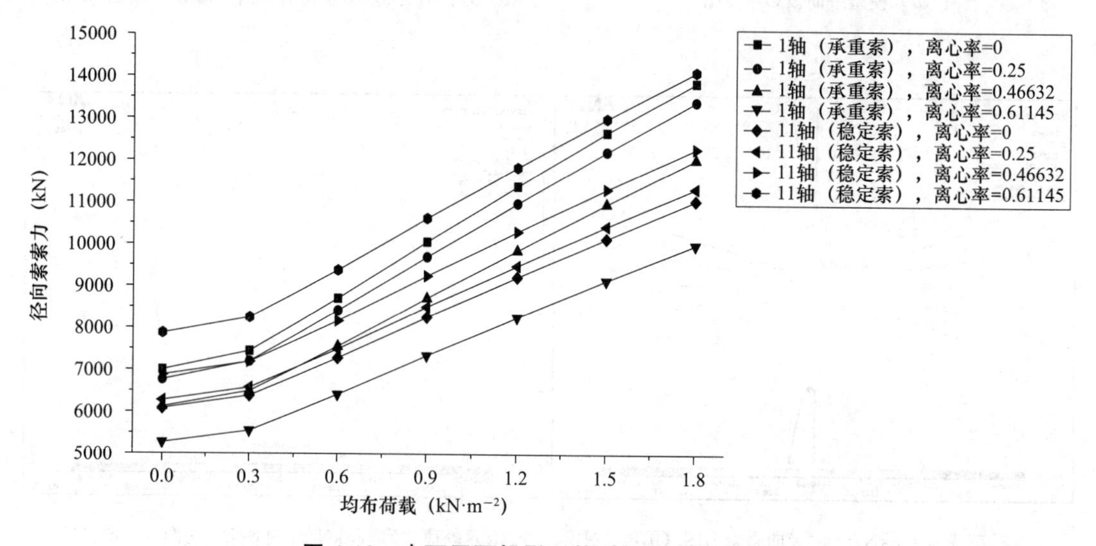

图 4-13　内环平面投影形状对径向索索力影响

图 4-14 为不同内环平面投影形状下的各轴线径向索索力分布图，可以看出：离心率为 0 和 0.25 的时候，轮辐式单层马鞍形索网结构的承重索（1～5 轴）索力大于其稳定索索力（7～11 轴）；而当离心率取 0.4663 和 0.6116 的时候，结构稳定索索力大于其承重索索力。另外，结构内外环平面投影相似程度越低（如第一组和第四组），径向索 1 和径向索 11 的索力差别越大；内外环平面投影相似程度越高，各轴径向索索力越接近。

在图 4-14 中，内环平面投影离心率为 0、0.25 和 0.4663 的模型，其各轴径向索索力分布曲线都很光滑，而仅有第四组体育场实际模型（内环平面投影离心率为 0.6116）的索力分布曲线呈明显的阶梯状。

究其原因，我们发现：由于前三组模型都是以内环为椭圆形的前提确定内环坐标，而第四组为体育场的实际内环坐标，可以看出其内环不完全为椭圆形，即部分轴线的径向索索长有所增加（不同轴线处增加的长度不同，长度增加在 0～0.5m 的范围内）。

对于外环起伏变化的轮辐式马鞍形单层索网结构的支座竖向反力，在结构初始态下外环低点支座须承担拉力，而高点的支座则承担压力，如图 4-15、图 4-16 所示。

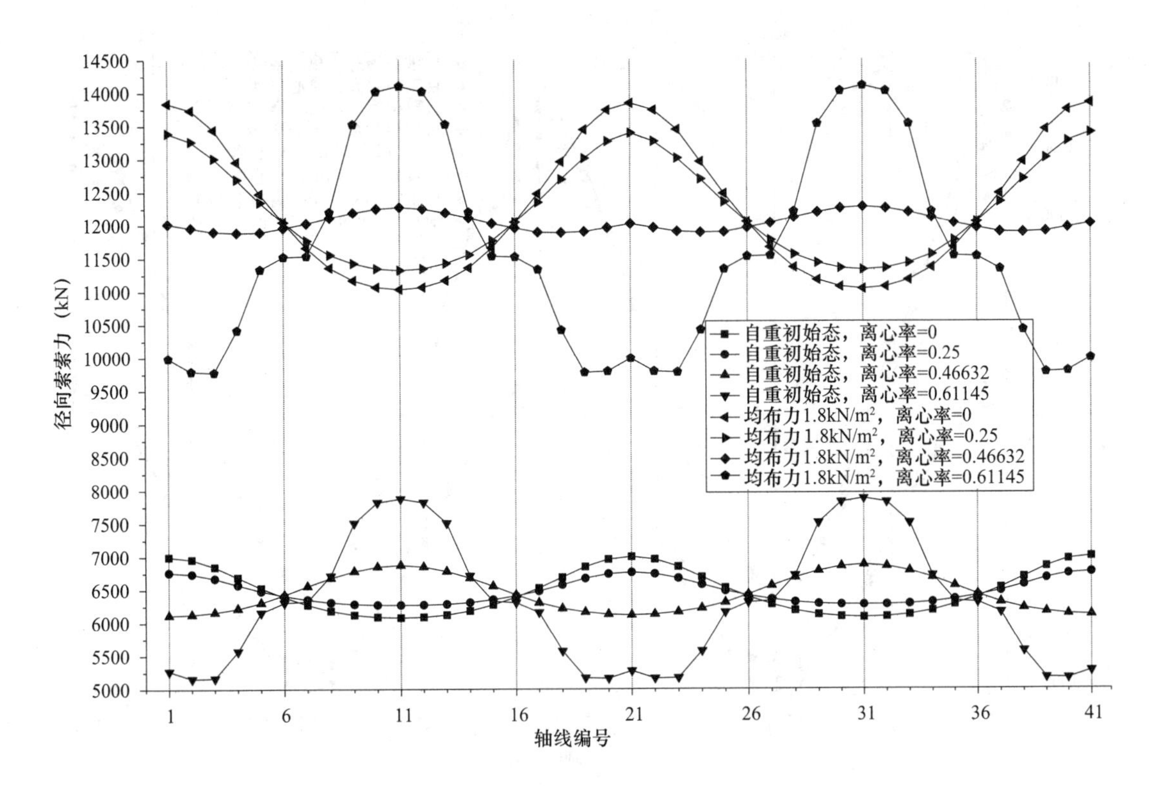

图 4-14　内环平面投影形状对各轴径向索索力分布影响

（注：拉索轴线编号见图 4-5）

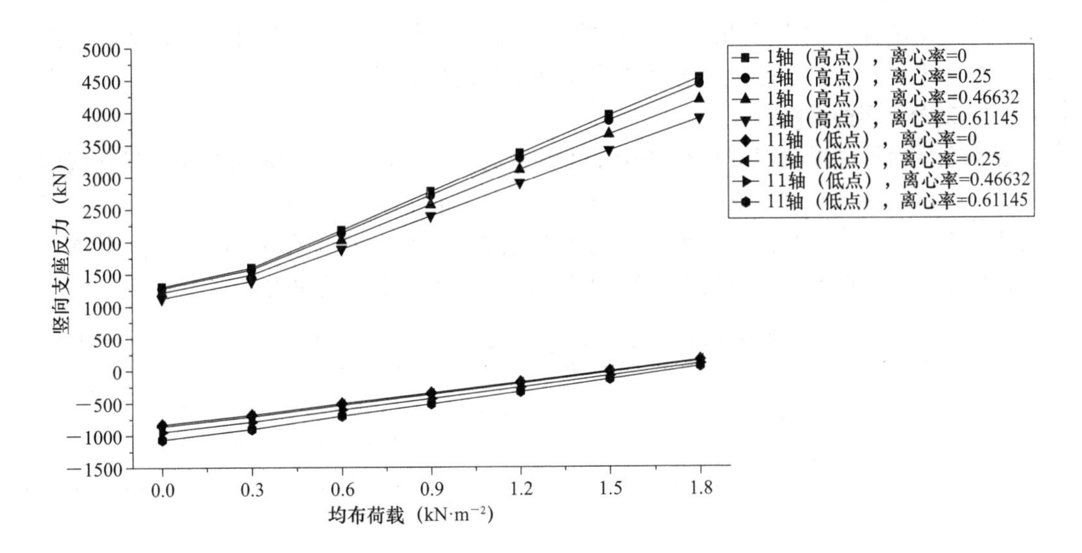

图 4-15　内环平面投影形状对索网结构竖向支座反力的影响

由图 4-15 可见，随着屋面均布荷载的不断增大，竖向支座反力会逐渐增大：即原本高点处受压支座，压力会继续增大；原本低点处受拉的支座，拉力会逐渐减小，个别轴线处支座会由受压变为受拉状态（如 7～9 轴）。

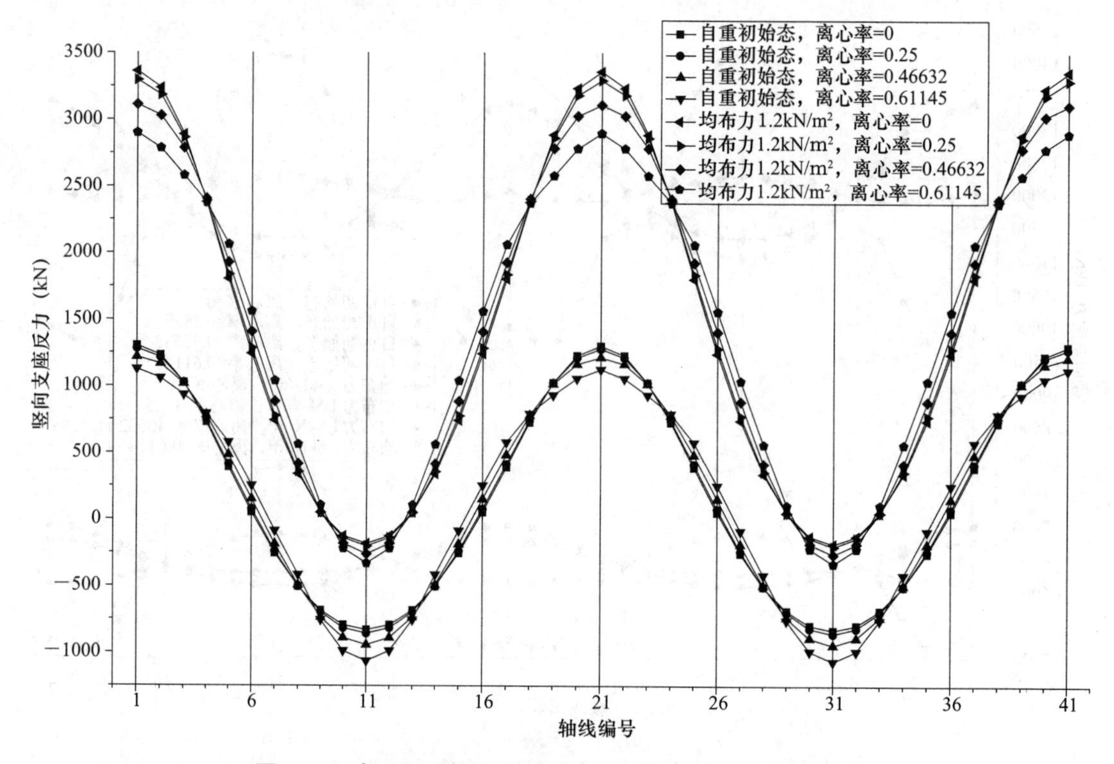

图 4-16 内环平面投影形状对各轴竖向支座反力分布影响

（注：1. 竖向支座反力正值表示支座受压，负值表示支座受拉；2. 支座轴线编号见图 4-5。）

另外，由图 4-16 可以看出，离心率的增大略微减少了外荷载作用下高点支座处的压力值，总体来说对结构支座反力分布没有特别明显的影响。

4.3.1.2 对外环梁的影响

现研究平面投影形状对受压外环梁受力性能的影响，假定外环梁规格为：圆管截面外径 1800mm，壁厚 50mm，截面积为 274675mm²，截面惯性矩 $I_z = 1.05 \times 10^{11}$ mm⁴。将径向索外端固定支座改为竖向 z 支座，同时为避免结构刚体位移，在 1 轴和 21 轴施加 x 向约束，11 轴和 31 轴施加 y 向约束。结构荷载态下外环梁变形及内力见表 4-8。

结构外环梁变形及内力——改变内环投影形状 **表 4-8**

组别	离心率	外环最大变形（mm）	外环最大轴力（kN）	外环最大弯矩（kN·m）	最大轴向应力（MPa）	最大弯曲应力（MPa）	最大等效 VonMises 应力（MPa）
第一组	0	9819	14500	36900	52.93	316.20	369.05
第二组	0.25	9032	16900	34300	61.75	293.41	354.99
第三组	0.4663	5896	27800	23100	101.32	198.06	299.19
第四组（体育实际）	0.6116	2023	32700	7790	118.91	66.70	183.94

由表 4-8 和图 4-17、图 4-18 可以看出，当索系内环平面投影离心率为 0 时（即内环为正圆的时候），外环梁弯矩产生的应力达到 316MPa，且外环梁变形值也达到了 9.8m，因此此种形状的轮辐式索网结构若应用于实际工程中，则需要非常大的环梁截面，从而保证整个索系结构对边界条件的强度和刚度要求。

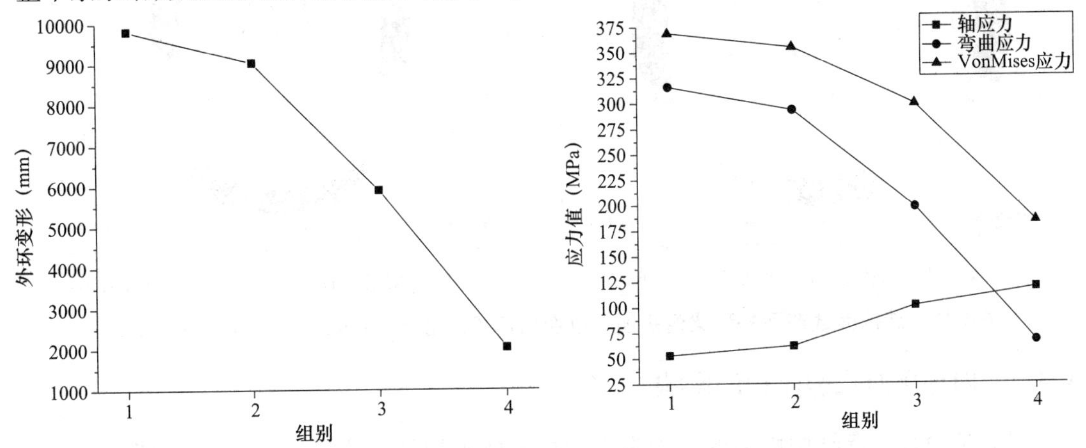

图 4-17 内环平面投影形状对外环梁变形的影响　**图 4-18 内环平面投影形状对外环梁应力的影响**

相比而言，当索系内环平面投影离心率为 0.6116（第四组，体育场实际模型）时，尽管环梁轴力产生的应力有略微增大，但弯矩产生的应力却急剧减少为 66MPa（图 4-19），而且外环变形值也陡然降至 2m 左右。因此相比于其他几组对比模型，内环平面投影离心率越大对外环梁的受力性能越为有利。

通过以上四组不同内环平面投影形状的对比分析，可得出结论如下：

（1）内环平面投影椭圆离心率较大，结构刚度越大，在相同荷载作用下环索索力越小、外环梁变形、外环梁弯曲应力和等效应力值均越小；

（2）内外环相似程度越高，各径向索索力分布越均匀，有利于各拉索截面的统一；

（3）内环平面投影离心率的改变对支座反力的分布影响并不是很大。

补充一点，除了结构上应考虑到的问题，内环平面投影的形状在一定程度上也是建筑要求的，即一般要求内环平面投影形状应基本符合体育场场地内跑道的形状。

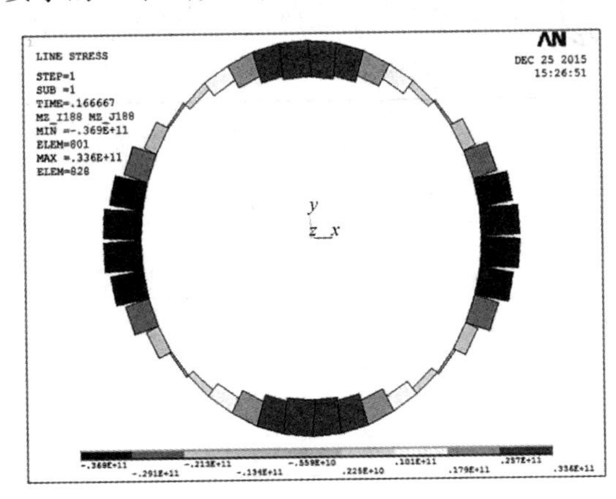

（*a*）第一组：内环平面投影离心率为 0

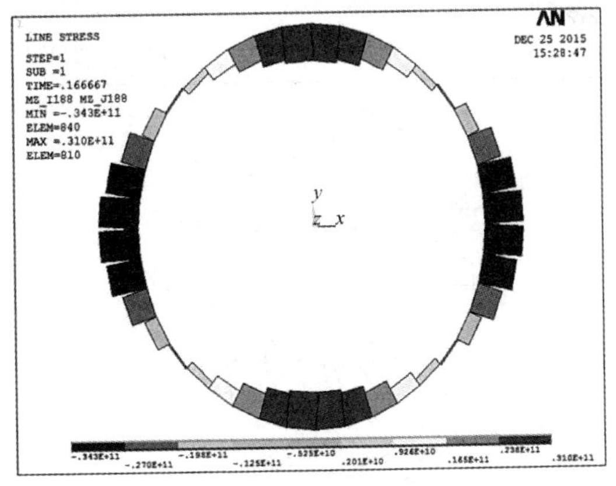

（*b*）第二组：内环平面投影离心率为 0.25

图 4-19 结构荷载态下外环梁弯矩图（改变内环投影形状）（单位：10^{-6}kN·m）（一）

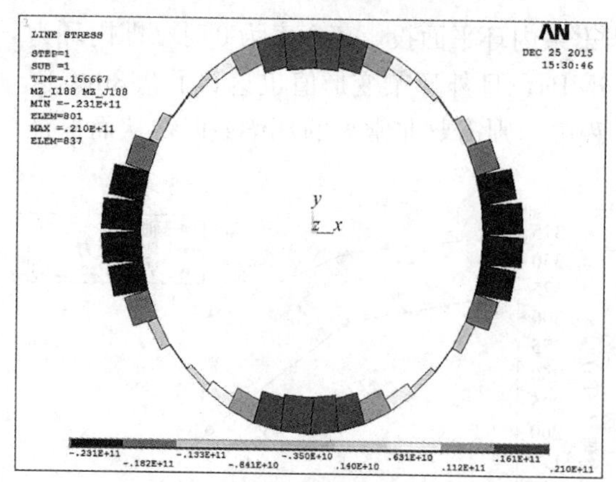

(*c*) 第三组：内环平面投影离心率为 0.4663

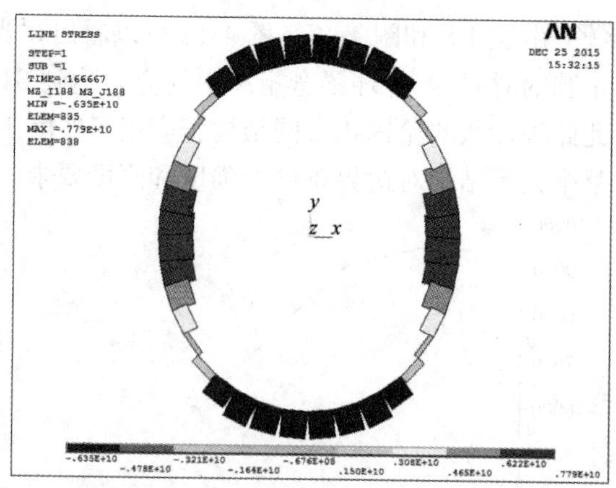

(*d*) 第四组：内环平面投影离心率为 0.6116

图 4-19 结构荷载态下外环梁弯矩图（改变内环投影形状）（单位：10^{-6}kN · m）（二）

4.3.2 内环平面投影面积的影响

已知体育场实际结构模型的径向索平面投影的平均长度为 53635mm，内环索镂空投影面积为 A＝14773mm^2（见表 4-9）。为了方便对比，以下分析过程中在保持外环平面投影离心率为 0.4663（与体育场相同）、外环马鞍形高差为 25m 的前提下，分别改变内环平面投影面积为 0.49A、1.0A 和 1.69A（图 4-20），从而间接地改变了径向索平面投影平均长度分别为 74001mm、53635mm 和 32889mm。模型参数见表 4-9。

模型参数——不同内环平面投影面积 **表 4-9**

组别	内环平面投影								
	半短轴 x_{max}（m）	半长轴 y_{max}（m）	离心率	内环镂空面积（mm^2）	内环平面投影镂空面积倍数	各径向索平均投影长度（m）	外环马鞍形高差 H（m）	环索初始预应力（kN）	环索截面积（mm^2）
第一组	42.7	54.0	0.6116	7239	0.72＝0.49	74.001	25	40000	95808
第二组（体育场）	61.0	77.1	0.6116	14773	1.00	53.635			
第三组	79.3	100.2	0.6116	24967	1.32＝1.69	32.889			

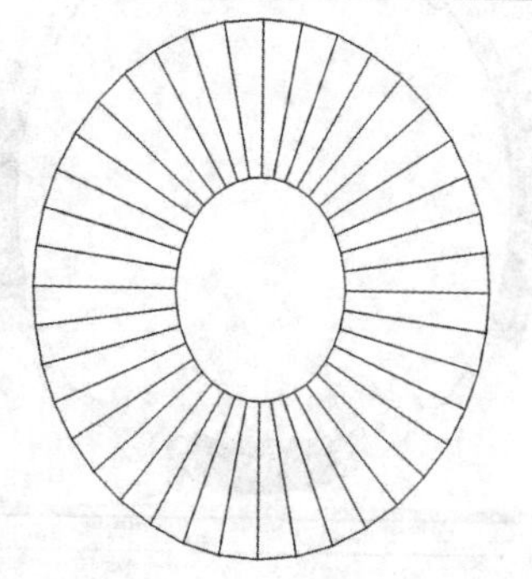

(*a*) 第一组：内环镂空投影面积 0.49 倍

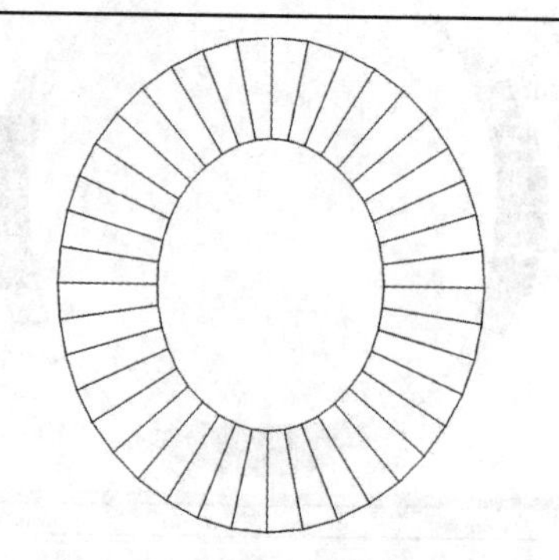

(*b*) 第二组：内环镂空投影面积 1.0 倍

图 4-20 不同内环平面投影面积示意图（一）

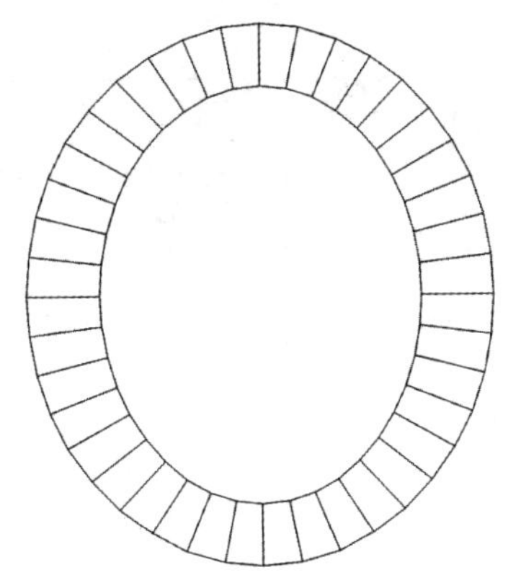

（c）第三组：内环镂空投影面积 1.69 倍

图 4-20　不同内环平面投影面积示意图（二）

在此基础上，分别建立纯索网模型（不带外环梁的模型）和带外环梁的模型，按照上文所述建立有限元模型、施加约束和荷载，对结构进行分析求解。

4.3.2.1　对纯索网结构影响

首先单独研究内环平面投影面积对纯索网结构静力性能的影响，先假定外环梁刚度无穷大，即将径向索外端约束。对纯索网结构进行求解分析，可以得到三组模型在外荷载作用下的竖向位移和索力图（图 4-21～图 4-23）。

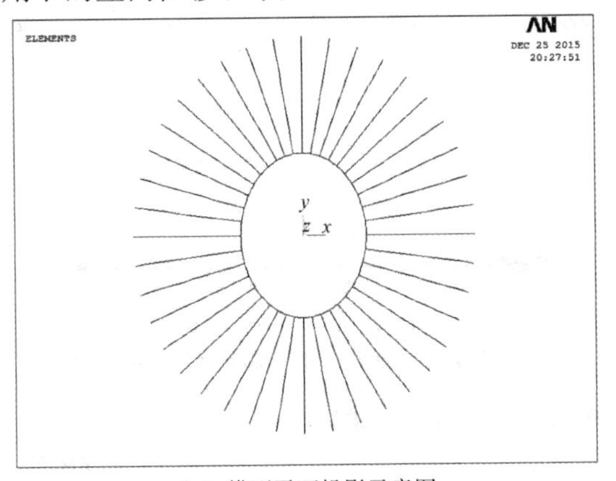

（a）模型平面投影示意图

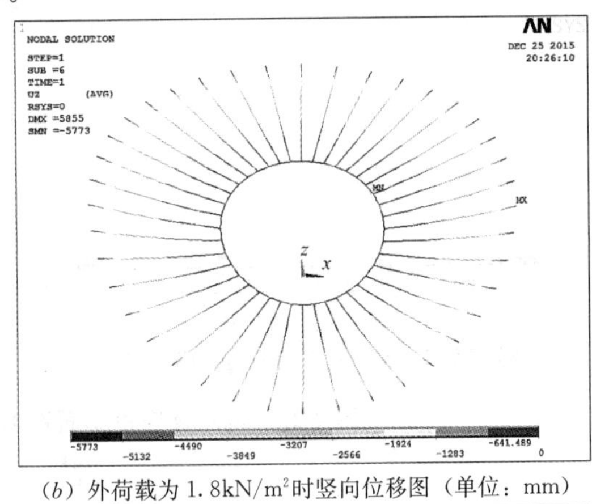

（b）外荷载为 1.8kN/m² 时竖向位移图（单位：mm）

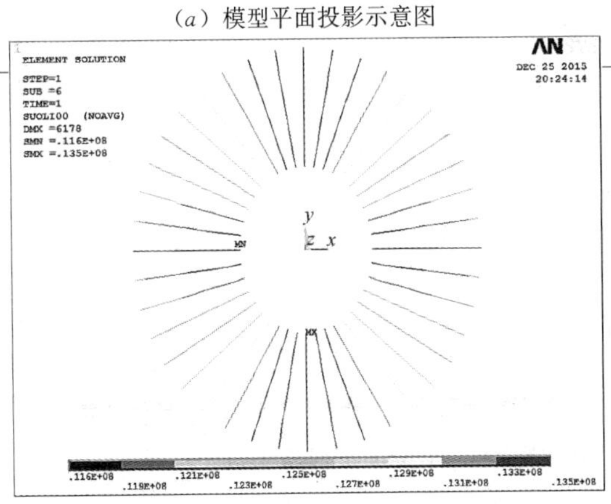

（c）外荷载为 1.8kN/m² 时径向索索力图（单位：N）

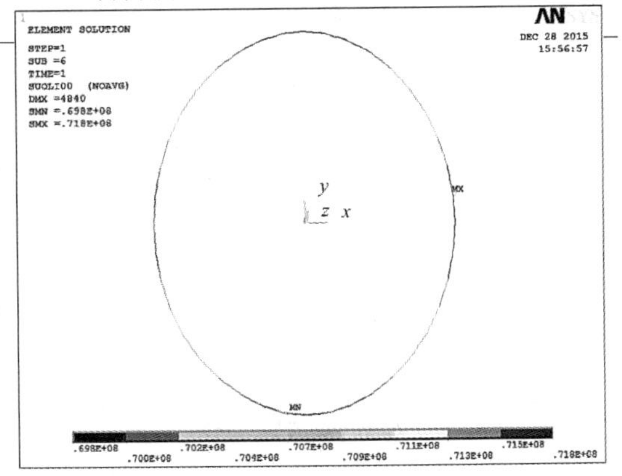

（d）外荷载为 1.8kN/m² 时环索索力图（单位：N）

图 4-21　内环镂空投影面积 0.49 倍（第一组）时求解结果

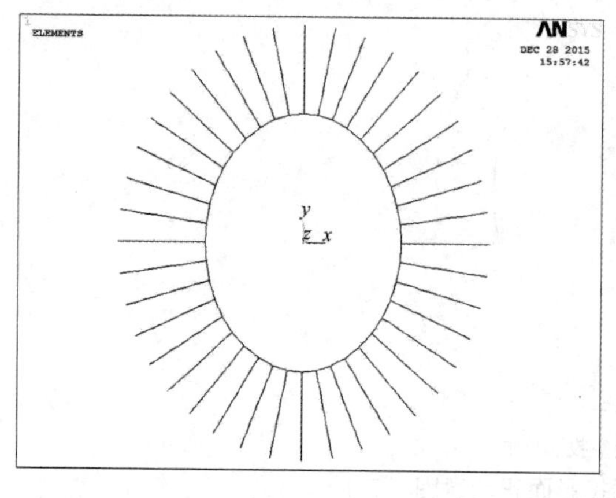

（*a*）模型平面投影示意图

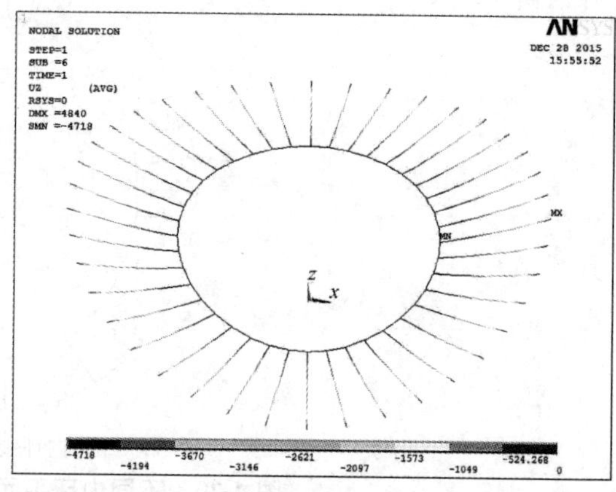

（*b*）外荷载为 1.8kN/m²时竖向位移图（单位：mm）

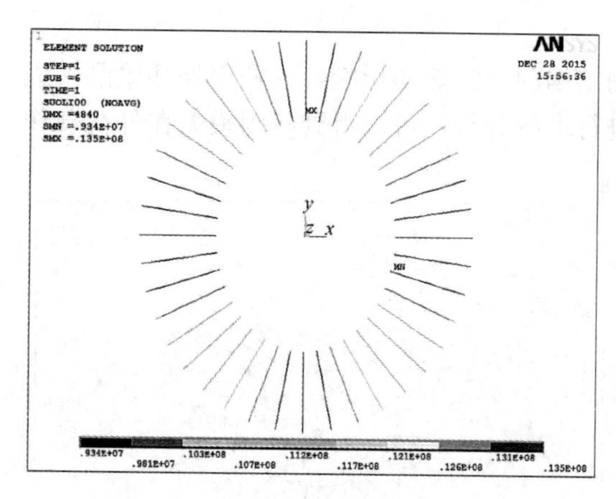

（*c*）外荷载为 1.8kN/m²时径向索索力图（单位：N）

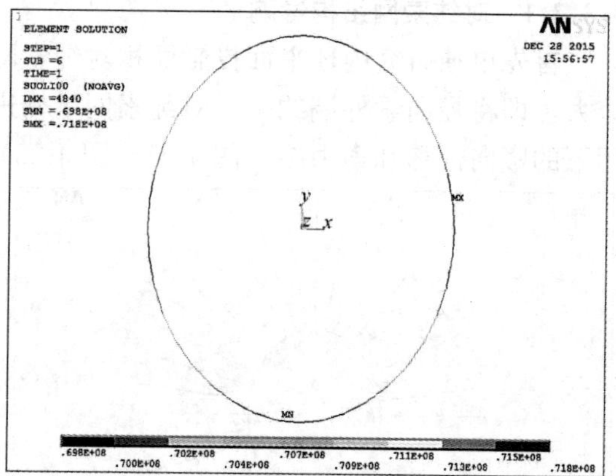

（*d*）外荷载为 1.8kN/m²时环索索力图（单位：N）

图 4-22　内环镂空投影面积 1.00 倍（第二组）时求解结果

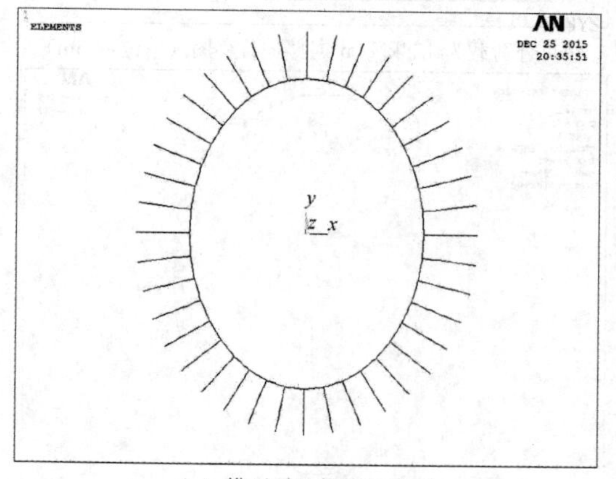

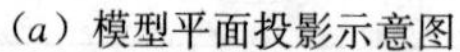

（*a*）模型平面投影示意图

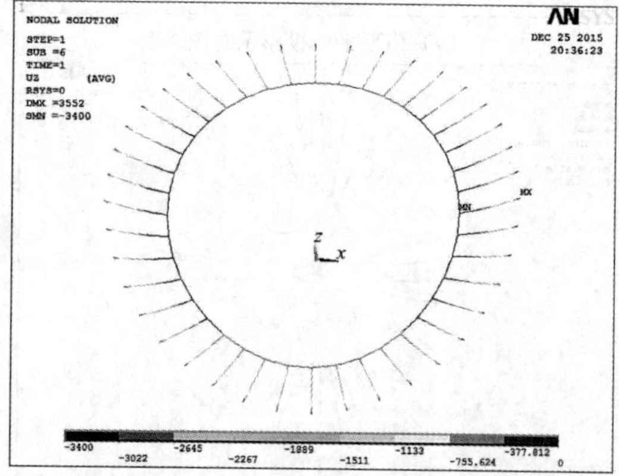

（*b*）外荷载为 1.8kN/m²时竖向位移图（单位：mm）

图 4-23　内环镂空投影面积 1.69 倍（第三组）时求解结果（一）

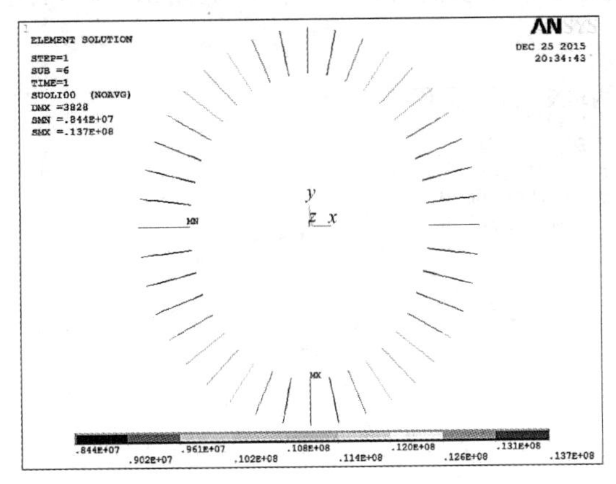

（c）外荷载为 1.8kN/m²时径向索索力图（单位：N）

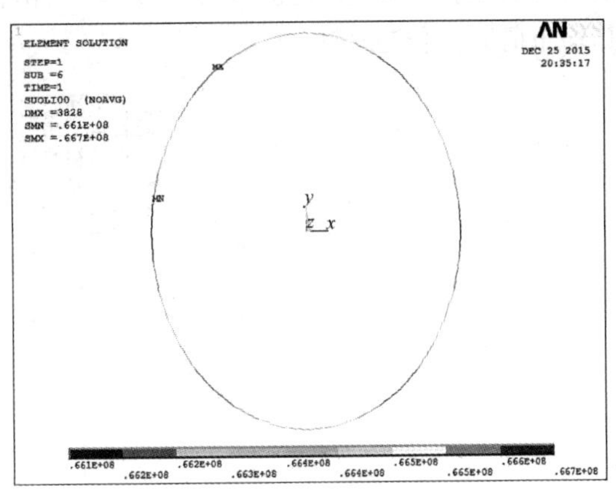

（d）外荷载为 1.8kN/m²时环索索力图（单位：N）

图 4-23　内环镂空投影面积 1.69 倍（第三组）时求解结果（二）

可以明显地看出，内环投影面积越大（即内环镂空面积越大），在相同均布荷载作用下索网结构的竖向位移越小，即结构的竖向刚度越大（均布荷载为 1.8kN/m²时三组模型的竖向位移相差接近 5500mm），相比于改变内环平面投影形状时的结果（图 4-24），该因素对刚度的影响较大。

可以看出，对于不同内环投影面积下的轮辐式马鞍形单层悬索结构，由于上文提到的拉索刚化效应，结构竖向位移与均布荷载的关系仍呈现出较为明显的非线性，即均布荷载越大，竖向位移的增量越小。

由图 4-25 可以看出，对于内环平面投影面积较小（即径向索平均索长越长）的情况下，环索索力随屋面均布荷载增大的增幅越大。

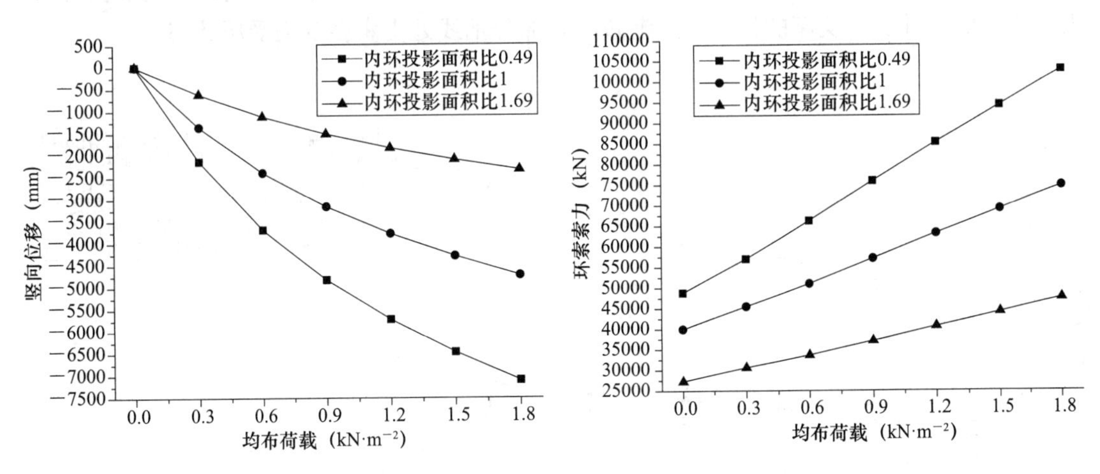

图 4-24　内环平面投影面积对索系竖向位移影响　　**图 4-25　内环平面投影面积对环索索力影响**

由图 4-26 可以看出，内环投影面积比为 0.49（第一组）的时候，各轴径向索索力值分布较为均匀，但在屋面均布荷载的作用下的索力值相比于其他两组是最大的；当内环投影面积较大（第三组）时，虽然各轴径向索索力值相差较大，但在屋面均布荷载作用下各轴索力值明显比其他两组小，原因是第一组相对于第三组而言，其屋面覆盖面积大，因此其均布荷载总值也较大。

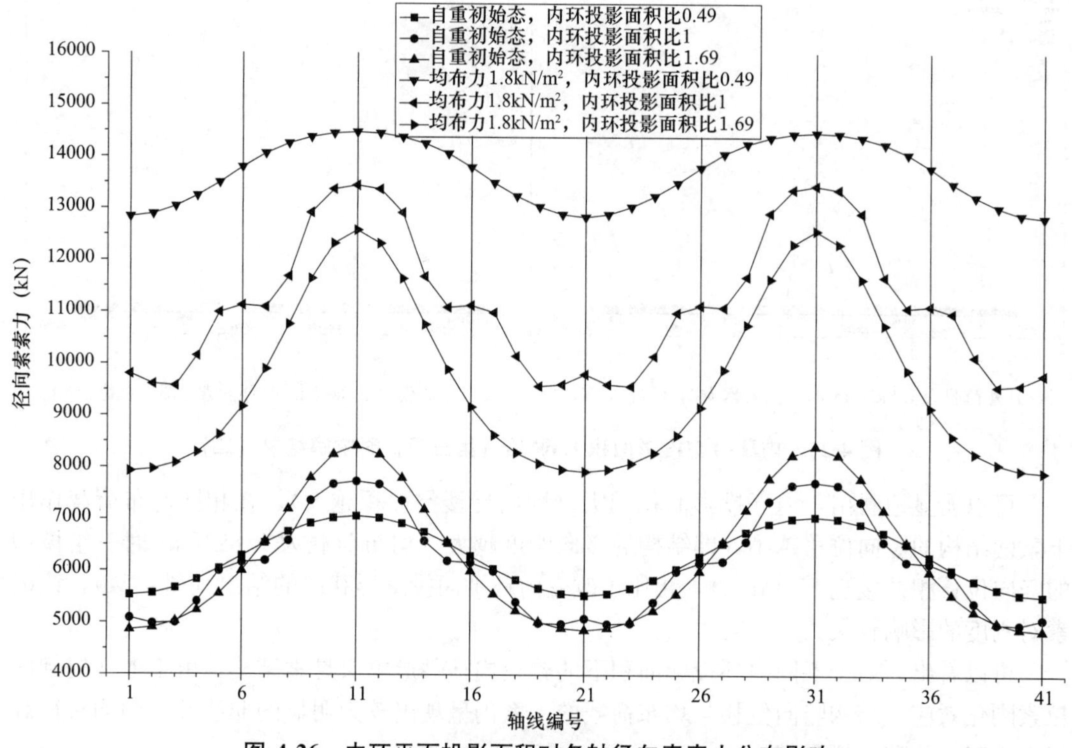

图 4-26　内环平面投影面积对各轴径向索索力分布影响

（注：拉索轴线编号见图 4-5。）

由图 4-27 又可以佐证之前得出的结论，对于轮辐式马鞍形单层索网结构，随着屋面均布荷载不断增大，竖向支座反力会逐渐增大：即原本高点处受压支座的压力会逐渐增大；原本低点处受拉支座的拉力会逐渐减小，部分轴线处支座会变为受压状态。

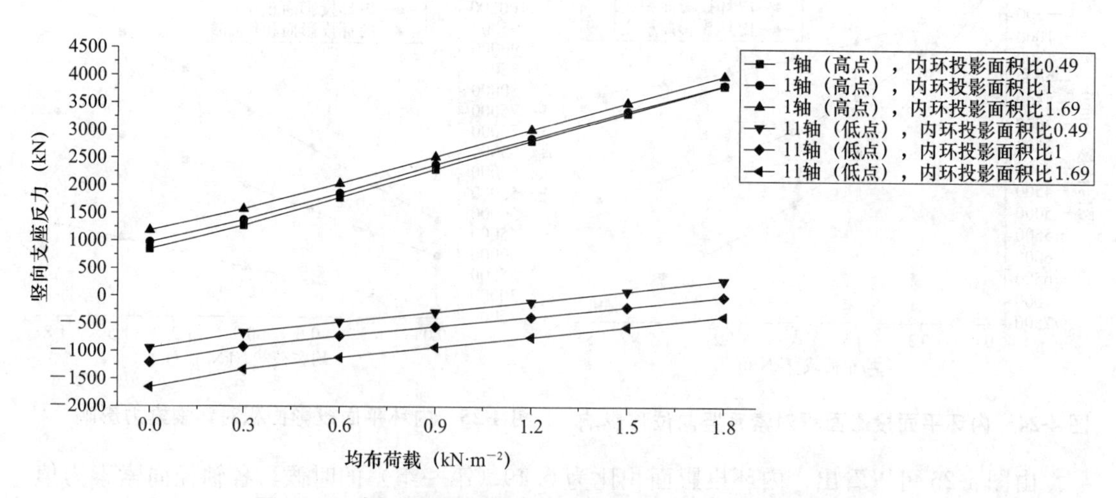

图 4-27　内环平面投影面积对索网结构竖向支座反力影响

将高、低点处支座竖向反力进行对比可以发现：无论内环投影面积如何改变，高点支座（1 轴、21 轴）竖向反力随外荷载增大的幅度始终明显大于低点支座（11 轴、31 轴）拉力的降幅，详见图 4-27。

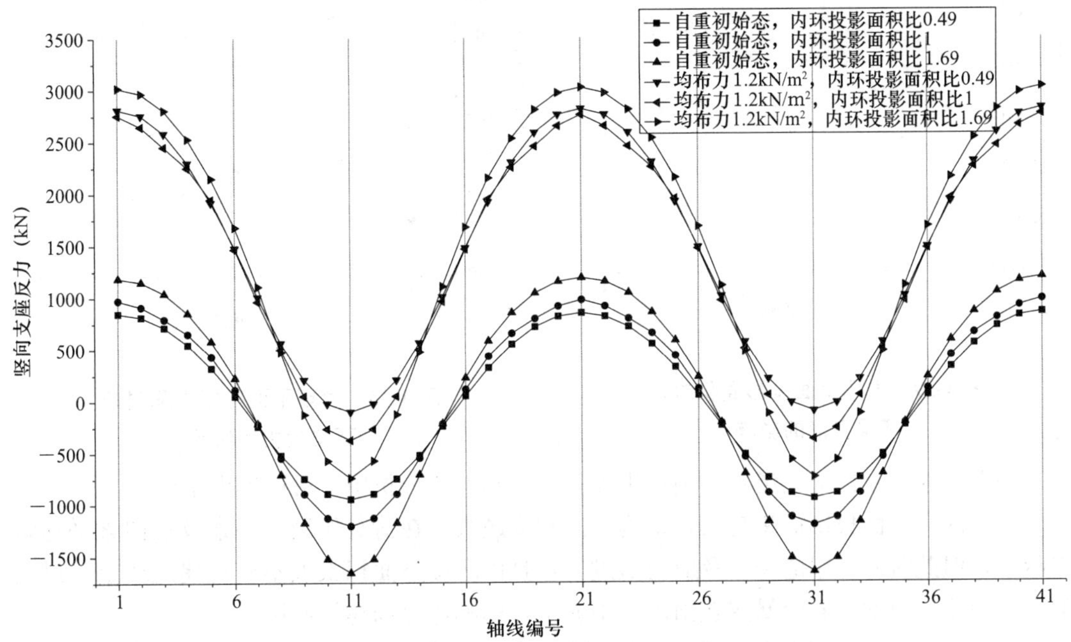

图 4-28　内环平面投影面积对各轴竖向支座反力分布影响

（注：1. 竖向支座反力正值表示支座受压，负值表示支座受拉；2. 支座轴线编号见图 4-5。）

由图 4-28 可以看出，内环平面投影面积越大，高点支座承受的压力值越大，低点支座承受的拉力值也越大，即高、低点处支座的反力差越大。

4.3.2.2　对外环梁的影响

现研究平面投影面积对受压外环梁受力性能的影响，假定外环梁截面形式及约束方式同 4.3.1.2 节。结构荷载态下外环梁变形及内力见表 4-10。

结构外环梁变形及内力——改变内环投影面积　　表 4-10

组别	内环平面投影镂空面积倍数	外环最大变形（mm）	外环最大轴力（kN）	外环最大弯矩（kN·m）	最大轴向应力（MPa）	最大弯曲应力（MPa）	最大等效 VonMises 应力（MPa）
第一组	0.49	3096	39860	9930	145.10	85.76	237.18
第二组（体育场）	1	2068	32100	8010	116.80	68.57	183.69
第三组	1.69	4522	17870	20400	65.64	175.72	247.22

由表 4-10 和图 4-29、图 4-30 可以看出，相对于体育场实际内环投影面积而言，当内环平面投影面积倍数分别为 0.49 倍和 1.69 倍的时候，外环梁的变形值、弯曲应力和等效应力均相对较大。可以得出结论，过大或者过小的内环平面投影面积对外环梁的受力和变形均有一定的不利效果。

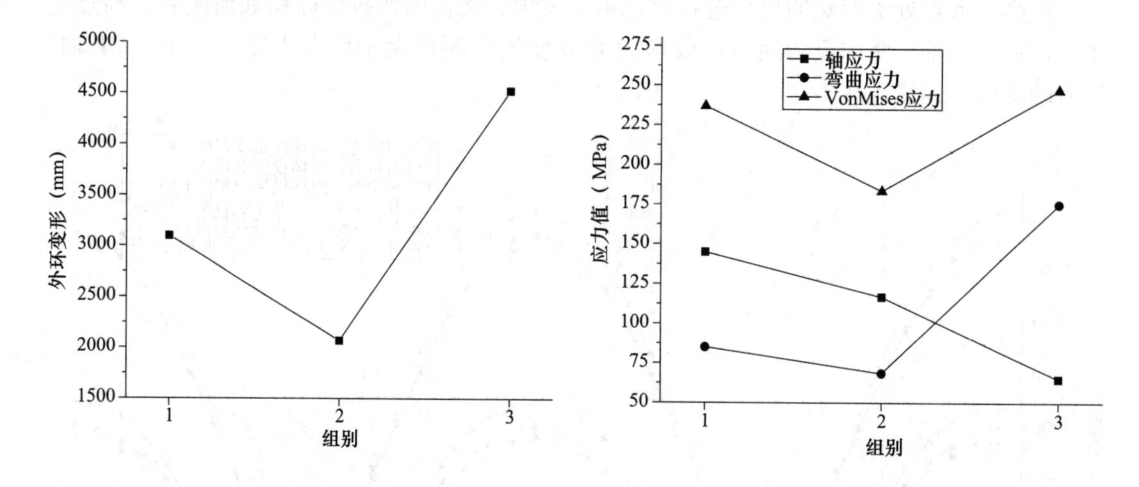

图 4-29 内环平面投影面积对外环梁变形的影响

图 4-30 内环平面投影面积对外环梁应力的影响

综上所述，在以上三组不同内环平面投影面积对比分析中，可以得出结论：

(1) 内环平面投影面积越大，结构竖向刚度越大，在荷载作用下环索及径向索平均索力越小，但此时外环梁的变形及应力值过大，且内环镂空面积太大不满足建筑要求（过大的镂空面积导致部分看台暴露在雨水、阳光下，影响体育场建筑使用）；

(2) 内环投影面积太小，结构竖向刚度较小，在荷载作用下拉索平均索力值较大，但索力值较为接近，这会导致拉索设计截面种类的减少和截面积的增加。

4.3.3 外环马鞍形曲面高差的影响

已知体育场实际结构模型的外环马鞍形高差为 25mm。为了方便对比，以下分析过程中在保持内、外环平面投影形状和大小不变（同体育场实际模型）的前提下，分别改变外环马鞍形高差为 0、15m、25m、35m 和 45m（图 4-31）。

模型参数见表 4-11。

模型参数——不同外环马鞍形高差　　表 4-11

组别	内环平面投影			内环镂空面积（mm^2）	各径向索平均长度（m）	外环马鞍形高差 H（m）	环索初始预应力（kN）	环索截面积（mm^2）
	半短轴 x_{max}（m）	半长轴 y_{max}（m）	离心率					
第一组						0		
第二组						15		
第三组（体育场）	61	77.090	0.6116	14773	53.635	25	40000	95808
第四组						35		
第五组						45		

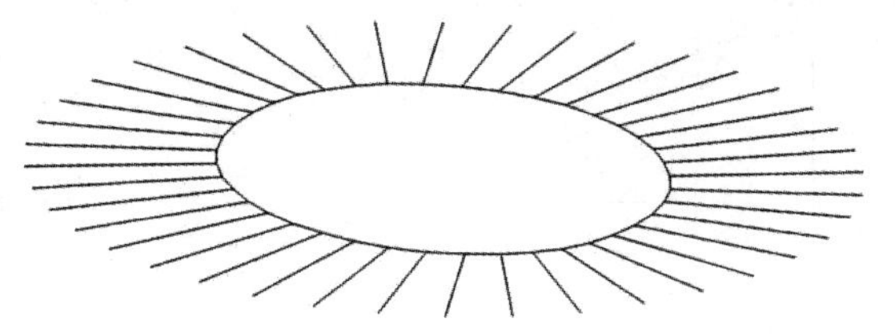

（*a*）第一组：外环马鞍形高差 0

（*b*）第二组：外环马鞍形高差 15m

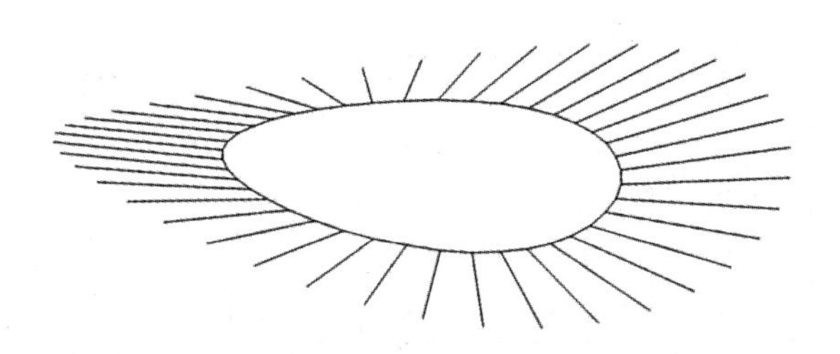

（*c*）第三组：外环马鞍形高差 25m

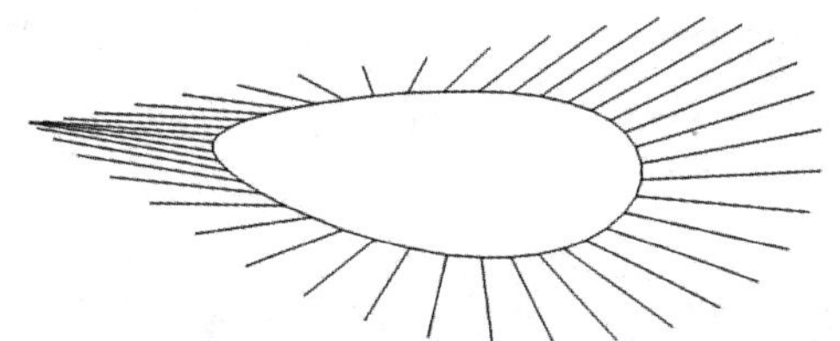

（*d*）第四组：外环马鞍形高差 35m

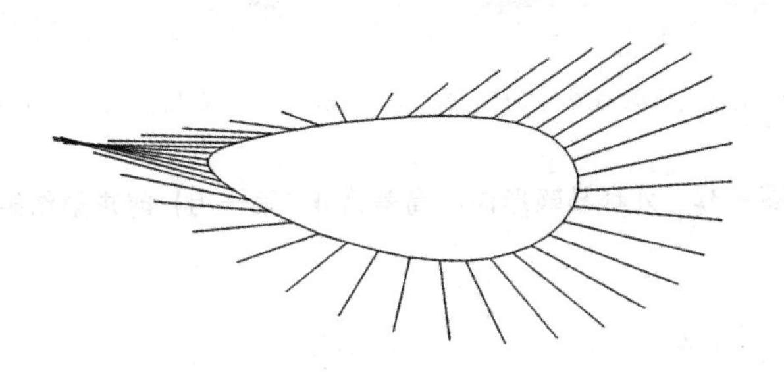

（*e*）第五组：外环马鞍形高差 45m

图 4-31　不同外环马鞍形高差示意图

在此基础上，分别建立纯索网模型（不带外环梁的模型）和带外环梁的模型，按照上文所述建立有限元模型、施加约束和荷载，对结构进行分析求解。

4.3.3.1　对纯索网结构影响

首先研究外环马鞍形曲面高差对纯索网结构静力性能的影响，假定外环梁刚度无穷大（约束径向索外端），得到五组模型在外荷载作用下的竖向位移和索力图（图 4-32～图 4-36）。

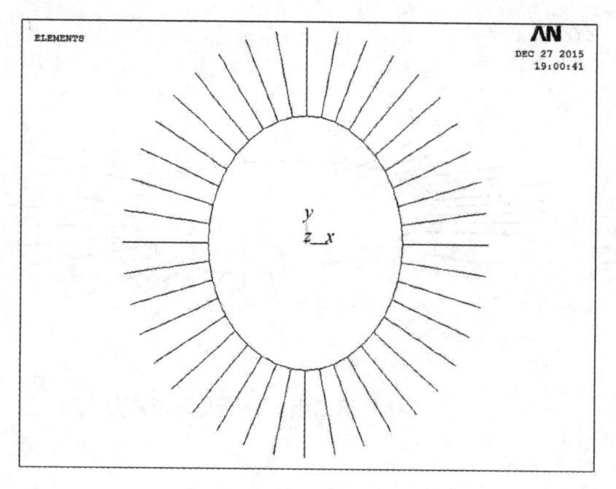

（*a*）模型平面投影示意图

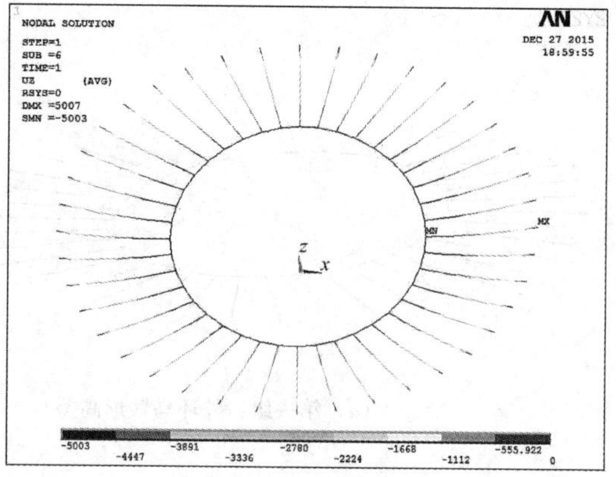

（*b*）外荷载为1.8kN/m²时竖向位移图（单位：mm）

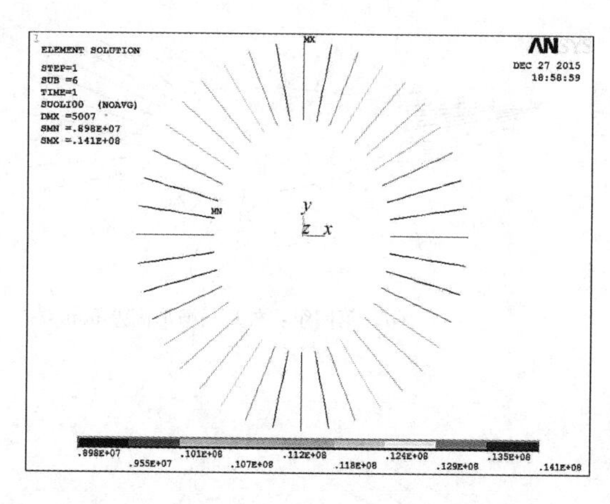

（*c*）外荷载为1.8kN/m²时径向索索力图（单位：N）

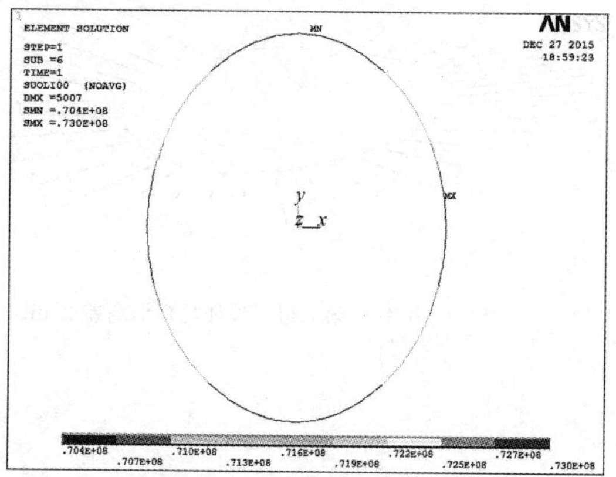

（*d*）外荷载为1.8kN/m²时环索索力图（单位：N）

图4-32　外环马鞍形曲面高差为0（第一组）时求解结果

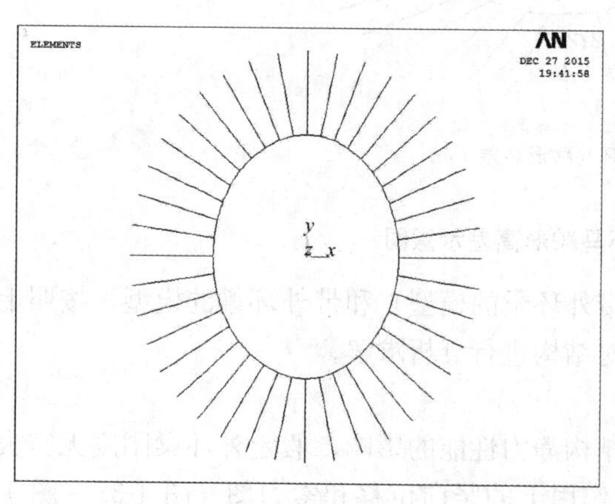

（*a*）模型平面投影示意图

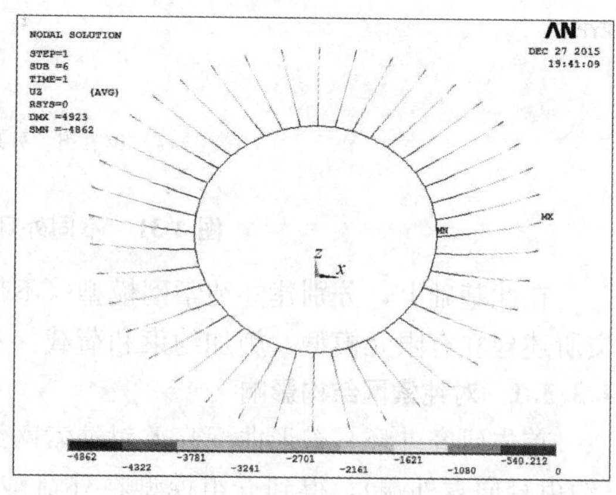

（*b*）外荷载为1.8kN/m²时竖向位移图（单位：mm）

图4-33　外环马鞍形曲面高差为15m（第二组）时求解结果（一）

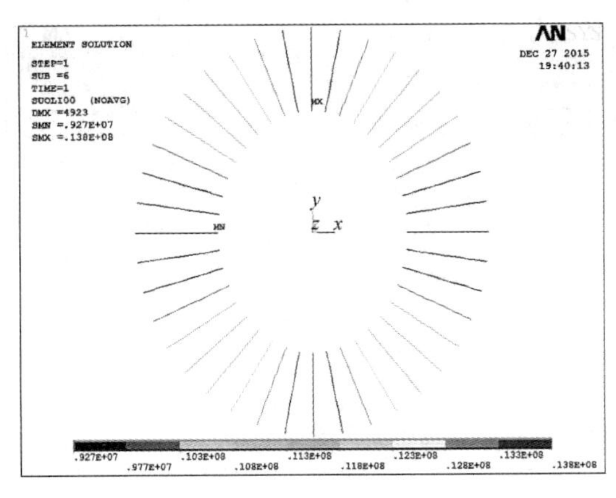

（*c*）外荷载为 1.8kN/m²时径向索索力图（单位：N）

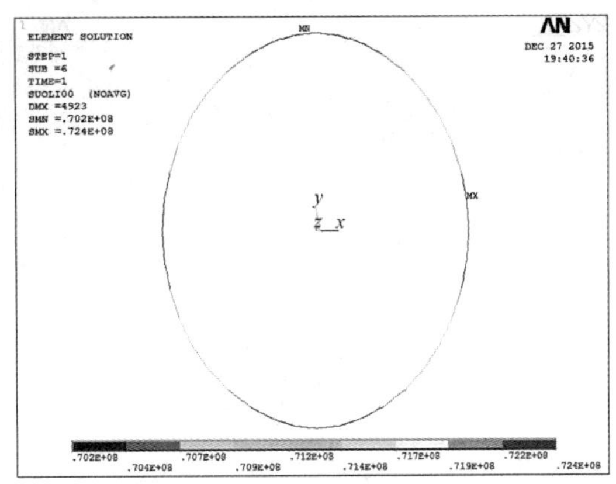

（*d*）外荷载为 1.8kN/m²时环索索力图（单位：N）

图 4-33　外环马鞍形曲面高差为 15m（第二组）时求解结果（二）

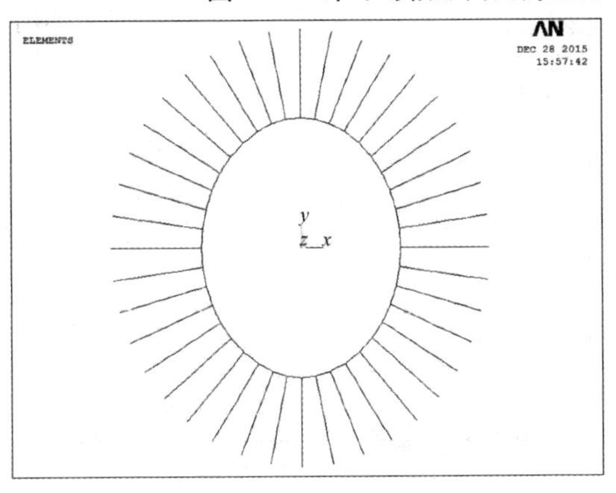

（*a*）模型平面投影示意图

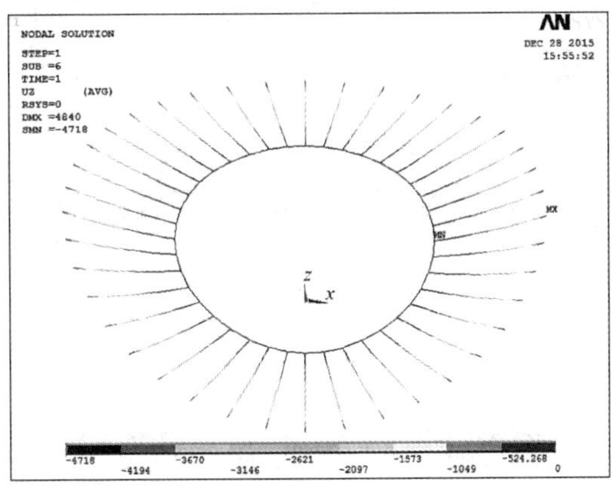

（*b*）外荷载为 1.8kN/m²时竖向位移图（单位：mm）

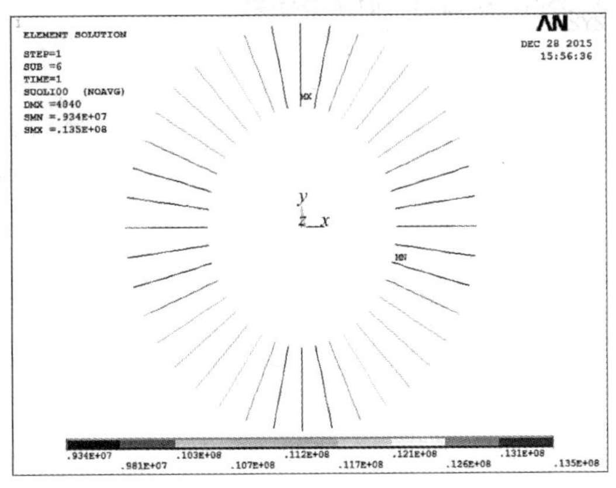

（*c*）外荷载为 1.8kN/m²时径向索索力图（单位：N）

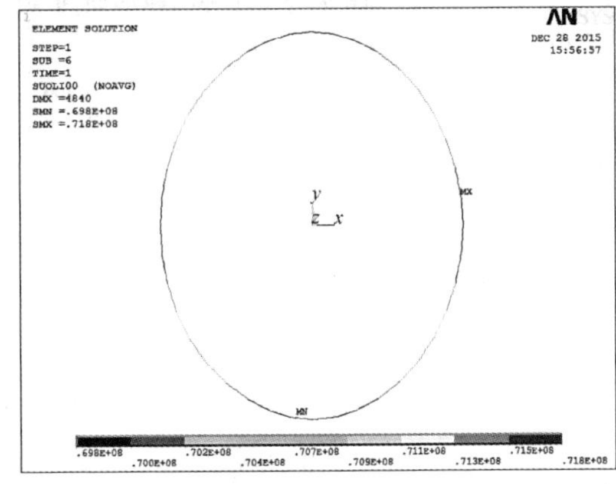

（*d*）外荷载为 1.8kN/m²时环索索力图（单位：N）

图 4-34　外环马鞍形曲面高差为 25m（第三组）时求解结果

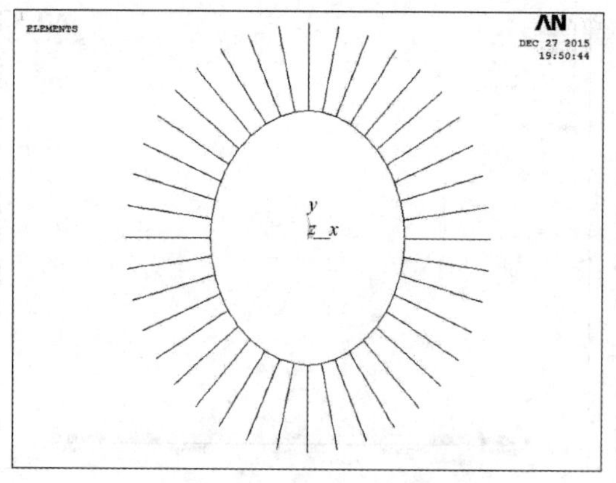

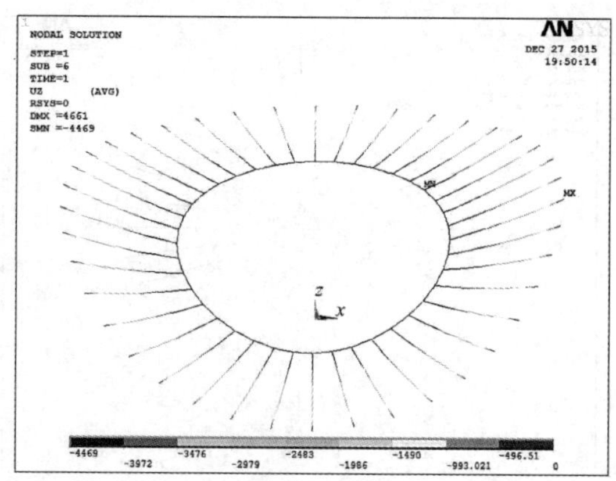

（*a*）模型平面投影示意图

（*b*）外荷载为 1.8kN/m²时竖向位移图（单位：mm）

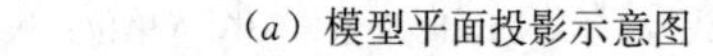

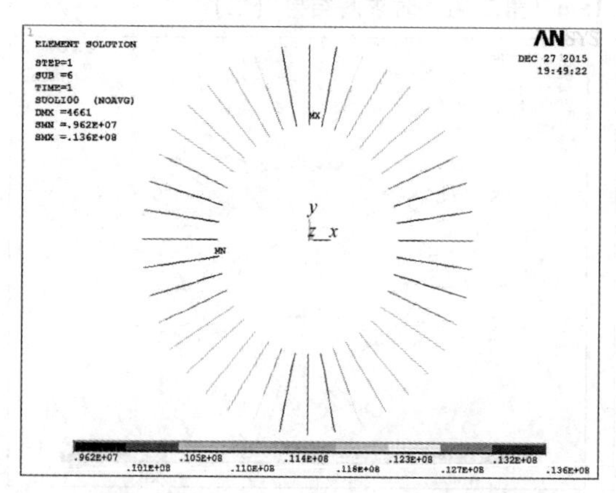

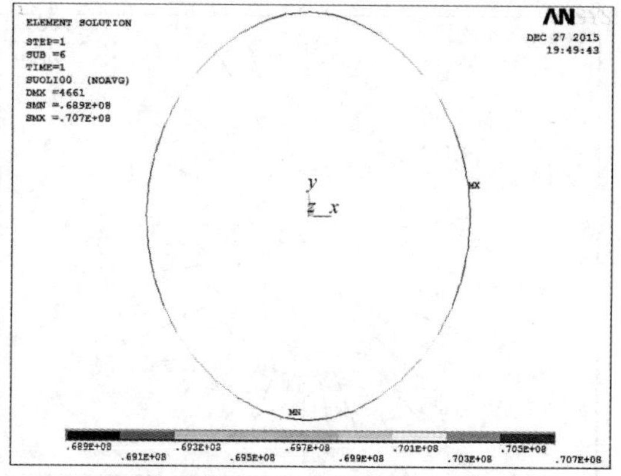

（*c*）外荷载为 1.8kN/m²时径向索索力图（单位：N）

（*d*）外荷载为 1.8kN/m²时环索索力图（单位：N）

图 4-35 外环马鞍形曲面高差为 35m（第四组）时求解结果

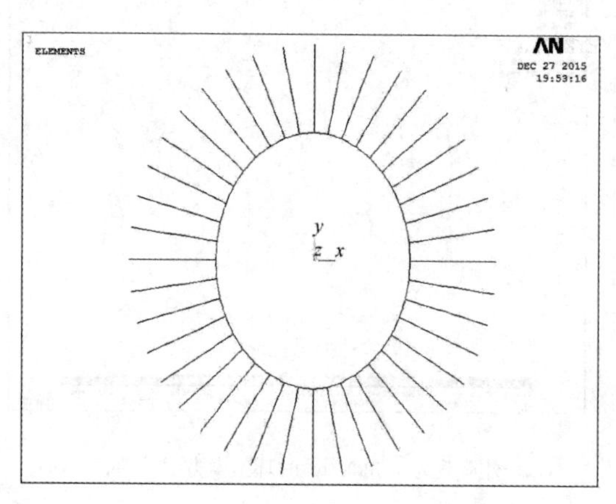

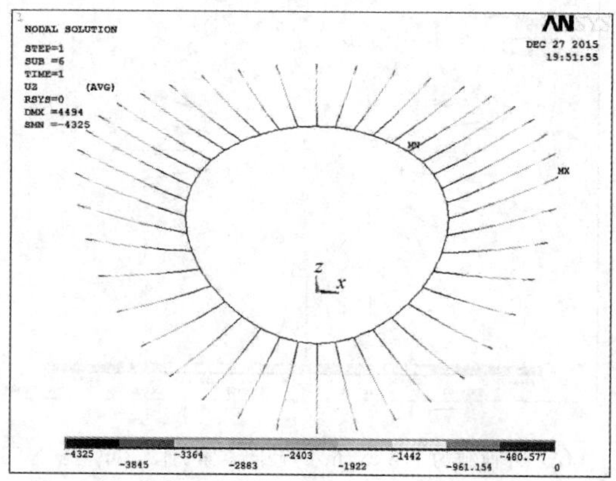

（*a*）模型平面投影示意图

（*b*）外荷载为 1.8kN/m²时竖向位移图（单位：mm）

图 4-36 外环马鞍形曲面高差为 45m（第五组）时求解结果（一）

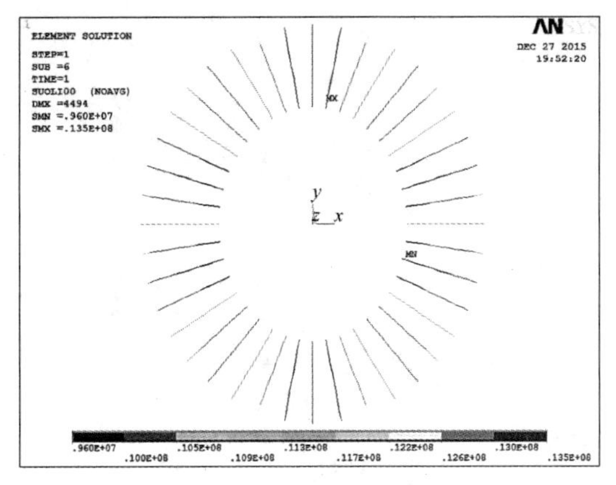

（c）外荷载为 1.8kN/m²时径向索索力图（单位：N）

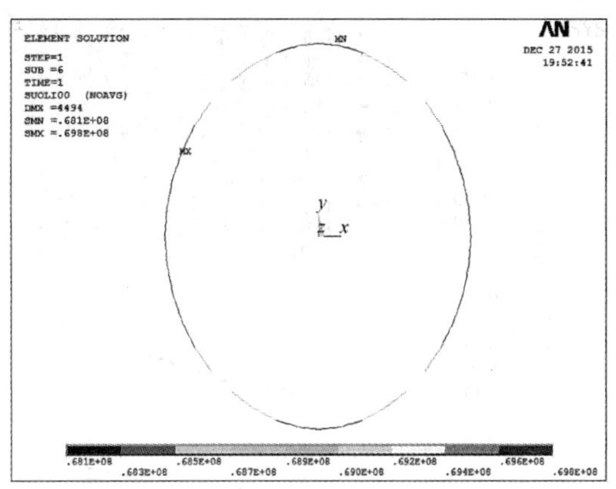

（d）外荷载为 1.8kN/m²时环索索力图（单位：N）

图 4-36　外环马鞍形曲面高差为 45m（第五组）时求解结果（二）

由图 4-37、图 4-38 可见，外环马鞍形高差越大，索网结构在相同均布荷载的作用下竖向位移越小，即其竖向刚度越大。由于均布荷载为 1.8kN/m²时五组模型的竖向位移相差仅约 1000mm，因此可以说明外环马鞍形高差对索网结构竖向刚度的提高程度较为有限。

可以看出，对于不同外环马鞍形高差的轮辐式马鞍形单层悬索结构，由于上文提到的拉索刚化效应，结构竖向位移与均布荷载的关系仍呈现出较为明显的非线性，即均布荷载越大，索系竖向位移的增量越小。

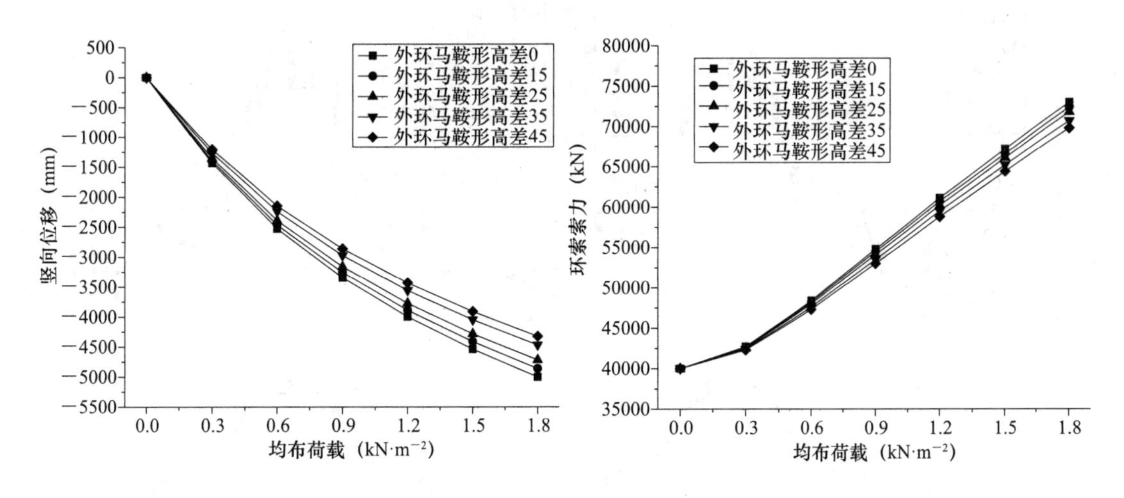

图 4-37　外环马鞍形曲面高差对索系竖向位移影响　图 4-38　外环马鞍形曲面高差对环索索力影响

由图 4-38 和图 4-39 可以看出，对于不同的外环马鞍形高差，结构拉索索力均随着均布荷载的增大而增大，其中马鞍形高差越大，环索索力和径向稳定索（11 轴）索力增幅越小，径向承重索（1 轴）索力增幅越大。

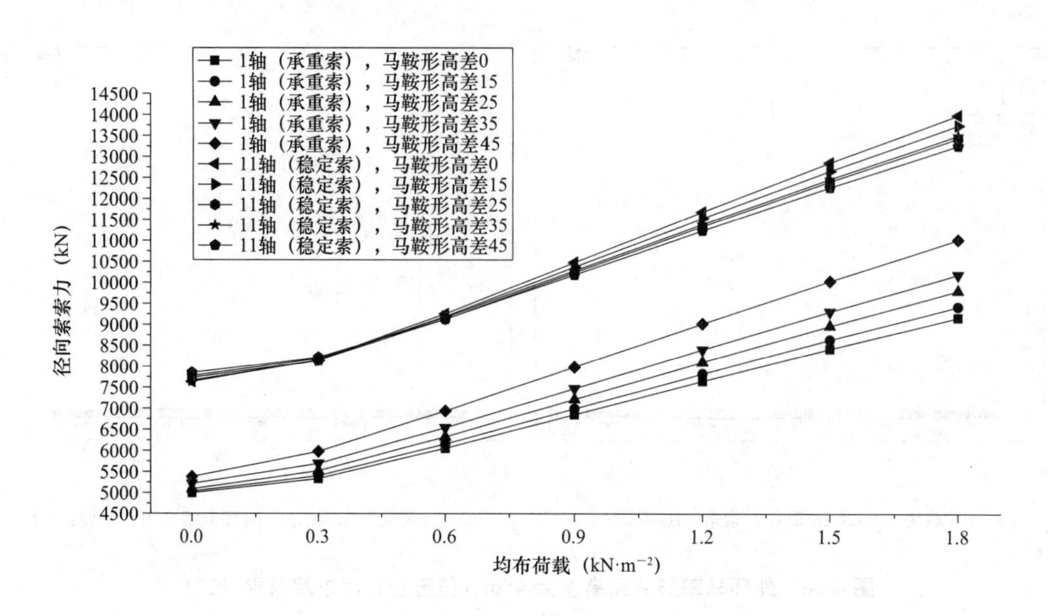

图 4-39　外环马鞍形曲面高差对径向索索力影响

由图 4-40 可以看出，在改变外环马鞍形高差的情况下，无论是初始态还是恒载态，各轴径向索索力分布规律均较为接近，均呈现出高点承重索（1 轴、21 轴）索力小于低点稳定索索力（11 轴、31 轴）。因此可以得出结论：外环马鞍形高差的改变对各轴径向索索力分布规律的影响不大。

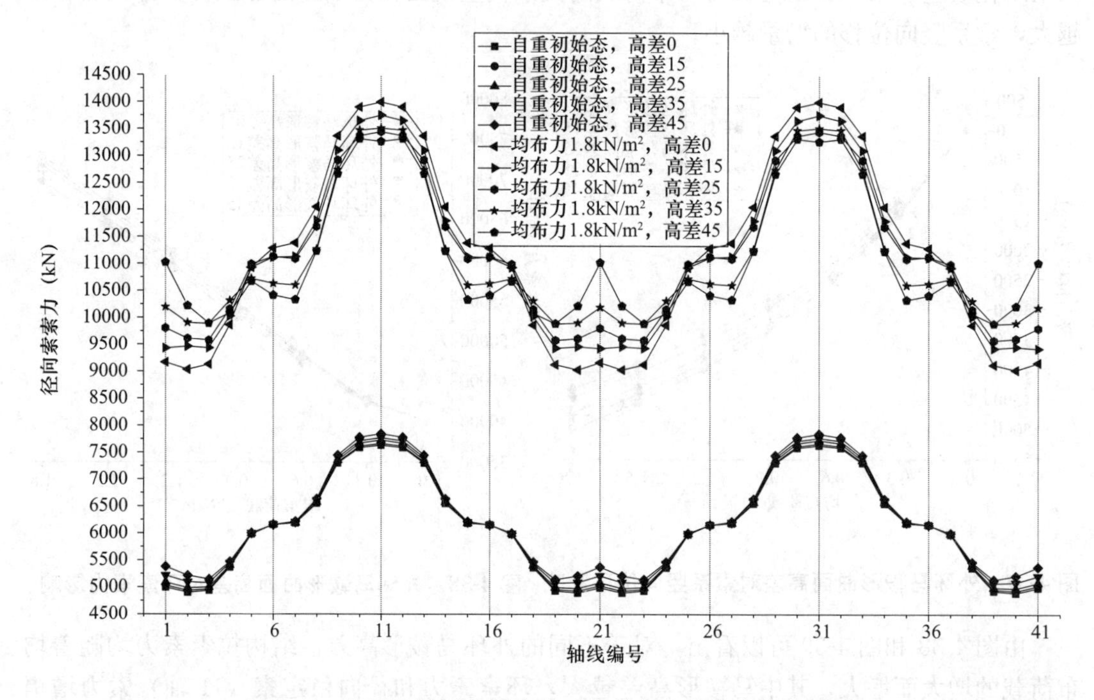

图 4-40　外环马鞍形曲面高差对各轴径向索索力分布影响

如图 4-41 所示，随着屋面均布荷载不断增大，无论马鞍形高点还是低点处的竖向支座反力值均呈显著的线性增大趋势；但相比而言，高点支座处的反力增幅（增幅约 4000kN）明显大于低点支座反力的增幅（增幅约 2000kN）。

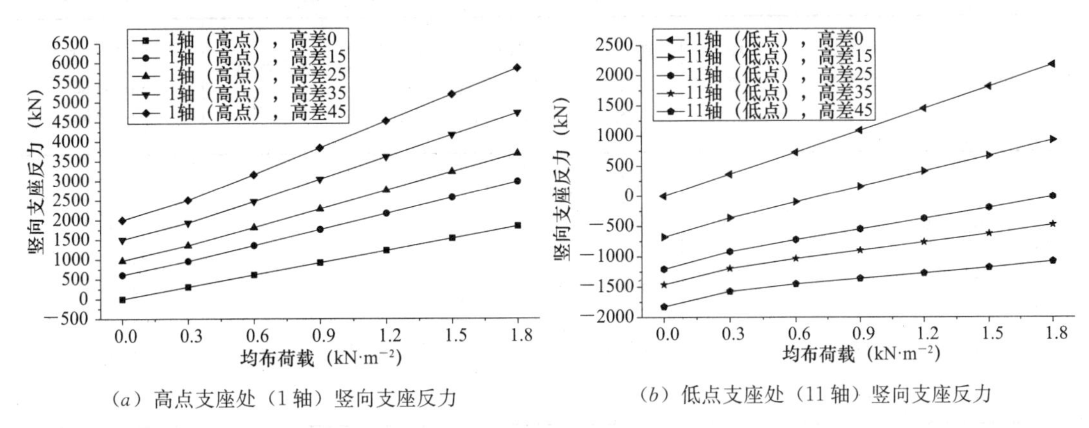

（*a*）高点支座处（1 轴）竖向支座反力　　（*b*）低点支座处（11 轴）竖向支座反力

图 4-41　外环马鞍形曲面高差对竖向支座反力影响

由图 4-42 可以看出，当外环马鞍形高差为 0 的时候，结构各轴支座竖向反力值非常平均，即使在均布力 1.2kN/m^2 作用下，各轴支座竖向反力也未出现明显的不平均现象。随着外环马鞍形高差的增大，支座竖向反力会逐渐向高点支座压力和低点支座拉力两极重分布，即随着外环马鞍形高差的增大，高点支座承受的压力值越大，同时低点支座承受的拉力值也越大。

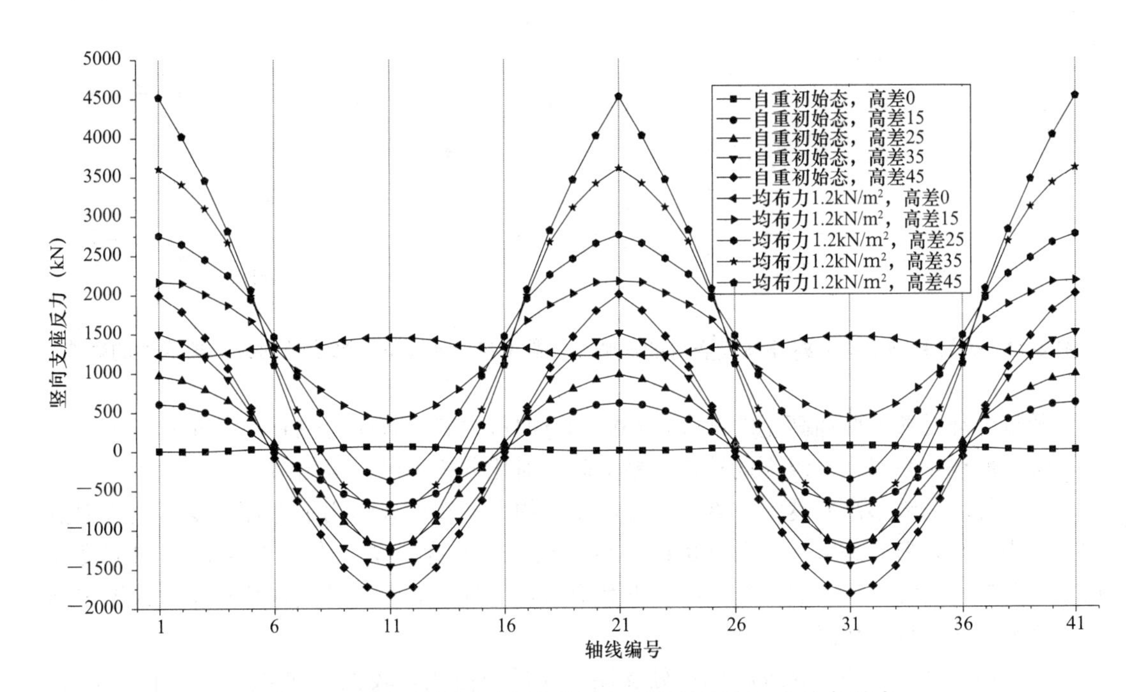

图 4-42　外环马鞍形曲面高差对竖向各轴支座反力分布影响

（注：1. 竖向支座反力正值表示支座受压，负值表示支座受拉；2. 支座轴线编号见图 4-5。）

4.3.3.2 对外环梁的影响

现研究外环马鞍形曲面高差对受压外环梁受力性能的影响，假定外环梁截面形式及约束方式同 4.3.1.2 节。结构荷载态下外环梁变形及内力见表 4-12。

结构外环梁变形及内力——改变外环马鞍形高差　　表 4-12

组别	外环马鞍形曲面高差（m）	外环最大变形（mm）	外环最大轴力（kN）	外环最大弯矩（kN·m）	最大轴向应力（MPa）	最大弯曲应力（MPa）	最大等效 VonMises 应力（MPa）
第一组	0	2525	32000	10600	116.55	90.99	206.13
第二组	15	2195	31900	8810	116.30	75.40	190.80
第三组（体育场实际）	25	2068	32100	8010	116.80	68.57	183.69
第四组	35	1942	32800	6870	119.30	58.86	173.47
第五组	45	1903	33100	6380	120.68	54.62	168.18

由表 4-12 和图 4-43、图 4-44 可以看出，随着外环马鞍形曲面高差的增大，外环梁的变形减小，因此外环马鞍形高差对外环梁本身的刚度有一定的提高作用。

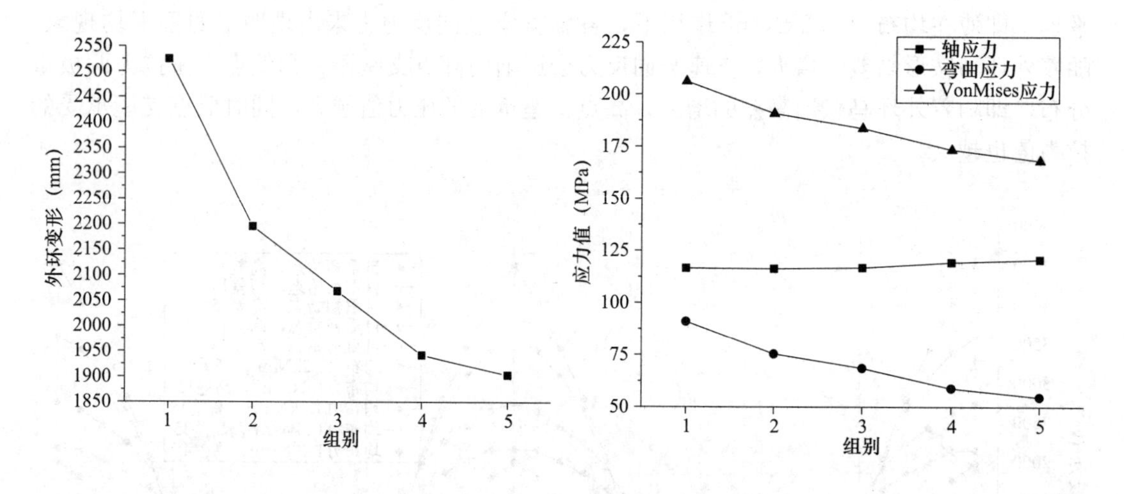

图 4-43　外环马鞍形高差对外环梁变形的影响　　图 4-44　外环马鞍形高差对外环梁应力的影响

随着外环马鞍形曲面高差的增大，环梁的弯曲应力和等效应力也有一定程度下降。

综上所述，在以上五组不同外环马鞍形高差对比分析中可以得出结论：

（1）外环马鞍形高差越大，索网的竖向刚度约大，在荷载作用下外环梁变形及应力值明显减小。马鞍形高差太小（尤其是第一组马鞍形高差为 0），不但会使索网竖向刚度降低，还会在一定程度上增加外环梁的变形和应力，而且一般不满足建筑师对轮辐式屋盖结构马鞍形曲线的设计构思。

（2）但过大的高差会导致高低点处支座竖向反力值相差较大（即高点支座压力较大，低点支座拉力也较大），也可能会对膜结构的设计和安装带来一定的困难。

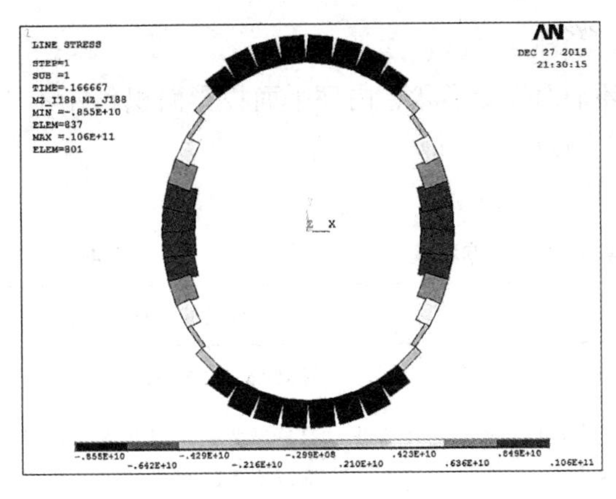

（*a*）第一组：外环马鞍形高差为 0

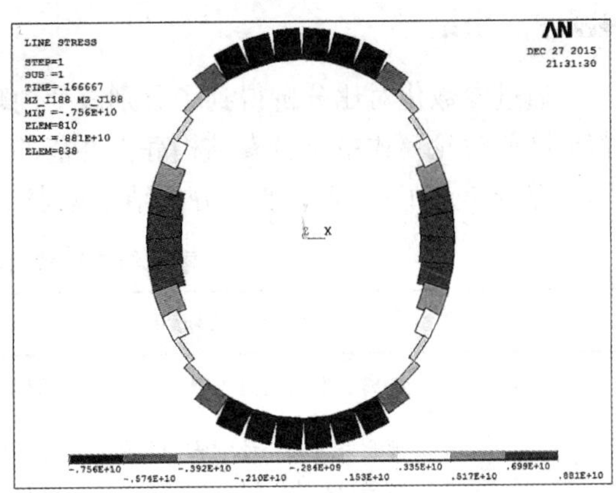

（*b*）第二组：外环马鞍形高差为 15m

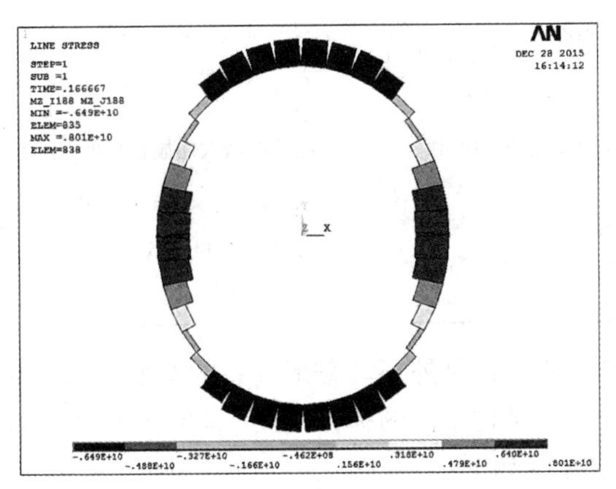

（*c*）第三组：外环马鞍形高差为 25m

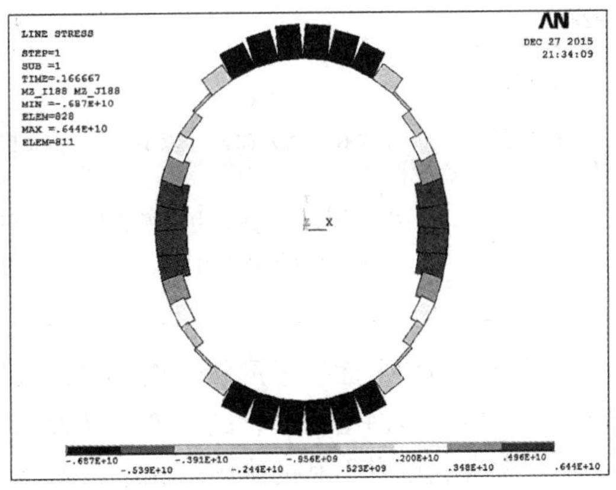

（*d*）第四组：外环马鞍形高差为 35m

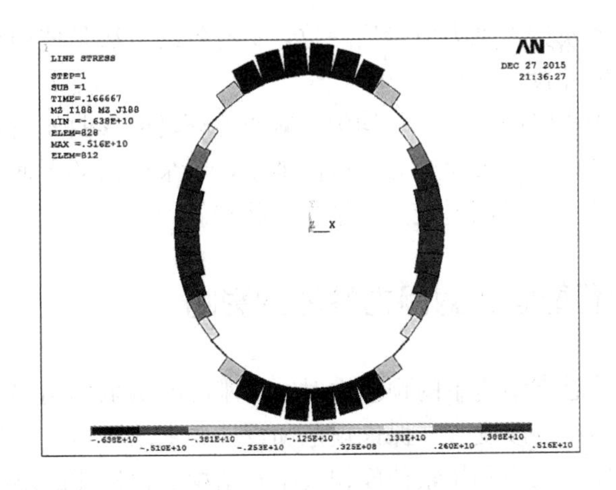

（*e*）第五组：外环马鞍形高差为 45m

图 4-45　结构荷载态下外环梁弯矩图（改变外环马鞍形曲面高差）（单位：10^{-6}kN·m）

4.3.4 小结

通过参数化对比分析得到了分别改变内环平面投影形状、内环平面投影面积和外环马鞍形高差对轮辐式单层悬索结构静力性能的影响。

综合 4.3.1～4.3.3 节的分析结果见表 4-13。

索网结构形状对静力性能影响程度　　表 4-13

	内环平面投影形状	内环投影面积	外环马鞍形曲面高差
索网竖向刚度	随离心率增大而小幅增大	随面积增大而显著增大	随高差增大而小幅增大
环索索力	离心率越大，环索索力随外荷载增幅越小	面积越大，环索索力随外荷载增幅越小	高差越大，环索和索力随外荷载增幅越小
各轴径向索索力分布	离心率相似于外环，各轴径索力分布均匀	面积越小，各轴径索索力分布均匀，但均值较大	无影响
各轴支座竖向反力分布	影响微小	面积越大，高点支座压力越大，低点支座拉力越大	高差越大，高点支座压力显著增大，低点支座拉力显著增大
外环梁变形	随离心率增大而显著减小	面积过大或过小均不利	随高差增大而显著减小
外环梁应力	离心率增大，轴应力小幅增大，弯曲应力和等效应力显著减小	面积越大，轴应力越小，弯曲应力和等效应力显著增大	高差越大，轴应力基本不变，弯曲应力和等效应力在一定程度上减小

无论是内环平面投影形状、内环平面投影面积，还是外环马鞍形高差的改变，均会导致轮辐式单层索网结构形状的改变，从而赋予整个结构不同的弹性刚度，对结构的静力性能会产生有利或者不利的影响，由表 4-13 可以总结如下：

（1）若要明显提高索网结构整体竖向刚度，效果最明显的方法是增大内环投影面积，即减小径向索索长；

（2）若要使各轴径向拉索索力值接近一致，最有效的方法是使内环平面投影离心率与外环一致，或者减小内环投影面积；

（3）若要使各轴支座竖向反力分布均匀，减小外环马鞍形曲面高差效果最为明显；

（4）若考虑到外环梁的变形及应力尽可能地小，则采用内环平面投影离心率较大、内环投影面积适中且外环马鞍形高差较大的结构形状较好。

4.4 拉索预应力和截面积对静力性能的影响

如 4.1 节中介绍，悬索结构中的预应力对结构刚度的贡献作用很大，而拉索预应力的改变必然会导致其截面积的改变，以保证规范和设计要求的拉索应力比范围。因此，本章节可分为拉索初始预应力大小和拉索截面积大小对结构静力性能的影响两部分。

4.4.1 拉索初始预应力的影响

索网结构初始预应力的分布由结构形状所决定，即形状确定了拉索索力分布比值，但初始预应力值的大小可以改变，因此，本节分析在维持结构形状不变（即与体育场实际结构形态一致）的前提下，保持拉索截面积不变，分别改变环索初始预应力为 20000kN（1 倍）、40000kN（2 倍）、60000kN（3 倍）和 80000kN（4 倍）。

模型参数见表 4-14。

模型参数——不同拉索初始预应力大小　　　　表 4-14

组别	内环平面投影			各径向索平均长度（m）	外环马鞍形高差 H（m）	环索初始预应力（kN）	拉索预应力倍数	环索截面积（mm^2）
	半短轴 x_{max}（m）	半长轴 y_{max}（m）	离心率					
第一组	61	77.090	0.6116	53.635	25	20000	1 倍	95808
第二组						40000	2 倍	
第三组						60000	3 倍	
第四组						80000	4 倍	

在此基础上，分别建立纯索网模型（不带外环梁的模型）和带外环梁的模型，按照上文所述建立有限元模型、施加约束和荷载，对结构进行分析求解。

4.4.1.1　对纯索网结构影响

首先单独研究改变拉索初始预应力对纯索网结构静力性能的影响，先假定外环梁刚度无穷大，即将径向索外端约束。

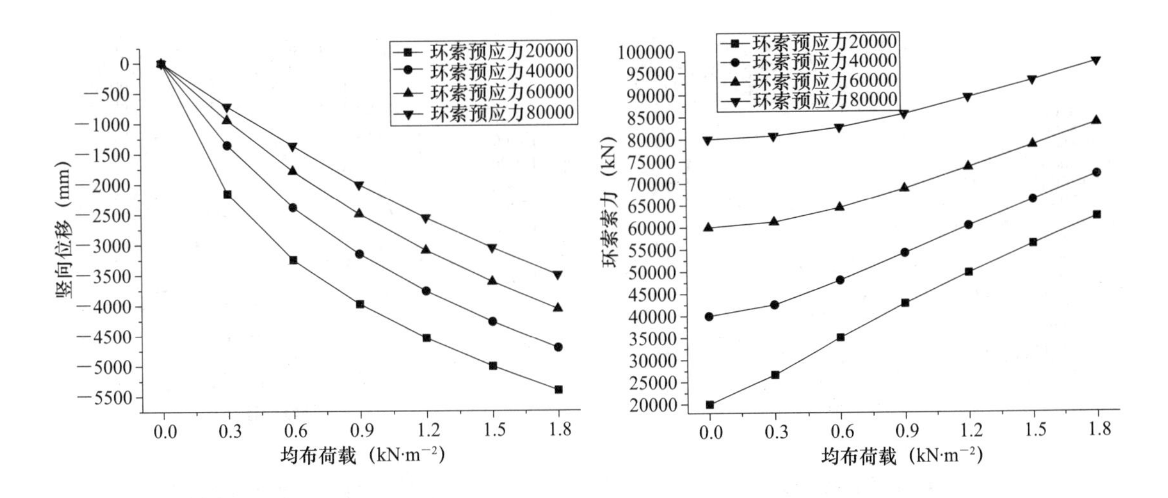

图 4-46　拉索初始预应力对索系竖向位移影响　　　　**图 4-47　拉索初始预应力对环索索力影响**

由图 4-46、图 4-47 可以明显地看出，加载初期，拉索预应力越大，竖向位移增幅越小；随着继续加载，位移增幅受拉索初始预应力的影响较小。

因此可以总结出结论：拉索初始预应力对轮辐式马鞍形单层索网结构的初始刚度影响很大（拉索初始预应力越大结构初始刚度越大），相对来说对其后期刚度影响较小。

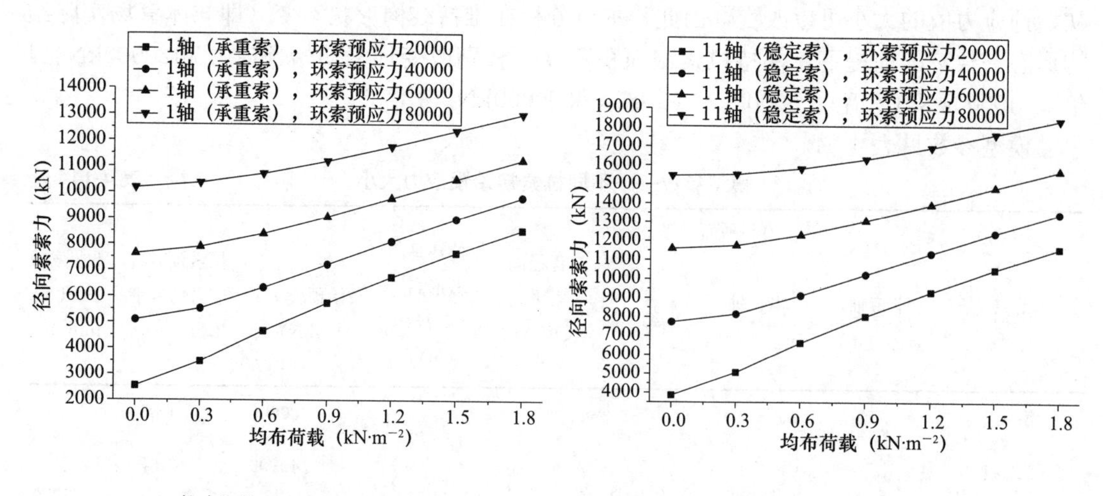

（*a*）拉索初始预应力对承重索索力的影响

（*b*）拉索初始预应力对稳定索索力的影响

图 4-48　改变拉索初始预应力对径向索索力的影响

由图 4-48 可以看出，不同初始预应力下的索网结构在外荷载增大的过程中，拉索索力的增幅各有不同：初始预应力越大，拉索索力随外荷载的增幅越小，但差别不大。

由图 4-49 更加印证了一点：无论是结构初始状态，还是受到 1.8kN/m^{2}的均布外荷载时，拉索初始预应力的改变都不会影响索网结构各轴径向索索力的分布规律，即索网结构拉索索力的分布比值只与结构形状有关，与拉索初始预应力无关。

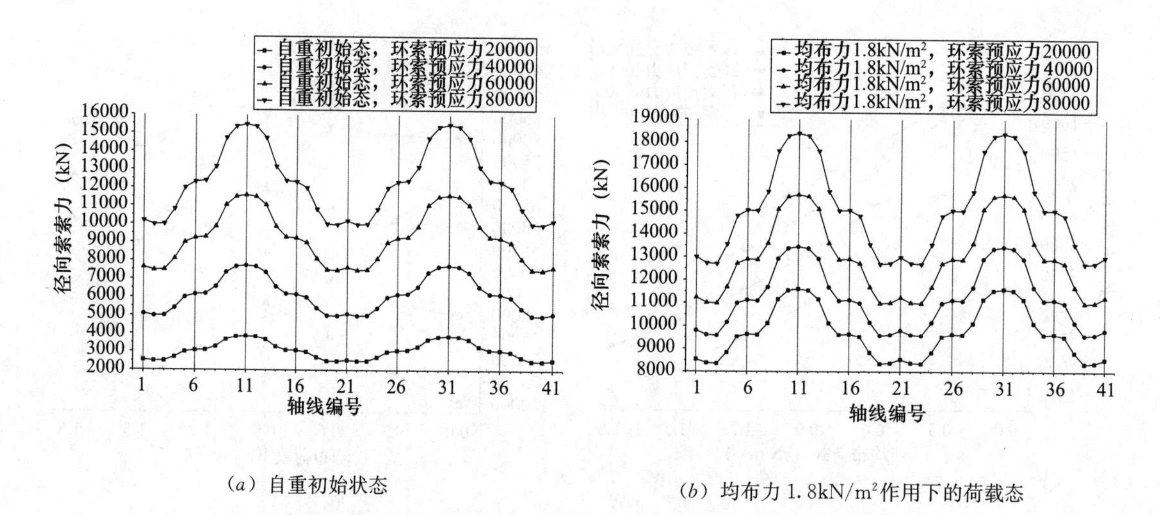

（*a*）自重初始状态

（*b*）均布力 1.8kN/m^{2}作用下的荷载态

图 4-49　改变拉索初始预应力对各轴径向索索力分布的影响

由图 4-50 可以看出：对于轮辐式马鞍形单层索网结构，随着屋面均布荷载不断增大，无论马鞍形高点还是低点处的竖向支座反力值均呈显著的线性增大趋势；但相对而言，高点支座处的反力增幅明显大于低点支座反力。

综合图 4-50 和图 4-51 来看：拉索初始预应力越大，高低点处支座反力差就会越大：即高点支座处压力会越大，低点支座处拉力也会越大。

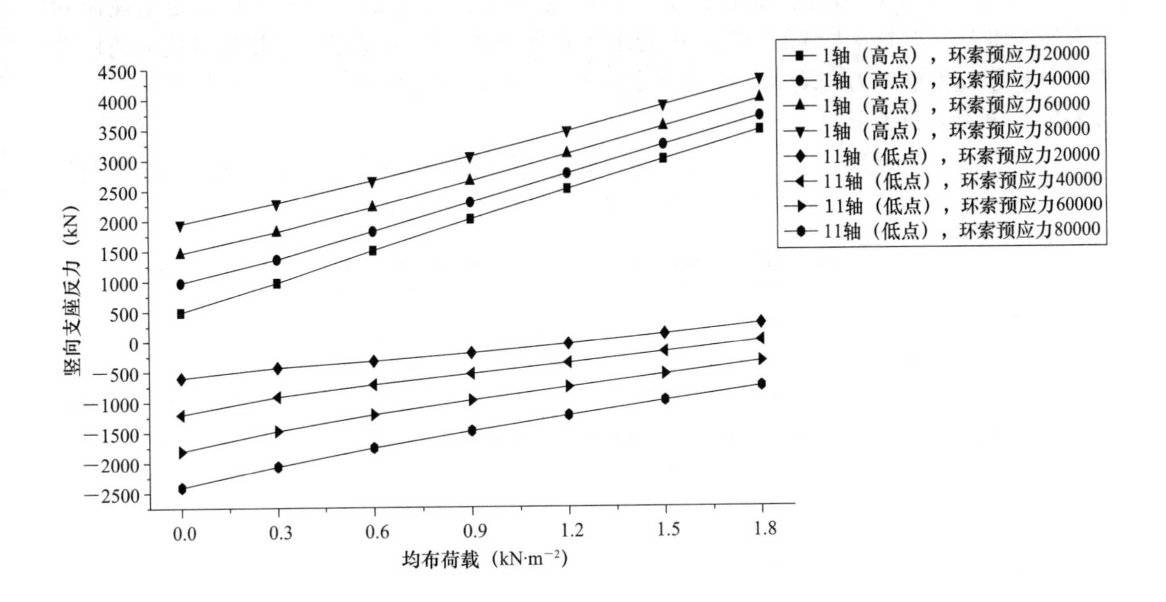

图 4-50　改变拉索初始预应力对支座竖向反力的影响

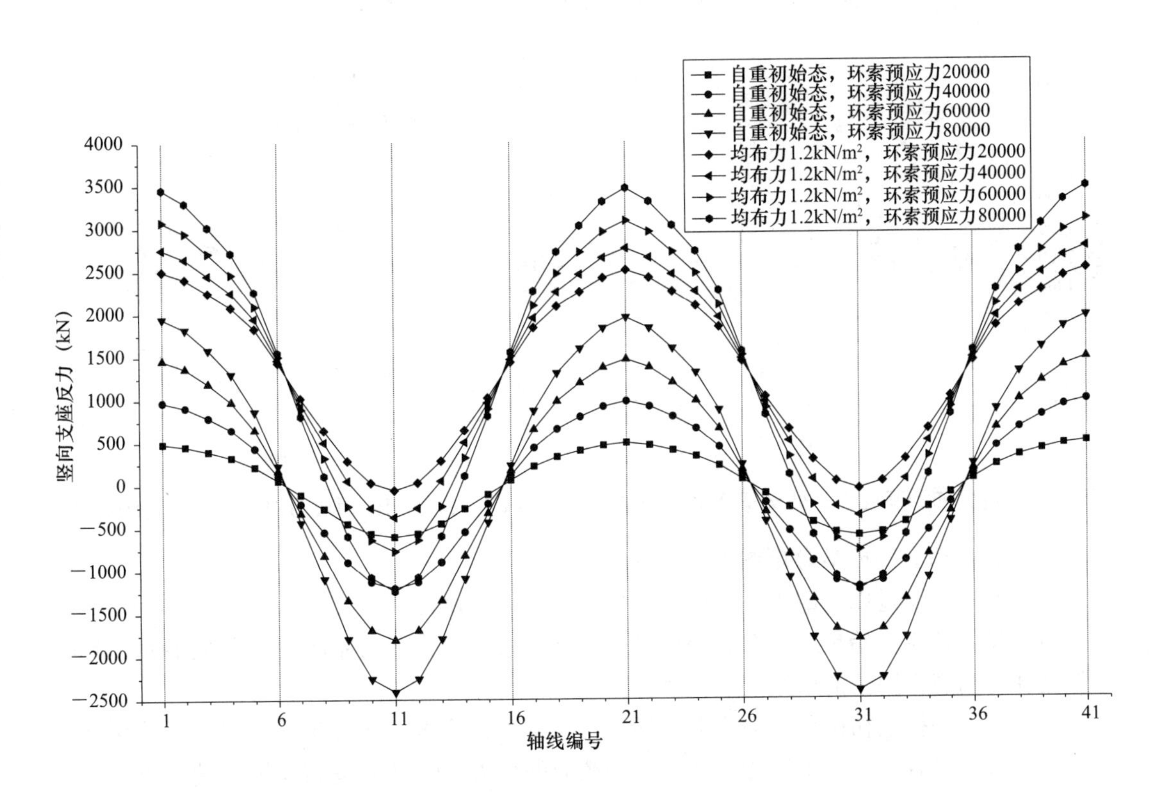

图 4-51　改变拉索初始预应力对各轴支座竖向反力分布的影响

从图 4-51 中得出结论：随着拉索初始预应力的增大，支座竖向反力的变化规律和 4.3.2.1 和 4.3.3.1 中得到的一致，即支座竖向反力会逐渐向高点压力和低点拉力两极分布，且拉索初始预应力的增大，高点处支座承受的压力值会越大。

4.4.1.2 对外环梁的影响

现研究拉索初始预应力大小对受压外环梁受力性能的影响，假定外环梁截面形式及约束方式同 4.3.1.2 节。结构荷载态下外环梁变形及内力见表 4-15。

结构外环梁变形及内力——改变拉索初始预应力大小 **表 4-15**

组别	内环索初始预应力（kN）	外环最大变形（mm）	外环最大轴力（kN）	外环最大弯矩（kN·m）	最大轴向应力（MPa）	最大弯曲应力（MPa）	最大等效 VonMises 应力（MPa）
第一组	20000	1566	21300	5920	77.67	50.73	127.58
第二组	40000	2068	32100	8010	116.80	68.57	183.69
第三组	60000	2410	45700	9510	166.43	81.40	244.83
第四组	80000	2622	60500	10500	220.29	89.93	305.68

由表 4-15 和图 4-52、图 4-53 可以看出，随着拉索初始预应力的增大，外环梁在自重初始状态下的变形、轴应力、弯曲应力和等效应力均会明显增大。

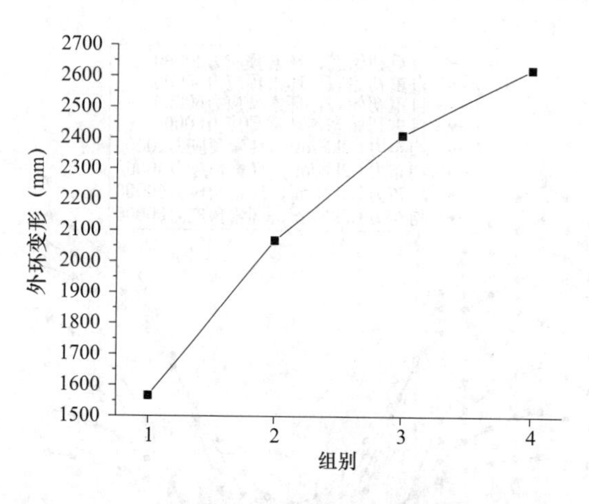

图 4-52 拉索初始预应力对外环梁变形的影响

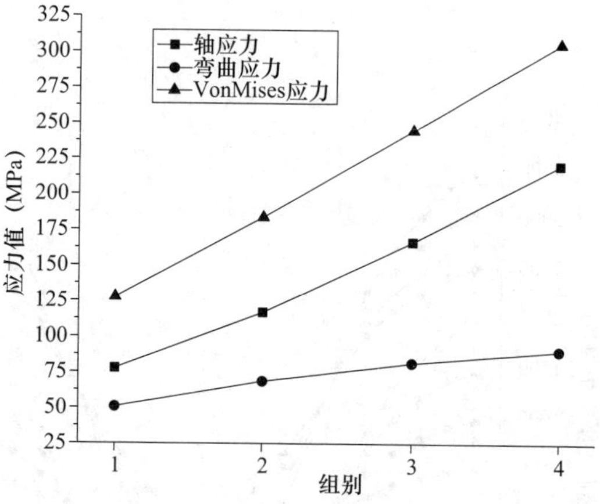

图 4-53 拉索初始预应力对外环梁应力的影响

结构荷载态下外环梁弯矩图见图 4-54。

综上所述，通过以上四组不同拉索初始预应力的对比分析中，可以得出结论：

（1）虽然拉索初始预应力对轮辐式马鞍形单层索网结构的初始刚度的贡献很大，但对于结构在外荷载作用下的后期刚度贡献甚微；

（2）过大的拉索初始预应力不但会导致拉索索力、拉索索端支座反力和外环梁变形及应力的增大，更直接导致了结构设计时构件截面的增大、强度的提高和用钢量的增加，与此同时更是间接导致了索网牵引提升施工过程中设备规格和用量的增加。

因此，在结构拥有良好刚度的条件下，尽量减小拉索的初始预张力是十分必要的。

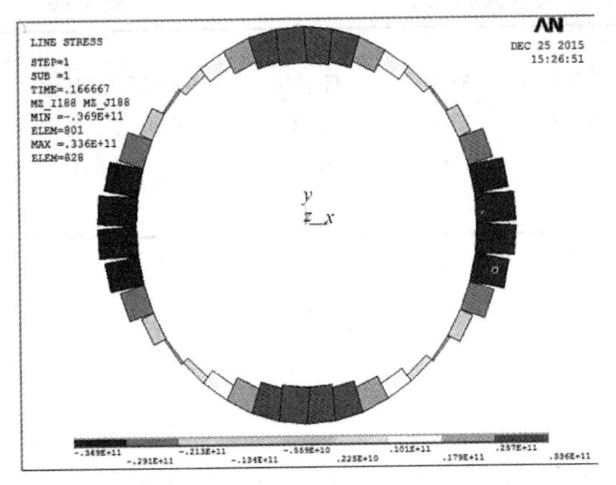

（*a*）第一组：内环索初始预应力 20000kN

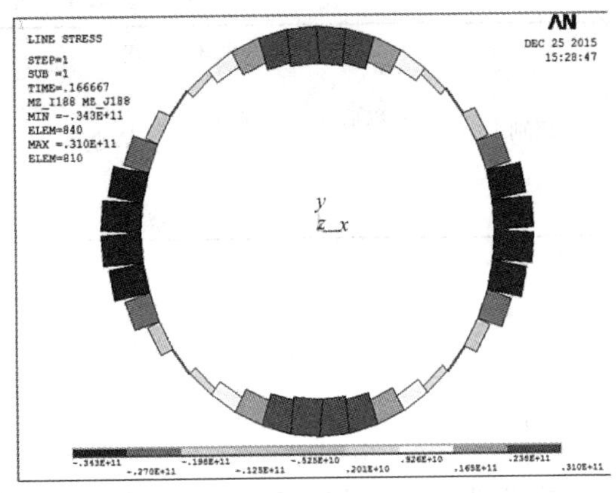

（*b*）第二组：内环索初始预应力 40000kN

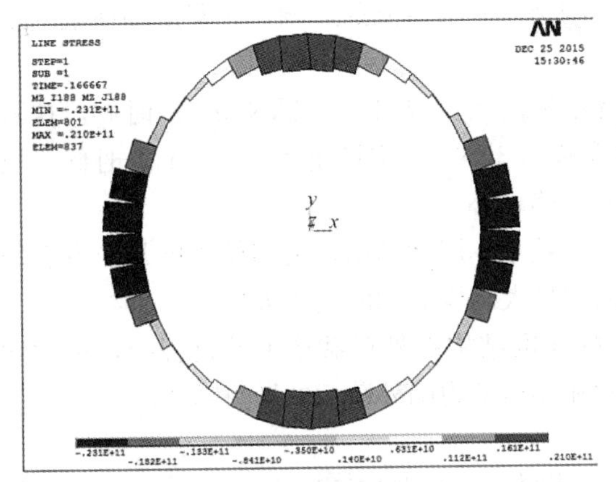

（*c*）第三组：内环索初始预应力 60000kN

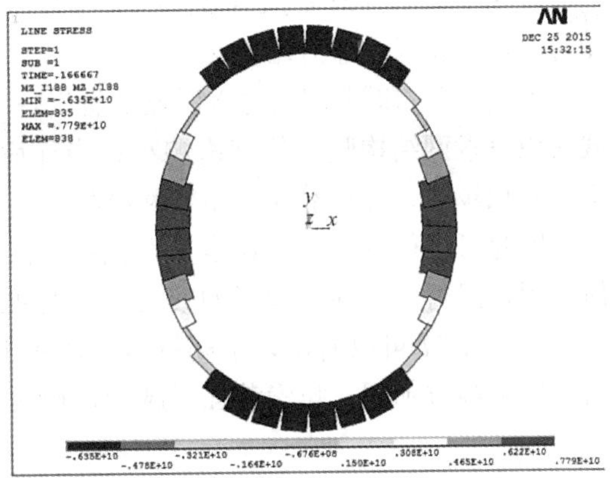

（*d*）第四组：内环索初始预应力 80000kN

图 4-54　结构荷载态下外环梁弯矩图（改变拉索初始预应力）（单位：10^{-6}kN・m）

4.4.2　拉索截面积的影响

拉索初始预应力的增大必然会导致拉索截面积的增大，从而达到规范及设计要求的拉索应力比，保证结构具有足够的安全系数。因此，拉索截面积与拉索初始预应力之间是相辅相成的关系，同时两者对结构刚度的影响又略有差异。

现为了单独研究拉索截面积大小对结构刚度的影响，本节分析仍然在维持结构形状不变（即与体育场实际结构形态一致）的前提下，保持拉索初始预应力为 40000kN 不变，改变环索截面积为 47904mm^2（1 倍）、95808mm^2（2 倍）、143713mm^2（3 倍）和 191617 mm^2（4 倍）。

模型参数见表 4-16。

模型参数——不同拉索截面积大小　　表 4-16

组别	内环平面投影			各径向索平均长度（m）	外环马鞍形高差 H（m）	环索截面积（mm^2）	环索截面积倍数	环索初始预应力（kN）
	半短轴 x_{max}（m）	半长轴 y_{max}（m）	离心率					
第一组	61	77.090	0.6116	53.635	25	47904	1倍	40000
第二组						95808	2倍	
第三组						143713	3倍	
第四组						191617	4倍	

在此基础上，分别建立纯索网模型（不带外环梁的模型）和带外环梁的模型，按照上文所述建立有限元模型、施加约束和荷载，对结构进行分析求解。

4.4.2.1　对纯索网结构的影响

首先单独研究改变拉索截面积大小对纯索网结构静力性能的影响，先假定外环梁刚度无穷大，即将径向索外端约束。

由图 4-55 和图 4-56 可以明显地看出，当外荷载从 0 增加至 0.3kN/m² 的时候，拉索截面积对索网结构竖向位移影响小；当外荷载从 0.3kN/m² 增加至 1.8kN/m² 的时候，拉索截面积越大，外荷载作用下索网结构的竖向位移越小。

因此可以得到结论：拉索截面积对轮辐式马鞍形单层索网结构的初始刚度几乎没有任何作用，但对其后期刚度影响较大（拉索截面积越大结构后期刚度越大）。

由图 4-57 可以看出，不同拉索截面积下的索网结构在外荷载增大的过程中，拉索索力的增幅各有不同：拉索截面积越大，径向索和环索索力随外荷载的增幅越大。

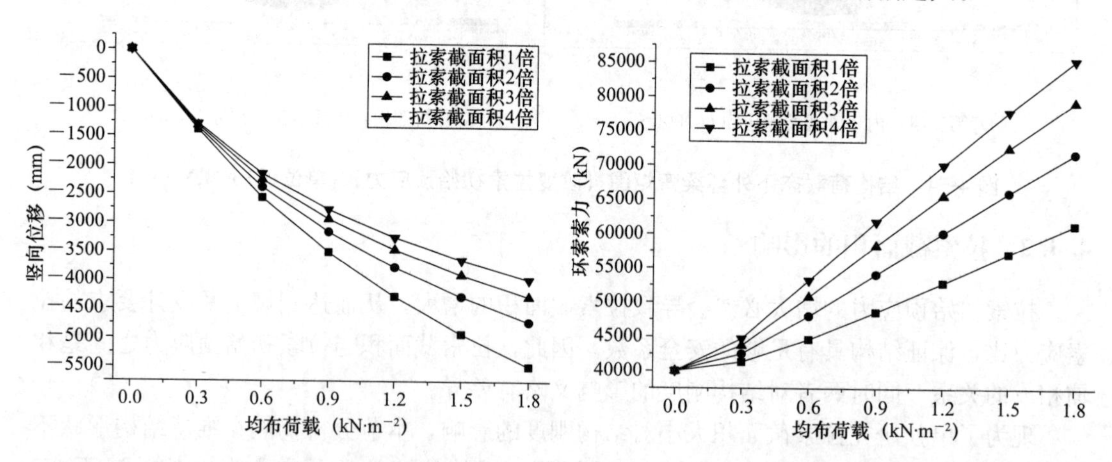

图 4-55　改变拉索截面积对索系竖向位移影响　　**图 4-56　改变拉索截面积对环索索力影响**

由图 4-58 可以看出，和拉索初始预应力对索网结构各轴径向索索力分布的影响一样，拉索截面积的改变同样也不会影响各轴径向索索力的分布规律。因此可以再次证明一点：轮辐式单层索网结构的索力分布比值只与结构形状有关，与拉索截面积无关。

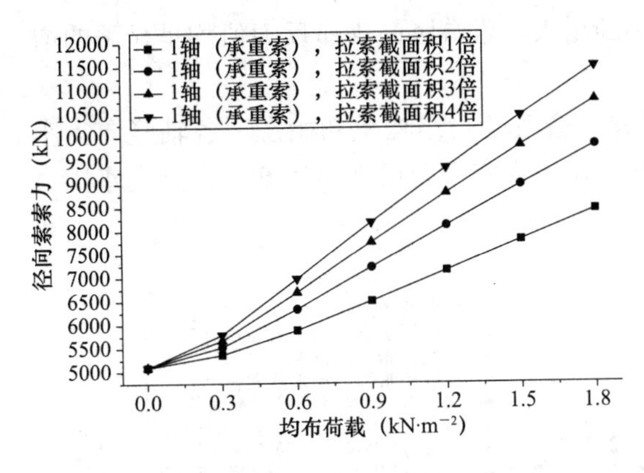

（a）改变拉索截面积对承重索索力的影响

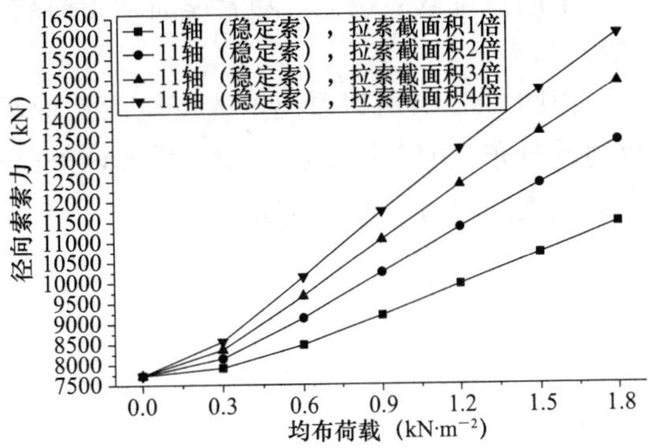

（b）改变拉索截面积对稳定索索力的影响

图 4-57　改变拉索截面积对径向索索力的影响

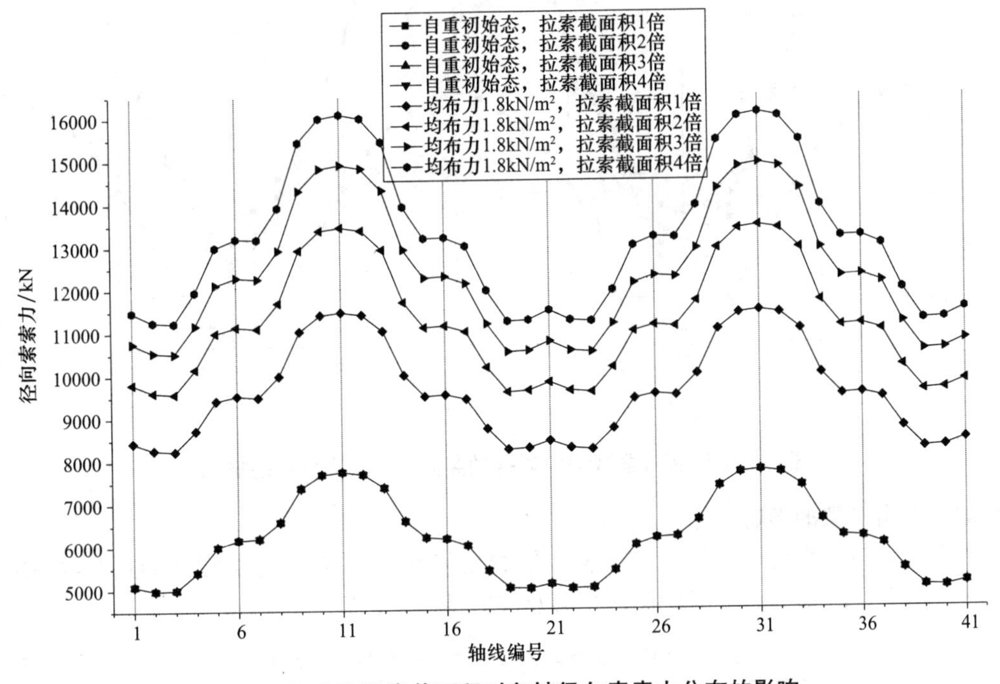

图 4-58　改变拉索截面积对各轴径向索索力分布的影响

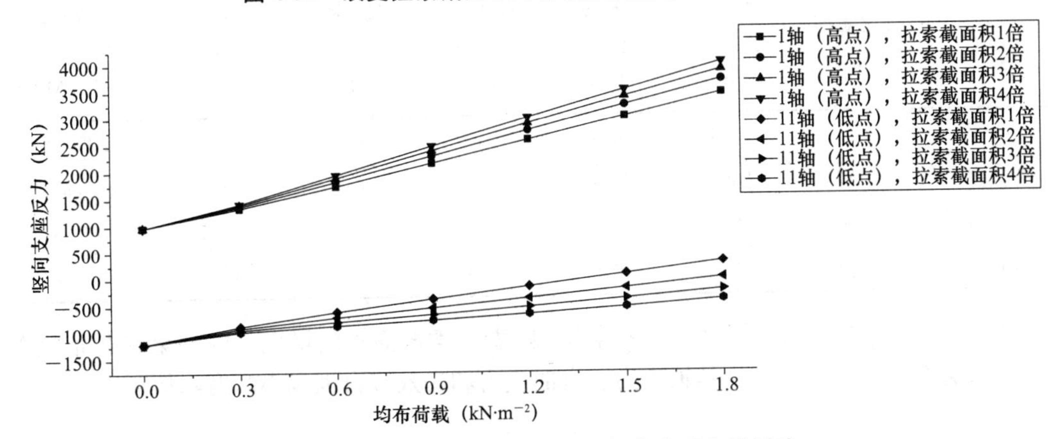

图 4-59　改变拉索截面积对竖向支座反力的影响

不同拉索截面积下，随着屋面均布荷载不断增大，索端竖向支座反力值均呈显著的增大趋势。

由图 4-60 又可以看出，改变拉索截面积并不会改变自结构重初始态下各轴竖向支座反力的分布。随着拉索截面积的增大，外荷载作用下支座竖向反力会逐渐向高点支座压力和低点支座拉力两极重分布。

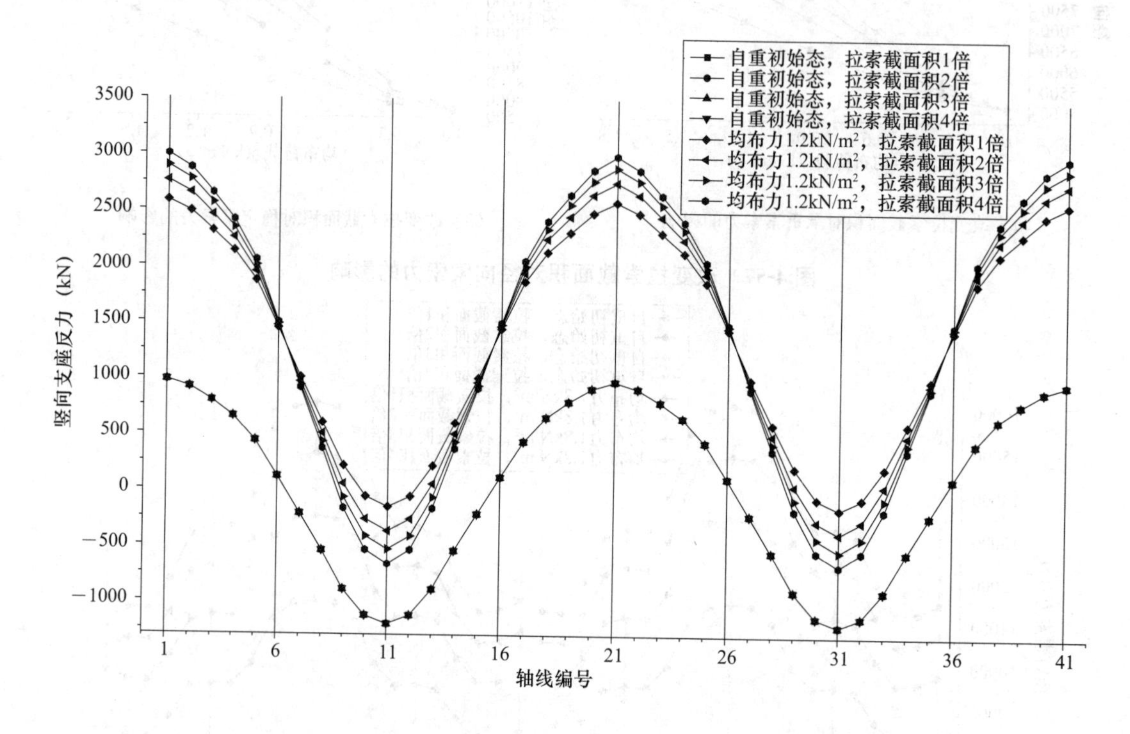

图 4-60　改变拉索截面积对各轴竖向支座反力分布的影响

4.4.2.2　对外环梁的影响

研究拉索截面积大小对受压外环梁受力性能的影响，假定外环梁截面形式及约束方式同 4.3.1.2 节。结构荷载态下外环梁变形及内力见表 4-17。

结构外环梁变形及内力——改变拉索截面积大小　　表 4-17

组别	拉索截面积倍数	外环最大变形（mm）	外环最大轴力（kN）	外环最大弯矩（kN·m）	最大轴向应力（MPa）	最大弯曲应力（MPa）	最大等效VonMises应力（MPa）
第一组	1 倍	2189	35100	8540	127.67	73.10	198.78
第二组	2 倍	2068	32100	8010	116.80	68.57	183.69
第三组	3 倍	1991	30100	7670	109.60	65.72	173.82
第四组	4 倍	1935	28700	7440	104.64	63.70	166.95

由表 4-17 和图 4-61、图 4-62 可以看出，随着拉索截面积的增大，外环梁在初始状态下的变形会有略微减小，同时其轴应力、弯曲应力和等效应力也有小幅度降低。

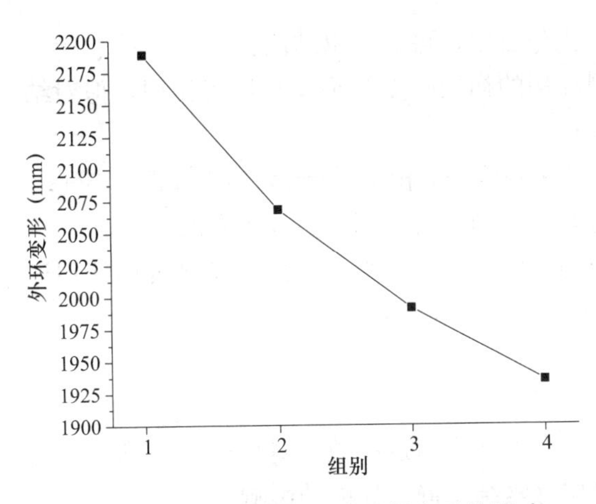

图 4-61　拉索截面积对外环梁变形的影响

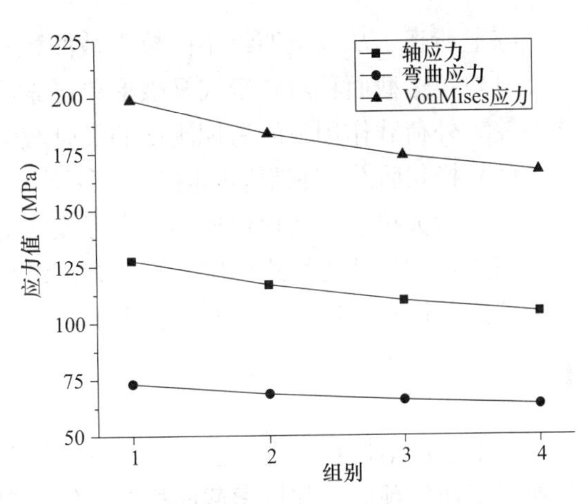

图 4-62　拉索截面积对外环梁应力的影响

结构荷载态下外环梁弯矩图见图 4-63。

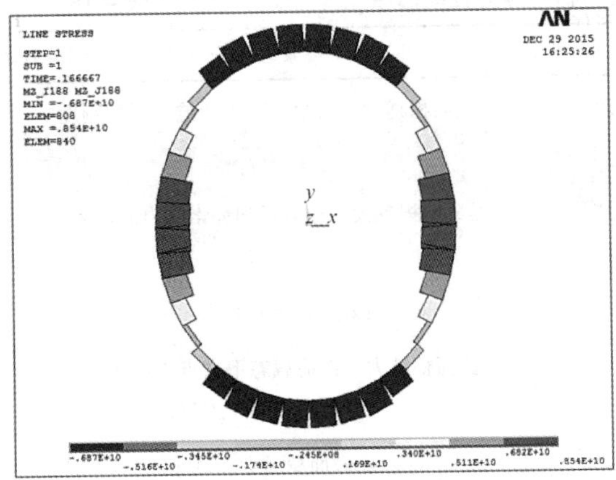

（a）第一组：内环索截面积一倍

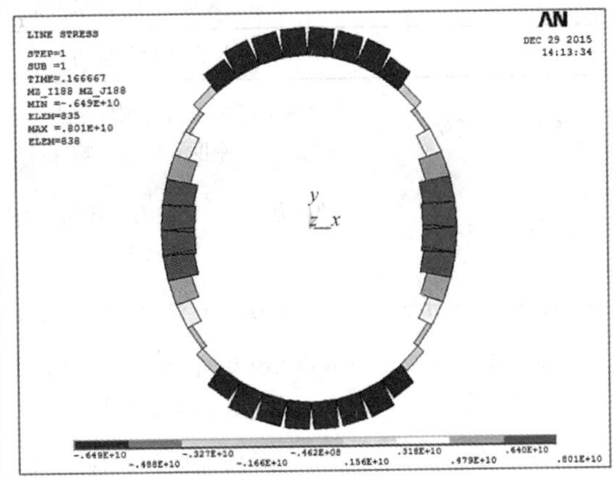

（b）第二组：内环索截面积二倍

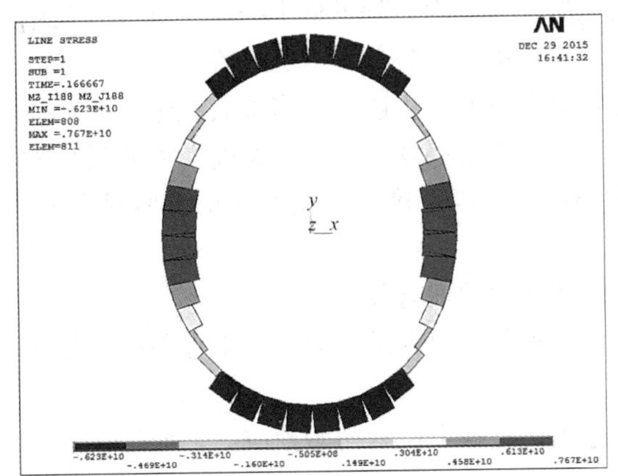

（c）第三组：内环索截面积三倍

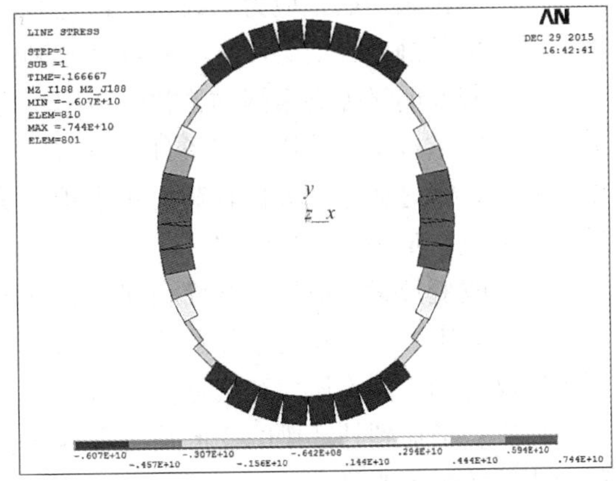

（d）第四组：内环索截面积四倍

图 4-63　结构荷载态下外环梁弯矩图（改变拉索截面积）（单位：10^{-6}kN · m）

综上所述，从以上四组不同拉索截面积对比分析中，可以得出结论：

（1）拉索截面积对轮辐式马鞍形单层索网结构的初始刚度几乎没有任何作用，但对结构在较大外荷载作用下的后期刚度的贡献较大；

（2）换句话说，在结构正常使用条件下，过大的拉索截面积并不能有效地提高索系刚度；

（3）增大拉索截面积对外环梁变形及应力有一定的增益作用，但效果有限。

因此，在设计轮辐式单层马鞍形索网结构的时候，没必要为了增强索系刚度而使用过大的拉索截面积，应该充分利用拉索的材料强度，避免材料不必要的浪费。

4.4.3 小结

对于索网结构预应力产生的几何刚度，我们在上文中通过参数化对比分析得到了分别改变拉索初始预应力和拉索截面积对轮辐式单层悬索结构静力性能的影响。

综合4.4.1、4.4.2分析结果，见表4-18。

改变拉索预应力和截面积的静力性能总结 **表4-18**

	拉索初始预应力	拉索截面积
索网竖向刚度	预应力越大，初始刚度越大，后期刚度几乎无影响	截面积越大，初始刚度无影响，后期刚度越大
拉索索力	预应力越大，径向索和环索索力的增幅越小	截面积越大，径向索和环索索力的增幅越大
各轴径向索索力分布	索力分布与初始预应力无关	索力分布与截面积无关
各轴支座竖向反力分布	预应力越大，高点支座压力越大，低点支座拉力越大	截面积越大，仅荷载态下高点支座压力越大，低点支座拉力越大
外环梁变形	随初始预应力增大而增大	随截面积增大而减小
外环梁应力	随初始预应力增大而增大	随截面积增大而减小

无论是拉索初始预应力的改变，还是截面积的改变，均会赋予整个结构不同的几何刚度，对结构的静力性能会产生有利或者不利的影响，由表4-18可以总结如下：

（1）若要明显提高索网结构整体竖向刚度，更有效的方法还是适当增大拉索初始预应力，因为在结构正常使用荷载条件下（外荷载并没有特别大），索系还未进入需要后期刚度的时候，于是通过增大拉索截面积来提高索网结构后期刚度的方法就显得有些没必要，反而会造成一定程度上的浪费；

（2）改变拉索预应力和截面积都无法影响索网结构的索力分布；

（3）对于拉索索端支座竖向反力，无论增大拉索预应力还是截面积，都会使荷载作用下各轴反力趋于高点压力和低点拉力两极分布；

（4）若考虑到外环梁的变形及应力尽可能地小，宜减小拉索初始预应力，而增大拉索截面积的效果不明显。

第5章 体育场轮辐式索网结构分析

5.1 结构分析模型

5.1.1 分析软件及单元类型

结构分析采用大型通用有限元分析软件 ANSYS，考虑到结构具有双重非线性（几何非线性和材料非线性）的特点，分析中考虑几何大变形和应力刚化效应。

单元类型：(1) 拉索采用 Link10 单元，仅受拉，不受压，不受弯；(2) 结构 V 形柱和外环梁等钢结构采用梁单元 Beam188；(3) 屋面膜结构及幕墙单元采用 Surf154 单元。

5.1.2 材料特性

(1) V 形柱和受压外环梁：弹性模量为 2.06×10^5MPa，泊松比为 0.3，温度膨胀系数为 1.2×10^{-5}/℃，密度为 8630kg/m^3（采用将钢结构密度 7850kg/m^{3}增加 10%的方法考虑节点以及连接板的自重）；

(2) 拉索：弹性模量为 1.6×10^5 MPa，泊松比为 0.3，温度膨胀系数为 1.2×10^{-5}/℃，密度为 7850kg/m^3。

5.1.3 分析荷载工况

在对体育场设计关键技术的分析研究中考虑结构的恒荷载、支座沉降差、活荷载以及风荷载的影响，具体介绍如下：

(1) 恒荷载：仅考虑结构自重、预应力和附加恒载。

(2) 支座沉降差：根据规范规定，支座混凝土结构的沉降小于 $L/1000$，而相邻柱脚间距为 20m，在支座点之间的设计最大沉降差小于 20mm。本体育场共 40 个支座，因此在对比分析中定义两个沉降工况，分别为奇数轴支座沉降和偶数轴支座沉降，两个工况下的沉降支座均隔轴布置。

(3) 活荷载：取不上人屋面活荷载与苏州地区雪荷载中的较大值 0.5kN/m^2。

(4) 侧向风荷载：正常使用阶段，结构侧向力主要来源于作用在构件上的风荷载。根据苏州体育场设计资料，作用于幕墙上的风荷载值最大为 0.741kN/m^2，偏安全地估计，平均分配到每个外环梁关键节点上（共 40 个节点）的集中风荷载约 130kN，因此风荷载对结构的影响不容忽略。以下分析中，分别从 5 个不同的角度（0°、30°、45°、60°、90°）对每个外环梁关键节点施加 500kN 的水平侧向力。

因此，我们得到下文中对比分析所需要的共 9 组荷载工况，见表 5-1。

对比分析荷载工况简表 **表 5-1**

工况号	工况描述	备注
工况一	恒载	结构自重、预应力工况和附加恒载
工况二	恒载＋偶数榀支座沉降差	偶数榀（02/1-40/1 轴）支座向下沉降 20mm，见图 5-1
工况三	恒载＋奇数榀支座沉降差	奇数榀（01/1-39/1 轴）支座向下沉降 20mm，见图 5-2
工况四	恒载＋屋面活载	不上人屋面活荷载 0.5kN/m^2
工况五	恒载＋0°水平侧向力	从五个角度对每个外环梁关键节点施加 500kN 水平侧向力，角度示意见图 5-3
工况六	恒载＋30°水平侧向力	
工况七	恒载＋45°水平侧向力	
工况八	恒载＋60°水平侧向力	
工况九	恒载＋90°水平侧向力	

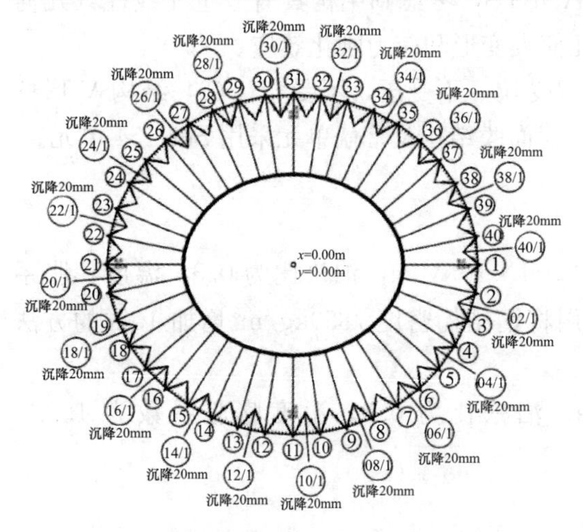

图 5-1 偶数榀支座沉降差示意图

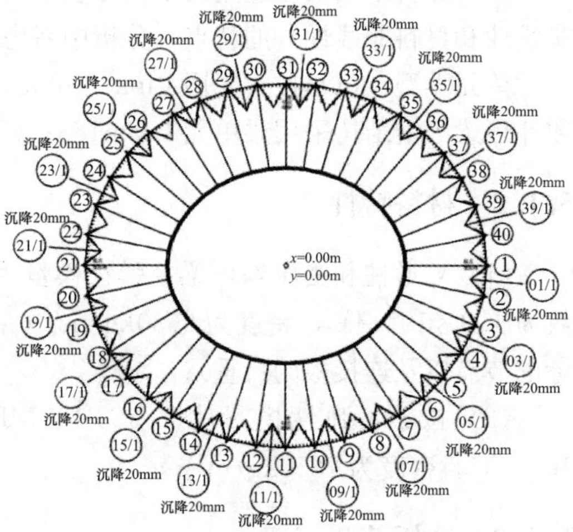

图 5-2 奇数榀支座沉降差示意图

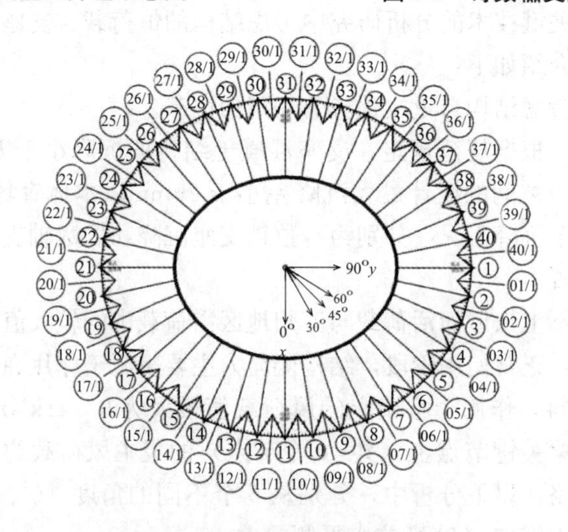

图 5-3 水平侧向力角度示意图

5.2　柱脚滑动机制研究及侧向刚度影响分析

苏州奥林匹克体育中心体育场的结构柱采用外圈倾斜的 V 形柱形式，V 形柱倾斜角度在 55°～70°之间变化，且与支座和环梁采用多种连接方式。下文重点研究柱脚支座滑动机制对结构性能的影响以及 V 形柱与支座和环梁的连接方式和 V 形柱倾斜角度对结构性能的影响。

5.2.1　柱脚支座滑动机制对结构性能的影响

体育场各柱脚支座轴线示意图和柱脚约束布置方式如图 5-4、图 5-5 所示。

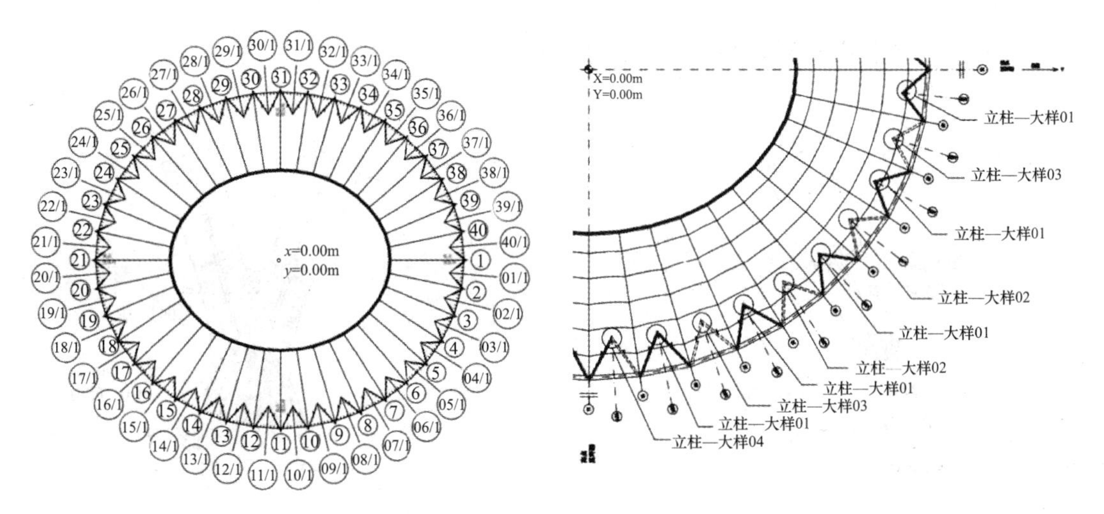

图 5-4　体育场轴线示意图

图 5-5　体育场实际柱脚约束布置方式示意图

本节分析中，我们保持立柱形式（V 形柱）、立柱倾角、柱顶与钢环梁之间连接方式（刚接）不变，建立两个模型进行对比：（1）体育场实际柱脚约束布置方式，即 2.1.3.2 中介绍的让特定部位立柱承受指定的荷载（图 5-5）；（2）柱脚支座全固定铰接约束，即不采用滑动机制，使竖向、径向和切向平动位移均不释放（表 5-2）。

两种对比分析模型柱脚支座约束条件简表　　表 5-2

支座约束方向 / 支座轴线	体育场实际结构模型			柱脚全固定铰接约束模型		
	x（竖向）	y（径向）	z（切向）	x（竖向）	y（径向）	z（切向）
01/1、20/1、21/1、40/1	√	√	√	√	√	√
02/1、19/1、22/1、39/1		√		√	√	√
03/1、18/1、23/1、38/1	√	√	√	√	√	√
04/1、17/1、24/1、37/1		√	√	√	√	√
05/1、16/1、25/1、36/1	√	√	√	√	√	√
06/1、15/1、26/1、35/1		√	√	√	√	√

续表

支座约束方向 / 支座轴线	体育场实际结构模型			柱脚全固定铰接约束模型		
	x（竖向）	y（径向）	z（切向）	x（竖向）	y（径向）	z（切向）
07/1、14/1、27/1、34/1	√	√	√	√	√	√
08/1、16/1、28/1、33/1		√		√	√	√
09/1、15/1、29/1、35/1	√	√	√	√	√	√
10/1、11/1、30/1、31/1	单柱√	√	√	√	√	√

注：支座轴线见图 5-4；柱脚节点坐标系 x 向为竖向（正方向向下），y 向为径向（正方向向内），z 向为切向，详见图 5-6。

其中，柱脚节点反力作用方向如图 5-6 所示。

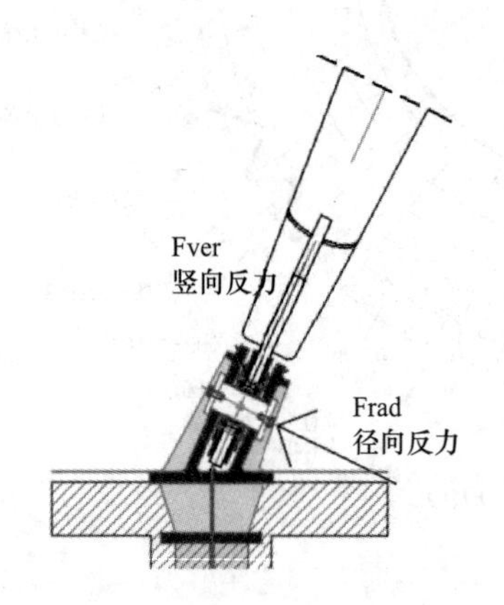

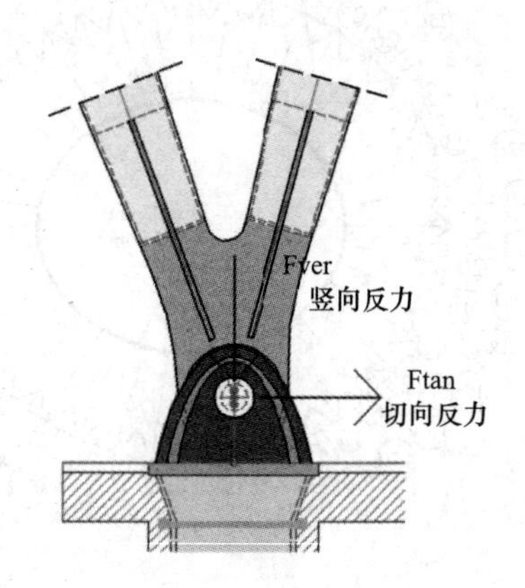

图 5-6 柱脚节点坐标系（反力作用方向）示意图

设计要求的柱脚支座约束处关节轴承的设计性能参数见表 5-3。

柱脚支座关节轴承的设计性能参数 **表 5-3**

支座种类	F_{ver}（压力）	F_{ver}（拉力）	F_{tan}	F_{rad}
承重及抗侧力体系立柱	12150kN	7300kN	3350kN	750kN
抗侧力体系立柱	—	—	3500kN	600kN
幕墙立柱	—	—	—	400kN

注：支座反力作用方向定义见图 5-6。

我们先对比分析两种模型在竖向荷载及支座沉降差作用下的结构性能，对比内容包括柱脚支座反力（竖向、径向和环向）和 V 形结构柱应力。

5.2.1.1 支座沉降差对支座反力影响

两种模型在荷载工况 1-4（竖向力及支座沉降差）作用下分析得到的柱脚支座反力（竖向、径向和环向）如下：

（1）竖向反力

工况 1-4 下各轴支座竖向反力（x 向）值（取 1/4 轴）（单位：kN） **表 5-4**

支座轴线	模型一：体育场实际结构模型				模型二：柱脚全固定铰接约束模型			
	工况一	工况二	工况三	工况四	工况一	工况二	工况三	工况四
01/1	−3315	−2401	−4227	−4230	−2295	5301	−9892	−2942
02/1	0	0	0	0	−2429	−10395	5553	−3024
03/1	−4111	−4090	−4129	−5406	−1795	6656	−10253	−2531
04/1	0	0	0	0	−457	−9627	8688	−956
05/1	−6007	−5597	−6489	−7423	−7337	3277	−17977	−8087
06/1	0	0	0	0	2663	−8618	13937	2185
07/1	−3984	−4205	−3746	−4243	−7854	2327	−18034	−8185
08/1	0	0	0	0	1182	−7194	9538	1093
09/1	−4203	−4088	−4359	−4519	−3260	4795	−11327	−3401
10/1	−1366	−5534	1791	−1423	−1432	−11697	8812	−1429

注：支座轴线见图 5-4；支座竖向（x 向）反力受压为正、受拉为负。

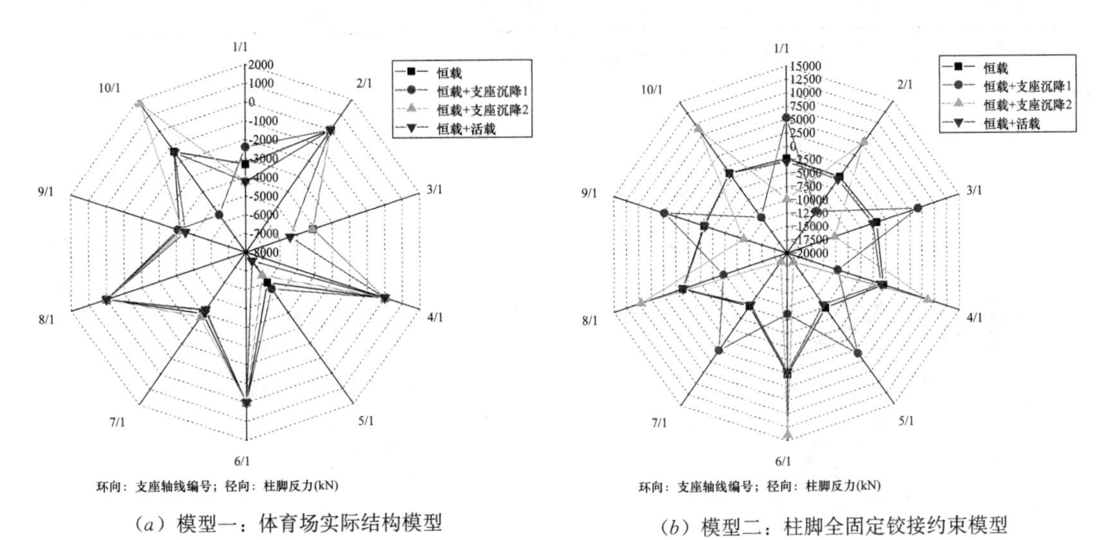

（a）模型一：体育场实际结构模型　　（b）模型二：柱脚全固定铰接约束模型

图 5-7 工况 1-4 下各轴支座竖向反力（x 向）对比图（取 1/4 轴）

从表 5-4 和图 5-7 可以明显看出：

1）在活载（工况四）作用下，两种模型的支座竖向反力（压力）呈线性增大的趋势，且增幅不是很大，模型一最大增幅 1400kN（05/1 轴），模型二最大增幅 750kN（05/1 轴）；

2）在支座沉降差作用下（工况二、工况三），模型一由于滑动机制的存在，各轴支座竖向反力变化幅度非常小，除 10/1 轴外最大变化幅度仅为 900kN（10/1 轴由于仅释放了单根柱的竖向约束，在沉降作用下支座反力变化幅度较其他轴略大，但最大也仅为 4000kN）；而模型二的结果就大相径庭，各轴竖向反力变化幅度在沉降处最大可达

10000kN，且沉降后的竖向反力值已超过关键轴承设计性能所能承受的极限（压力12150kN、拉力7300kN）（见表5-3）。

（2）径向反力

工况1-4下各轴支座径向反力（y向）值（取1/4轴）（单位：kN） 表5-5

支座轴线	模型一：体育场实际结构模型				模型二：柱脚全固定铰接约束模型			
	工况一	工况二	工况三	工况四	工况一	工况二	工况三	工况四
01/1	75	94	58	102	58	61	55	77
02/1	60	76	43	77	85	94	73	106
03/1	77	55	98	107	127	124	131	165
04/1	55	41	67	89	163	126	198	200
05/1	251	208	298	314	294	241	349	350
06/1	298	239	364	379	243	211	284	303
07/1	192	215	167	243	215	291	138	282
08/1	45	82	3	66	163	126	198	200
09/1	132	165	94	179	97	101	90	141
10/1	107	145	65	151	54	61	44	88

注：支座轴线见图5-4；支座径向（y向）向内为正、向外为负。

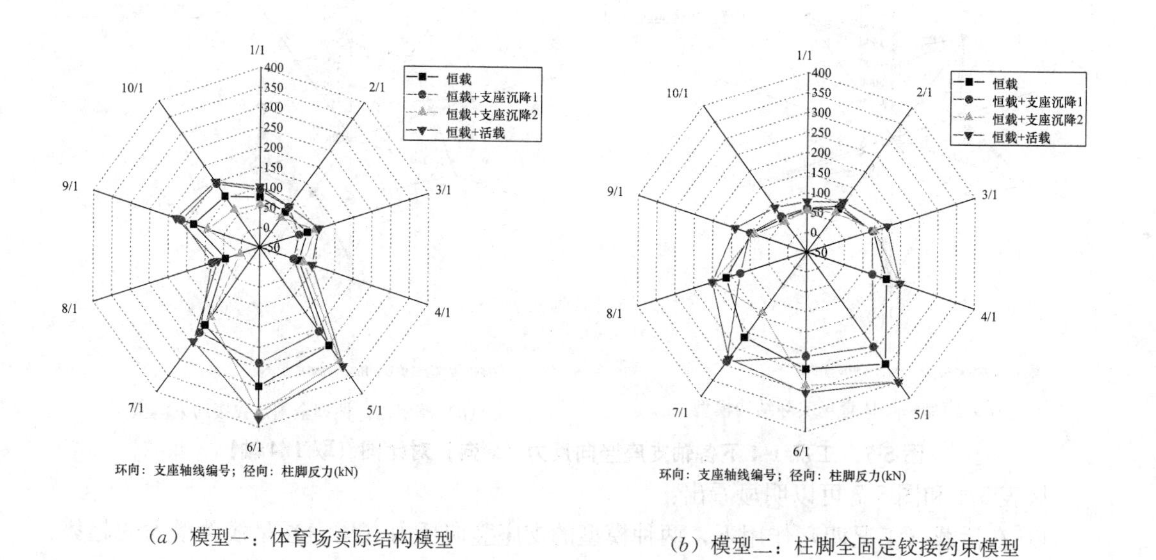

（a）模型一：体育场实际结构模型

（b）模型二：柱脚全固定铰接约束模型

图5-8 工况1-4下各轴支座径向反力（y向）对比图（取1/4轴）

从表5-5和图5-8可以看出：

在工况一至四的作用下，模型一的支座径向反力在0～380kN之间，模型二的支座径向反力在0～350kN之间，均未超过关键轴承设计性能所能承受的极限（±400kN）（见表5-3）。

（3）切向反力

工况 1-4 下各轴支座切向反力（z 向）值（取 1/4 轴）（单位：kN）　　表 5-6

支座轴线	模型一：体育场实际结构模型				模型二：柱脚全固定铰接约束模型			
	工况一	工况二	工况三	工况四	工况一	工况二	工况三	工况四
01/1	−530	−861	−196	−684	24	59	−13	14
02/1	0	0	0	0	−176	−288	−59	−203
03/1	141	312	−28	89	−100	−51	−141	−192
04/1	203	284	124	104	−754	−607	−895	−650
05/1	−269	−62	−498	−472	−464	−191	−757	−624
06/1	−581	−315	−884	−877	−348	−253	−469	−560
07/1	−283	−68	−524	−404	−360	−618	−123	−547
08/1	0	0	0	0	−813	−579	−1058	−929
09/1	−17	164	−198	−25	−178	−22	−336	−251
10/1	−253	−1140	625	−264	−253	−629	121	−283

注：支座轴线见图 5-4。

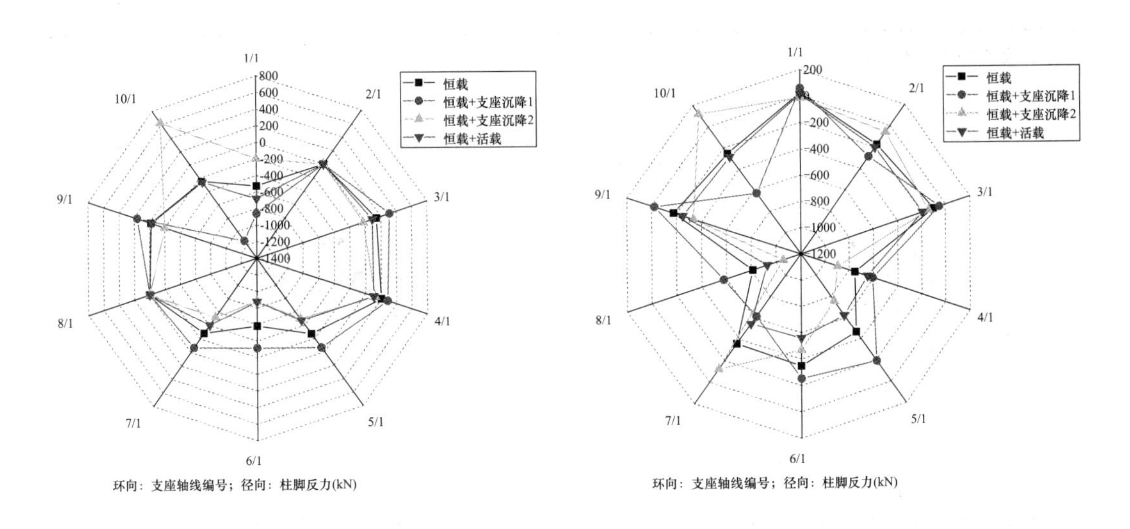

（*a*）模型一：体育场实际结构模型　　　　（*b*）模型二：柱脚全固定铰接约束模型

图 5-9　工况 1-4 下各轴支座切向反力（z 向）对比图（取 1/4 轴）

从表 5-6 和图 5-9 可以看出：在工况一至四的作用下，模型一的支座切向反力在 −1200～700kN 之间，模型二的支座切向反力在 −1100～200kN 之间，均未超过关键轴承设计性能所能承受的极限（±3350kN）（见表 5-3）。

5.2.1.2　支座沉降差对 V 形柱应力影响

两种模型在荷载工况一至四（竖向力及支座沉降差）作用下分析得到的 V 形柱最大等

效应力见表 5-7。

工况 1-4 下各轴 V 形柱最大等效应力值（取 1/4 轴）(单位：MPa)　　表 5-7

支座轴线	模型一：体育场实际结构模型				模型二：柱脚全固定铰接约束模型			
	工况一	工况二	工况三	工况四	工况一	工况二	工况三	工况四
01/1	77.1	76.2	79.0	98.5	56.3	104.4	153.4	72.2
02/1	35.7	46.5	28.5	45.6	65.8	170.4	107.1	80.7
03/1	61.2	72.5	56.0	78.7	46.9	90.9	117.0	59.4
04/1	47.6	53.9	41.9	50.4	56.3	136.3	147.3	59.4
05/1	68.1	64.6	71.9	81.8	56.9	54.4	126.7	84.3
06/1	53.5	47.5	60.3	64.6	74.3	91.2	120.7	67.6
07/1	39.2	45.3	51.0	50.3	48.5	52.0	93.8	56.3
08/1	26.6	32.6	28.5	35.3	59.9	90.9	134.4	69.9
09/1	26.3	37.6	31.7	38.5	28.5	36.4	62.9	27.6
10/1	28.5	74.7	40.8	35.3	26.2	85.4	90.5	29.5

注：支座轴线见图 5-4。

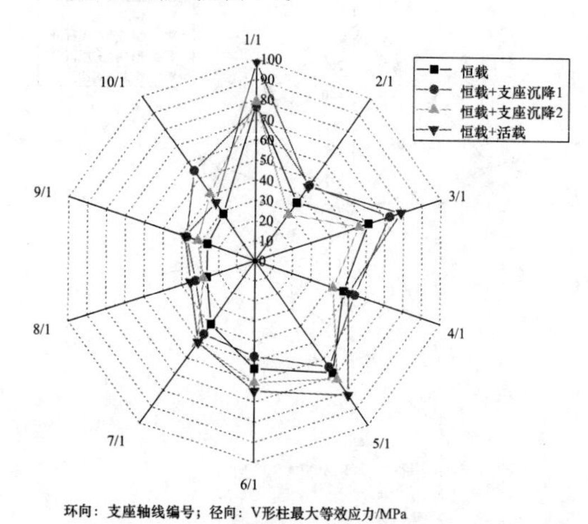

（*a*）模型一：体育场实际结构模型

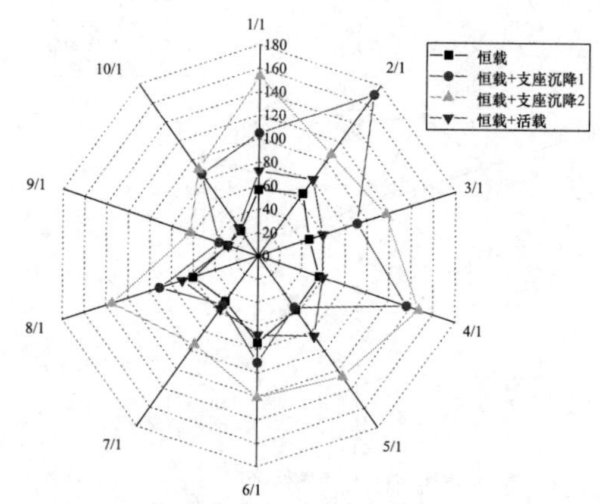

（*b*）模型二：柱脚全固定铰接约束模型

图 5-10　工况 1-4 下各轴 V 形柱最大等效应力对比图（取 1/4 轴）

从表 5-7 和图 5-10 可以看出：

1）在活载作用下（工况四），两种模型的 V 形柱等效应力均有小幅度增大，模型一最大增幅 21MPa（01/1 轴），模型二最大增幅 27kN（05/1 轴）；

2）在支座沉降差作用下（工况二、工况三），模型一的 V 形柱等效应力并没有什么明显的变化；而模型二的 V 形柱等效应力就有很明显的增大，最大应力达到了 171MPa，最大增幅为 125MPa（02/1 轴、工况二）。

5.2.1.3　小结

支座沉降差作用对于两种模型 V 形柱的影响大不相同，即在两种支座沉降差作用下，柱脚全固定铰接约束的模型（模型二）支座反力和柱应力均有大幅度增加，对结构柱受力性能产生不利影响，同时也对支座关键轴承构造带来了极大的困难。另外，模型一相比于模型二，明显可以看出结构特定部位的立柱承受特定方向的水平侧向力，受力明确。

综上所述，对结构柱的布置进行优化后采用三种柱脚支座滑动机制，能显著减小基础沉降差带来的不利影响，让特定部位的立柱承受特定的荷载，同时达到了节约钢材的目的。

5.2.2　整体结构侧向刚度的影响因素研究

一般而言，轮辐式索网结构的索力与环梁的轴压力是自相平衡的，可以不依靠水平方向的外部约束，因此屋盖系统是一个自平衡的结构体系。外环梁与竖向支承结构一般有两种处理方式：一是看台结构作为竖向支承结构，如科威特贾比尔·艾哈迈德体育场（图 5-11），其抗侧力刚度就是由混凝土看台梁提供；另一种是屋盖支承结构采用独立的支承体系，完全独立于看台结构，这种处理方法最大的优点是受力明确，目前大多数体育场屋盖系统都采用了这种分开的结构形式，如深圳宝安体育场（图 5-12）和苏州奥林匹克体育中心体育场等。

图 5-11　贾比尔·艾哈迈德体育场屋盖支承结构

图 5-12　宝安体育场屋盖支承结构

如果采用分离式结构形式，对于轮辐式屋盖结构就必须设置支承柱和一定数量、能够提供抗侧刚度的柱，如深圳宝安体育场屋盖结构的抗侧刚度由布置在周边的 8 个人字形支承柱提供，而对于苏州奥林匹克体育中心体育场，其轮辐式单层索网屋盖结构的抗侧刚度主要由下部外圈倾斜的 V 形柱来提供。

本小节主要针对体育场分别研究柱与钢环梁连接方式、结构柱的形式和倾角对侧向刚度的影响。其中，柱与钢环梁连接方式可分为铰接和刚接，结构柱形式可分为普通单立柱和 V 形双立柱，柱倾角的变化可分为竖直柱和倾斜柱（顶部向外倾斜）。

5.2.2.1　柱与钢环梁连接方式对侧向刚度影响

体育场设计所有柱均采用刚接（相贯焊）的连接方式连接到外压环上，为了对比柱顶与钢环梁之间连接方式对整个结构侧向刚度的影响，接下来我们在模型一的基础上释放柱顶与钢环梁之间的转角约束，从而得到对比分析模型三（即柱脚支座处采用三种释放机制、柱顶与钢环梁铰接）。

针对以上三个模型，我们得到其在工况五至九作用下的结构侧向位移值，见表 5-8。

工况 5-9 下不同柱与环梁连接方式的钢环梁最大侧移（单位：mm）　　表 5-8

对比分析模型	工况五（0°侧向力）	工况六（30°侧向力）	工况七（45°侧向力）	工况八（60°侧向力）	工况九（90°侧向力）
模型一	79.83	73.85	70.57	79.27	71.99
模型二	53.37	46.94	40.69	33.64	30.05
模型三	98.25	90.81	86.84	97.62	87.76

注：模型一为体育场实际模型，即柱脚支座释放部分约束，柱顶与钢环梁刚接；模型二柱脚支座全固定铰接约束，柱顶与钢环梁刚接；模型三柱脚支座释放部分约束，柱顶与钢环梁铰接。

从表 5-8 和图 5-13 可以看出：在五个方向侧向力作用下，模型一的外环梁最大侧移为 79.83mm，模型二的外环梁最大侧移为 53.37mm，模型三的外环梁最大侧移为 98.25mm，侧移值均不到结构柱高度的 1/100，即（27－12）/100＝0.15m＝150mm，说明三种对比分析模型的侧向刚度均较好。

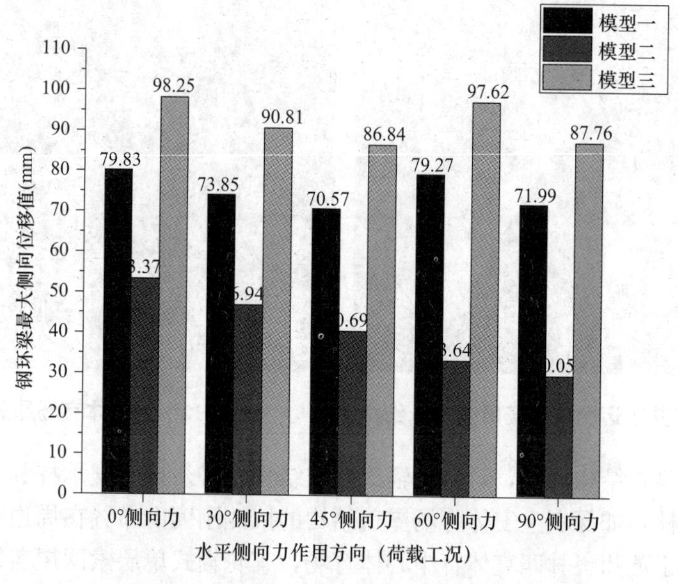

图 5-13　不同柱与支座、环梁连接方式的环梁最大侧移图

综上所述：模型二相比于模型一，取消了柱脚支座处的三类滑动机制，改为全约束，一定程度上减少了结构在水平侧向力作用下的位移值，增加了结构的侧向刚度，但增幅并不是很大；模型三相比于模型一，将柱顶与钢环梁之间的连接方式由刚接改为铰接，使得其在水平侧向力作用下的位移值略微增加，即小幅降低结构侧向刚度，但影响不明显。

5.2.2.2　结构柱形式和倾角对侧向刚度影响

下面我们对比分析研究普通单立柱、V 形双立柱和 V 形立柱倾斜角度对结构性能的影响，三种立柱形式规格如下：

（1）普通单立柱：截面 $\phi1000\times40$mm，$A=1206\text{mm}^2$，$I_x=1392153\text{mm}^4$，$I_p=2784305\ \text{mm}^4$，共 40 根，柱高介于 15～40m 之间。

（2）竖直 V 形双立柱：截面 $\phi1000\times20$mm，$A=615\text{mm}^2$，$I_x=739518\text{mm}^4$，$I_p=1479036\text{mm}^4$，共 40 组（80 根），柱高介于 15～40m 之间，两根单柱平面内夹角介于 24°～55°之间。

（3）外倾 V 形双立柱：截面 $\phi1000\times20$mm，$A=615\text{mm}^2$，$I_x=739518\text{mm}^4$，$I_p=1479036\text{mm}^4$，共 40 组（80 根），柱高介于 15～40m 之间，两根单柱平面内夹角介于 24°～55°之间，各轴柱的倾角沿整个立面是变化的，变化范围为 55°～70°。

对比三种分析模型（图 5-14、图 5-15、图 5-16）在侧向力作用下的侧向位移，从而判断其侧向刚度的大小，其中侧向力依然采用 5.1.3 节中的工况五至九（图 5-17）。

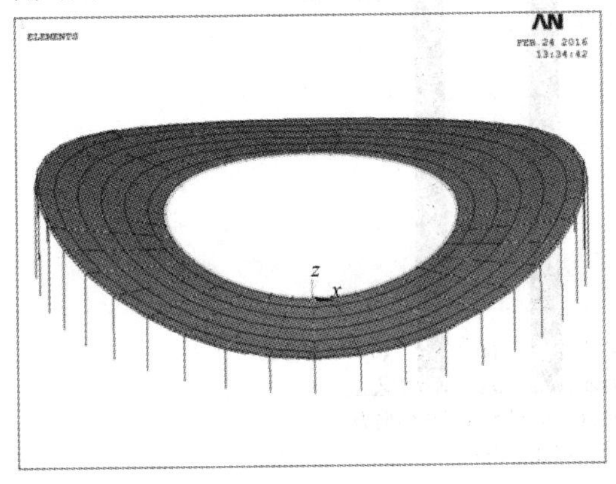

图 5-14　模型 A：普通单立柱

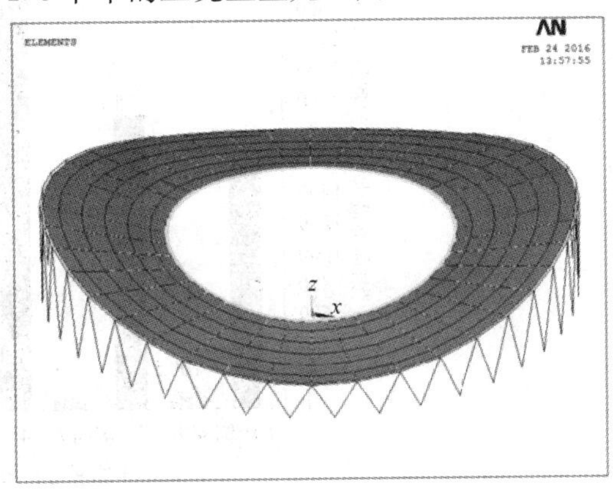

图 5-15　模型 B：竖直 V 形双立柱

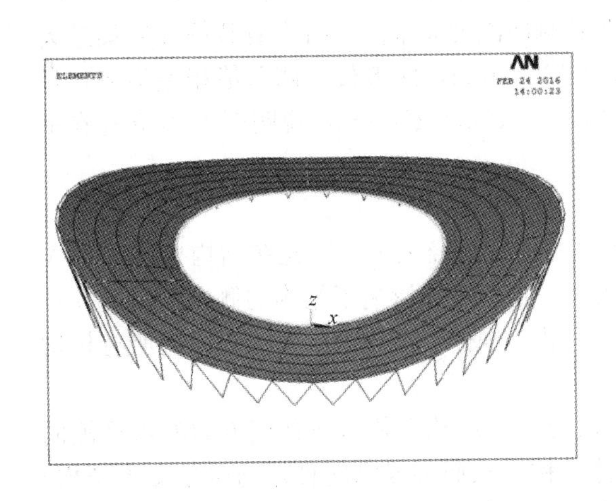

图 5-16　模型 C：外倾 V 形双立柱

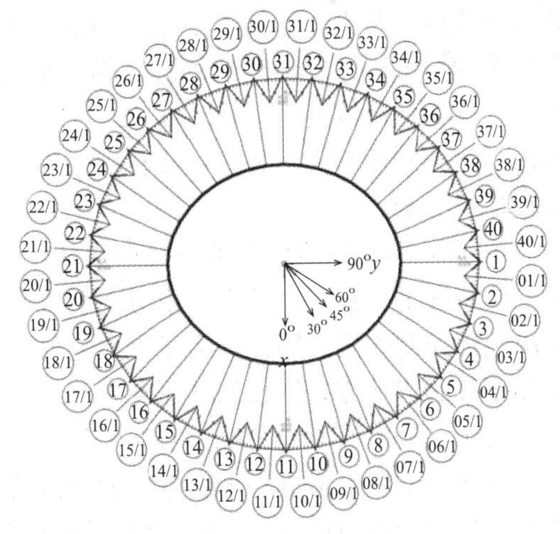

图 5-17　侧向力工况五至九示意图

针对以上三个模型，我们得到其在工况五至九侧向力的作用下的结构侧向位移值（结构侧移值是指与侧向力同方向的位移值），见表 5-9。

工况五至九下不同结构柱形式和倾角的钢环梁最大侧移（单位：mm） 表 5-9

对比分析模型	工况五（0°侧向力）	工况六（30°侧向力）	工况七（45°侧向力）	工况八（60°侧向力）	工况九（90°侧向力）
模型 A	1696.8	1925.1	2999.9	2881.9	3088.1
模型 B	49.4	39.5	47.1	35.7	26.1
模型 C	109.5	79.6	87.9	60.0	39.7

注：模型 A 为普通单立柱；模型 B 为竖直 V 形双立柱；模型 C 为外倾 V 形双立柱。

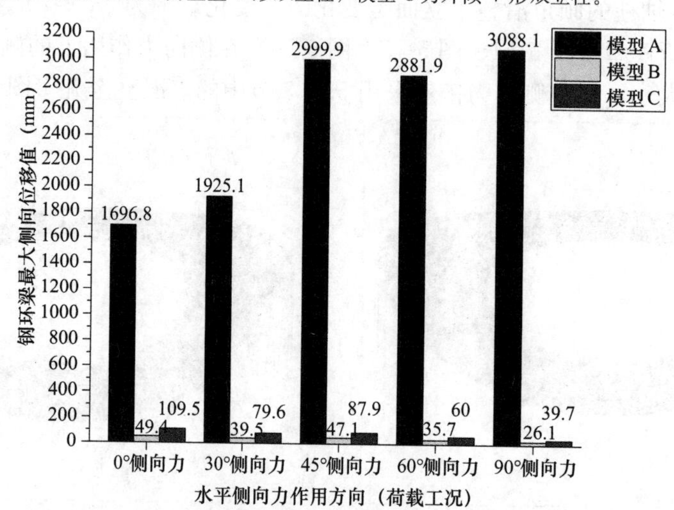

图 5-18　不同结构柱形式和倾角的环梁最大侧移图

从图 5-18 可以看出：在五种荷载工况（即五个方向侧向力）作用下，模型 A 的外环梁的侧移值非常大，达到了 3088.1mm，说明其侧向刚度非常差；而模型 B 的外环梁最大侧移为 49.4mm，模型 C 的外环梁最大侧移为 109.5mm，两者最大侧移值相差不多，且均不到结构柱高度的 1/100，即（27－12）/100＝0.15m＝150mm，说明 V 形双立柱在平面内的侧向刚度远大于普通单立柱。

5.2.2.3　小结

由于 V 形柱在两根分叉单柱所组成的平面内刚度已经很大，因此在结构柱均采用 V 形柱的情况下，柱顶、柱脚约束方式的改变仅在一定程度上影响了结构的侧向刚度，并不起决定性控制作用。因此，为了大大方便施工安装，确保节点传力的安全，一般所有柱均采用刚接的连接方式连接到外压环上。

由于沿外环梁切线布置一圈的 V 形柱，既能帮助结构轻松抵抗任何方向的水平侧向力，又能在空间上形成一个圆锥形的空间壳体结构，从而形成刚度良好的屋盖支承结构。因此，相比于普通单立柱，V 形双立柱对结构侧向刚度的贡献非常可观，仅须较为经济的截面即可在自身平面内形成很大的刚度。

另外通过分析可得，V 形柱顶部向外圈倾斜对结构的抗侧刚度并没有什么特别明显的贡献作用，其更大的原因可能还是因为建筑要求，与看台的碗状形状相吻合。

5.3　外环梁刚度对结构的影响分析

根据上一节的分析可知，V形柱虽然在自身平面内刚度很大，但其平面外的刚度却很小，V形柱几乎不限制外环梁沿径向的自由变形，从而使柱本身无须承担过大的预应力影响，使外环梁充分发挥外环自身的作用，从而保证轮辐式索网结构实现一个单纯的拉一压结构受力体系。因此，受压外环梁自身的承载能力对于整个轮辐式索网屋盖结构就显得至关重要了。

5.3.1　受压外环梁刚度分析

体育场在确定内环索和径向索的预应力后，保证了受压外环梁在自重作用下不会产生任何弯矩，而只有在外力作用下会产生弯矩，选取了25m的马鞍形高差。整个外环梁通过法兰连接板将40段直线圆钢管截面联系起来，形成一个外环，截面外直径均为1500mm，壁厚分别为45mm、50mm、60mm，截面积分别为：0.20554mm^2、0.22759mm^2、0.27122mm^2，截面惯性矩分别为：0.05437mm^4、0.05981mm^4、0.07033 mm^4。

分析实际结构中纯索系结构（将径向索外端约束）和考虑外环钢构（整体结构模型）在恒载和预应力作用下的受力性能区别，如图5-19、图5-20所示。

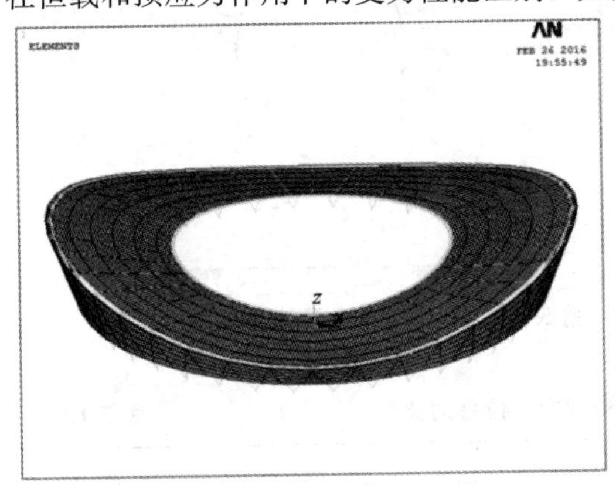

图5-19　模型一：整体结构模型

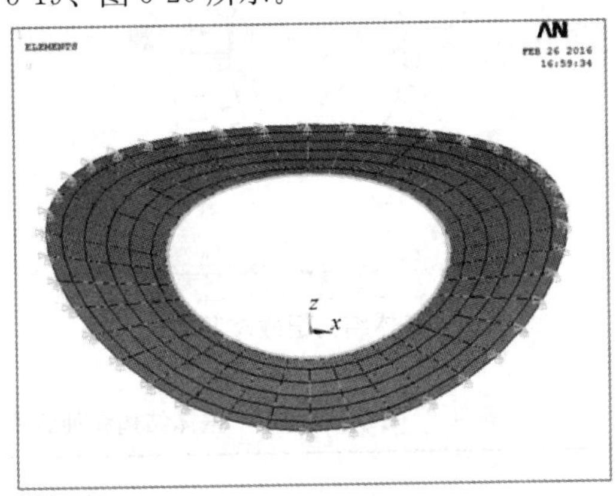

图5-20　模型二：纯索系结构模型

两种模型初始态和恒载下拉索索力及竖向位移见图5-21～图5-26。

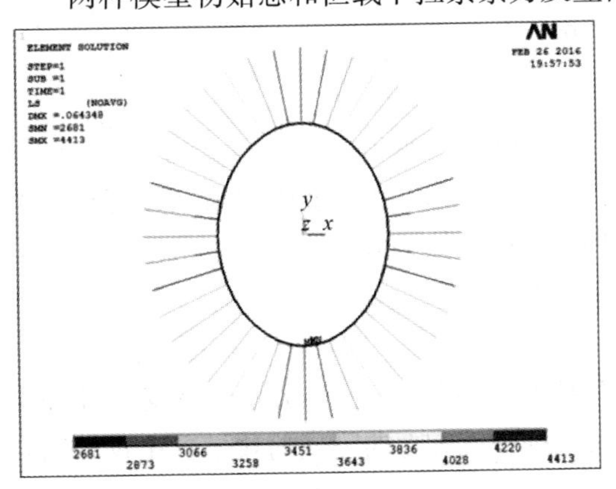

图5-21　整体结构初始态拉索索力图（单位：kN）

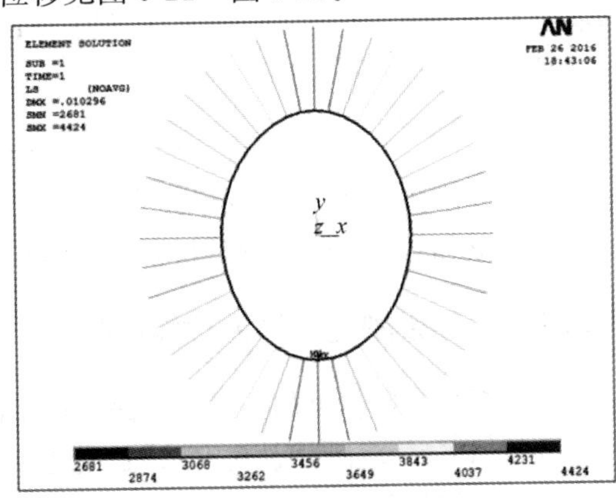

图5-22　纯索系结构初始态拉索所力图（单位：kN）

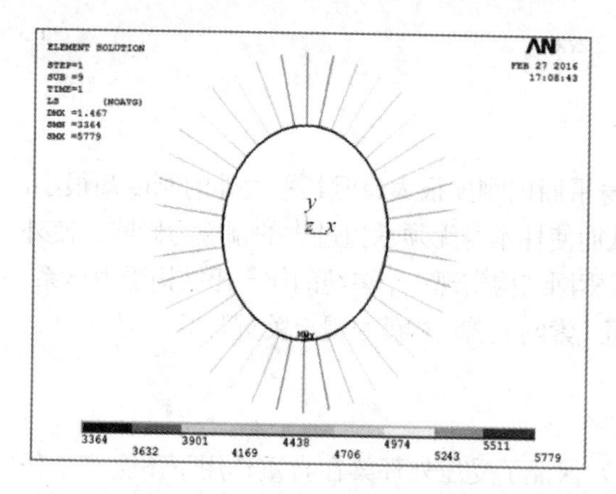

图 5-23 整体结构恒载态拉索索力图（单位：kN）

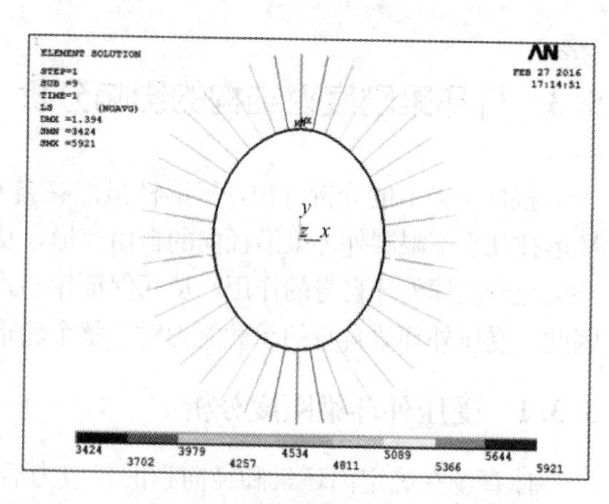

图 5-24 纯索系结构恒载态拉索所力图（单位：kN）

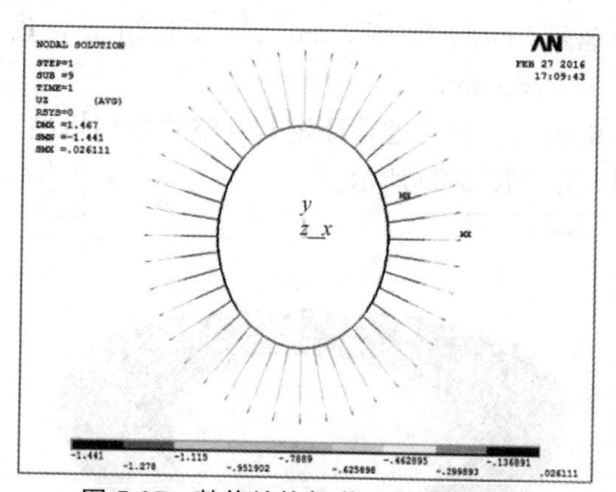

图 5-25 整体结构恒载态竖向位移图（单位：m）

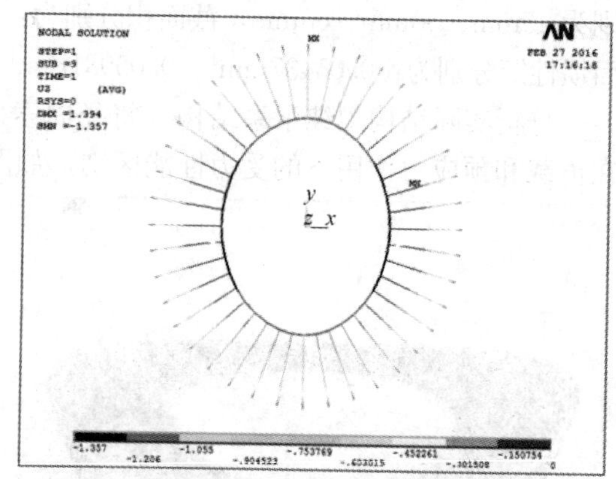

图 5-26 纯索系结构恒载态竖向位移图（单位：m）

整体结构和纯索系结构索力、位移对比 表 5-10

对比模型	初始态下索力最大值（kN）	恒载态下索力最大值（kN）	恒载态下竖向位移最大值（m）
模型一：整体结构	4413	5779	−1.441
模型二：纯索系结构	4424	5921	−1.357
两者相差	0.249%	2.398%	5.829%

由表 5-10 中结果可以得知：苏州园区体育场的受压外环梁对索网初始态和荷载态下结构的位形和索力影响并不是很大，说明其外环梁刚度已足够大。

5.3.2 外环梁刚度对静力性能影响

在体育场实际模型的基础上，保持均布活荷载 0.5kN/m^2 不变，分别改变受压外环梁的截面积 A 与截面惯性矩 I，以达到改变外环梁轴向刚度和弯曲刚度的效果，比较不同外环刚度下的结构静力性能。

为了便于截面参数的改变，将体育场环梁截面统一为 $\phi1500\times60\text{mm}$（截面积 $A=$

2714cm²，截面惯性矩 I=7047773cm⁴），即以下分析过程中以该截面为标准截面。

（1）保持外环梁截面惯性矩不变，分别改变截面积 A'为标准截面积 A 的 0.25～3 倍，见表 5-11。

仅改变外环梁截面积 A'的分析参数和结果　　　　**表 5-11**

实际截面积 A'/标准截面积 A	径向索最大索力（kN）	环索最大索力（kN）	内环最大竖向位移（mm）	外环梁最大变形（mm）	外环梁最大轴力（kN）	外环梁最大轴应力（MPa）	外环梁最大弯矩(kN·m)	外环梁最大等效应力（MPa）
0.25	4988	3166	1996	219.8	20687	303.8	2050	339.9
0.5	5461	3432	1642	154.2	23649	181.1	2185	207.2
0.75	5711	3569	1486	121.3	24983	122.9	2403	152.4
1（标准）	5837	3640	1441	103.8	25501	94.0	2891	125.3
1.5	5975	3718	1339	83.3	25756	63.2	3540	96.0
2	6046	3758	1303	84.3	25582	47.5	4003	81.4
2.5	6092	3785	1280	91.1	25207	37.3	4407	72.9
3	6121	3803	1265	95.3	24741	30.5	4758	68.3

（2）保持外环梁截面积不变，分别改变截面惯性矩 I'为标准截面惯性矩 I 的 0.25～3 倍，见表 5-12。

仅改变外环梁截面惯性矩 I'的分析参数和结果　　　　**表 5-12**

实际截面惯性矩 I'/标准截面惯性矩 I	径向索最大索力（kN）	环索最大索力（kN）	内环最大竖向位移（mm）	外环梁最大变形（mm）	外环梁最大轴力（kN）	外环梁最大轴应力（MPa）	外环梁最大弯矩(kN·m)	外环梁最大等效应力（MPa）
0.25	5827	3644	1415	123.2	25362	91.7	2491	151.9
0.5	5831	3640	1415	114.7	25432	93.9	2668	136.6
0.75	5834	3639	1413	109.0	25470	94.2	2785	130.2
1（标准）	5837	3640	1441	103.8	25501	94.0	2891	125.3
1.5	5844	3643	1406	96.7	25542	93.0	3029	119.2
2	5840	3640	1407	92.3	25537	94.1	3126	116.7
2.5	5842	3641	1406	88.8	25544	93.8	3389	114.2
3	5850	3647	1399	84.6	25567	91.8	3638	110.5

（3）同时改变外环梁截面参数 $A'I'$（截面积和截面惯性矩）为标准截面参数 AI 的 0.25～3 倍，见表 5-13。

同时改变截面积 A' 和截面惯性矩 I' 的分析参数和结果　　表 5-13

实际截面参数 $A'I'$/标准截面参数 AI	径向索最大索力（kN）	环索最大索力（kN）	内环最大竖向位移（mm）	外环梁最大变形（mm）	外环梁最大轴力（kN）	外环梁最大轴应力（MPa）	外环梁最大弯矩（kN・m）	外环梁最大等效应力（MPa）
0.25	4960	3165	2001	226.2	20724	304.6	1009	341.9
0.5	5449	3428	1649	162.6	23593	182.4	1671	218.7
0.75	5711	3570	1486	125.7	24972	122.3	2369	156.7
1（标准）	5837	3640	1441	103.8	25501	94.0	2891	125.3
1.5	5974	3716	1338	76.5	25792	63.9	3761	91.1
2	6053	3760	1298	70.9	25629	46.9	4520	71.7
2.5	6099	3785	1276	74.4	25286	37.3	5130	60.4
3	6132	3803	1260	76.1	24833	30.5	5703	52.2

由图 5-27 可以看出：当只增大外环梁截面积时，径向索和环索索力值增大，但增幅会减小；当只增大外环梁截面惯性矩时，结构径向索和环索索力均未出现明显变化；当外环梁截面积和截面惯性矩同时增大时，结构径向索和环索索力的增大趋势和仅改变截面积时的增大趋势几乎重合。

因此，外环梁轴向刚度 EA 对索力影响较大，而弯曲刚度 EI 影响很小。

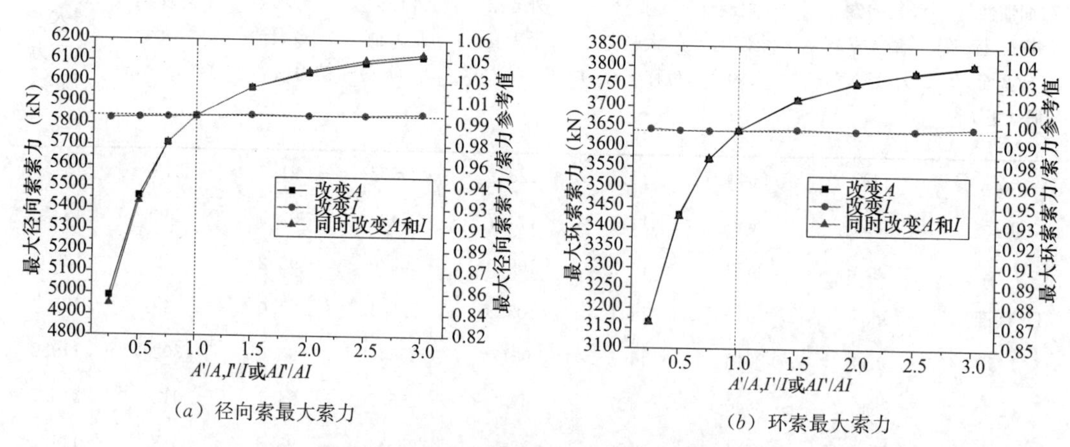

（a）径向索最大索力　　（b）环索最大索力

图 5-27　外环梁刚度对拉索索力的影响

由图 5-28 可以看出：索网结构最大竖向位移随外环梁截面积的增大而减小，但却不会因为外环截面惯性矩的改变而变化。对于外环梁本身的变形而言，当 $A'/A<1.5$ 时，外环梁截面积越大，其本身的变形越小；当 $A'/A>1.5$ 时，外环梁截面积越大，其本身的变形值有很小幅度的增大。

因此，外环梁轴向刚度 EA 对索网竖向位移和环梁变形影响较大，而弯曲刚度 EI 对索网竖向位移没有影响，但与环梁变形成反比。

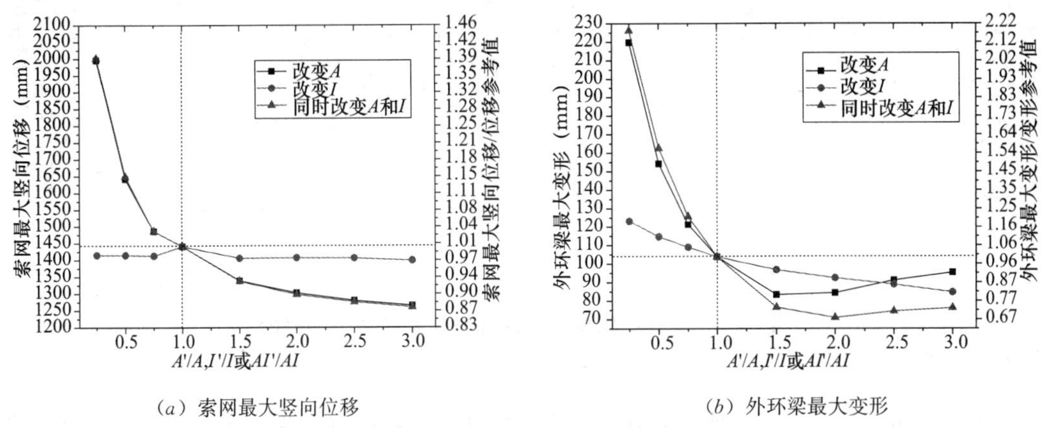

（*a*）索网最大竖向位移　　（*b*）外环梁最大变形

图 5-28　外环梁刚度对结构位移的影响

由图 5-29 可以看出：对于外环梁本身的轴力而言，当 $A'/A<1.5$ 时，外环梁截面积越大，其轴力值也越大；当 $A'/A>1.5$ 时，外环梁截面积越大，其轴力会有小幅度的降低，而由于截面积增大的原因，环梁轴应力下降会是必然。与此同时，当仅增大外环梁截面惯性矩时，环梁本身轴力和轴应力均没有明显变化。

因此，外环梁轴向刚度 EA 越大，在一定范围内外环梁的最大轴力也越大（轴应力越小），弯曲刚度 EI 对其轴（应）力并没有影响。

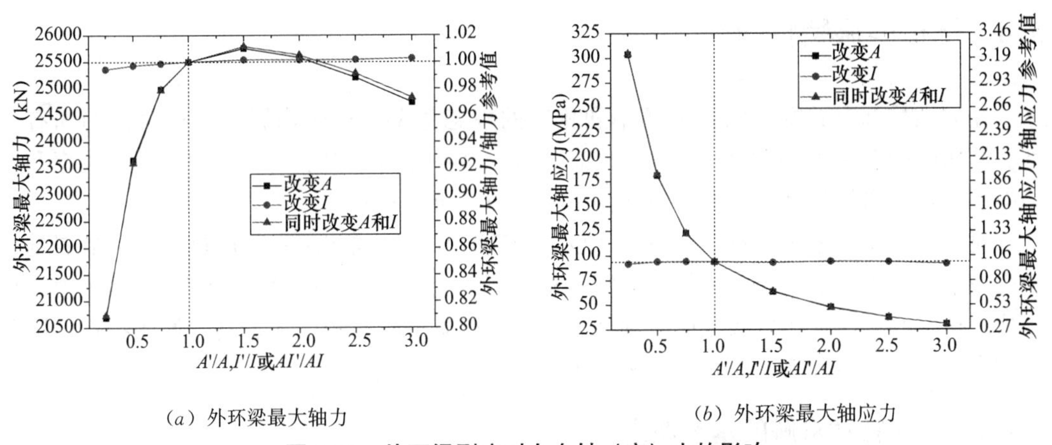

（*a*）外环梁最大轴力　　（*b*）外环梁最大轴应力

图 5-29　外环梁刚度对自身轴（应）力的影响

由图 5-30 可以看出：外环梁的弯矩与其截面积和截面惯性矩均成正比，只是随截面积增大的幅度大，随截面惯性矩增大的幅度略小。对于外环梁等效应力而言，增大其截面积对等效应力的降低作用很明显大于增大其截面惯性矩。

因此，外环梁轴向刚度 EA 和弯曲刚度 EI 的增大，均会使其弯矩增大，只是轴向刚度对其的贡献略大；对于外环梁等效 VonMises 应力而言，轴向刚度对其等效应力的影响较大，而弯曲刚度对其等效应力的影响很小。

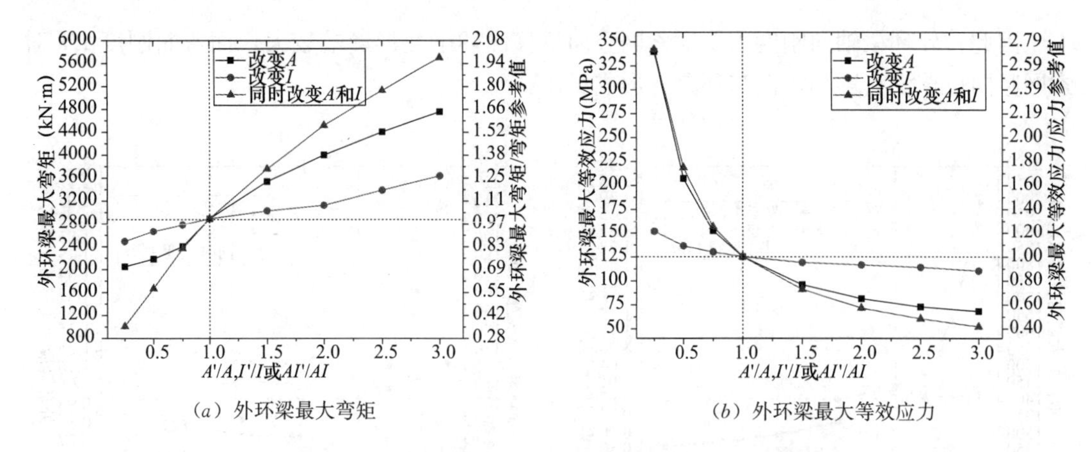

（a）外环梁最大弯矩　　（b）外环梁最大等效应力

图 5-30　外环梁刚度对自身弯矩和等效应力的影响

5.3.3　小结

综上所述，假设外环梁刚度足够大，那么按纯索系结构（索端约束，不考虑外环梁和V形柱钢构）的找形找力和预应力施工全过程仿真模拟结果与实际设计目标相比就较为准确；若外环梁刚度一般，它必然会因为索网结构的提升张拉而导致变形，进而导致结构位形、索力等与设计目标的偏差及环梁本身应力的增大，此时环梁的大变形和大应力是不可忽略的，进行结构设计和预应力施工全过程仿真模拟时也必须考虑这一点。

辩证来看，虽然外环刚度大对整个结构受力性能有益，但是过大的外环刚度必然导致用钢量的上升，从而降低了结构的经济性。因此，合理、经济地选择受压外环梁截面形式是十分重要的。

5.4　结构自振特性研究

任何结构都有其特有的自振频率和相应的模态振型，这些均属于结构自身的固有属性。结构的固有振动特性分析又称为模态分析，这种分析是为了确定结构的固有频率和模态振型等，其自振特性分析结果可作为诸多动力分析的基础。

对结构自振频率进行计算，可以在设计初期就避免结构在正常使用过程中可能遇到的动荷载下发生共振的危险。轮辐式索网结构仅由预应力拉索和铺设在拉索上的预应力膜材组成，拉索则连接在刚度较大的刚性环梁上，具有质量轻、跨度大、刚度低的特点，因此其固有振动特性也和普通刚性结构有所不同。

5.4.1　自振特性求解的基本理论

在频域内研究结构在动荷载下的响应，必须在频域内求解动力平衡方程：

$$[M]\{\ddot{u}\}+[C]\{\dot{u}\}+[K]\{u\}=\{F(t)\} \tag{5.1}$$

式中，$[M]$ 是结构整体质量矩阵；$[C]$ 是结构阻尼矩阵；$[K]$ 是结构整体刚度矩阵；$\{F(t)\}$ 是外荷载向量；$\{\ddot{u}\}$ 为结构的加速度向量；$\{u\}$ 为结构的位移向量。

暂不考虑阻尼的影响，即得到悬索结构无阻尼自由振动方程：

$$[M]\{\ddot{u}\}+[K]\{u\}=0 \tag{5.2}$$

假设作简谐振动，则有：

$$\{u\}=\{\phi\}\sin(\omega t+\varphi) \tag{5.3}$$

将（5.3）代入（5.2），可得：

$$([K]-\omega^2[M])\{\phi\}=\{0\} \tag{5.4}$$

即多自由度体系的动力特征方程。式中，ω 为自振频率，φ 为相位角，$\{\phi\}$ 为振型列向量。在求解式（5.4）时，每一个 ω 对应一个 $\{\phi\}$，即每一阶自振频率都对应一个振型，自振频率和振型统称为结构的自振特性。

结构的自振特性完全由结构自身的刚度和质量决定，通常情况下结构刚度的增大会导致其自振频率的增大，如拉索预应力的提高和外环马鞍形曲面高差的增大均会导致结构自振频率的提高。因此，结构的自振特性分析能够详细了解结构自身整体刚度和质量的相对大小及分布情况。

5.4.2 体育场整体结构自振特性分析

针对体育场整体结构模型进行自振特性的分析计算。模态分析中将恒载以及 0.5 倍的活载等效成节点质量加在结构相应位置，并取体系静力计算的最终状态（包括内力和位移等）作为动力初始态，得到其自振特性。

前 30 阶自振频率计算结果见表 5-14，前 30 阶频率变化如图 5-31 所示。

体育场整体结构模型前 30 阶自振频率表　　表 5-14

阶数	第 1 阶	第 2 阶	第 3 阶	第 4 阶	第 5 阶	第 6 阶	第 7 阶	第 8 阶
频率（Hz）	0.42595	0.44942	0.45573	0.46779	0.57783	0.58403	0.64287	0.64933
阶数	第 9 阶	第 10 阶	第 11 阶	第 12 阶	第 13 阶	第 14 阶	第 15 阶	第 16 阶
频率（Hz）	0.67413	0.67624	0.69439	0.69905	0.71042	0.71701	0.73749	0.73869
阶数	第 17 阶	第 18 阶	第 19 阶	第 20 阶	第 21 阶	第 22 阶	第 23 阶	第 24 阶
频率（Hz）	0.75304	0.7612	0.76562	0.77362	0.77789	0.78119	0.78255	0.78923
阶数	第 25 阶	第 26 阶	第 27 阶	第 28 阶	第 29 阶	第 30 阶		
频率（Hz）	0.79837	0.80543	0.81672	0.82281	0.82477	0.83391		

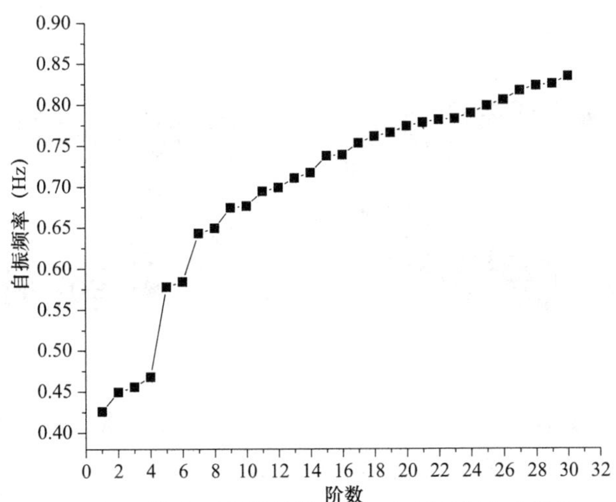

图 5-31　体育场整体结构前 30 阶自振频率变化图

由图 5-31 可以看出，第 1 阶频率为 0.42595Hz，第 30 阶频率为 0.83391Hz，频率相对比较密集，大多数情况下相邻频率相差不大，但个别处存在一定跳跃性变化，如第 4 阶到第 5 阶、第 6 阶到第 7 阶。可以从频率变化图中看出结构会出现相邻两个频率相同的情况（如第 5、6 阶，第 7、8 阶，第 9、10 阶等），是因为结构有两条对称轴，导致结果出现大小几乎相同的频率组。

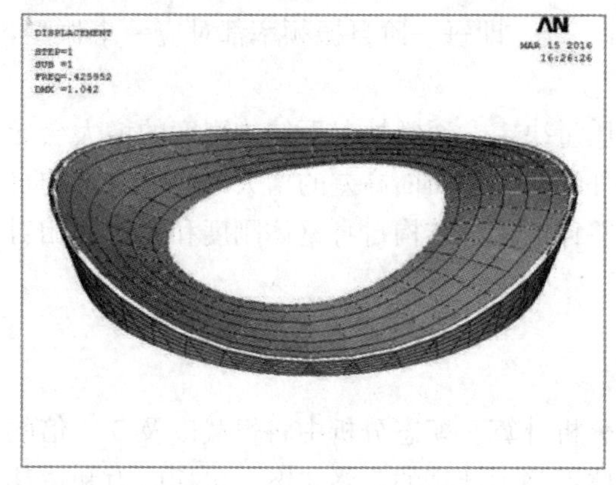

（*a*）第 1 阶：f_1=0.42595Hz

（*b*）第 2 阶：f_2=0.44942Hz

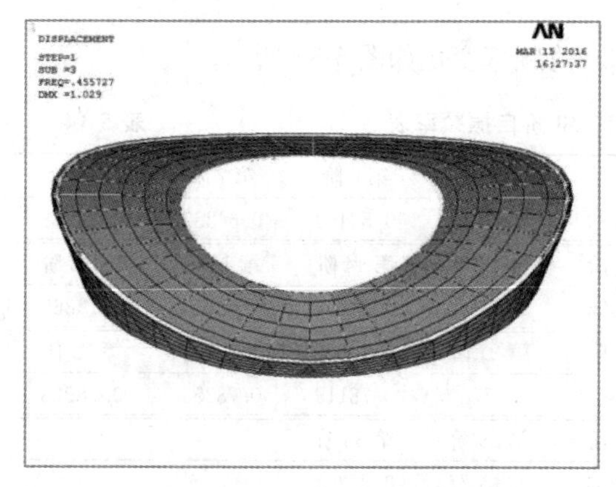

（*c*）第 3 阶：f_3=0.45573Hz

（*d*）第 4 阶：f_4=0.46779Hz

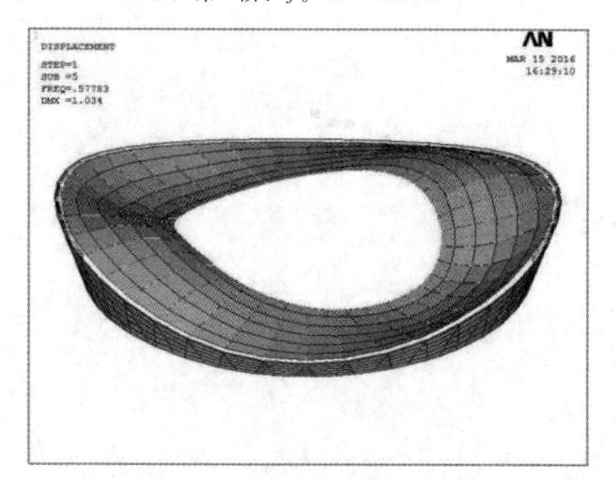

（*e*）第 5 阶：f_5=0.57783Hz

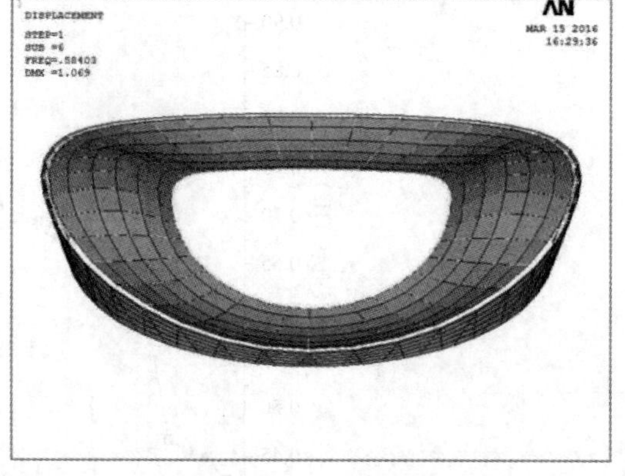

（*f*）第 6 阶：f_6=0.58403Hz

图 5-32 体育场整体结构前 8 阶振型图（一）

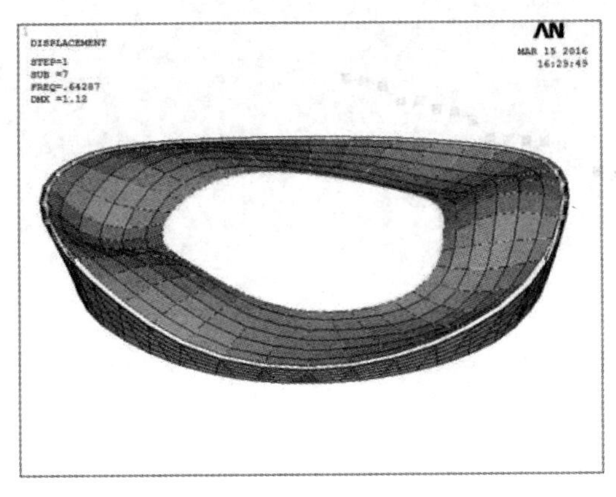

(g) 第 7 阶：$f_7=0.64287$Hz

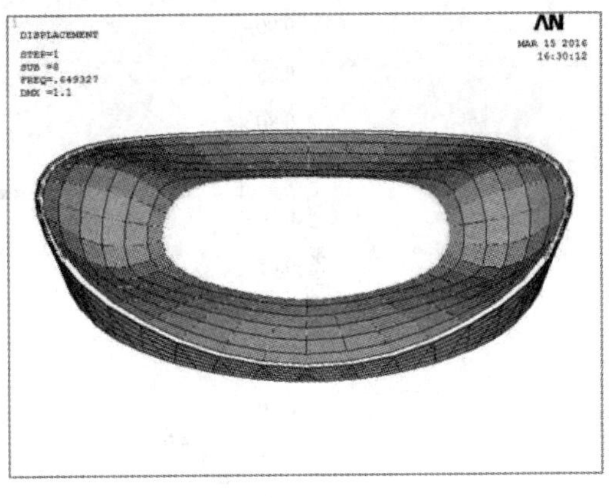

(h) 第 8 阶：$f_8=0.64933$Hz

图 5-32　体育场整体结构前 8 阶振型图（二）

从图 5-32 中可以看出，体育场结构的振型以屋盖上下振动为主（如第 1、第 4 振型为反对称上下振动，第 3 振型为对称上下振动），主要是因为轮辐式单层索网结构在其平面外的刚度较弱。此外，由图中可以明显看出，第 2 阶振型表现为内环扭转振型，虽然对于刚性结构扭转振型对结构抗震非常不利，但对于柔性轮辐式索网结构来说，屋面膜结构这种轻质屋盖的扭转对结构整体受力并无明显影响。

5.4.3　屋盖周边支承体系对自振特性影响

为了研究屋盖周边支承体系对整体结构自振特性的影响，现不考虑支承柱的作用而直接约束径向索外端部，对该纯屋盖索系结构模型进行自振特性的分析计算，计算方法和过程同上。

前 30 阶自振频率计算结果见表 5-15，前 30 阶频率变化如图 5-33 所示。

体育场纯索系结构前 30 阶自振频率表　　　　**表 5-15**

阶数	第 1 阶	第 2 阶	第 3 阶	第 4 阶	第 5 阶	第 6 阶	第 7 阶	第 8 阶
频率（Hz）	0.43003	0.45434	0.46840	0.47219	0.58692	0.59382	0.66619	0.66666
阶数	第 9 阶	第 10 阶	第 11 阶	第 12 阶	第 13 阶	第 14 阶	第 15 阶	第 16 阶
频率（Hz）	0.70117	0.70718	0.71854	0.72746	0.7279	0.73297	0.74868	0.75317
阶数	第 17 阶	第 18 阶	第 19 阶	第 20 阶	第 21 阶	第 22 阶	第 23 阶	第 24 阶
频率（Hz）	0.76256	0.78074	0.78538	0.7866	0.78863	0.78984	0.80801	0.81761
阶数	第 25 阶	第 26 阶	第 27 阶	第 28 阶	第 29 阶	第 30 阶		
频率（Hz）	0.82027	0.82929	0.83025	0.84559	0.85123	0.85382		

由图 5-33 可以看出，第 1 阶频率为 0.43003Hz，第 30 阶频率为 0.85382Hz，频率相对比较密集，个别处仍存在一定跳跃性变化，如第 4 阶到第 5 阶、第 6 阶到第 7 阶。

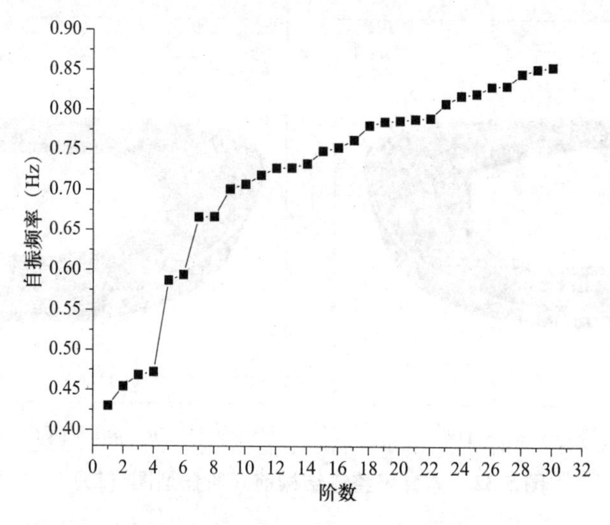

图 5-33 体育场纯索系结构前 30 阶自振频率变化图

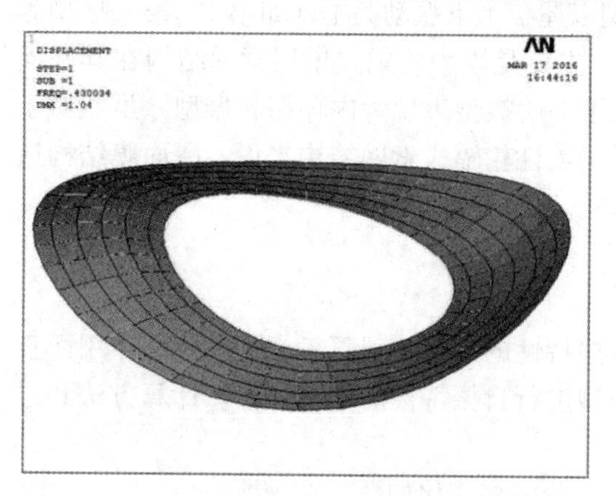

（*a*）第 1 阶：f_1=0.43003Hz

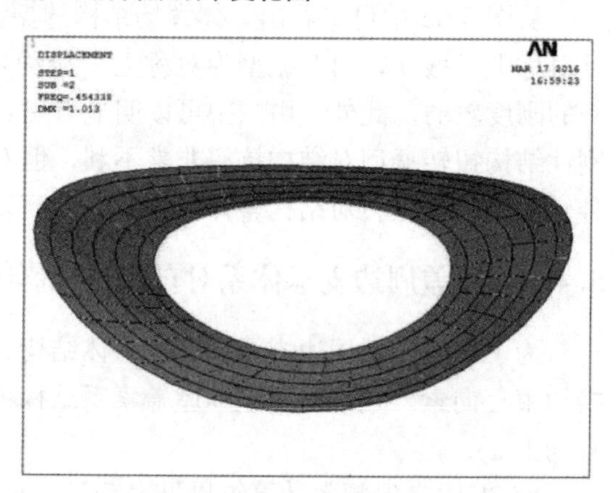

（*b*）第 2 阶：f_2=0.45434Hz

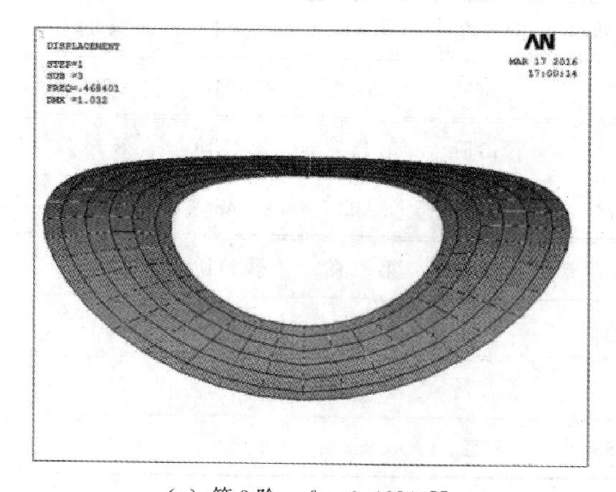

（*c*）第 3 阶：f_3=0.46840Hz

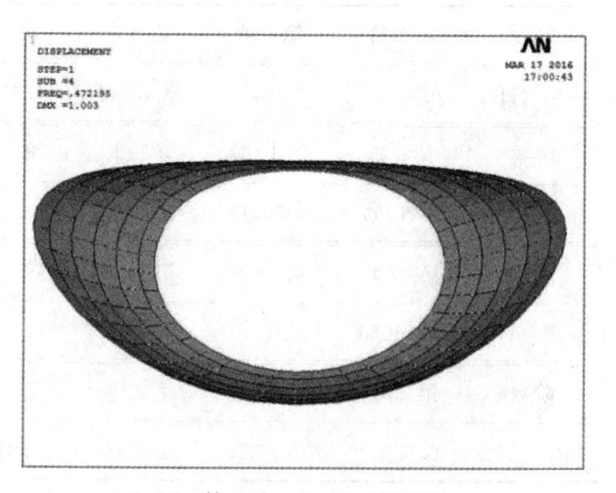

（*d*）第 4 阶：f_4=0.47219Hz

图 5-34 体育场纯索系结构前 8 阶振型图（一）

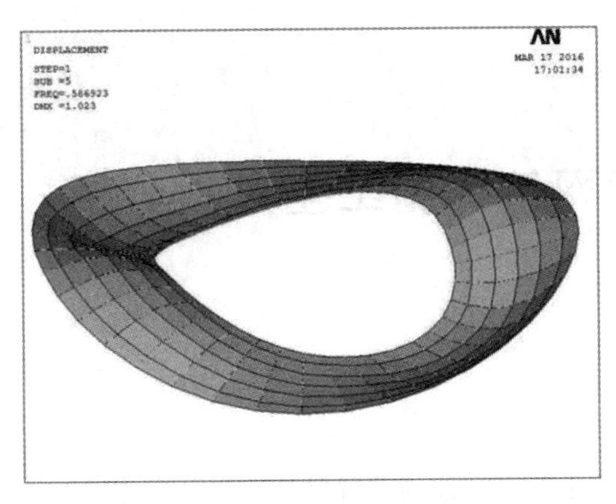

（e）第 5 阶：$f_5=0.58692$Hz

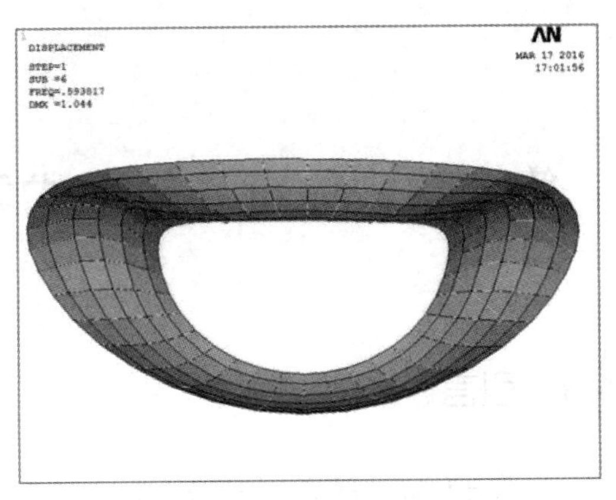

（f）第 6 阶：$f_6=0.59382$Hz

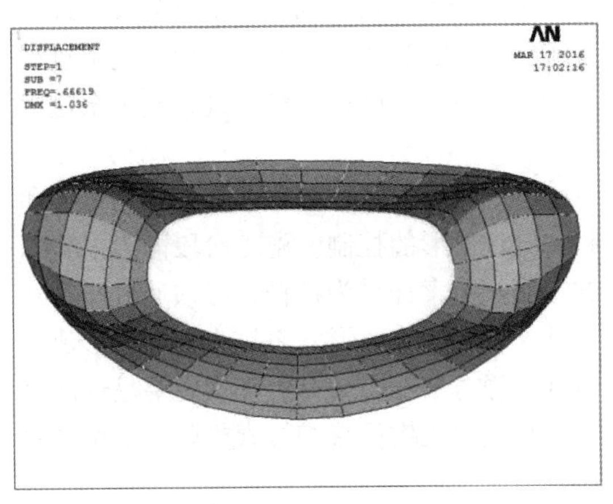

（g）第 7 阶：$f_7=0.66619$Hz

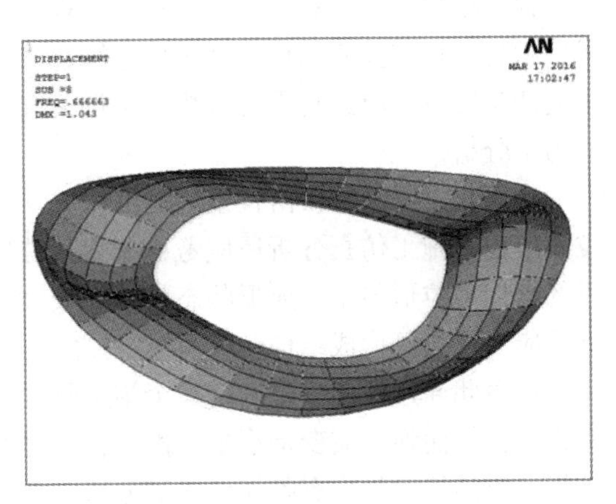

（h）第 8 阶：$f_8=0.66666$Hz

图 5-34　体育场纯索系结构前 8 阶振型图（二）

从图 5-34 中可以看出，体育场不考虑周边支承体系的纯索系结构的振型仍以屋盖上下振动为主（如第 1、第 4 振型为反对称上下振动，第 3 振型为对称上下振动），第 2 阶振型表现为内环扭转振型，与整体结构振型规律相同。

可以看出，两种结构的模型自振频率虽然趋势相同，但整体结构模型的自振频率略低，原因是不考虑支承柱作用而直接约束索端，相当于提高了屋盖张拉结构的刚度，因此结构的自振频率略有增大。

5.4.4　小结

综上所述，轮辐式单层马鞍形索网结构的自振频率比较密集，各阶振型之间可能相互耦合，且由于其跨度较大，低阶模态中基本以竖向振动或者竖向振动与水平振动相耦合为主，因而竖向动力荷载对结构的影响不容忽略。

另外，屋盖周边支承体系对结构自振特性有一定的影响作用，因此在计算条件许可的前提下，考虑上部屋盖结构和支承体系的相互作用，可以提高张拉结构动力分析的精度。

第 6 章　体育场轮辐式索网结构施工全过程分析

6.1　引言

大跨度预应力钢结构的施工过程通常是结构由基本构件到部分结构，再到整体结构逐步集成的动态变化过程。不同的施工方法和施工顺序会引起不同的结构成形过程和受力变化过程。根据相关资料统计，大量的工程事故都发生在施工阶段，因此，不能只关心最终成形状态，也应关心结构的施工成形过程。为了确保施工过程中的安全性，应对施工过程中复杂与突发情况进行受力分析，掌握关键阶段的施工参数，必须对结构进行施工全过程的力学分析。

轮辐式索网结构仅由拉索和压杆构成，在牵引提升和张拉过程中存在超大机构位移和拉索松弛，施工仿真分析还应考虑拉索张拉过程中结构位形的控制。施工阶段静力平衡态下的索杆系位形与结构成形状态的差异较大。在未张拉前索杆系为机构，必须通过张拉建立预应力，方可形成结构，具有结构刚度，将设计要求的结构成形状态作为初始位形建立模型，由此通过找形分析确定某个施工阶段的索杆系静力平衡态时，索杆系主要呈现的是机构位移，而弹性应变是小量。由于存在超大位移且包含机构位移和拉索松弛，采用针对常规结构的线性静力有限元已无法分析。

目前针对轮辐式索网结构的施工成形分析方法主要有：

(1) 非线性静力有限元法。建立有限元模型，采用非线性迭代方法静力求解，确定静力平衡状态。为便于收敛，假定杆元运动轨迹或者设定趋向平衡位置的初始位移；对未施加预应力的松弛索元和不受力的压杆的刚度不计入结构总刚度。

(2) 非线性力法。基于力法的非线性分析方法，能够分析包括动不定、静不定体系在内的各种结构形式。

(3) 动力松弛法。通过虚拟质量和黏滞阻尼将静力问题转化为动力问题，将结构离散为空间节点位置上具有一定虚拟质量的质点，在不平衡力的作用下，这些离散的质点必将产生沿不平衡力方向的运动，从宏观上使结构的总体不平衡力趋于减小。

本章介绍东南大学施工教研团队研究成果—基于非线性动力有限元的索杆系静力平衡态找形分析方法（简称 NDFEM 法）并用于体育场挑篷轮辐式马鞍形单层索网结构施工过程分析，跟踪每个施工工况结构位形、索力变化及钢构应力等，该方法基于非线性动力有限元，通过引入虚拟的惯性力和黏滞阻尼力，建立运动方程，将难以求解的静力问题，转为易于求解的动力问题，并通过迭代更新索杆系位形，使更新位形后的索杆系逐渐收敛于静力平衡状态。

6.2　基于非线性动力有限元的索杆系静力平衡态找形分析理论

6.2.1　分析方法

非线性动力有限元法（NDFEM）的主要内容是非线性动力平衡迭代和位形更新迭代，大体可分为：建立初始有限元模型；进行非线性动力有限元分析，当总动能达到峰值时更新有限元模型，重新进行动力分析，直到位形迭代收敛；最后对位形迭代收敛的有限元模型进行非线性静力分析，检验静力平衡状态；提取分析结果（图 6-1）。

（1）分析准备

明确索杆系的设计成型状态和施工方案以及所需要分析的施工阶段；

（2）建立初始有限元模型

选用满足工程精度要求的索单元和杆单元；按照设计成形态位形或其他假定的初始位形建立有限元模型；根据所需分析的施工阶段，施加重力和其他荷载（如吊挂荷载）以及边界约束条件；按照式（6.1）和（6.2）根据索杆原长已知的条件，在索杆上施加等效初应变（ε_p）或等效温差（ΔT_p），按照式（6.3）和（6.4）根据索杆内力（如牵引力、张拉力等）已知的条件，在索杆上施加 ε_p 或 ΔT_p。

$$\varepsilon_p = S/S_0 - 1 \tag{6.1}$$

$$\Delta T_p = -\varepsilon_p/\alpha = (1 - S/S_0)/\alpha \tag{6.2}$$

$$\varepsilon_p = F/(E \times A) \tag{6.3}$$

$$\Delta T_p = -\varepsilon_p/\alpha = -F/(E \times A \times \alpha) \tag{6.4}$$

式中：S 为模型中单元长度；S_0 为单元原长；E、A、α 分别为弹性模量、截面积和温度膨胀系数；F 为索杆内力。

(3)设定分析参数

设置单次动力分析时间步数允许最大值[N_{ts}]、单个时间步动力平衡迭代次数允许最大值[N_{ei}]、初始时间步长 $\Delta T_s(1)$、时间步长调整系数 C_{ts}、动力平衡迭代位移收敛值[U_{ei}]、位形更新迭代位移收敛值[U_{ci}]、位形迭代允许最大次数[N_{ci}]。

动力平衡方程(式(6.5))可采用 Rayleigh 阻尼矩阵(式(6.6))，其中自振圆频率和阻尼比可虚拟设定。

$$[M]\{\ddot{u}\} + [C]\{\dot{u}\} + [K]\{u\} = \{F(t)\} \tag{6.5}$$

$$[C] = \alpha[M] + \beta[K] \tag{6.6}$$

$$\alpha = \frac{2\omega_i\omega_j(\xi_i\omega_j - \xi_j\omega_i)}{\omega_j^2 - \omega_i^2} \tag{6.7}$$

$$\beta=\frac{2(\xi_j\omega_j-\xi_i\omega_i)}{\omega_j^2-\omega_i^2} \tag{6.8}$$

式中：$\{u\}$、$\{\dot{u}\}$、$\{\ddot{u}\}$分别为位移向量、速度向量和加速度向量；$\{F(t)\}$为荷载时程向量；$[C]$为 Rayleigh 阻尼矩阵；$[M]$为质量矩阵；$[K]$为刚度矩阵；α、β 为 Rayleigh 阻尼系数；ω_i、ω_j 分别为第 i 阶和第 j 阶自振圆频率；ξ_i、ξ_j 分别为与 ω_i 和 ω_j 对应的阻尼比，若 $\xi_i=\xi_j=\xi$，则式(6.7)和(6.8)可简化为式(6.9)和(6.10)：

$$\alpha=\frac{2\omega_i\omega_j\xi}{\omega_j+\omega_i} \tag{6.9}$$

$$\beta=\frac{2\xi}{\omega_j+\omega_i} \tag{6.10}$$

(4)迭代分析

① 调整第 m 次动力分析的时间步长 $\Delta T_s(m)$。

② 非线性动力有限元分析：建立非线性动力有限元平衡方程(式(6.5))，按照时间步 $\Delta T_s(m)$连续求解，跟踪索杆系的位移、速度和总动能响应；当索杆系整体运动方向明确时，为加快向静力平衡位形运动，提高分析效率，可不考虑阻尼力，建立无阻尼运动方程，见式(6.11)。

$$[M]\{\ddot{u}\}+[K]\{u\}=\{F(t)\} \tag{6.11}$$

③ 确定总动能峰值及其时间点。

④ 更新有限元模型，包括更新索杆系的位形以及控制索杆的原长或者内力：

当判断出总动能峰值及其时间点后，更新有限元模型：采用线性插值的方法计算与总动能峰值 $E(p)$对应的时间点 $T_s(p)$的位移，更新索杆系位形。

模型更新包括位形更新、内力更新和原长更新。对于需控制原长的构件，则以更新前后原长不变为原则，根据更新后的长度调整等效初应变或者等效温差，即内力更新；对于需控制内力(如提升牵引力和张拉力等)的构件，则不调整等效初应变或者等效温差，即原长更新。

(5)判断是否收敛或者位形已更新次数 N_{ci}是否达到$[N_{ci}]$

① 若更新有限元模型的节点最大位移 $U_{ci}(m)$小于$[U_{ci}]$时，位形迭代收敛，进入第(6)步；

② 若$U_{ci}(m)>[U_{ci}]$，且 $N_{ci}<[N_{ci}]$，则进入下一次的位形迭代，重新回到第(4)步；

③ 若$U_{ci}(m)>[U_{ci}]$，但 $N_{ci}=[N_{ci}]$，则结束分析。

(6)检验静力平衡态

若时间步长 ΔT_s 或允许最大时间步数$[N_{ts}]$取值过小，则可能动力分析位移过小，满足位形更新迭代收敛标准，却并不满足静力平衡。为避免“假”平衡，须对满足收敛条件的更新位形进行静力平衡态的检验。采用非线性静力有限元进行分析，良好结果应该是分析极易收敛，且小位移满足精度要求。

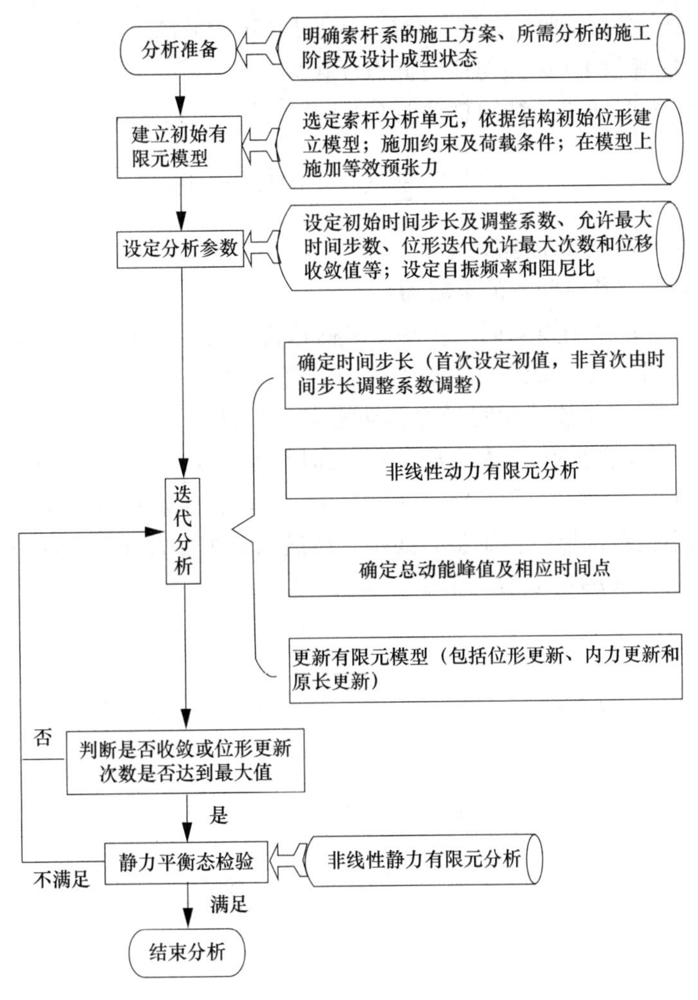

图 6-1　NDFEM 法找形分析流程

6.2.2　关键技术措施

(1)时间步长及其调整

时间步长 ΔT_s是决定 NDFEM 法找形分析收敛速度的关键因素之一。ΔT_s越短，则动力分析越易收敛，但达到静力平衡的总时间步数 ΣN_{ts}更多，分析效率低。在某次动力分析中，合理的ΔT_s应保证动力分析收敛前提下，在较少的时间步数 N_{ts}内总动能达到峰值。NDFEM 法找形分析可分为初期、中期和后期三个阶段：①在初期阶段，索杆系运动剧烈，动力分析可设置较小的时间步长；②在中期阶段，索杆系主位移方向明确，从而在较少的时间步数和位形更新次数下迅速接近静力平衡态；③在后期阶段，索杆系在静力平衡态附近振动，此时应设置更大的时间步长，达到静力平衡状态。

鉴于时间步长对动力平衡迭代和分析效率有重要的影响，采用的调整策略为：①第一次位形迭代采用初始时间步长 $\Delta T_s(1)$；②若第$(m-1)$次动力分析的时间步数 $N_{ts}(m-1)=[N_{ts}]$，总动能仍未出现下降，则第 m 次动力分析的时间步长：$\Delta T_s(m)=\Delta T_s(m-1)\times C_{ts}$；③若第$(m-1)$次动力分析不收敛，则 $\Delta T_s(m)=\Delta T_s(m-1)/C_{ts}$。

(2)确定总动能峰值 $E(p)$及对应时间点 $T_s(p)$

动力分析中第 k 时间步的结构总动能 $E(k)$ 见式（6.12）。

$$E(k)=\frac{1}{2}\{\dot{u}\}_{(k)}^{T}[M]\{\dot{u}\}_{(k)} \tag{6.12}$$

式中：$\{\dot{u}\}_{(k)}$为第 k 时间步的速度向量。

确定总动能峰值及其时间点的策略为：

①设 $E(0)=0$；②当第 k 时间步动力平衡迭代收敛，若 $k<[N_{ts}]$，$E(k)>E(k-1)$，则总动能未达到峰值，继续本次动力分析，进入第$(k+1)$时间步；若 $k\leqslant[N_{ts}]$，$E(k)<E(k-1)$，则将三个连续时间步的总动能 $E(k)$、$E(k-1)$、$E(k-2)$进行二次抛物线曲线拟合，计算总动能曲线的峰值 $E(p)$及其时间点 $T_s(p)$（图 6-2）；若 $k=[N_{ts}]$，$E(k)\geqslant E(k-1)$，则：$E(p)=E(k)$，$T_s(p)=T_s(k)$；③当第 k 时间步动力平衡迭代不收敛，若 $k=1$，则不更新位形，在调整时间步长后进入下次动力分析；若 $1<k\leqslant[N_{ts}]$，则 $E(p)=E(k-1)$，$T_s(p)=T_s(k-1)$。

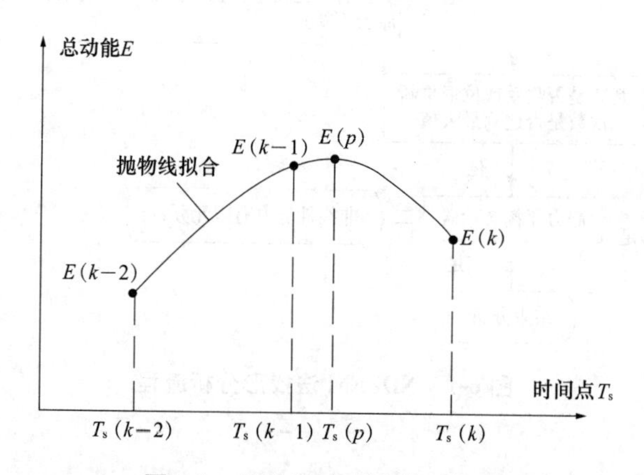

图 6-2　总动能峰值及其时间点

（3）更新有限元模型

① 采用线性插值的方法计算与总动能峰值 $E(p)$ 对应的时间点 $T_s(p)$ 的位移，更新索杆系位形；②对原长已知的索杆按照新模型中的几何长度更新等效初应变或等效温差；对内力已知的索杆上的等效初应变或等效温差，则无需更新。

（4）迭代收敛标准

NDFEM 法找形分析中存在两级迭代：一级是动力平衡迭代，二级是位形更新迭代。一般非线性动力有限元分析中，动力平衡迭代的收敛标准包括力和位移两项指标，但鉴于 NDFEM 法找形分析中需多次更新位形，并根据更新的位形按照原长或内力一定的原则，重新确定索杆中的等效初应变或等效温差。

（5）检验静力平衡态

若时间步长 ΔT_s 或允许最大时间步数［N_{ts}］取值过小，则可能动力分析位移过小，满足位形更新迭代收敛标准，却并不满足静力平衡。为避免“假”平衡，须对满足收敛条件的更新位形进行静力平衡态的检验。

6.3　体育场轮辐式索网结构施工全过程分析

6.3.1　分析模型

施工全过程分析模型如图 6-3 所示，该模型是由第 3 章通过零状态找形分析得到的施工零状态，并布置胎架（link10 只受压单元）用于钢结构拼装，其单元类型、材料特性及边界条件见第 3 章介绍，荷载条件为：自重、径向索铸钢索头荷载及内环索铸钢节点及其连接件恒荷载三种施工分析荷载。

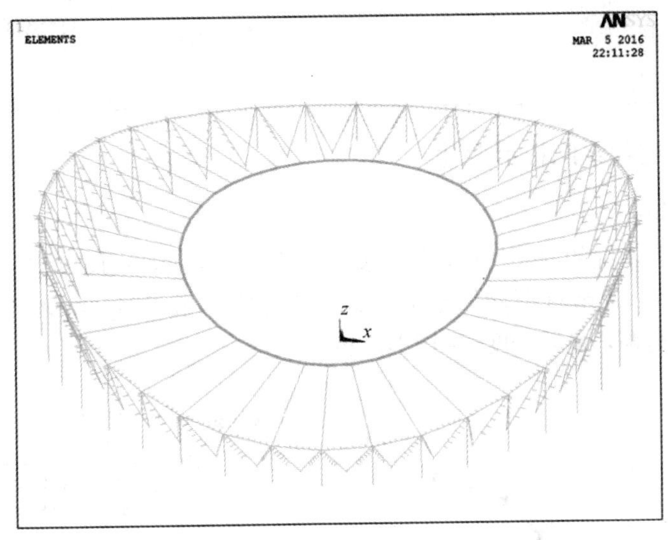

图 6-3　体育场挑篷结构施工全过程分析模型

6.3.2　分析参数

施工过程分析对各个施工步骤进行跟踪分析，从而确定重要的施工参数，包括：工装索长度、牵引提升力和过程结构位形等，为施工方案制定和施工监测提供依据。施工过程分析工况见表 6-1。

施工分析工况及工装索长度 **表 6-1**

施工阶段		工况号	QYS1 索长（mm）	QYS2 索长（mm）	QYS3 索长（mm）	备注
牵引提升	阶段一	SG-1	11500	13000	14500	QYS1、QYS2、QYS3 整体牵引提升，直至 QYS1 连接就位
		SG-2	9500	11000	12500	
		SG-3	7500	9000	10500	
		SG-4	5500	7000	8500	
		SG-5	3500	5000	6500	
		SG-6	1500	3000	4500	
		SG-7	500	2000	3500	
		SG-8	0	1500	3000	
	阶段二	SG-9	0	1000	2500	QYS2、QYS3 继续牵引提升，直至 QYS2 连接就位
		SG-10	0	500	2000	
		SG-11	0	0	1500	
	阶段三	SG-12	0	0	1000	QYS3 继续牵引提升，直至连接就位
		SG-13	0	0	500	
		SG-14	0	0	0	

6.3.3 施工全过程索网位形变化

（1）内环长短轴变化

施工过程中各工况的内环长短轴长度变化如图 6-4 所示，由图可知，施工过程中，内环长轴由跨度由 144.4m 逐渐增加至 155.3m；短轴跨度由 134.2m 逐渐减小至 120.6m，而后又有略微的增幅，最后跨度达到 121.7m。

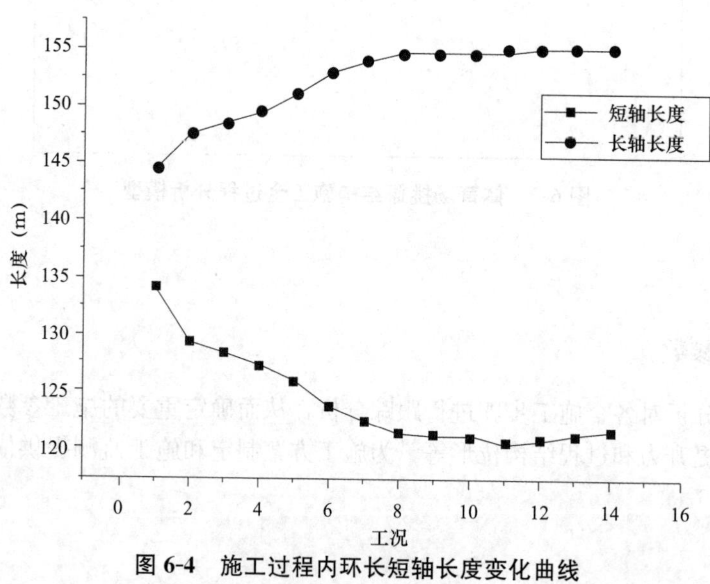

图 6-4　施工过程内环长短轴长度变化曲线

（2）关键节点竖向坐标变化

施工过程内环索关键节点（径向索和内环索交点）竖向坐标变化如图 6-5 所示，由图可知，在施工过程中，内环索关键节点竖向坐标总体呈现上升趋势，各个轴线上的关键点竖向坐标上升幅度大致保持一致。

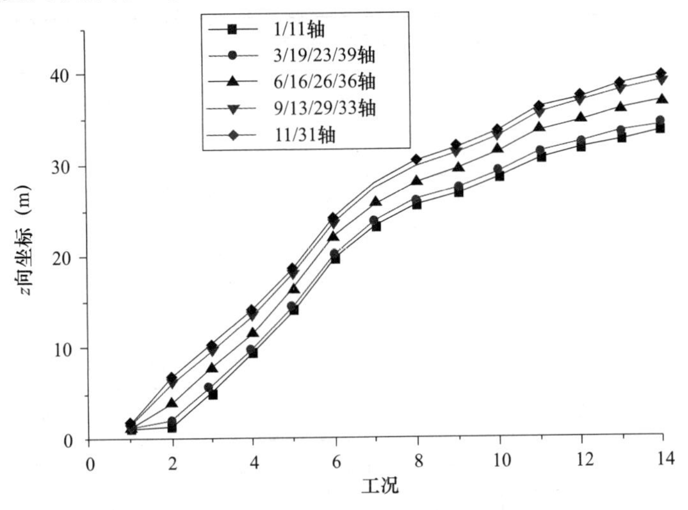

图 6-5　施工过程关键节点竖向坐标变化曲线

（3）关键节点最大、最小竖向坐标差变化

施工过程内环索关键节点最大最小竖向坐标差值变化如图 6-6 所示，由图可知，在第二个施工工况竖向坐标差值达到 5.27m 后，差值略微减小至 4.44m 后逐渐增大，最后达到 5.93m。由此可得内环关键节点竖向坐标差值较为稳定，保持在 4.44～5.93m 之间。

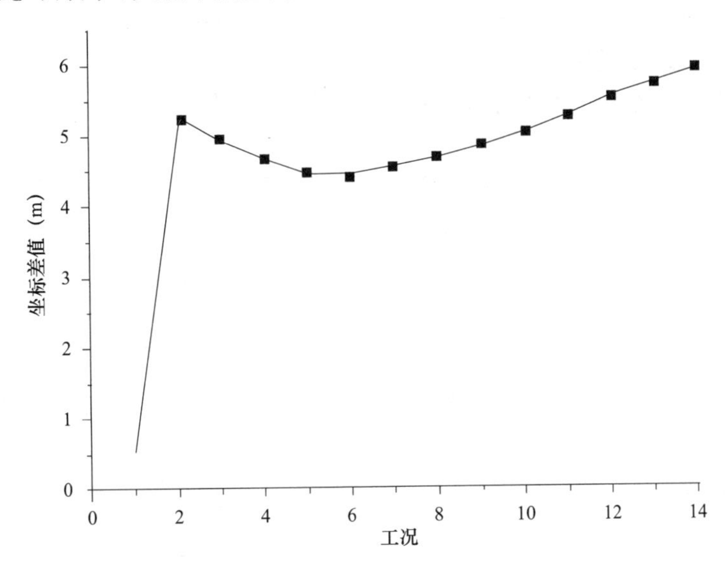

图 6-6　施工过程关键节点竖向坐标差变化曲线

（4）关键节点坐标变化

施工过程各工况内环索关键节点坐标变化如表 6-2 所示。

施工过程中各工况内环索关键节点坐标 **表 6-2**

施工阶段	工况号	1/21 轴环索节点（m）			3/19/23/39 轴环索节点（m）			6/16/26/36 轴环索节点（m）			9/13/29/33 轴环索节点（m）			11/31 轴环索节点（m）		
		x	y	z	x	y	z	x	y	z	x	y	z	x	y	z
牵引提升	SG-1	0	72.203	1	17.903	69.418	1	45.35	51.822	1	63.218	22.574	1.123	67.115	0	1.524
	SG-2	0	73.787	1.46	17.887	70.951	1.933	44.73	52.632	3.861	61.207	22.651	5.968	64.697	0	6.733
	SG-3	0	74.244	5.289	17.876	71.346	5.731	44.55	52.774	7.555	60.809	22.661	9.531	64.257	0	10.25
	SG-4	0	74.796	9.46	17.861	71.821	9.874	44.324	52.947	11.617	60.308	22.674	13.472	63.704	0	14.144
	SG-5	0	75.481	14.159	17.842	72.408	14.552	44.033	53.162	16.258	59.659	22.69	18.011	62.984	0	18.634
	SG-6	0	76.386	19.818	17.815	73.183	20.208	43.633	53.452	21.971	58.751	22.712	23.681	61.97	0	24.255
	SG-7	0	76.992	23.397	17.796	73.702	23.799	43.357	53.651	25.669	58.112	22.728	27.41	61.252	0	27.961
	SG-8	0	77.379	25.61	17.784	74.034	26.027	43.175	53.78	27.992	57.691	22.739	29.779	60.778	0	30.321
	SG-9	0	77.351	26.987	17.772	73.952	27.419	43.343	53.882	29.508	57.668	22.748	31.317	60.713	0	31.853
	SG-10	0	77.365	28.681	17.758	73.905	29.135	43.478	54.006	31.341	57.574	22.759	33.198	60.567	0	33.729
	SG-11	0	77.449	30.841	17.744	73.916	31.325	43.577	54.161	33.652	57.393	22.776	35.598	60.32	0	36.128
	SG-12	0	77.519	31.853	17.74	73.954	32.354	43.483	54.082	34.746	57.592	22.788	36.839	60.479	0	37.366
	SG-13	0	77.602	32.937	17.74	74.004	33.458	43.393	54.004	35.925	57.787	22.807	38.153	60.631	0	38.679
	SG-14	0	77.652	33.747	17.749	74.027	34.285	43.34	53.916	36.816	58.048	22.832	39.152	60.857	0	39.678

（5）施工过程各工况位形

施工过程各工况结构位形如图 6-7 所示。

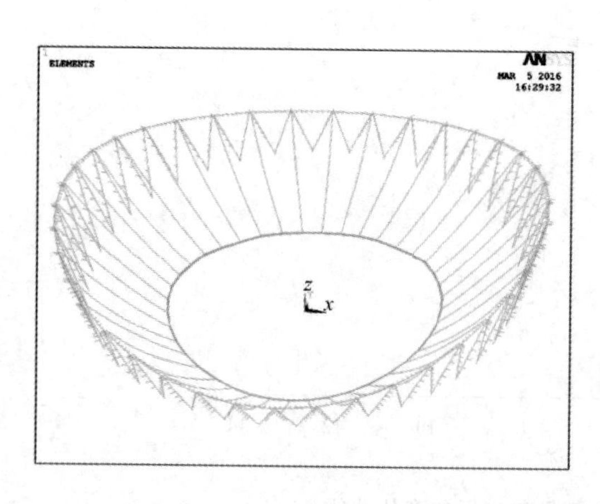

（*a*）SG-1

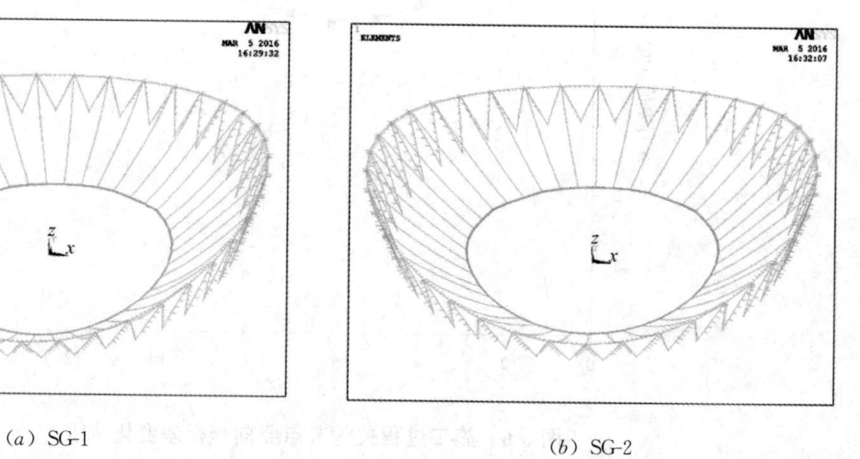

（*b*）SG-2

图 6-7 施工过程各工况结构位形（一）

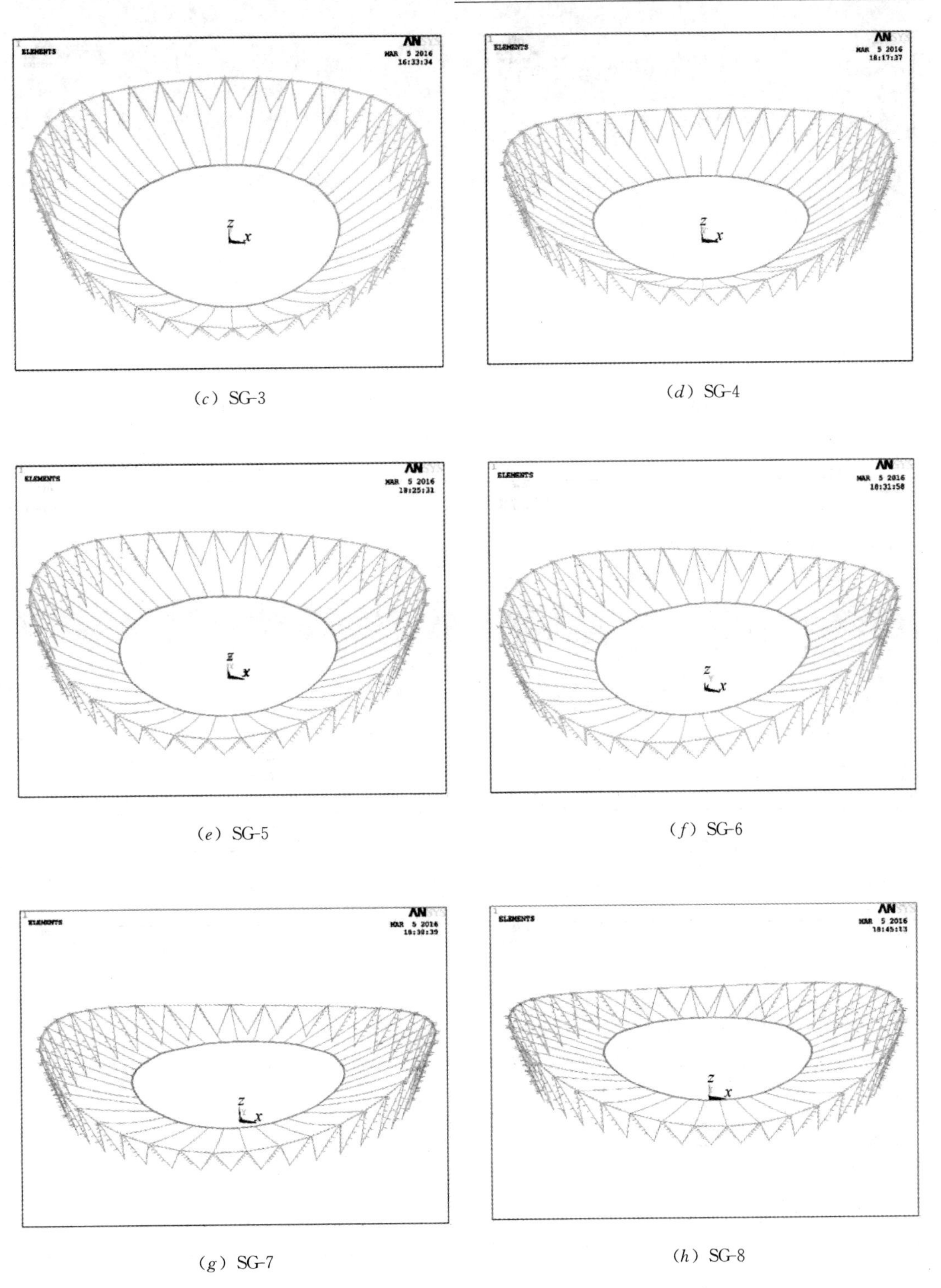

（c）SG-3　（d）SG-4

（e）SG-5　（f）SG-6

（g）SG-7　（h）SG-8

图 6-7　施工过程各工况结构位形（二）

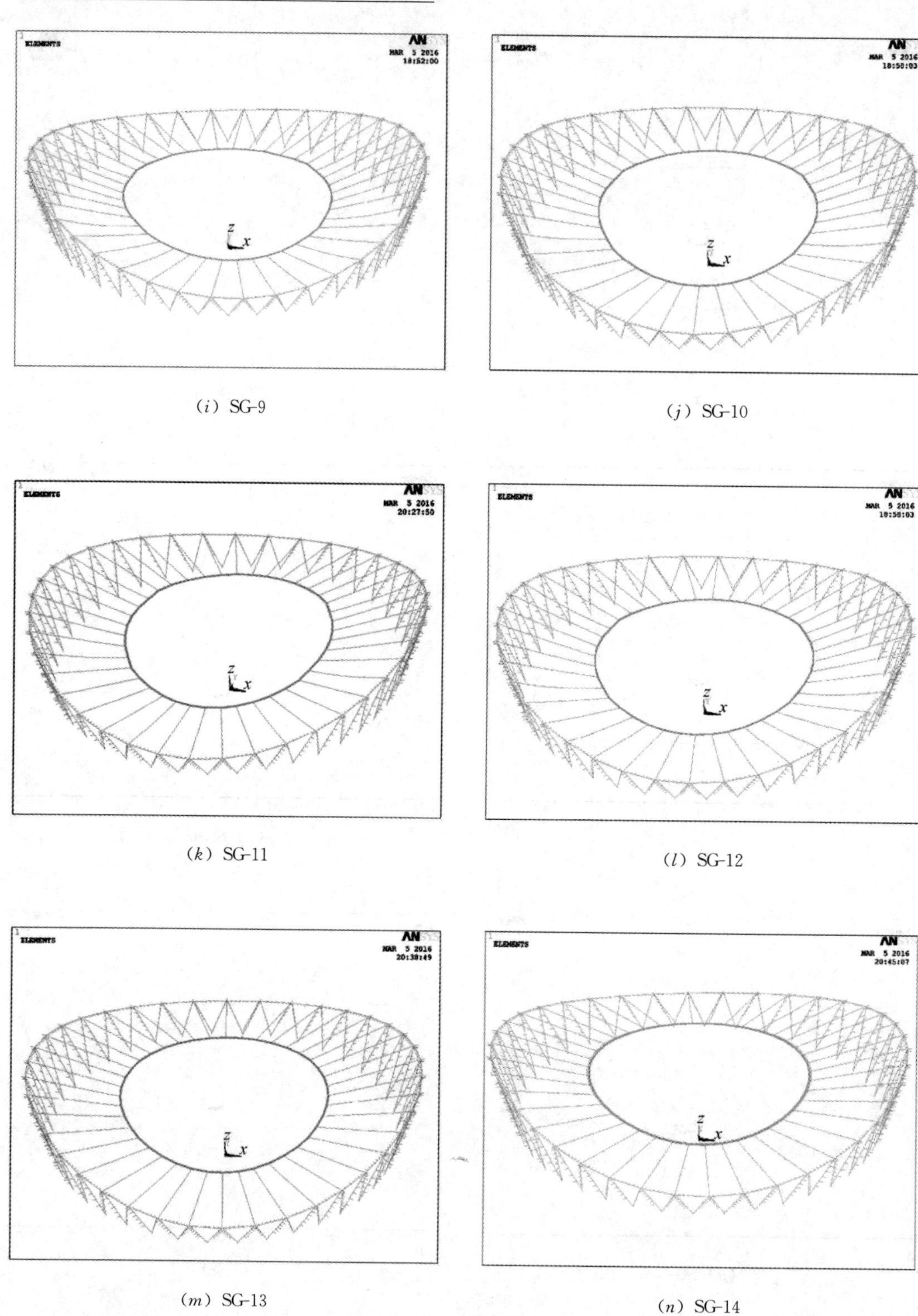

（*i*）SG-9　（*j*）SG-10

（*k*）SG-11　（*l*）SG-12

（*m*）SG-13　（*n*）SG-14

图 6-7　施工过程各工况结构位形（三）

6.3.4　施工全过程索力变化

施工过程各工况关键轴牵引索索力和环索最大索力变化如表 6-3 所示，由表可知，施工过程各工况部分关键轴索力和各环索索力变化总体呈上升趋势，在牵引提升的最后一个阶段各轴牵引索索力和环索索力达到了最大值。

施工过程中各工况下关键轴牵引索索力、环索最大索力变化趋势如图6-8～图 6-10 所示，由图可知，在 QYS2 提升到位并固定后，QYS1 继续提升的阶段（即第三个阶段），各径向牵引索和环索索力增长速度较快。

施工过程中各工况索力变化　　**表 6-3**

施工阶段	工况号	牵引索索力（kN）						环索索力（kN）
		1/21 轴（低）	4/18/24/38 轴	6/16/26/36 轴	7/15/27/35 轴	8/14/28/34 轴	11/31 轴（高）	最大值
牵引提升	SG-1	133.25	202.96	138.48	221.35	108.95	163.47	372.59
	SG-2	147.68	225.46	153.21	249.13	116.54	182.01	400.08
	SG-3	161.2	249.37	162.42	271.83	116.32	192.5	396.12
	SG-4	182.25	284.98	176.88	305.42	116.79	208.15	383.27
	SG-5	218.39	344.34	203.13	361.45	118.57	234.45	373.79
	SG-6	297.98	470.23	263.19	479.55	124.58	290.67	398.58
	SG-7	393.59	618.2	338.32	619.12	132.46	357.47	421.58
	SG-8	491.54	768.15	417.45	759.72	141.11	425.46	461.37
	SG-9	583.59	785.79	506.59	881.83	147.34	484.56	516.35
	SG-10	751.55	833.57	640.81	1104.6	160.12	593.56	615.28
	SG-11	1204.8	1048.9	1001.9	1729.1	189.91	891.55	861.49
	SG-12	1551.9	1359.7	1266.8	1875	509.06	1115.7	1088
	SG-13	2351.6	2045.2	1886.8	2295.1	1233.4	1626.5	1566
	SG-14	3670	3152	2935	2859	2576	2451	2463

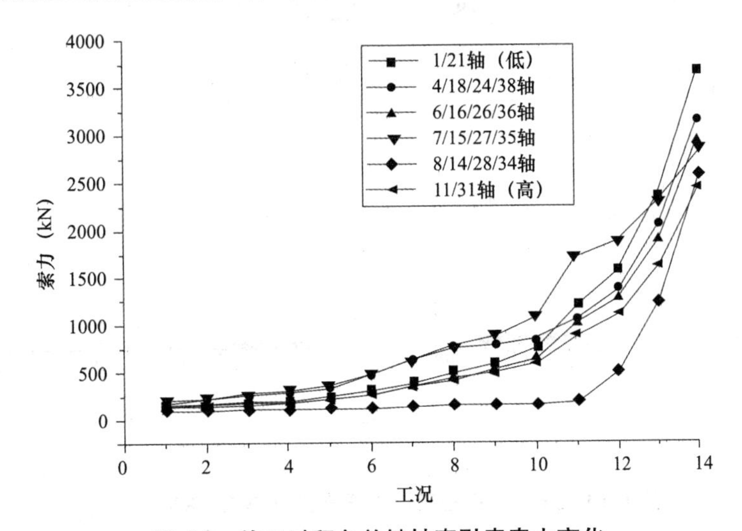

图 6-8　施工过程各关键轴牵引索索力变化

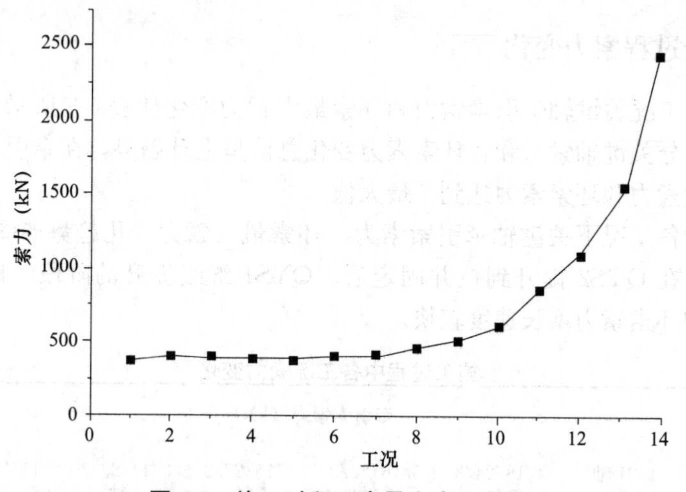

图 6-9 施工过程环索最大索力变化

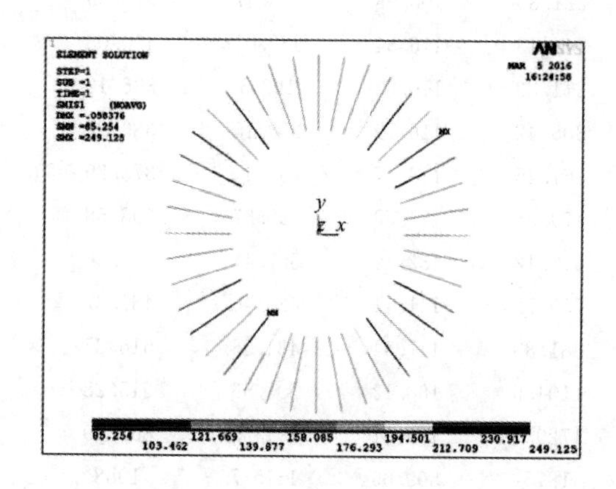
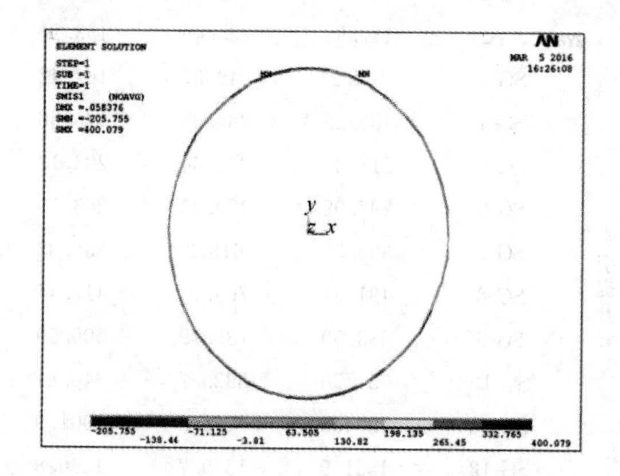

（*a*）SG-2

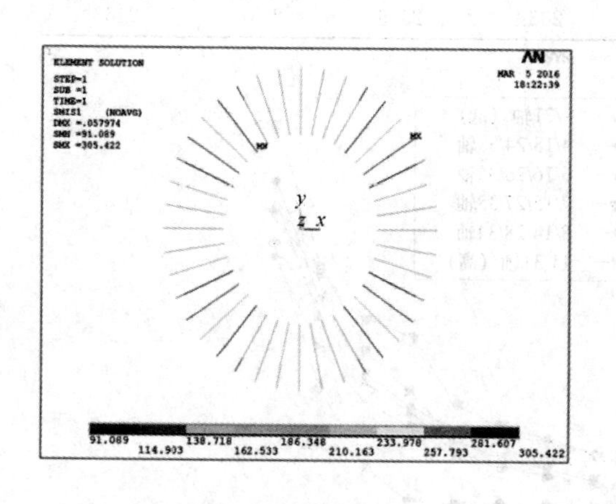
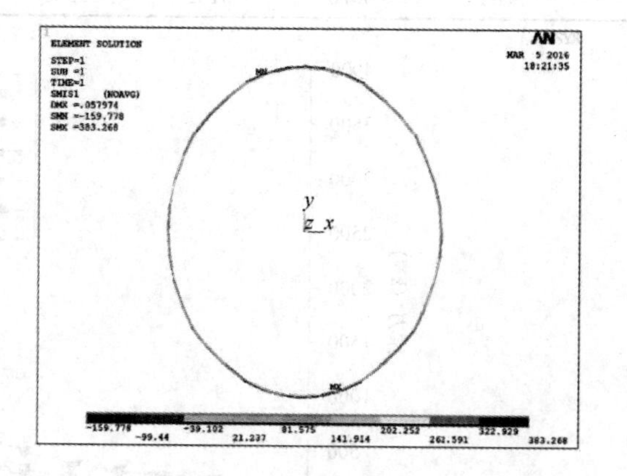

（*b*）SG-4

图 6-10 施工过程各工况拉索索力（单位：kN）（一）

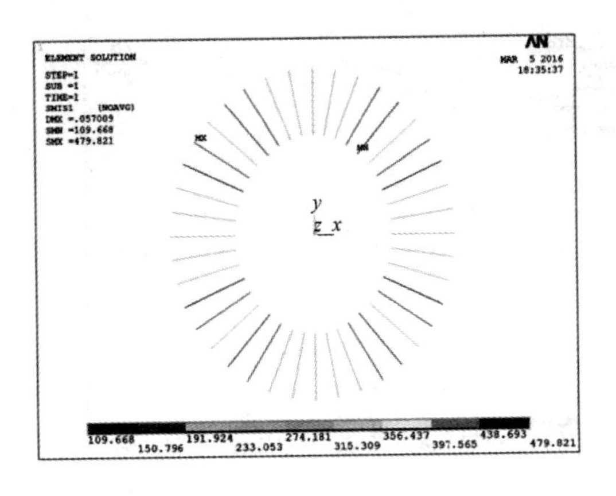

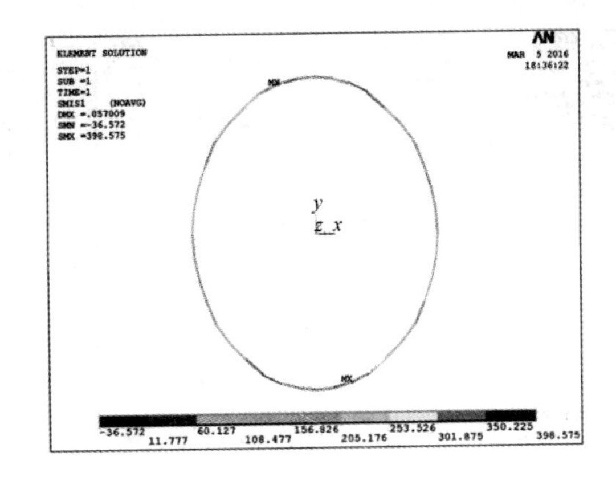

(*c*) SG-6

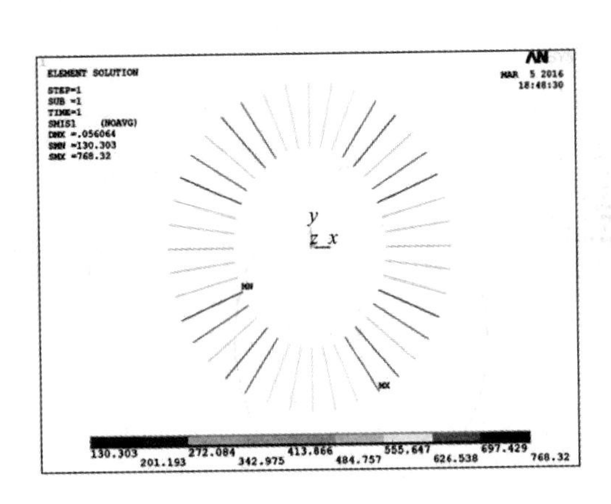

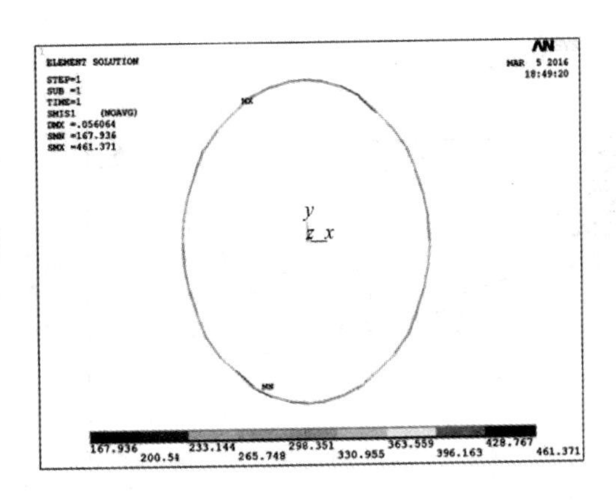

(*d*) SG-8

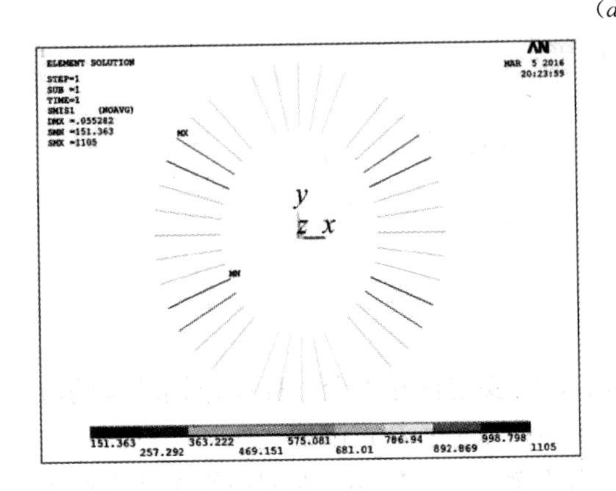

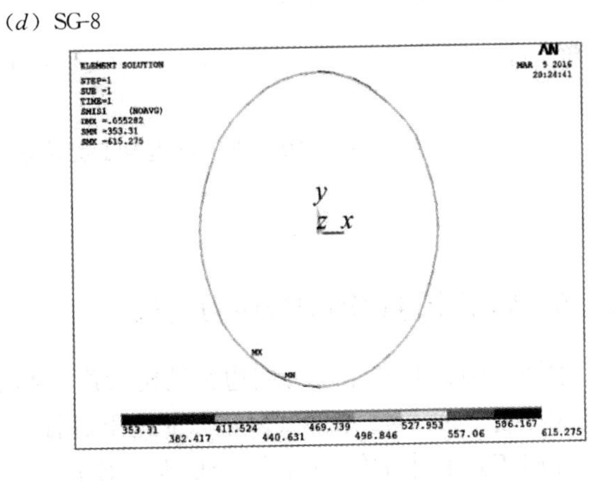

(*e*) SG-10

图 6-10　施工过程各工况拉索索力（单位：kN）（二）

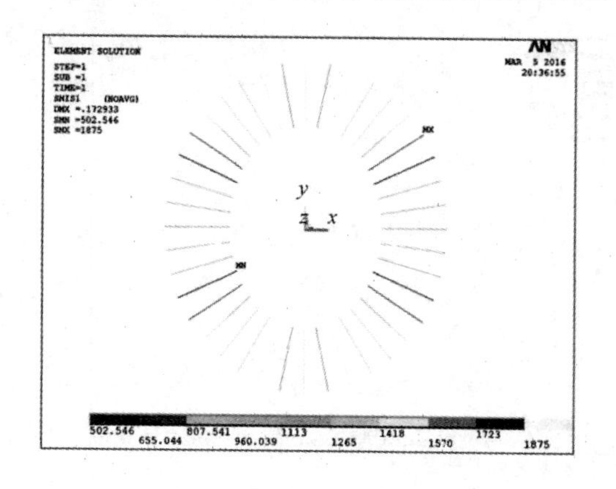

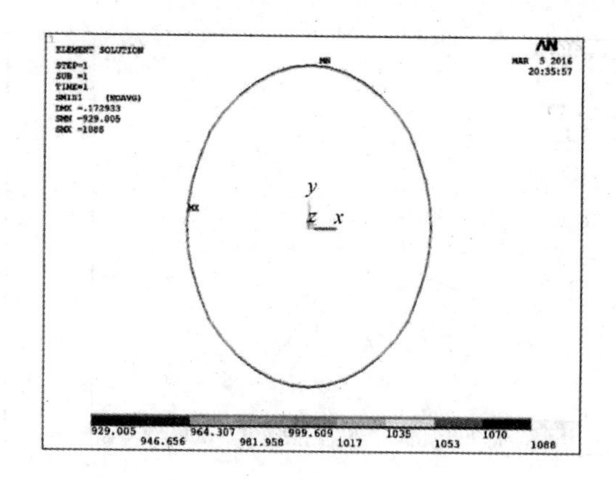

(*f*) SG-12

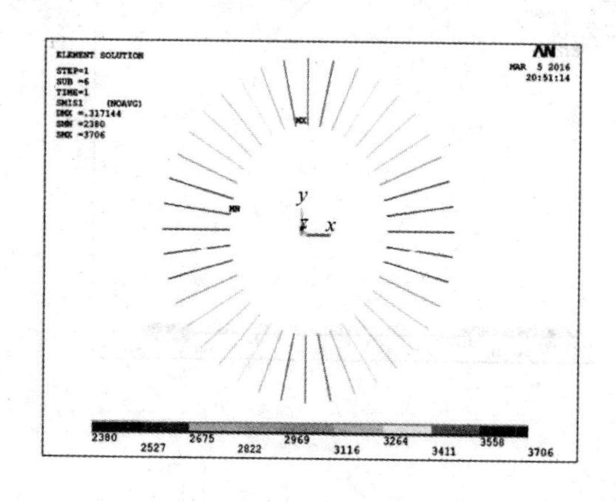

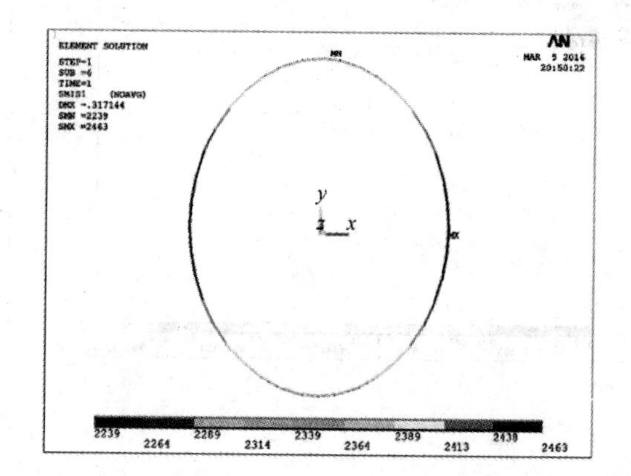

(*g*) SG-14

图 6-10 施工过程各工况拉索索力（单位：kN）（三）

6.3.5 施工全过程钢结构应力变化

索网牵引提升和张拉对周边钢结构会产生影响，需要进行施工全过程周边钢结构的应力变化分析（表 6-4、图 6-11），保证施工过程中钢结构应力不超过限值。

在施工过程中的第一阶段（SG-1 至 SG-8），由于牵引索力较小，在周边钢结构中产生的应力值维持在较低水平，各截面应力均未超过 40MPa，且变化不大；

在第二阶段中（SG-9 至 SG-11），即第一批牵引索已经提升到位，第二批和第三批牵引索继续提升的过程中，截面应力值持续增加，从 32MPa 持续增加到 75MPa；

在第三阶段中（SG-12 至 SG-14），即第一批、第二批牵引索已经提升到位，第三批牵引索继续提升的过程中，截面应力值保持稳定，维持在 80～100MPa。

施工过程中各工况索力变化　　表 6-4

施工阶段		工况号	受压外环梁的最大等效应力（MPa）	钢结构柱的最大等效应力（MPa）
牵引提升	阶段一	SG-1	12.29	34.31
		SG-2	11.42	34.83
		SG-3	11.73	34.91
		SG-4	12.17	35.04
		SG-5	12.9	35.26
		SG-6	14.74	35.69
		SG-7	22.81	35.87
		SG-8	31.49	35.94
	阶段二	SG-9	31.88	36.49
		SG-10	45.36	36.47
		SG-11	75.4	40.35
	阶段三	SG-12	82.18	42.72
		SG-13	91.21	43.4
		SG-14	94.09	60.06

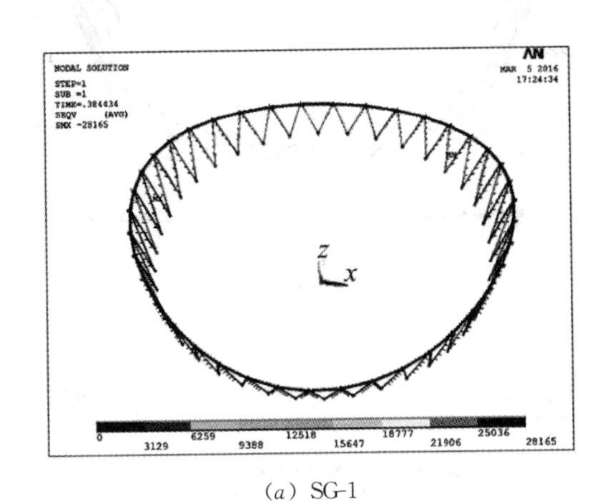

(a) SG-1

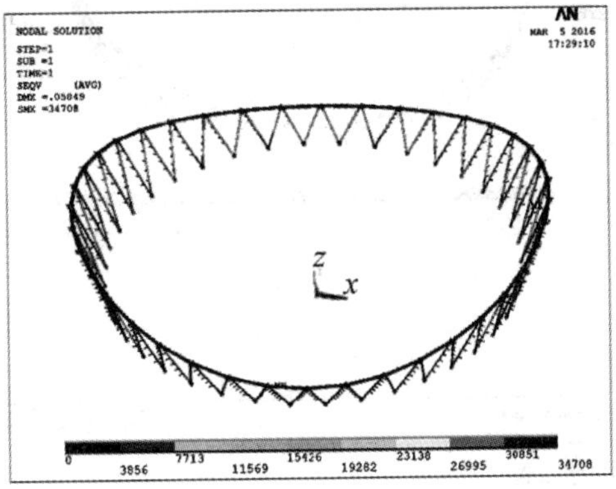

(b) SG-2

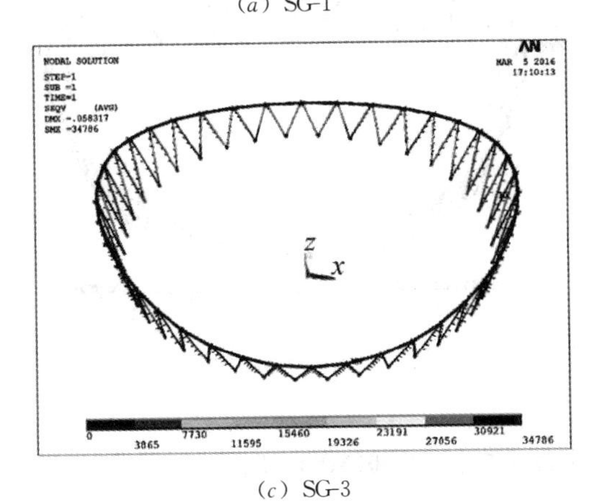

(c) SG-3

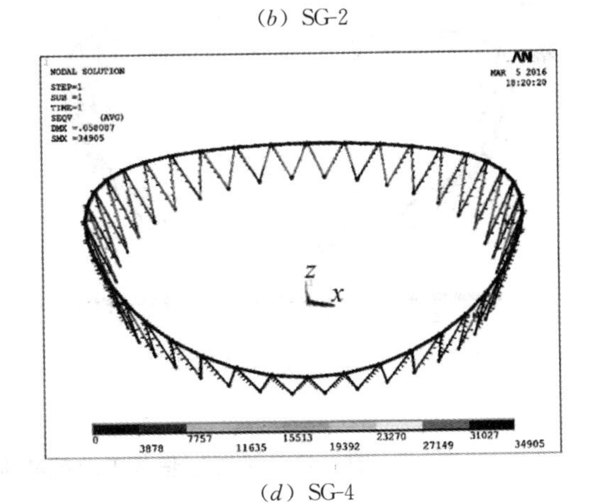

(d) SG-4

图 6-11　施工过程各工况钢结构应力（单位：0.001MPa）（一）

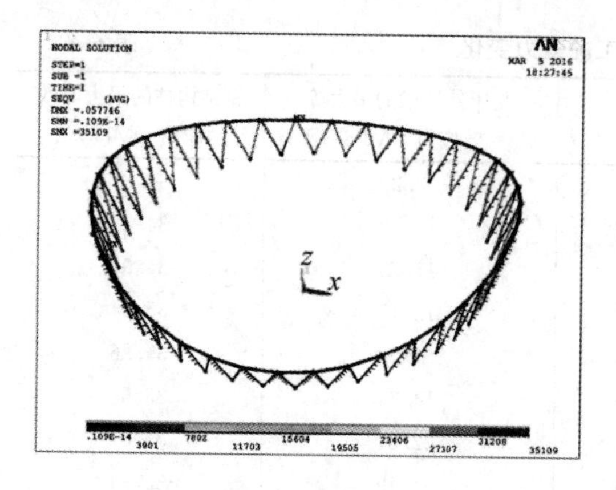

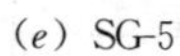
(e) SG-5

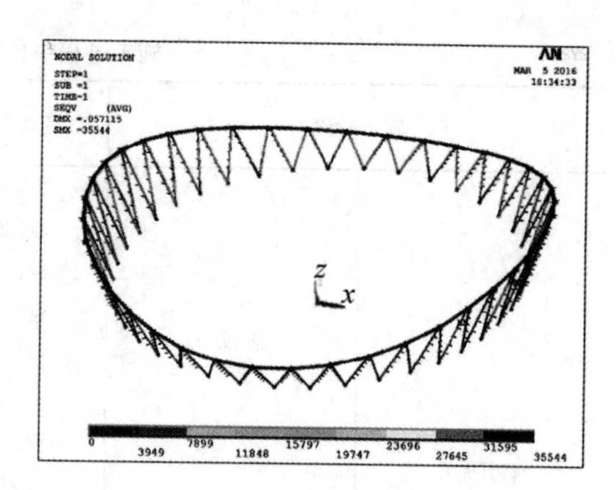

(f) SG-6

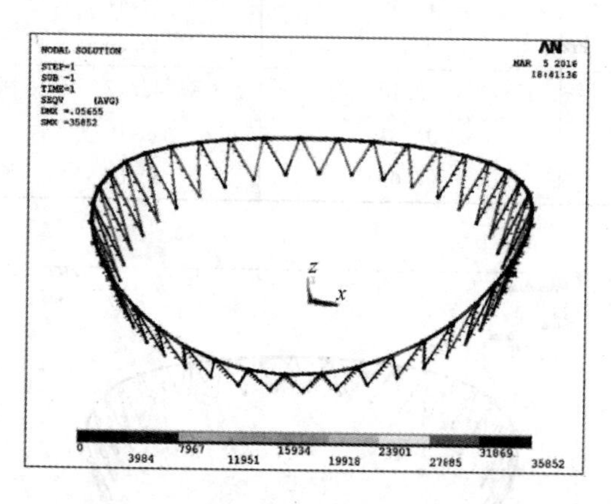

(g) SG-7

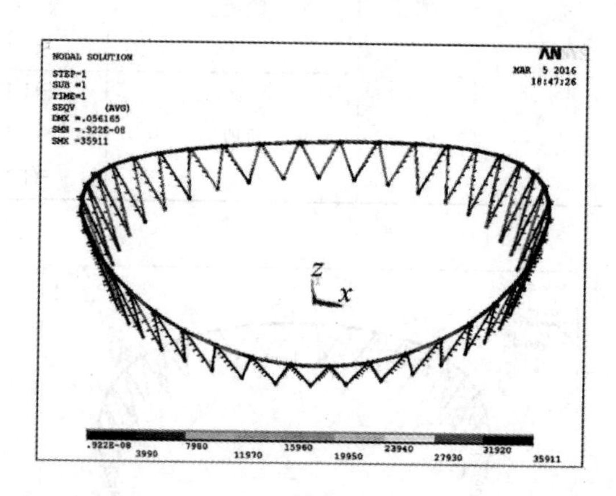

(h) SG-8

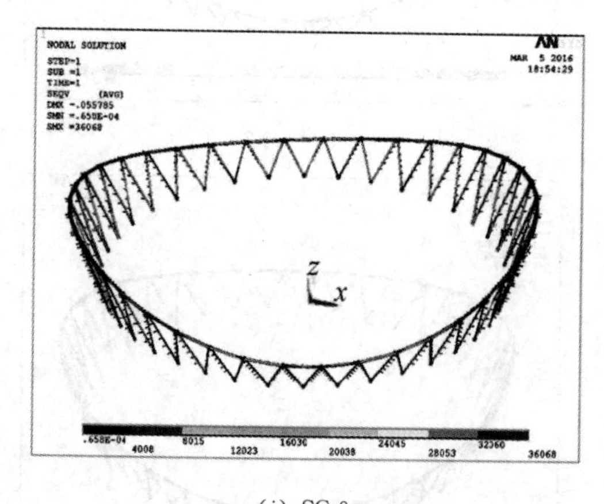

(i) SG-9

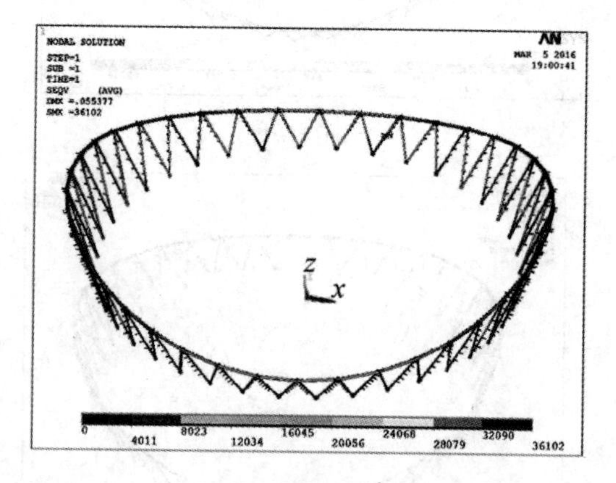

(j) SG-10

图 6-11 施工过程各工况钢结构应力（单位：0.001MPa）（二）

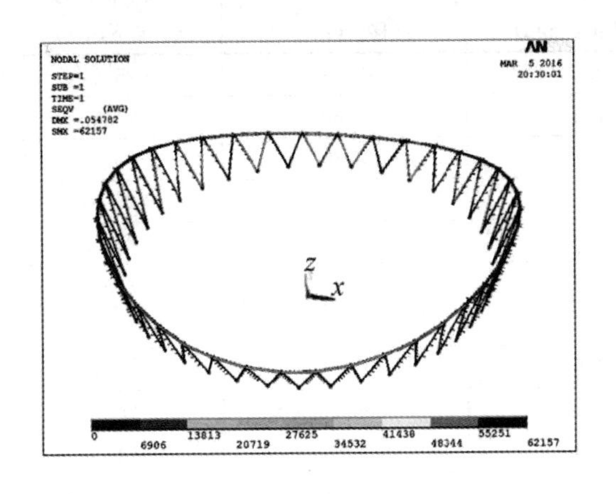

(*k*) SG-11

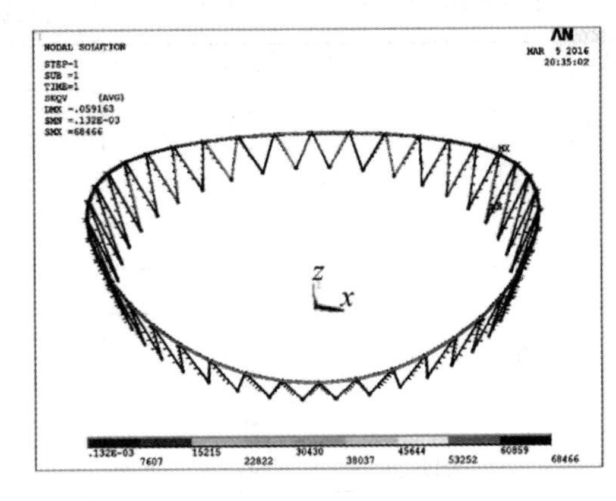

(*l*) SG-12

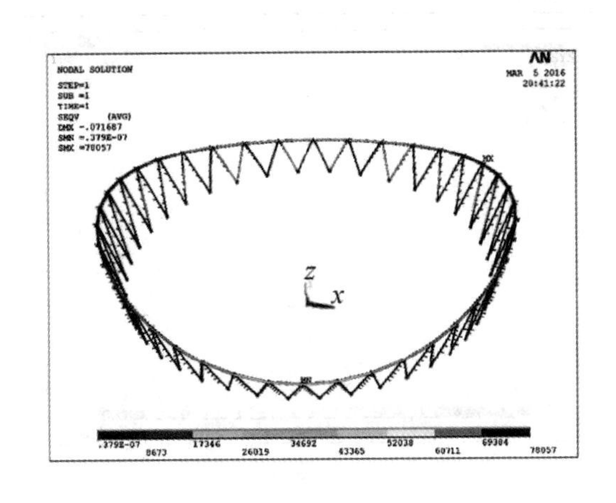

(*m*) SG-13

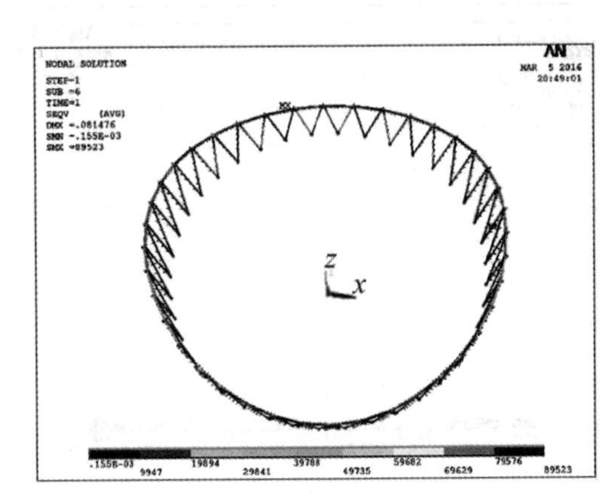

(*n*) SG-14

图 6-11　施工过程各工况钢结构应力（单位：0.001MPa）（三）

6.3.6　施工全过程钢环梁变形分析

索网牵引提升和张拉过程中，各工况下钢结构空间形态直接反映为钢结构各方向位移值，具体如表 6-5 所示。

施工过程钢环梁位移变化（相对于恒载态模型） **表 6-5**

施工阶段		工况号	最大径向位移（+外扩，mm）	最大环向位移（mm）	最大竖向位移（—向下，mm）
牵引提升	阶段一	SG-1	57.93	3.28	−25.01
		SG-2	57.34	3.80	−25.06
		SG-3	57.06	3.80	−25.05
		SG-4	56.67	3.79	−25.04
		SG-5	56.04	3.79	−25.02
		SG-6	54.88	3.85	−24.73
		SG-7	54.57	4.34	−25.02
		SG-8	54.96	4.82	−25.43
	阶段二	SG-9	55.27	4.56	−25.03
		SG-10	57.10	5.08	−24.51
		SG-11	62.60/−6.12	8.78	−25.10/1.66
	阶段三	SG-12	60.36/−14.13	10.14	−24.67/5.32
		SG-13	54.43/−25.05	11.91	−22.25/11.15
		SG-14	19.20/−35.52	7.16	−11.29/14.24

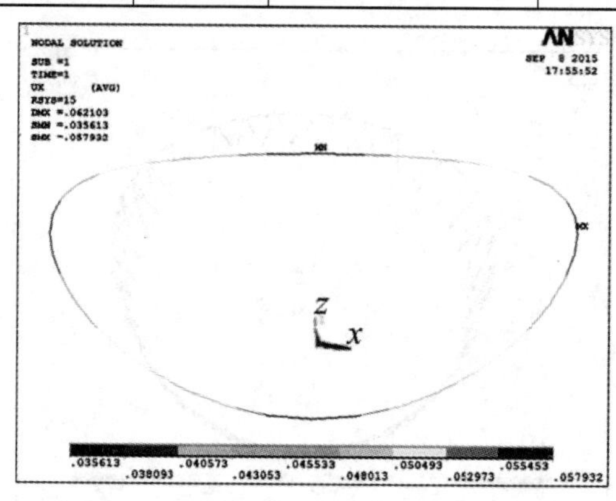

（a）SG-1

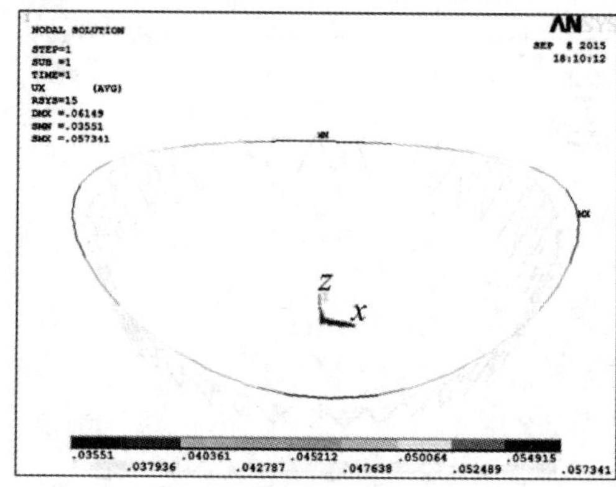

（b）SG-2

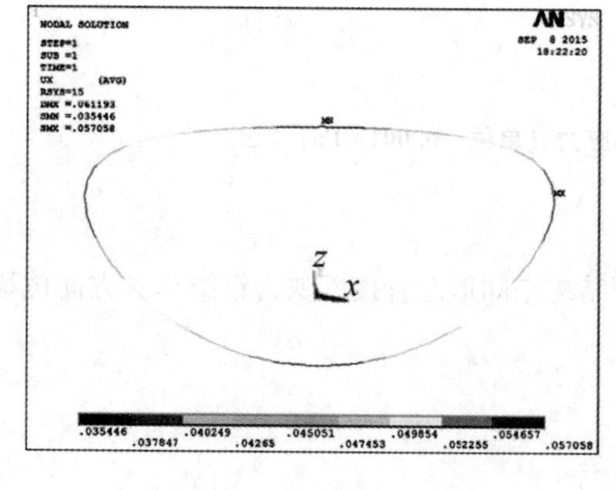

（c）SG-3

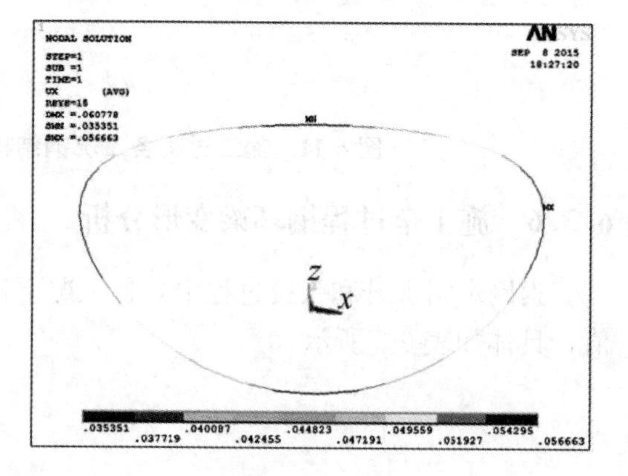

（d）SG-4

图 6-12 施工过程钢环梁径向位移（单位：mm）（一）

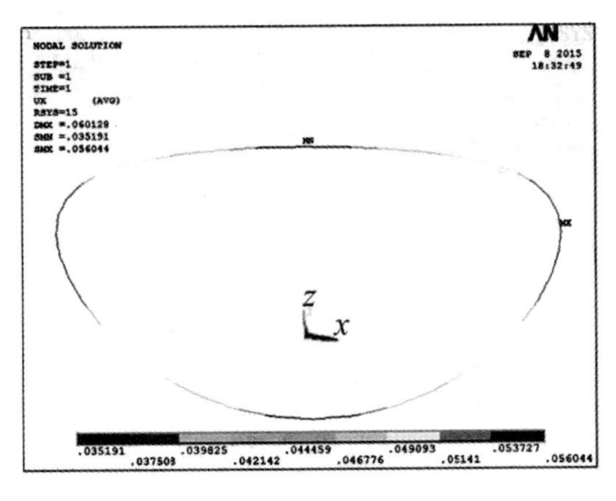

(e) SG-5

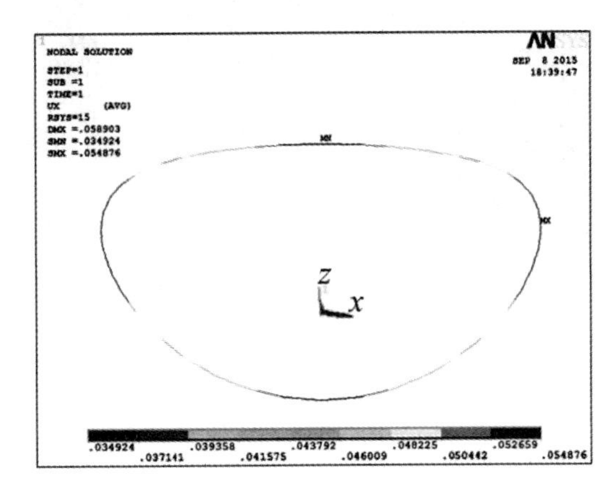

(f) SG-6

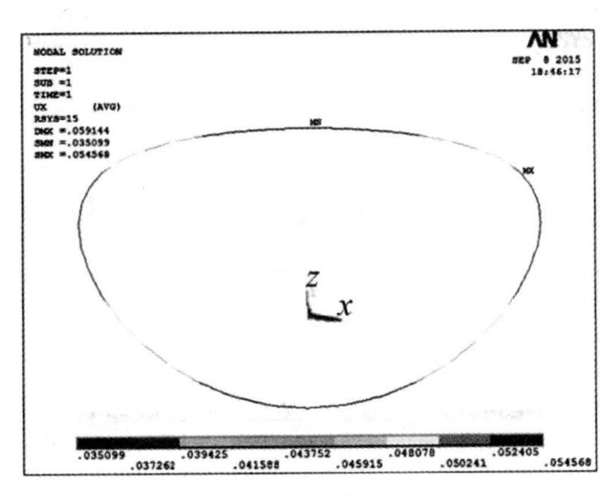

(g) SG-7

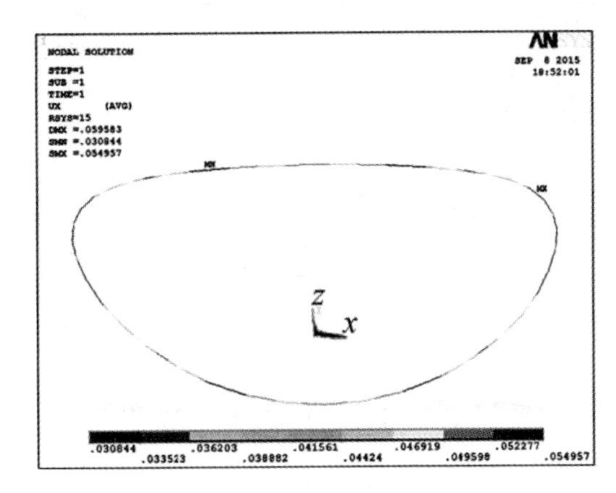

(h) SG-8

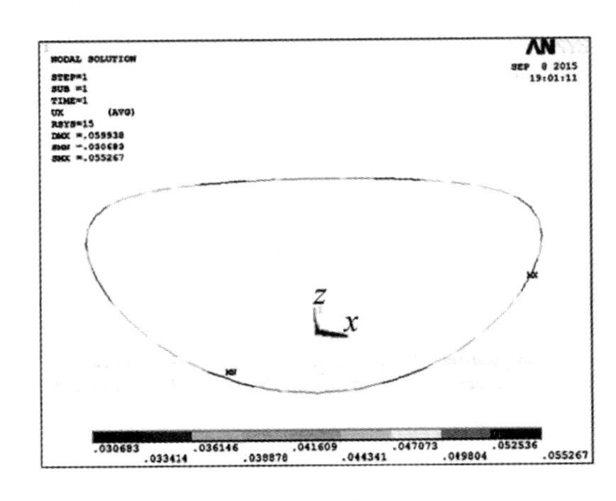

(i) SG-9

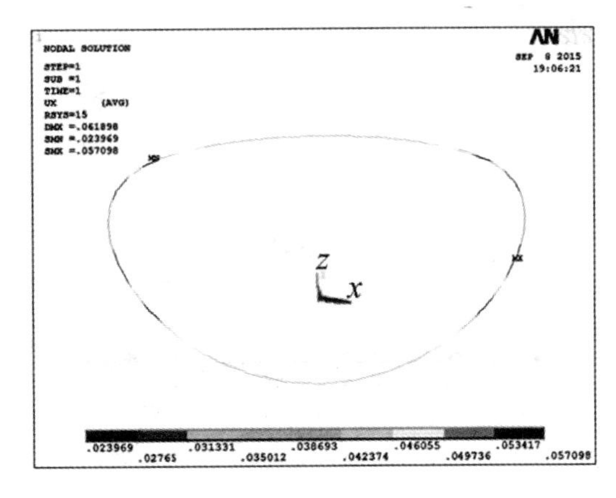

(j) SG-10

图 6-12 施工过程钢环梁径向位移（单位：mm）（二）

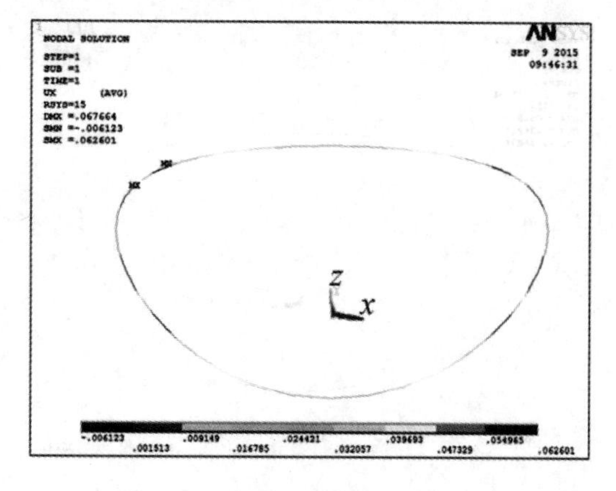

(*k*) SG-11

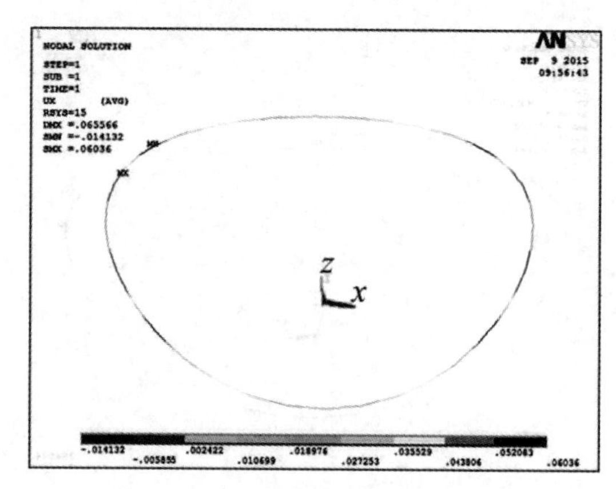

(*l*) SG-12

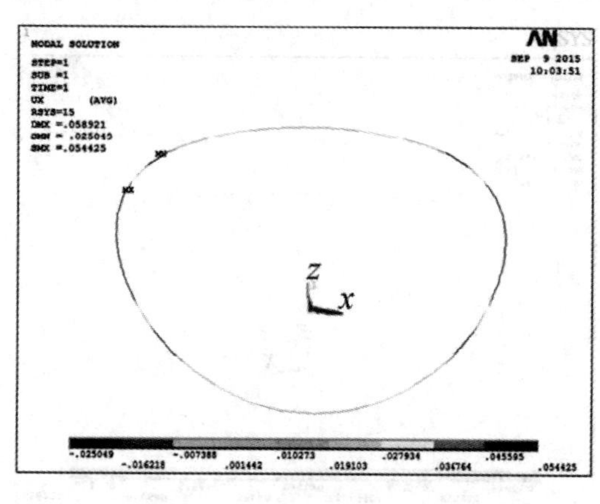

(*m*) SG-13

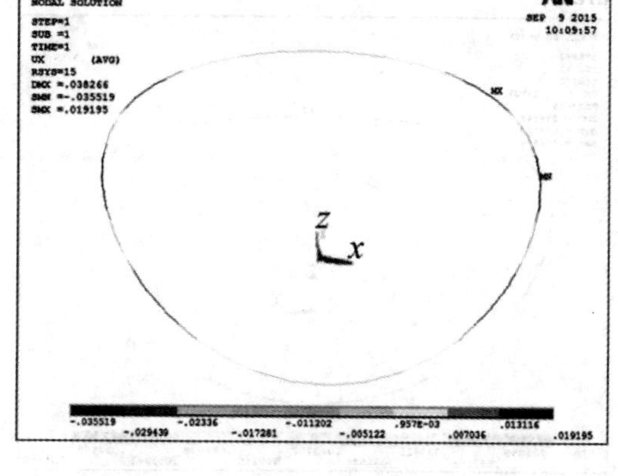

(*n*) SG-14

图 6-12　施工过程钢环梁径向位移（单位：mm）（三）

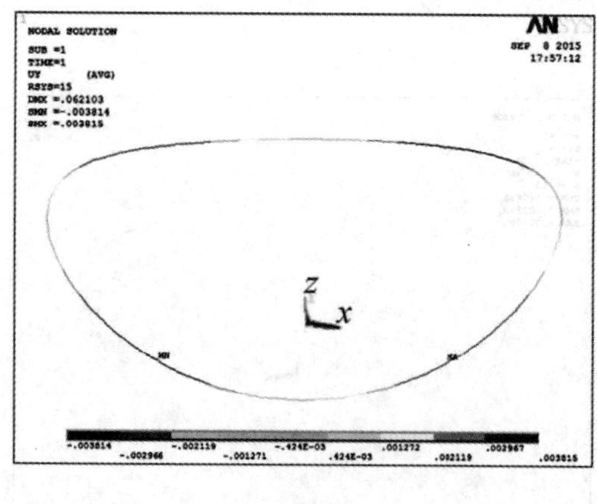

(*a*) SG-1

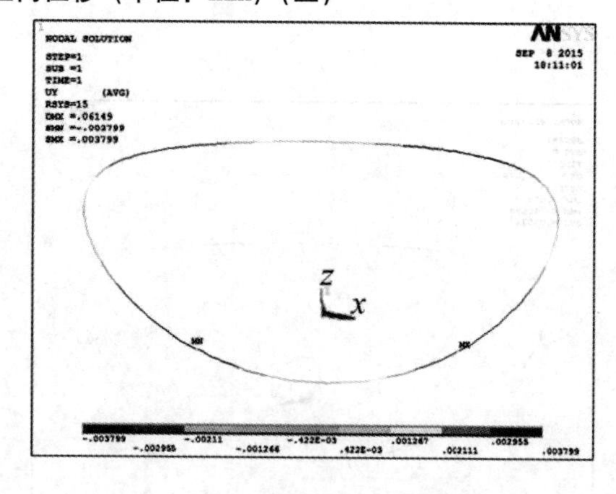

(*b*) SG-2

图 6-13　施工过程钢环梁环向位移（单位：mm）（一）

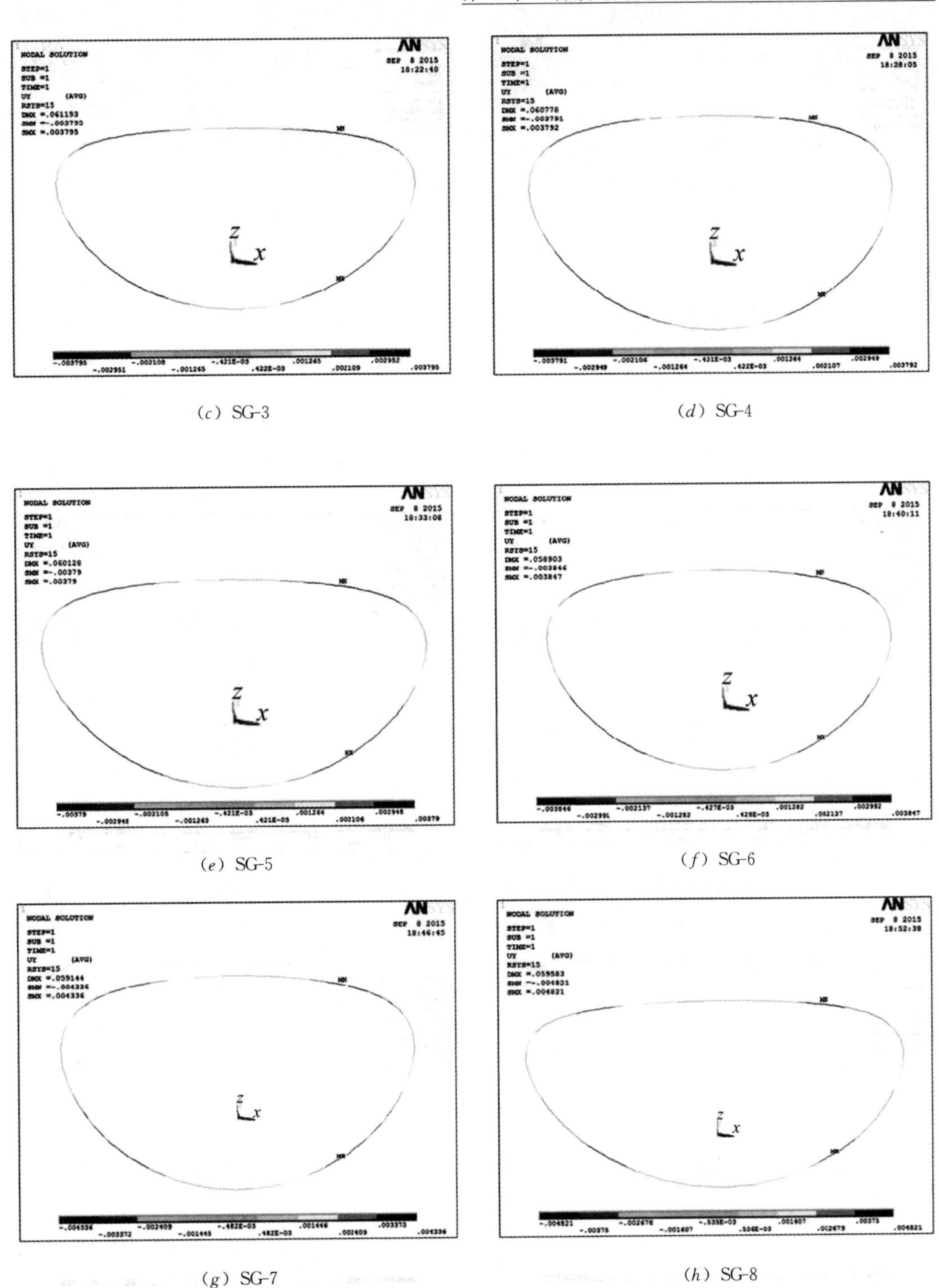

（c）SG-3 （d）SG-4

（e）SG-5 （f）SG-6

（g）SG-7 （h）SG-8

图 6-13 施工过程钢环梁环向位移（单位：mm）（二）

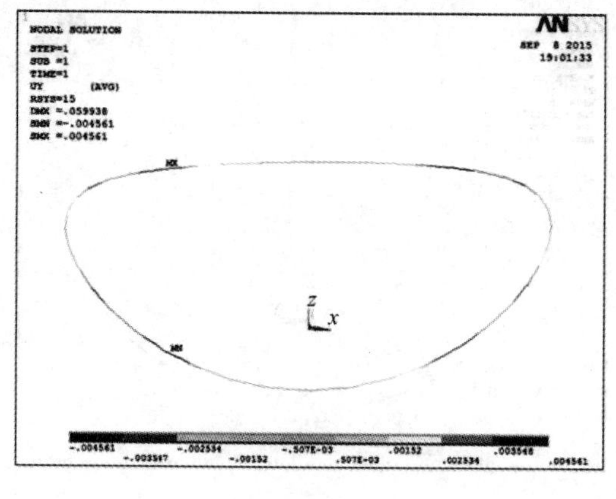

（*i*）SG-9

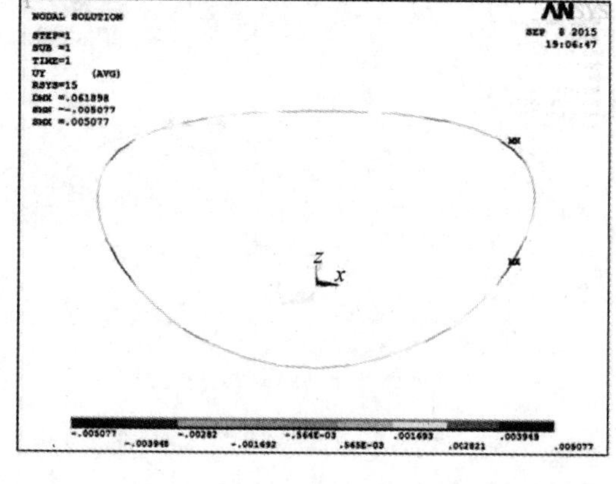

（*j*）SG-10

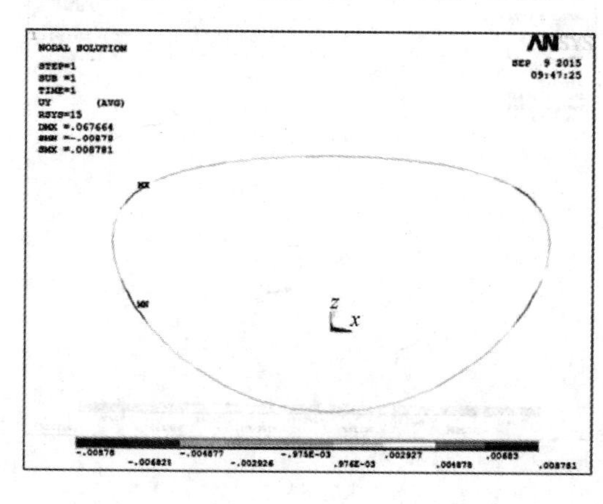

（*k*）SG-11

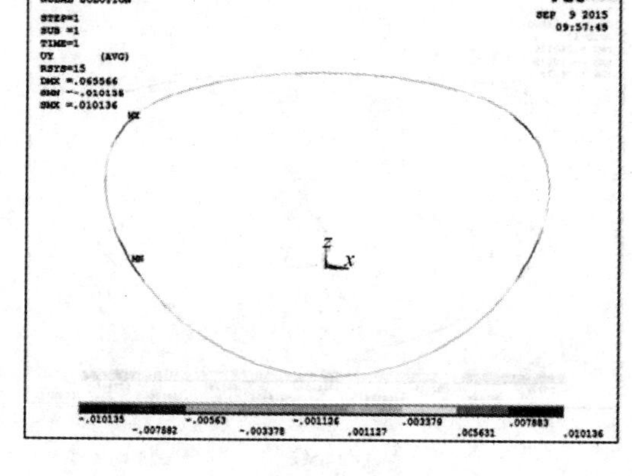

（*l*）SG-12

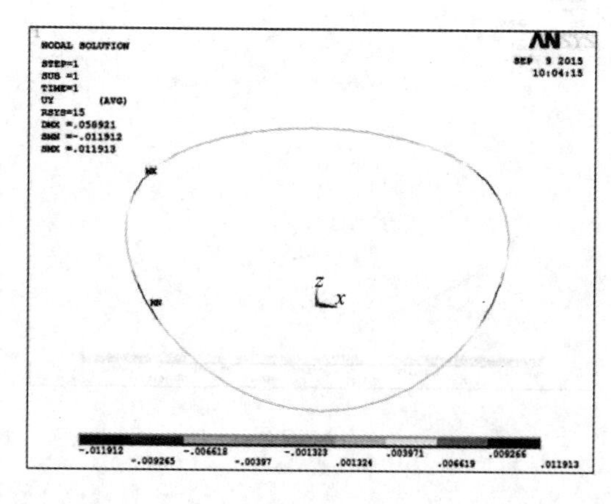

（*m*）SG-13

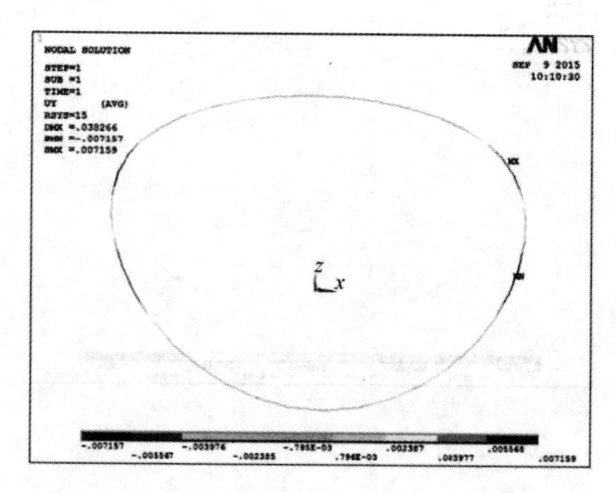

（*n*）SG-14

图 6-13　施工过程钢环梁环向位移（单位：mm）（三）

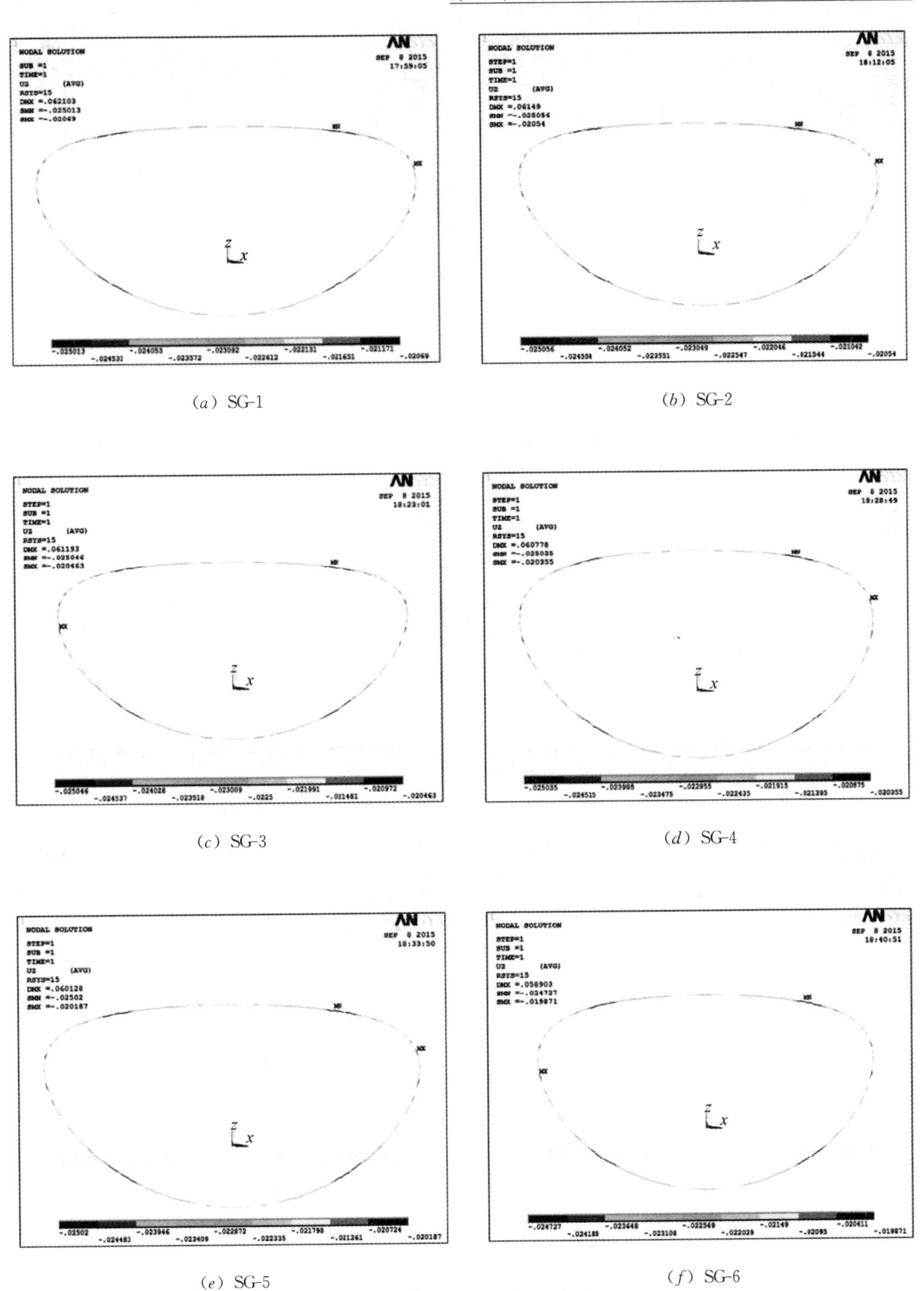

(*a*) SG-1　　(*b*) SG-2

(*c*) SG-3　　(*d*) SG-4

(*e*) SG-5　　(*f*) SG-6

图 6-14　施工过程钢环梁竖向位移（单位：mm）（一）

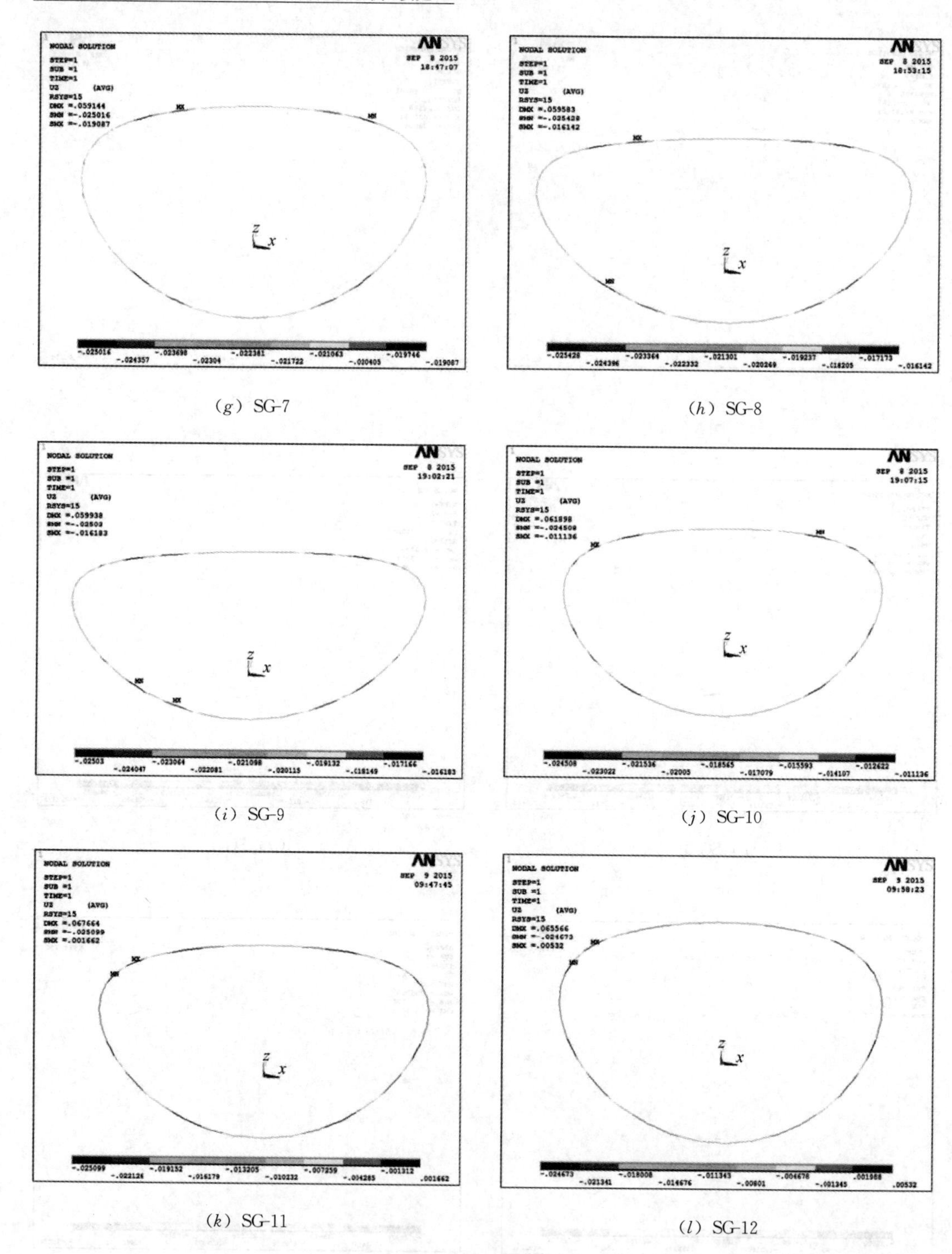

(*g*) SG-7　(*h*) SG-8

(*i*) SG-9　(*j*) SG-10

(*k*) SG-11　(*l*) SG-12

图 6-14　施工过程钢环梁竖向位移（单位：mm）（二）

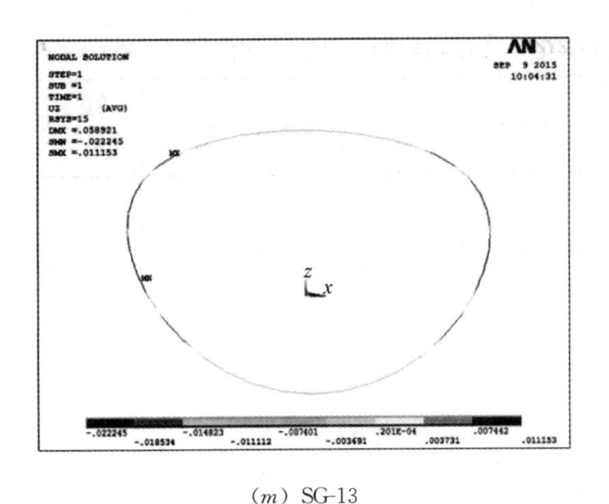

（m）SG-13

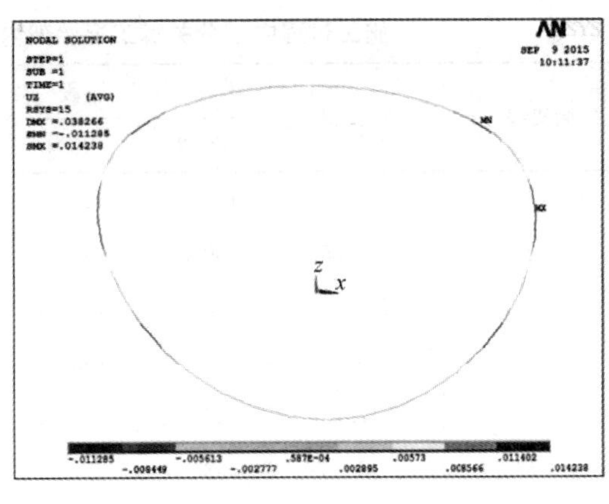

（n）SG-14

图 6-14　施工过程钢环梁竖向位移（单位：mm）（三）

由表 6-5 及图 6-12～图 6-14 可以看出：在施工过程各工况中（SG-1 至 SG-14），钢结构径向呈现向内收的趋势、最大环向位移变化不大、竖向方向上逐渐升高。

6.3.7　施工全过程支撑胎架受力分析

为了保证钢结构在拉索张拉过程各工况下及张拉完成时的安全，需要对拉索张拉过程中的钢胎架（图 6-15）脱架情况进行具体分析，如表 6-6 所示。

由表可知，在拉索提升张拉过程中，支撑胎架的内力呈现逐渐减小的趋势，在拉索提升张拉完成之前所有胎架均可以主动脱架。

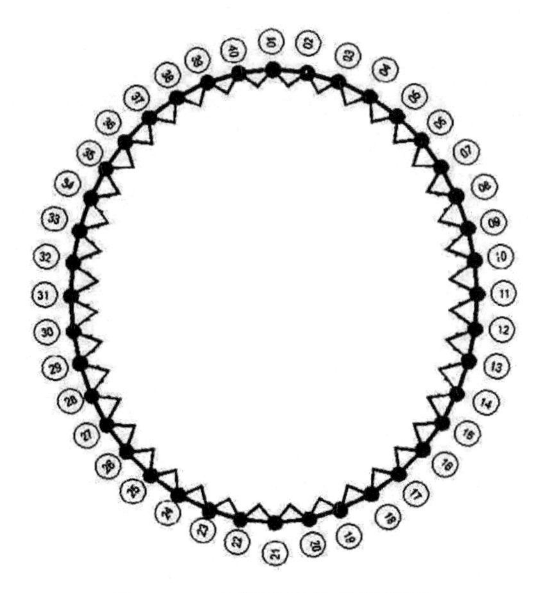

图 6-15　支撑胎架编号示意图

施工过程中部分关键工况胎架内力变化（取1/4结构）（单位：kN）　　表6-6

胎架编号	零状态	阶段一			阶段二			阶段三
		SG-2	SG-4	SG-6	SG-8	SG-10	SG-12	SG-14
1	181.58	180.79	149.15	64.55	179.3	0	0	0
2	243.85	260.81	234.28	170.73	118.06	0	0	0
3	213.74	188.78	147.17	7.84	0	0	0	0
4	290.31	224.75	156.56	0	0	0	0	0
5	337.18	333.79	335.07	329.94	345.36	90.44	0	0
6	438.16	383.83	351.31	266.37	169.93	0	0	0
7	471.01	354.95	281.79	67.38	0	0	0	0
8	526.01	484.99	466.76	435.9	407.86	340.28	239.49	0
9	524.08	467.64	441.05	377.28	373.73	462.77	525.48	0
10	664.67	560.47	514.63	395.06	314.95	290.63	252.33	0
11	781.46	623.74	570.08	429.29	311.08	227.82	83.26	0

第 7 章　体育场索长和外联节点坐标随机误差组合影响分析

张力结构是由拉索和压杆构成的柔性空间结构，其施工成形状态受索长和张拉力的影响大。而且张力结构拉索根数多，为节省设备投入和提高张拉效率，一般多采用被动张拉技术，即将索系分为主动索和被动索，通过直接张拉主动索，在整体结构中建立预应力，其施工控制的关键是主动索的张拉力、被动索长和外联节点安装坐标。因此，需要在施工前进行被动索长和主动张拉力的误差影响分析，以确定合理的控制指标，同时在满足施工质量的前提下尽量减小甚至不设索头调节量，以节省材料费用。

例如，浙江大学紫金港校区体育馆钢屋盖的桅杆斜拉索网，采用主动同步张拉 8 根背索后复拉校验 4 根落地稳定索的张拉方案，假定索长误差变量服从正态分布，选择不同的主动张拉索系进行误差对比分析，分析结果验证了实际张拉方案的合理性；无锡科技交流中心索穹顶采用无支架整体提升牵引的安装方法，最后主动同步张拉最外环的径向索。分析了正态分布钢索随机误差对索穹顶体系初始预应力的影响，并根据结果提出了相应的制作要求；深圳宝安体育场轮辐式空间索桁架结构的施工方案也类似，但各索定长，因此最终液压千斤顶施加拉力的直接目的是将不设调节的索头与周边结构连接就位。对该结构进行了施工随机误差敏感性研究，其随机误差采用了正态分布。可见，已有研究着重于索长误差影响，且索长误差都假设为正态分布。

本书以苏州奥林匹克体育中心体育场轮辐式索网结构为案例，通过随机误差影响分析掌握索长误差和周边钢结构安装误差对索力的影响特性，确定合理的误差控制指标，并展开多种对比分析研究，包括：对比定值分布、均匀分布和正态分布三种索长误差分布模型、对比环索和径向索的长度误差对各自索力影响、对比不同索长误差控制标准等。

7.1　索长和外联节点坐标随机误差影响分析方法

由于本工程拉索均定长，因此所有拉索均为被动张拉索。根据拉索是否直接与外围结构连接，分为外联索和内联索，故径向索为外联索，内环索为内联索。误差类型主要包括索长误差和外联节点坐标误差（周边钢结构安装坐标），可表示成矩阵形式。

$$E_{(i)}=\begin{bmatrix} E_{\mathrm{L}(i)}^{\mathrm{OP}} & E_{\mathrm{C}(i)}^{\mathrm{OP}} \\ E_{\mathrm{L}(i)}^{\mathrm{IP}} & 0 \end{bmatrix}=\begin{bmatrix} e_{l(i,1)}^{\mathrm{op}} & e_{\mathrm{c}(i,1)}^{\mathrm{op}} \\ e_{l(i,2)}^{\mathrm{op}} & e_{\mathrm{c}(i,2)}^{\mathrm{op}} \\ \vdots & \vdots \\ e_{l(i,k)}^{\mathrm{op}} & e_{\mathrm{c}(i,k)}^{\mathrm{op}} \\ e_{l(i,1)}^{\mathrm{ip}} & 0 \\ e_{l(i,2)}^{\mathrm{ip}} & 0 \\ \vdots & \vdots \\ e_{l(i,m)}^{\mathrm{ip}} & 0 \end{bmatrix} \tag{7.1}$$

式中：$E_{(i)}$为第 i 个缺陷结构的误差矩阵；$E_{\mathrm{L}(i)}^{\mathrm{OP}}$为外联被动索索长误差列向量；$E_{\mathrm{C}(i)}^{\mathrm{OP}}$为外联被动索节点安装坐标误差列向量；$E_{\mathrm{L}(i)}^{\mathrm{IP}}$为内联被动索索长误差列向量；$k$、$m$ 分别为外联被动索和内联被动索的数量；$e_{l(i,j)}^{\mathrm{op}}$为第 i 个缺陷结构的第 j 个外联被动索索长误差值（$j=1，2，\cdots，k$）；$e_{\mathrm{c}(i,j)}^{\mathrm{op}}$为第 i 个缺陷结构的第 j 个外联被动索节点安装坐标误差值（$j=1，2，\cdots，k$）；$e_{l(i,j)}^{\mathrm{ip}}$为第 i 个缺陷结构的第 j 个内联被动索索长误差值（$j=1，2，\cdots，m$）。

外联节点坐标误差分析时，可将其等效转换为与之连接拉索（即外联索）的长度误差，即附加的外联索索长误差，因此，外联索总索长误差可以定义为：

$$e_{l\mathrm{c}(i,j)}^{\mathrm{op}}=e_{l(i,j)}^{\mathrm{op}}+e_{\mathrm{c}(i,j)}^{\mathrm{op}} \tag{7.2}$$

式中：$e_{l\mathrm{c}(i,j)}^{\mathrm{op}}$为第 i 个缺陷结构的第 j 个外联被动索总索长误差值（$j=1，2，\cdots，k$）。则公式（8.1）可改写为（$k+m$）行向量。

$$E_{(i)}=\begin{bmatrix} E_{\mathrm{LC}(i)}^{\mathrm{OP}} \\ E_{\mathrm{L}(i)}^{\mathrm{IP}} \end{bmatrix}=\begin{bmatrix} E_{\mathrm{L}(i)}^{\mathrm{OP}}+E_{\mathrm{C}(i)}^{\mathrm{OP}} \\ E_{\mathrm{L}(i)}^{\mathrm{IP}} \end{bmatrix}=\begin{bmatrix} e_{l(i,1)}^{\mathrm{op}}+e_{\mathrm{c}(i,1)}^{\mathrm{op}} \\ e_{l(i,2)}^{\mathrm{op}}+e_{\mathrm{c}(i,2)}^{op} \\ \vdots \\ e_{l(i,k)}^{\mathrm{op}}+e_{\mathrm{c}(i,k)}^{\mathrm{op}} \\ e_{l(i,1)}^{\mathrm{ip}} \\ e_{l(i,2)}^{\mathrm{ip}} \\ \vdots \\ e_{l(i,m)}^{\mathrm{ip}} \end{bmatrix} \tag{7.3}$$

本工程中，单根径向索的原长（无应力长度）为 51.385～54.135m，单根环索的原长为 102.77m。由《索结构技术规程》JGJ 257 中索长允许偏差要求（见表 7-1）可知，径向索和环索的索长允许偏差分别为：$|e_l^{\mathrm{radius}}|\leqslant 20\mathrm{mm}$，$|e_l^{\mathrm{ring}}|\leqslant 20.55\mathrm{mm}$。

拉索长度允许偏差 **表 7-1**

拉索长度 L（m）	≤50	50<L≤100	>100
$\lvert e_l \rvert$（mm）	±15	±20	≤L/5000

注：$\lvert e_l \rvert$为索长误差绝对值。

7.1.1　误差分布模型

影响索长制作误差的因素众多，如设备误差、测量误差、温度变化、材料性质变化等。分别假定索长误差服从正态分布、均匀分布和定值分布，进行索长和外联节点坐标随机误差组合分析。

正态分布是期望为 μ，方差为 σ^2 的连续概率分布，其概率密度函数见公式（7.4）和图 7-1（a），累积分布函数见公式（7.5）和图 7-1（b）。

$$f(x)=\frac{1}{\sqrt{2\pi}\sigma}e^{-\frac{(x-\mu)^2}{2\sigma^2}}, \quad -\infty<x<+\infty \tag{7.4}$$

$$F(x)=\frac{1}{\sqrt{2\pi}\sigma}\int_{-\infty}^{x}e^{\frac{(x-\mu)^2}{2\sigma^2}}\mathrm{d}x, \quad -\infty<x<+\infty \tag{7.5}$$

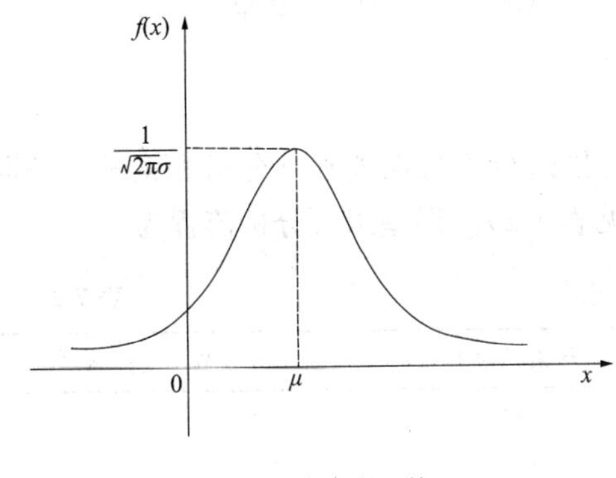

（a）概率密度函数

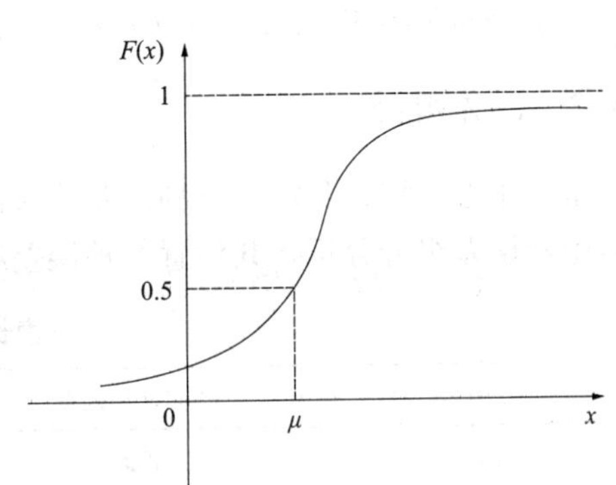

（b）累计分布函数

图 7-1　正态分布曲线

均匀分布是低限为 a、上限为 b 的连续概率分布，其概率密度函数见公式（7.6）和图 7-2（a），累积分布函数见公式（7.7）和图 7-2（b），期望值见公式（7.8），方差见公式（7.9）。

$$f(x)=\frac{1}{b-a}, \quad a\leqslant x\leqslant b \tag{7.6}$$

$$F(x)=\begin{cases}0 & x<a \\ \dfrac{(x-a)}{(b-a)} & (a\leqslant x\leqslant b) \\ 1 & x>b\end{cases} \tag{7.7}$$

$$E(x)=\frac{a+b}{2} \tag{7.8}$$

$$Var(x)=\frac{(b-a)^2}{12} \tag{7.9}$$

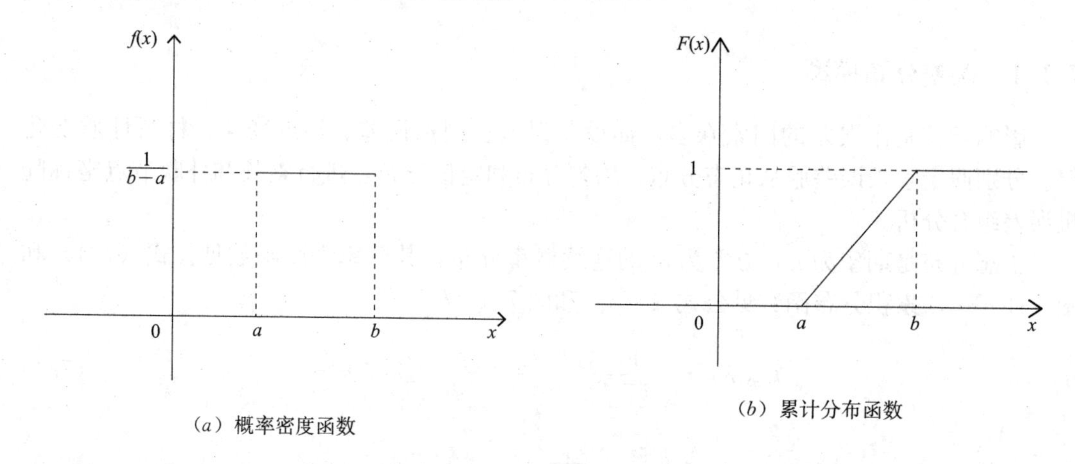

(a) 概率密度函数

(b) 累计分布函数

图 7-2 均匀分布曲线

定值分布是指 $P(x)=1$ $(x=a)$，$P(x)=0$ $(x\neq a)$ 的概率分布。

7.1.2 误差组合

基于正态、均布和定值三种误差分布模型，分别进行索长误差独立分析和索长、外联节点坐标误差组合分析，共设置 6 种误差组合（见表 7-2）。误差组合分析流程为：

拉索长度允许偏差 **表 7-2**

误差组合	径向索长误差	环索长误差	外联节点坐标误差
Ⅰa	正态	正态	/
Ⅰb	均匀	均匀	/
Ⅰc	定值	定值	/
Ⅱa	正态	/	/
Ⅱb	/	正态	/
Ⅲ	正态	正态	正态

(1) 选择合理的误差分布模型，根据误差限值和保证率确定误差分布模型中各参数值。如，索长误差限值为 [−20mm，20mm]，按不小于 99.7%的保证率，假定索长误差服从正态分布时，得到误差的期望值见公式 (7.10)，方差见公式 (7.11)，计算得 $\mu=0$、$\sigma_2=44.45$；假定索长误差服从均匀分布时，$a=-20$、$b=20$；假定索长误差服从定值分布时，$a=-20$ 或 $a=20$。

$$\mu=\frac{X_{\min}+X_{\max}}{2} \tag{7.10}$$

$$\sigma_{99.7}=\frac{X_{\max}-X_{\min}}{6} \tag{7.11}$$

式中：$X_{\min}$、$X_{\max}$、μ、$\sigma_{99.7}$分别为正态分布模型中误差的最小限值、最大限值、期望值和具有 99.7%保证率的标准差。

(2) 每种误差组合随机生成 n 个误差工况，然后逐一进行非线性有限元工况分析。

以误差组合Ⅰa 为例，对 40 根径向索按正态分布模型各随机生成 500 个误差工况，其中 1 轴径向索索长误差的统计结果：最小值为－18.19，最大值为 18.28，均值为 0.03，方差为 46.91，见图 7-3；对各个误差工况的 40 根径向索长误差的统计结果：最小值为－18.32，最大值为 18.85，均值为 0.28，方差为 48.35，见图 7-4；可见，上述均符合正态分布。

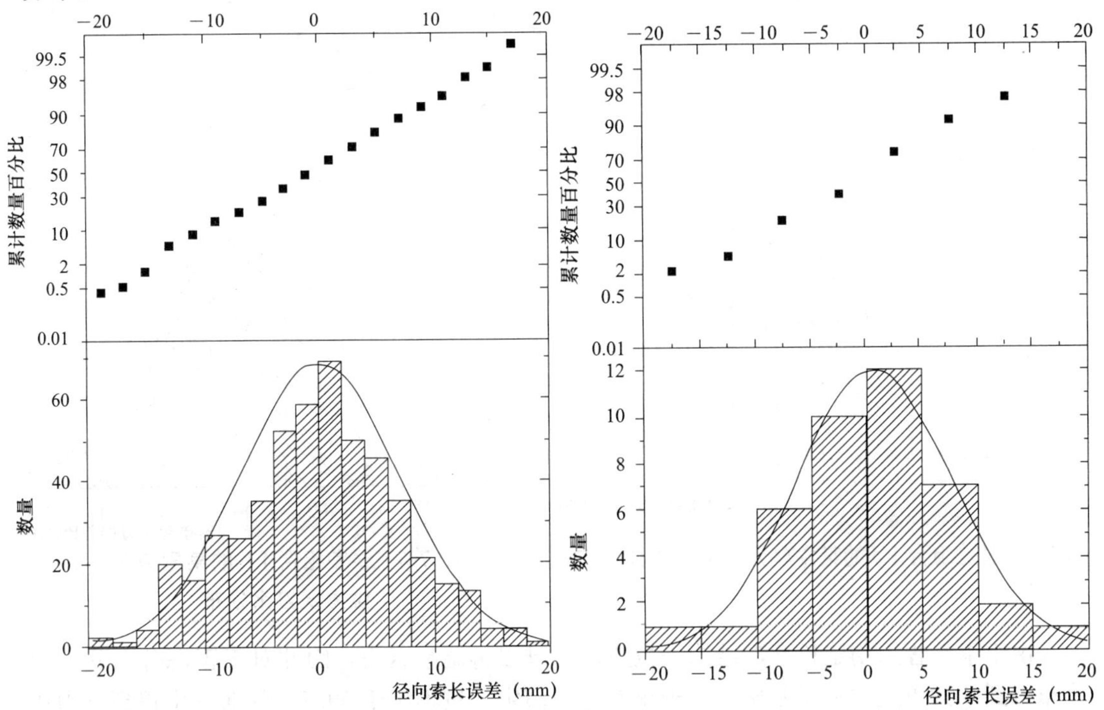

图 7-3　误差组合Ⅰa 下 1 轴径向索索长误差分布

图 7-4　误差组合Ⅰa 的某工况中 40 根径向索长误差分布

（3）选择合理误差分布模型和保证率，统计 n 个误差工况与无误差工况的索力比误差。500 个误差工况逐一进行非线性有限元分析后，对索单元拉力误差比进行统计，结果显示：索长误差服从正态分布和均匀分布时，其索单元拉力误差比服从正态分布，服从定值分布时，其索单元拉力误差比服从定值分布。

选择合理误差分布模型和保证率，统计 n 个误差工况与无误差工况的索力比误差，见公式（7.12）。

$$e_{\mathrm{fr}(i,j)}=e_{f(i,j)}/f_{(0,j)}=f_{(i,j)}/f_{(0,j)}-1 \tag{7.12}$$

式中：$f_{(i,j)}$、$e_{f(i,j)}$、$e_{\mathrm{fr}(i,j)}$分别为第 i 个误差工况的第 j 根拉索的索力、索力误差和索力比误差；$f_{(0,j)}$为第 j 根拉索的无误差索力。

以误差组合Ⅰa 和Ⅰb 为例，各 500 个误差工况逐一进行非线性有限元分析后，对索单元拉力比误差进行统计，结果显示：Ⅰa 某索单元拉力比误差的最小值为－4.29%，最大值为 4.07%，均值为－0.09%，方差为 0.018%（图 7-5）；Ⅰb 某索单元拉力比误差的最小值为－5.95%，最大值为 5.93%，均值为－0.17%，方差为 0.055%（图 7-6）（可见，索长误差服从正态分布和均匀分布时，索力比误差均服从正态分布）。

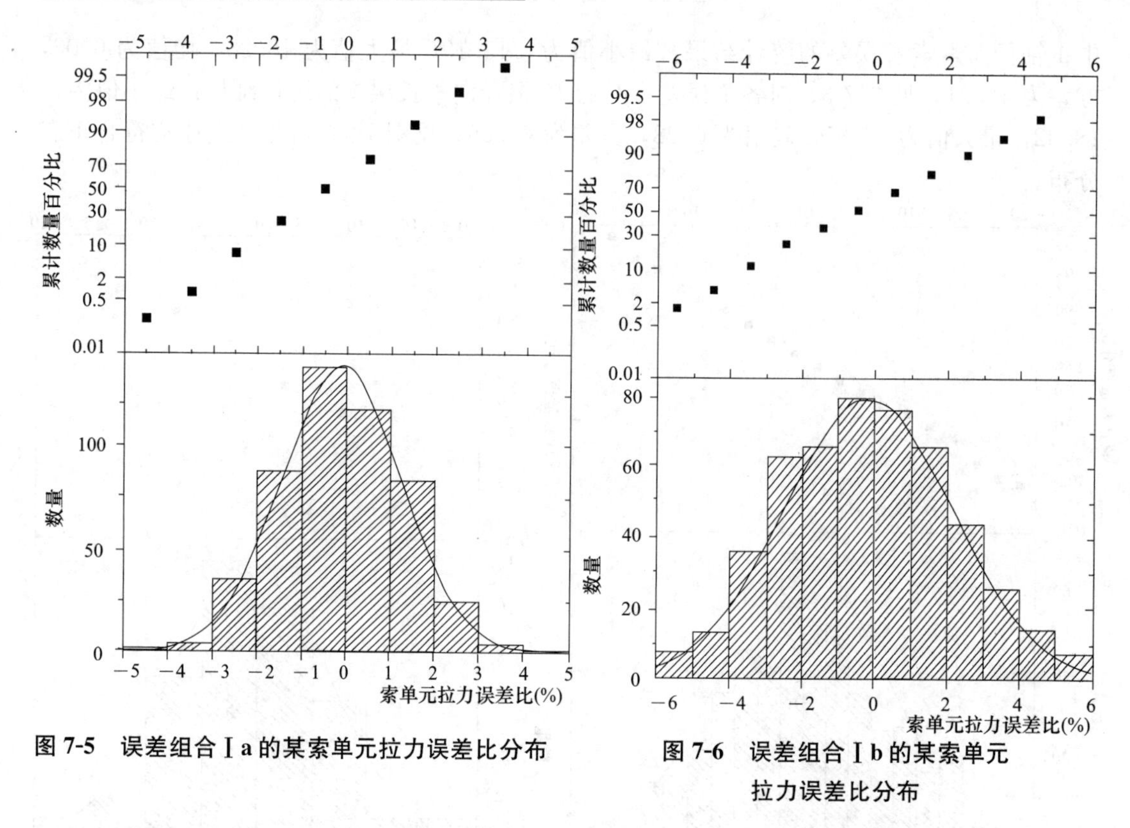

图 7-5　误差组合Ⅰa 的某索单元拉力误差比分布

图 7-6　误差组合Ⅰb 的某索单元拉力误差比分布

由于本工程采用定长索，结构张拉成形后难以再调整索力，因此对于正态分布和均匀分布得到的索单元拉力误差比，基于正态分布假定，按不小于 99.7%的保证率得到索力比误差的极值，见公式（7.13）、（7.14）和（7.15）。

$$e_{fr(max)}=\mu_{fr}+3\times\sigma_{fr} \tag{7.13}$$

$$e_{fr(min)}=\mu_{fr}-3\times\sigma_{fr} \tag{7.14}$$

$$e_{fr(abs)}=\max\left(\left|e_{fr(min)}\right|, \left|e_{fr(max)}\right|\right) \tag{7.15}$$

式中：$e_{fr(max)}$、$e_{fr(min)}$、$e_{fr(abs)}$分别为最大、最小和绝对索力比误差；μ_{fr}、σ_{fr}分别为索力比误差的均值和标准差。

7.2　体育场轮辐式索网结构误差影响分析结果

7.2.1　不同分布模型下索长误差影响对比分析

为了比较不同分布模型下索长误差对结构索力的影响，选定正态分布、均匀分布和定值分布三种分布模型进行对比，即对比误差组合Ⅰa、Ⅰb、Ⅰc 的分析结果（表 7-3 和图 7-7），可见：不同索长误差分布模型对索力误差的影响差别较大，影响程度从大到小依次为定值分布、均匀分布、正态分布。（注：此处均匀分布和定值分布仅作对比分析用，后续分析均采用正态分布。）

不同分布模型下索长误差对比分析　　表 7-3

误差组合		Ⅰa	Ⅰb	Ⅰc
径向索力	$e_{fr(min)}$（%）	−4.34	−7.63	−12.15
	$e_{fr(max)}$（%）	4.34	7.63	12.64
环索索力	$e_{fr(min)}$（%）	−3.50	−6.16	−12.00
	$e_{fr(max)}$（%）	3.50	6.16	12.46

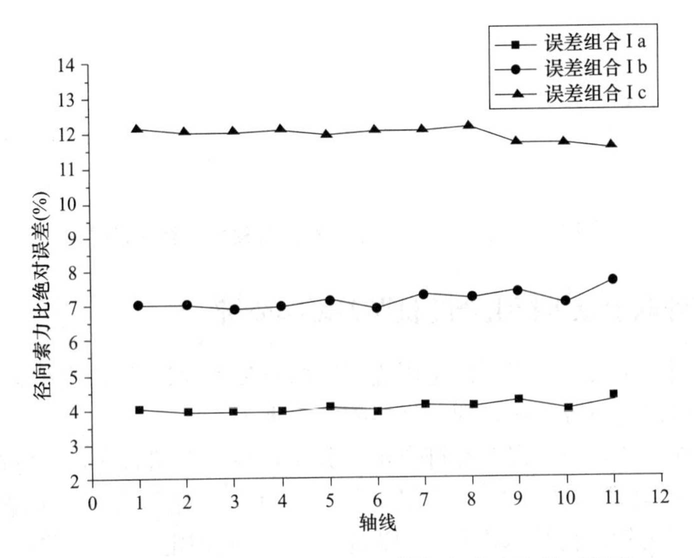

图 7-7　误差组合Ⅰa、Ⅰb、Ⅰc 的径向索力比绝对误差

7.2.2　径向索和环索索长误差影响对比分析

为比较径向索和环索索长误差对结构索力影响程度，对比误差组合Ⅱa、Ⅱb 的分析结果（表 7-4 和图 7-8），可见：环索力受径向索长误差影响较小，而径向索和环索的索力受环索索长误差影响基本一致。

径向索和环索索长误差对结构索力影响对比　　表 7-4

误差组合		Ⅱa	Ⅱb
径向索力	$e_{fr(min)}$（%）	−2.63	−2.53
	$e_{fr(max)}$（%）	2.63	2.53
环索索力	$e_{fr(min)}$（%）	−0.86	−2.50
	$e_{fr(max)}$（%）	0.86	2.50

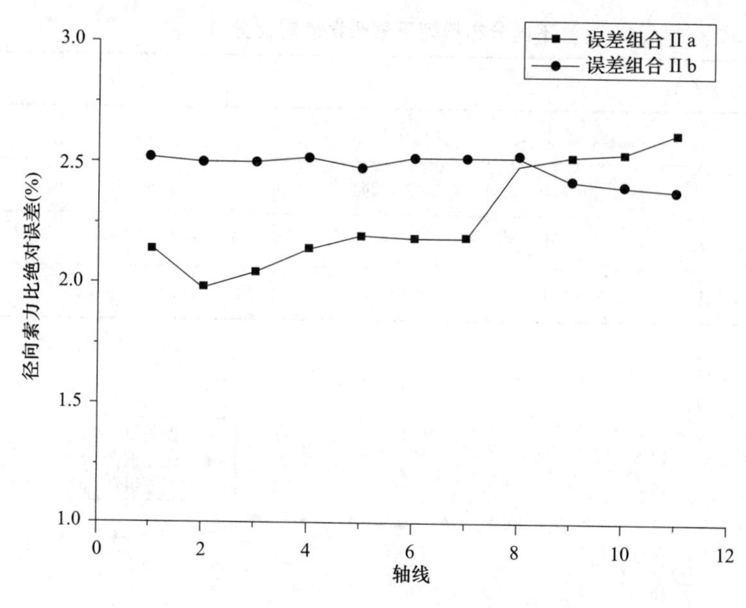

图 7-8　误差组合Ⅱa、Ⅱb 的径向索力比绝对误差

7.2.3　索长和外联节点坐标组合随机误差影响分析

为指导周边钢结构安装施工，确定周边钢结构安装坐标误差控制标准，须进行索长和外联节点坐标随机误差组合分析，即分析误差组合Ⅲ。

假定索长和外联节点坐标误差都符合正态分布，在误差组合Ⅰa 的基础上，逐级（每级 5mm）增大各榀外联节点坐标误差限值$[e_c]$，直至各榀径向索力比误差都临近限值$[e_{fr}]$。根据《预应力钢结构技术规程》CECS 212：2006 规定："竣工前，主要承重拉索索力偏差值应控制在±10%以内"，因此$[e_{fr}]$取±10%。如图 7-9 所示。

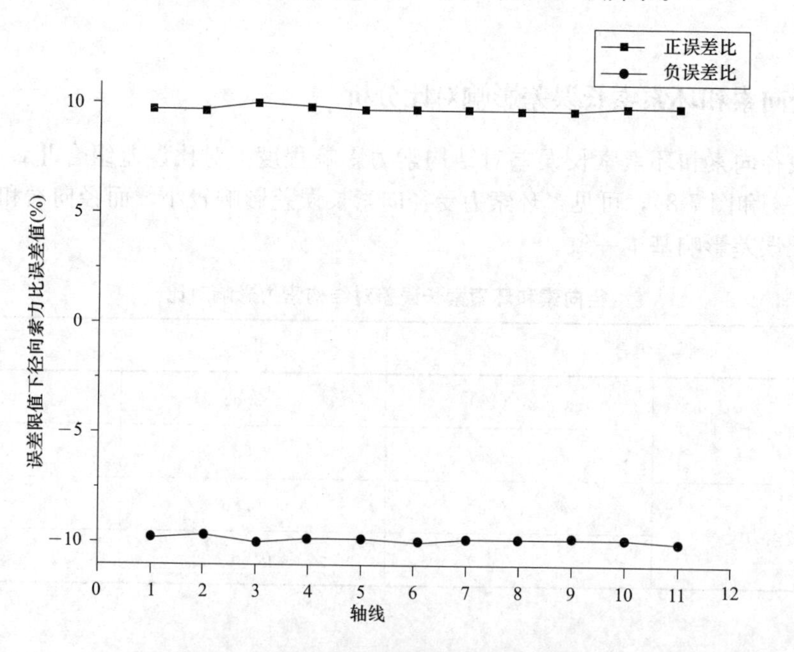

图 7-9　误差限值下的径向索力比误差

为对比不同索长误差控制标准对外联节点坐标允许误差的影响，索长误差限值分别取表7-3和±0.01%L（对径向索约为±5.2mm，对环索约为10.3mm）进行对比分析，结果见表7-5，可见：从低点的1轴到高点的11轴，外联节点坐标允许误差逐渐缩小；相比表7-1的索长允许误差，当$|e_l|\leqslant 0.01\%L$时外联节点坐标允许误差增大了15mm，约等于两者索长误差限值的差值，即更严格的索长控制标准可相应放宽外联节点坐标允许误差；考虑到计算模型中的刚度和荷载条件等误差，外联节点坐标误差控制值在理论值基础上除以1.2的安全系数。

外联节点坐标误差限值［e_c］（mm）　　　　**表7-5**

轴线	$\|e_l^{ring}\| \leqslant 20$ $\|e_l^{radius}\| \leqslant 20.55$		$\|e_l\| \leqslant 0.01\%L$	
	理论值	控制值	理论值	控制值
1/21	±85	±71	±100	±83
2/20/22/40	±85	±71	±100	±83
3/19/23/39	±85	±71	±100	±83
4/18/24/38	±80	±67	±95	±79
5/17/25/37	±80	±67	±95	±79
6/16/26/36	±80	±67	±95	±79
7/15/27/35	±80	±67	±95	±79
8/14/28/34	±65	±54	±80	±67
9/13/29/33	±65	±54	±80	±67
10/12/30/32	±65	±54	±80	±67
11/31	±65	±54	±80	±67

根据上述分析结果，综合考虑拉索制作和钢结构安装的工程经验，采用定长索，拉索制作长度误差$|e_l|\leqslant 0.01\%L$，沿径向索方向的外联节点坐标允许误差$|e_c|\leqslant$（67～83）mm，能满足结构成形时的索力比误差$|e_l|\leqslant 0.01\%L$的要求。

下　篇

苏州奥林匹克体育中心游泳馆
马鞍形正交单层索网结构设计与施工

第 8 章　正交单层索网结构概述

房屋结构出现之初，其作用是为人类提供可以躲避风霜雨雪等恶劣环境的栖息场所。如今，建筑的功能在此基础上还承担着文化、审美需求，建筑造型和结构形式都有了巨大的变化。

8.1　正交单层索网结构形式及工程应用

8.1.1　正交单层索网结构形式

索网结构是张力结构的一种重要形式，其受力合理，充分利用材料强度，耗钢量少，且建筑形式美观，造型富于变化。因此，索网结构在国内外的应用都十分广泛。索网结构是由各向拉索交错叠交放置形成的结构，其以一系列拉索作为主要承重构件，这些拉索按一定规律组成各种不同形式体系，并悬挂在相应的支承构件上。拉索一般采用由高强钢丝组成的钢绞线、钢丝绳或钢丝束，也可采用圆钢筋或带状的薄钢板。

根据索网拉索叠交形式，索网结构可以分为双向网格、三向网格以及四向网格等。三向网格本身是几何不变的，所以仅用于要求形状不变的旋转曲面。在实际工程中，双向正交网格是应用最为广泛的网格形式。因为三向和四向网格设计、构造和预应力施加的难度较大，所以一般在工程中很少使用。为简化索网放样和布置，一般要求索网网格均匀布置，即在施加预应力前，网格间索段长度相等。索网的外围支承结构是索网结构重要组成部分，其既可以为钢结构，也可以为混凝土，其具体构造由索网结构建筑造型和结构类型决定。

索网结构是典型的柔性结构，其具有与刚性结构明显的区别。在没有施加预应力以前没有刚度或刚度很小，必须通过施加适当预应力赋予一定的形状，使结构具有一定的刚度，才能成为承受外荷载的结构。索网的刚度受多种因素影响，主要如下：

(1) 索网的形状。曲面曲率越大，刚度越大，具有越大的颤振抵抗能力。

(2) 施加的预应力水平。预应力施加越大，刚度越大，具有越大的颤振抵抗力。

(3) 边界及支撑结构体系的刚度。边界和支承结构刚度越大，索网刚度越大。

另外，索网结构由柔性构件受拉形成，在工作过程之中，挠度变形较大，构件的变形会引起结构内力分布，和结构的初始假定状态差别很大，表现出很强的几何非线性。因此，在结构分析之前，必须寻求结构在一定边界条件下张力平衡的可能形状，索网结构必须进行初始平衡状态确定分析。

8.1.2 正交单层索网结构工程应用

索网是由相互正交、曲率相反的两组钢索直接叠交，而形成的一种负高斯曲率的曲面悬索结构。两组索中，下凹的承重索在下，上凸的稳定索在上，两组索在交点处相互连接在一起，索网周边悬挂在强大的边缘构件上。索网曲面的几何形状取决于所覆盖的建筑物平面形状、支承结构形式、预应力的大小和分布以及外荷作用等因素。可以把预应力索网视为一张网式蒙皮，它可以覆盖任意平面形状，绷紧并悬挂在任意空间的边缘构件上；因而索网的曲面几何形状因上述各种情况而异。典型的索网形式如图 8-1 和图 8-2 所示。

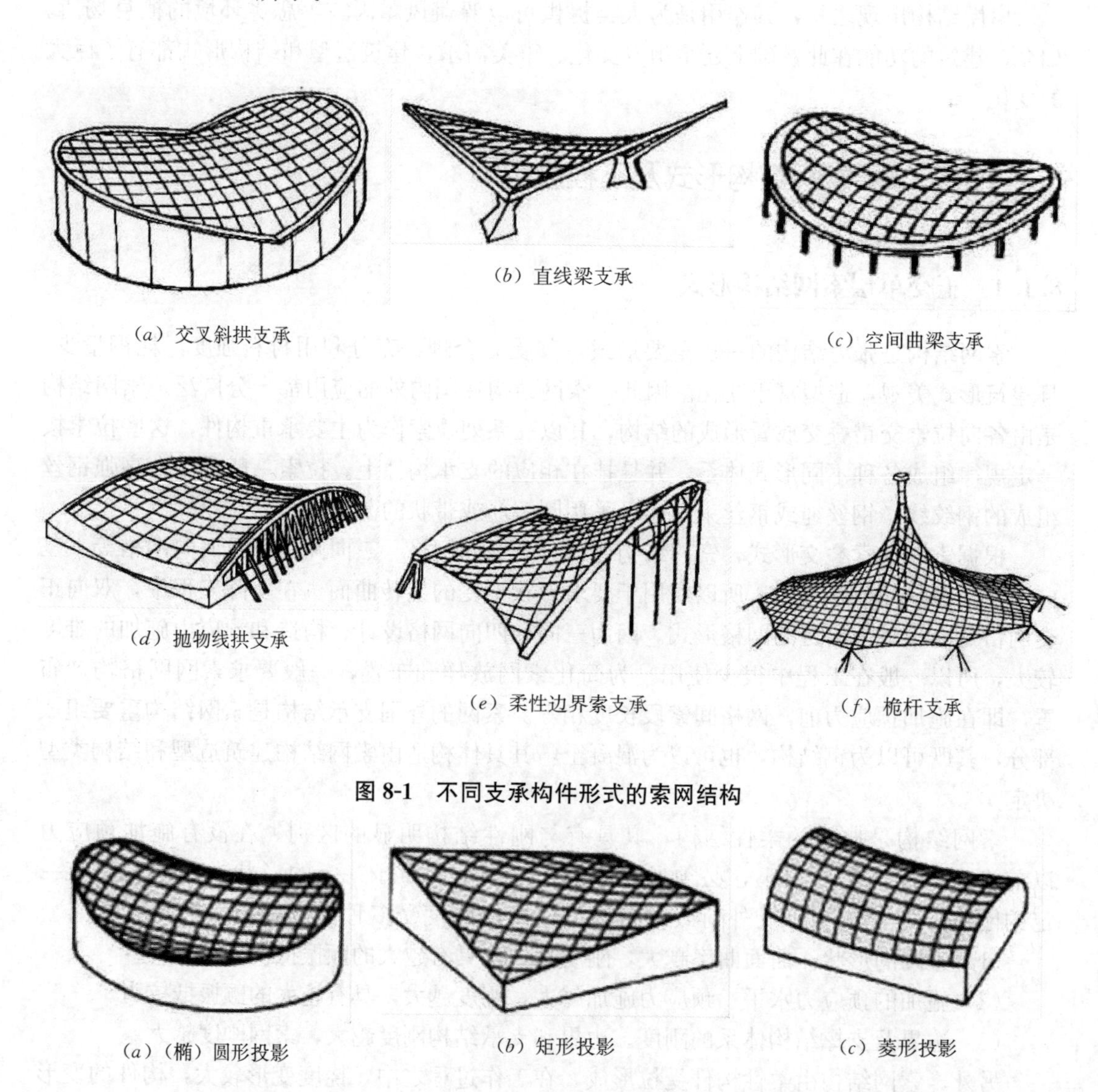

图 8-1 不同支承构件形式的索网结构

图 8-2 不同投影形式的索网结构形式

世界上的索网结构数量很多，在国内外都有十分广泛的应用，现介绍几个典型的工程。

世界上第一个现代索网结构是1952年建成的美国雷里体育场（图8-3），其为预应力马鞍形正交索网结构，外围刚性支承为落地交叉拱，倾角为21.8°，平面形状为91.5m×91.5m近圆形平面。两抛物线拱脚由倒置的V形架提供支承，支架两腿与拱连接形成两个拱的延伸部分，V形架两腿之间设置预应力钢拉杆。斜拱的周边以间距2.4m的钢柱支承，立柱兼做门窗的竖框。中央承重索垂度10.3m，垂跨比约1/9，中央稳定索拱度9.04m，拱跨比约1/10。承重索直径19～22mm，稳定索直径12～19mm，索网网格1.83m×1.83m，此索网初始绷紧后铺设波形钢板屋面。此索网结构开创了现代悬索结构的历史，受到世界各国学术界的承认和重视，对悬索结构的发展起到了重要的推动作用。

浙江省人民体育馆（图8-4）1968年建成，建筑平面为椭圆形，长轴80m，短轴60m，建筑面积12600m²，屋盖采用双曲抛物面预应力索网体系。索网的边缘构件是闭合的空间曲梁，钢筋混凝土曲梁截面为2.0m×0.8m，曲梁支承在与看台结构结合在一起的框架柱上。双曲抛物面预应力索网的承重索平行于长轴布置，间距1m，中央承重索垂度4.4m，垂跨比约1/18；稳定索沿短轴方向布置，间距1.5m，中央稳定索拱度2.6m，拱跨比约1/21。

图8-3　美国雷里体育场

图8-4　浙江省人民体育馆

德国慕尼黑奥林匹克体育中心体育场主看台采用帐篷式索网，主要由9片索网，8根平均高度70m的桅杆，长达455m的边索及从桅杆顶端垂下用来吊挂隔片索网的各吊索组成（图8-5）。每片索网的最大长度80m，最大宽度60m，网格尺寸0.75m×0.75m。各索网的边缘设10个悬锚节点（即索网的支承节点），外侧的两个由锚索直接锚在场外的地面上，里侧的两个节点连接到横跨场地上空的重型边索；该边索距地面高40m，以保证屋盖檐口不会遮挡看台观众的视线。

加拿大卡尔加里滑冰馆1986年建成，为1988年第十五届冬季奥运会主赛馆，容观众19300席。屋盖平面形状为与圆很接近的椭圆形，长轴135.3m，短轴129.4m。建筑物底面形状为直径120cm的圆形（图8-6）。此馆外形取自直径为135.3m球体的一部分。一双曲抛物面与此球面相截，形成屋盖。双曲抛物面与球面的截线即周边环梁的轴线，马鞍形双曲抛物面索网悬挂于环梁之间。底平面与球面相截形成该建筑物的地步基础。底平面与双曲抛物面之间的球体表面即为该建筑物的外围，将此部分球面沿径向作32等分，等分线即为外柱的轴线，呈长短不等的圆弧形状。索网的中央承重索垂度为14m，垂跨比约1/10；中央稳定索的拱度为6m，拱跨比约1/22。

图8-5 德国慕尼黑奥林匹克体育中心

图8-6 加拿大卡尔加里滑冰馆

8.2 国内外研究现状

自世界上第一个采用现代索网结构的雷里体育场建成以来，索网结构的理论研究一直在不断向前推进。关于索网结构的研究集中在索网结构的找形研究、索网结构静动力性能研究以及索网结构抗火性能研究等方面。

8.2.1 索网结构找形研究

作为一种典型的柔性结构，索网结构的找形一直以来都是研究的重点和难点。一般柔性张力结构找形分析首先假设零状态的几何构形，通过不同找形方法求得初始状态下的几何构形。由于零状态和初始状态下的几何构形均属未知，索网内预应力由单层索网的刚度和强度设计控制。所以，单层平面索网结构的找形分析是根据某些要求的工作状态下的几何构形和设计的预应力，在给定的边界条件下求得零状态和初始状态下几何构形。综上，初始形态确定分析可分为两步进行：①初始几何的假定；②初始平衡态的寻找。初始几何假定是根据建筑师给出的有限几个控制点或支撑边界来拟合一个最初始的几何表面，并以此作为初始形态确定分析的原始曲面。

常用的找形方法有动力松弛法、力密度法和非线性有限元法。

（1）动力松弛法

动力松弛法最早由A. S. Day和J. H. Bunce应用于索网结构的找形分析。动力松弛法把结构找形过程解释为一个由动态到静态平衡的过程。动力松弛法在分析动力问题时，按结构的实际质量、刚度和阻尼进行计算；在计算静力分析时，通过虚设的质量和阻尼把静力问题转化为动力问题。其基本思想是：结构在外力作用下将发生振动，由于阻尼作用，结构的振动将衰减至一个稳定的平衡状态。在这个动态的衰减过程中动能最大值的位置即为结构的平衡位置，所以确定结构动能为极值时的位置（对应于某一具体的结构形态）即为找形的结果。对于柔性结构的形状确定，动力松弛法最大的优点在于：1）计算稳定、收敛性好；2）不需要组装刚度、节约内存；3）易引入边界约束条件；4）不需要人工干预，所有计算可自动进行；5）对边界条件、中间支承都有较大变化的形状修改问题尤其有效。

（2）力密度法

力密度法最早是由 H. J. Schek 提出，并用于索网结构的找形分析中，后来针对张力结构的特点，L. Grunding 等人完善和发展了该理论体系。力密度法已成为张力结构找形分析中的主要方法。力密度法的基本原理是将索网结构单元视为一个拉力杆件，将与每个节点相连杆件的单位长度上的力作为“力密度”，对每一个节点写出节点力的平衡方程，引入边界条件后即可求解该方程组，这个方程避免了初始坐标问题和非线性系统的收敛问题。这就是力密度法找形的基本过程。

（3）非线性有限元法

非线性有限元法由 J. H. Argyris 等人提出，可以归纳为两种方法：支座位移提升法和近似曲面逼近法。后来人们又提出了小弹性模量曲面自平衡迭代法。目前，非线性有限元法已成为较普遍的索膜结构找形方法。其基本思想是：首先，将给定的某种状态（初始状态或工作状态）的几何构形同时作为检验状态下目标几何构形和近似的零状态几何构形。依据近似的零状态几何构形建立有限元模型，用非线性有限元方法精确计算该状态（包括预应力、荷载、作用和边界条件等）下节点位移；然后利用这个位移反向修正近似的零状态几何构形。通过不断循环进行非线性有限元分析和反向模型修正，最终得到满足精度要求的零状态几何构形。这种非线性有限元逆迭代法主要基于现有的成熟的有限元计算技术，适用于各种柔性复杂边界条件，便于实际应用。

8.2.2　索网结构静动力性能研究

由于索网的柔性和非线性特征，索网结构的位移和荷载大小并不成正比。索网的静力性能分析主要集中在结构在受自重、雪荷载等静力荷载作用的工况下，对索网结构的位移以及索力分布情况进行研究分析。索网结构非线性的强弱及体系响应与其矢跨比、索断面面积、初始预拉力、荷载分布等因素有关，研究方法一般采用控制变量法，确定各因素对索网的影响程度。

动力性能分析包括结构的自振特性分析和各种动力荷载作用下结构的动力响应分析。索网结构的自振特性是其动力特性分析的基础与关键，即求解结构的自振频率和振型。通过自振特性分析，可得知结构的刚度分布等特性，同时也可确认结构的各阶振型对动力响应的参与系数的大小。接着对各种动力荷载作用下的结构进行动力响应分析。在结构设计中，动力响应分析主要包括地震响应分析和风振响应分析。结构的自振特性由结构的质量、刚度和阻尼所决定。结构的自振特性分析即求解结构的自振频率和振型，理论计算的方法分为刚度法和柔度法。目前，计算大型体系的自振特性一般采用有限单元法。

8.3 苏州奥林匹克体育中心游泳馆工程简介

8.3.1 工程概况

苏州奥林匹克体育中心游泳馆（下文简称游泳馆）屋盖结构是基于建筑师的马鞍形曲线的设计构思发展起来的，设计中采用了大面积的双索结构，屋盖跨度约106m，马鞍形高差10m。游泳馆主体结构体系包括结构柱、外压环、屋面承重索和屋面稳定索。索网屋面支撑于外侧的受压环梁之间，索网结构屋面采用刚性屋面结构，结构的外侧为整个游泳馆的幕墙。施加在屋盖上向下的力由承重索承担，而风吸力等向上的力由稳定索承担，稳定索与承重索构成自平衡的预应力体系（图8-7）。

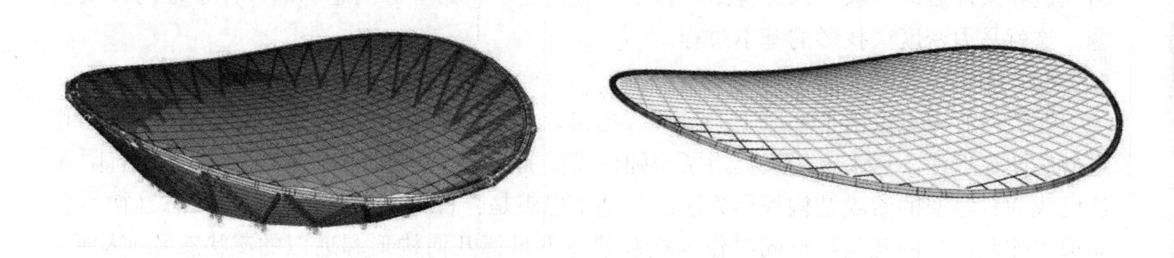

图8-7　游泳馆整体结构及屋盖结构简图

外圈倾斜的V形柱在空间上形成了一个圆锥形的空间壳体结构，从而形成刚度良好的支撑结构，直接支撑设置于顶部的外侧受压环。为了获得柱脚和屋顶外环间相等的间距，倾斜的屋面结构立柱的倾角沿整个立面是变化的，柱的倾角在46°～66°之间变化(图8-8)。

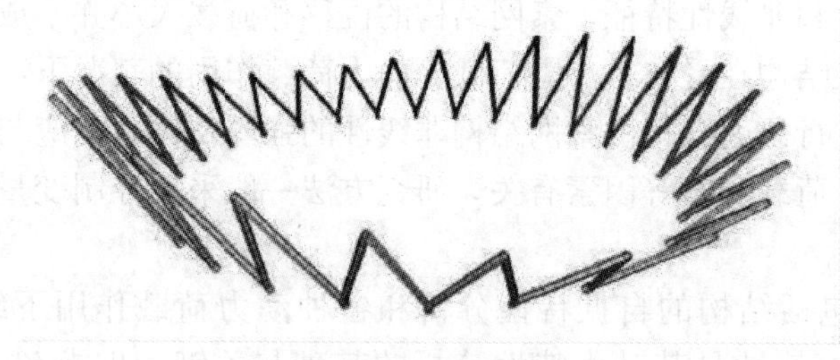

图8-8　结构柱简图

游泳馆具有承重索和稳定索各31对，共124根索。为了保证和屋面板的连接，以及减少索的直径以方便张拉，所有索均采用双索设计，每根索公称直径为ϕ40mm，索的类型为螺旋钢丝束。对钢索进行防腐处理，内层采用热镀锌连同内部填充，外层采用锌—5%铝-稀土合金镀层（表8-1）。

拉索材料和规格表　　表 8-1

类型	索体			索头		
	级别（MPa）	规格	索体防护	锚具/固定端	连接件（固定端）	调节装置
全封闭高钒索	1670	40mm	全封闭 GALFAN	热铸锚	双耳式	无

索夹材料选用 GS20Mn5V，屈服强度标准值≥$385N/mm^2$，且满足 C 级冲击韧性要求。其化学性能及力学指标参照欧洲及德国标准 DIN EN 10213 的规定，且索夹铸造后须对索孔等位置进行二次机械加工打磨，以满足精度要求。

8.3.2　结构特点

本工程索网结构具有以下特点：

（1）整个屋面曲面为马鞍形空间三维曲面，环梁投影为 106m 圆形，马鞍形高低点高度差达到 10m，稳定索矢跨比为 1/38，承重索矢跨比为 1/15，坐落在 11.92m 标高的混凝土结构上；

（2）承重索和稳定索均采用双索设计，共有 62 对拉索，施工牵引、张拉难度较大；

（3）承重索和稳定索相交处，共存在 700 余个索夹节点，索夹数量多，总重约 40t；

（4）索夹节点由 1 根高强螺栓连接。

第 9 章　游泳馆正交单层索网结构设计与施工方案简介

苏州奥林匹克体育中心游泳馆屋盖为正交马鞍形单层索网结构，其结构组成及结构特征与一般马鞍形索网相比存在诸多特殊之处，本章对游泳馆的设计思路和结构特点进行详尽描述。在此基础上，本章对游泳馆整体施工方案进行了设计，尤其针对拉索施工，为克服传统满堂脚手架施工方法的诸多不足，创造性地提出了整体提升法和高空组装法两种索网施工方法。

9.1　设计方案简介

9.1.1　结构构成与几何尺寸

游泳馆由 V 形结构柱、受压外环梁、正交承重索和稳定索、刚性屋面以及玻璃幕墙组成（图 9-1）。游泳馆的外压环为 107m 直径的圆形平面，压环为马鞍形的造型，其标高在 22～32m 之间变化。游泳馆坐落在 11.92m 标高的混凝土结构上，柱和外压环刚性连接并按照 V 状的造型布置。周边 V 形支柱的长度按其所处的位置而变化，最短的柱长度为 15.03m，而最长的柱长度为 22.79m。

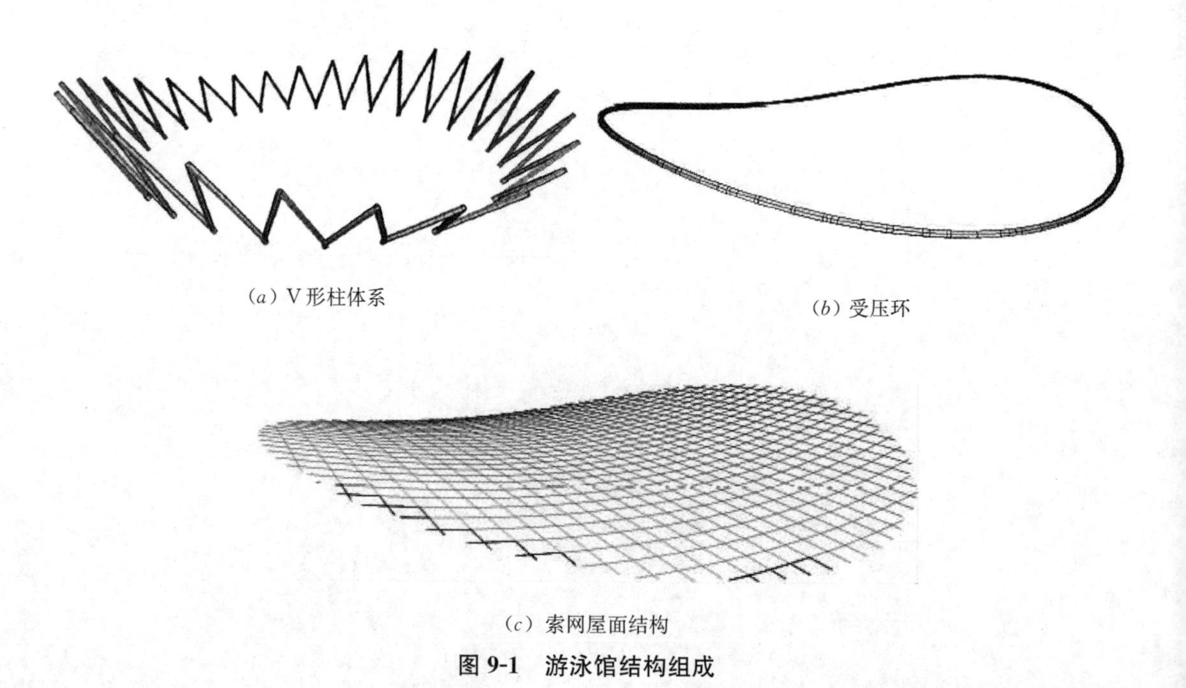

(*a*) V 形柱体系

(*b*) 受压环

(*c*) 索网屋面结构

图 9-1　游泳馆结构组成

根据建筑师的要求，为了获得柱脚和屋顶外环间相等的间距，倾斜的屋面结构立柱的倾角沿着整个里面是变化的，柱的倾角在 46°～66°之间变化。幕墙体系因为马鞍形的造型和倾斜的里面较为复杂。屋盖结构及倾斜的立柱所产生的水平荷载通过混凝土结构的楼板传递到下部混凝土结构的抗侧力体系中去。承重索与稳定索采用双索，为使索网的连接有效地避开柱头的连接节点，网眼距离设计为中间 3.3m，最外两侧 3.5m。预应力索的长度介于 106～31m 之间，每一根索包括两根 40mm 直径的全封闭高钒螺旋钢丝束。

9.1.2　构件材料与规格

游泳馆 V 形立柱和受压马鞍形环梁采用的材料为钢材，其材料性能符合《建筑结构用钢板》GB/T 19879—2005 和《钢结构设计规范》GB 50017—2003 的相关要求。根据钢材性价比和结构受力情况，游泳馆主要结构均采用钢材 Q345-B 及 Q390-B。相关材料特性具体见表 9-1 和表 9-2。

结构用钢材材料性能　　**表 9-1**

弹性模量 E（N/mm^2）	剪切模量 G（N/mm^2）	线膨胀系数 α（/°C）	密度 ρ（kg/m^3）
206×10^3	79×10^3	12×10^{-6}	7850

结构用钢材强度　　**表 9-2**

钢材		抗拉，抗压，抗弯强度 f（N/mm^2）	抗剪 f_v（N/mm^2）	端面承压（刨平顶紧）f_{ce}（N/mm^2）
牌号	厚度或直径（mm）			
Q345 钢	≤16	310	180	400
	>16～35	295	170	400
	>35～50	265	155	400
	>50～100	250	145	400
Q390 钢	≤16	350	205	415
	>16～35	335	190	415
	>35～50	315	180	415
	>50～100	295	170	415

V 形立柱采用外径为 850mm 的圆管，受压环梁采用外径为 1050mm 的圆管，壁厚分布见图 9-2。为研究马鞍形环梁刚度对结构特性的影响，进行了环梁刚度变化研究分析。

游泳馆采用双索设计，是为了保证和屋面板的连接，以及减小拉索直径以方便张拉。所有拉索均采用 40mm 直径的 1670 级全封闭高钒索（表 9-3）。所有拉索均为定长索，索头（图 9-3）不设置索长调节量，因此本书在第 5 章对结构进行了拉索索长制作误差和钢结构安装误差的组合误差影响分析。

拉索规格及特性　　表 9-3

钢索公称直径（mm）	索体有效截面积（mm^2）	钢丝强度（MPa）	钢索最小破断拉力（kN）	弹性模量（10^5MPa）
ϕ40	1018	1570	1470	1.6±0.1

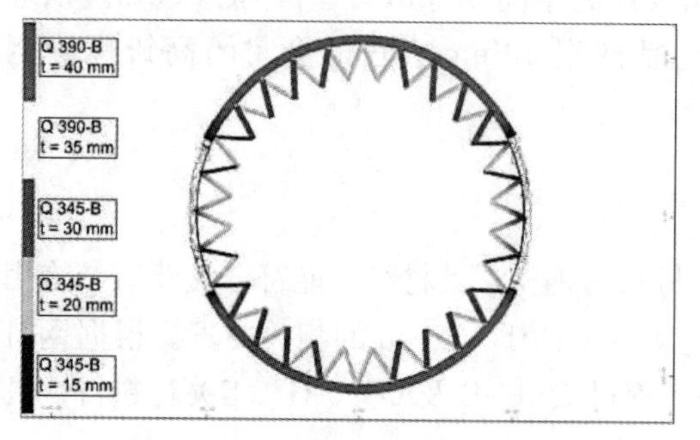

图 9-2　结构用钢及板厚示意图

图 9-3　拉索索头

9.1.3　构件连接

（1）柱和混凝土结构的连接

所有 56 根柱两两相连，设置了 28 个柱脚节点，均采用铰接节点（图 9-4），其目的是承担屋面竖向荷载的同时，保证柱脚可以自由转动，以便在一定程度上释放温度及下部结构变形差所产生的应力。连接节点采用球铰节点，以保证其转动能力，并同时将轴力和剪力顺利传递到下部的混凝土结构中。

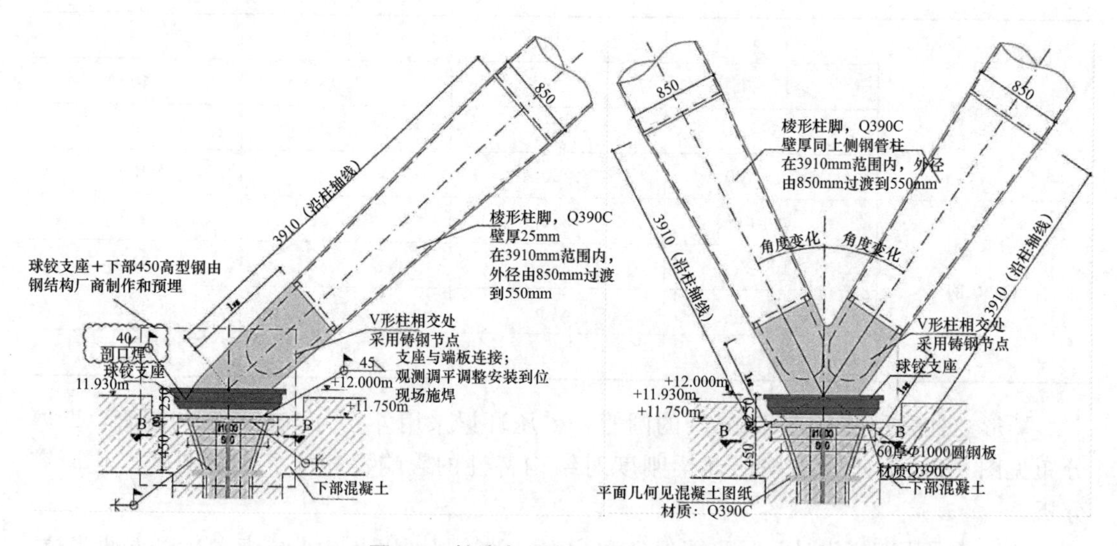

图 9-4　柱脚与混凝土结构连接大样

（2）柱和环梁的连接

柱与环梁均为刚接，采用相贯焊接（图 9-5）。环梁各段之间采用法兰连接。

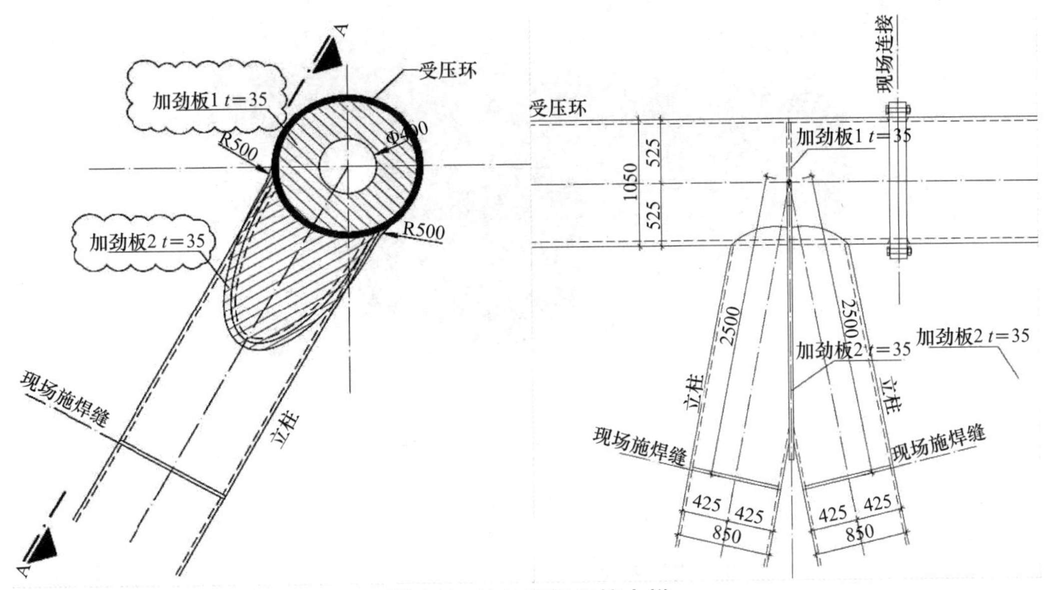

图 9-5　柱与环梁连接大样

(3) 拉索与环梁的连接

拉索与环梁通过焊接在环梁上的连接板连接，端板通过 6 个 8.8 级 M36 摩擦型高强螺栓与连接板连接（图 9-6）。

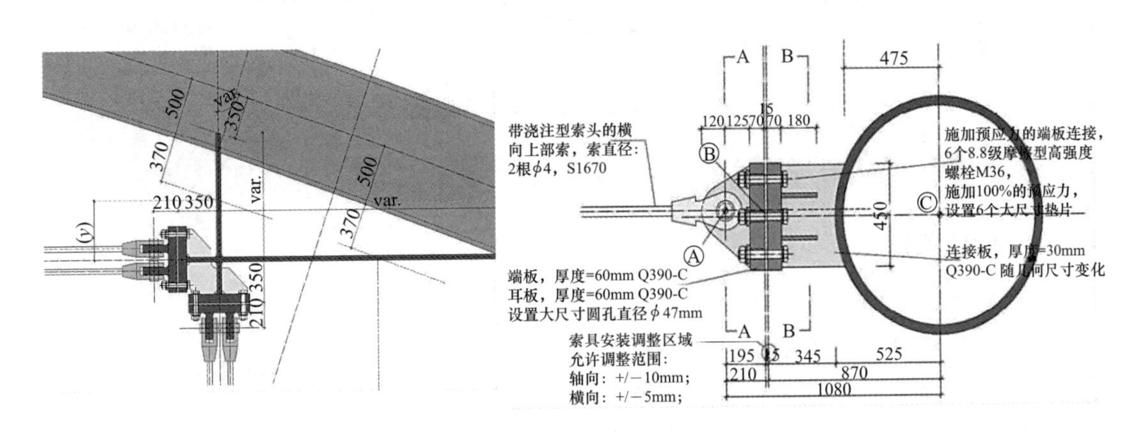

图 9-6　拉索与环梁连接大样

(4) 拉索之间及拉索与屋面系统连接

承重索与稳定索相交处通过索夹连接，索夹构造包括上中下三层（图 9-7），通过一根 8.8 级 M30 摩擦型高强螺栓把两根承重索与两根稳定索夹紧，施加预紧力根据《钢结构高强度螺栓连接技术规程》JGJ 82—2011 取 280kN。

索夹上层两端共开有 4 个螺栓孔用以与屋面檩条系统连接（图 9-8），连接采用 8.8 级 M12 摩擦型高强螺栓，施加预紧力为 22.5kN。

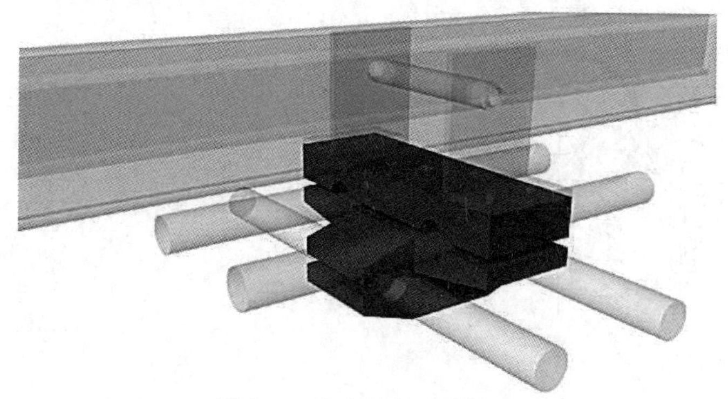

图 9-7　索夹节点三维模型

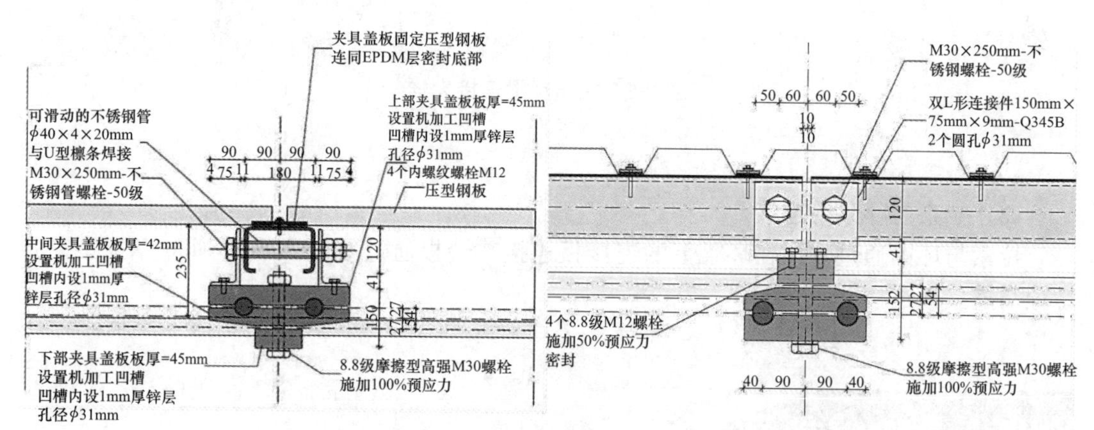

图 9-8　索夹与屋面连接示意图

9.1.4　荷载条件

（1）自重

所有结构构件的自重将通过程序自动计算。构件长度为结构模型中节点到节点之间的距离。通过在截面及材料定义子模块中所定义的容重和截面面积，所有结构构件的自重将准确得出。钢结构节点以及连接板的自重通过将结构构件容重增加10%的方法进行考虑。结构上的超重节点将通过附件节点荷载的方法施加。

（2）预应力工况

拉索中的预拉力通过在拉索中施加等效温差进行模拟（图 9-9）。

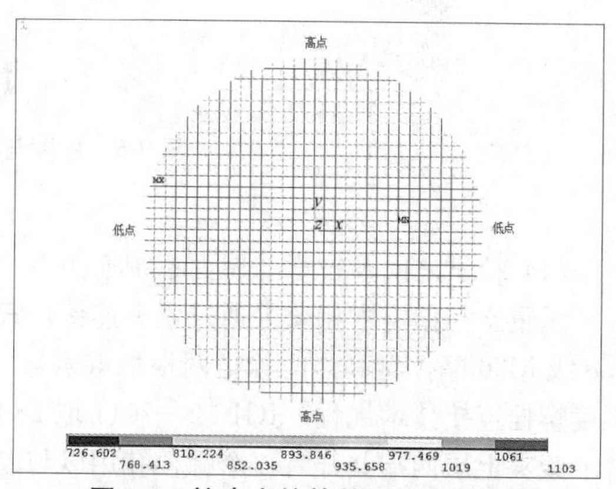

图 9-9　拉索中的等效预张力（kN）

（3）附加恒载

每个索夹重量为 0.6kN，每个索头重 2kN，幕墙自重 0.65kN/m²，刚性屋面自重 0.45kN/m²。每个幕墙外挂点附加集中力 20kN，环梁均布线载高点 6.6kN/m，低点 5kN/m，环梁均布扭矩 8.5kN/m（图 9-10～图 9-13）。

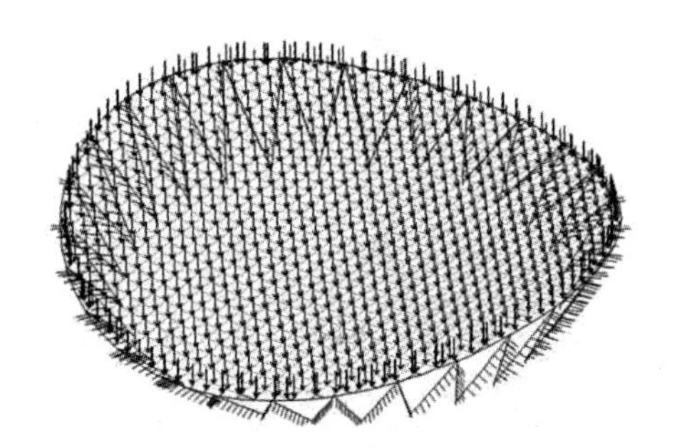

图 9-10　索夹与索头荷载示意

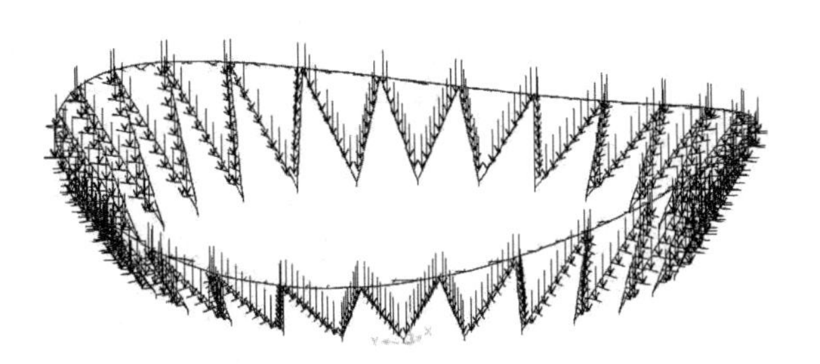

图 9-11　外挂点附加荷载示意

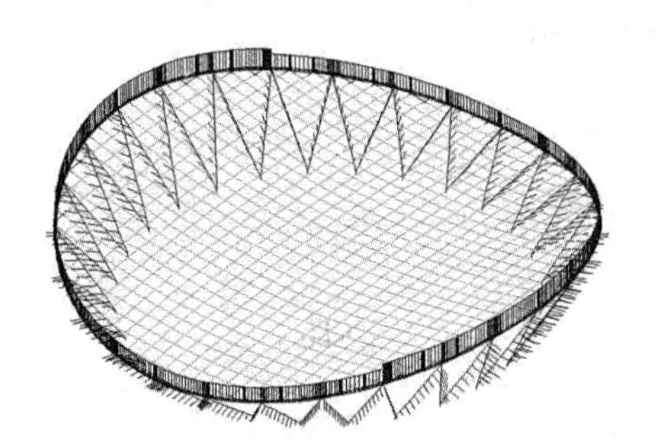

图 9-12　环梁均布线载示意

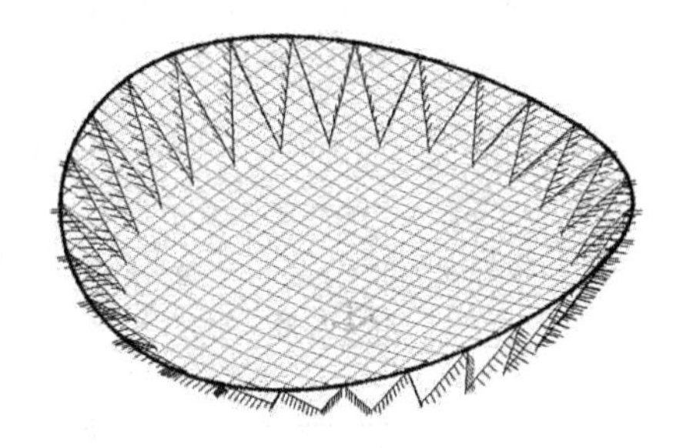

图 9-13　环梁均布扭矩示意

9.1.5　特殊设计要求

由于受压环梁造型为马鞍形，使得每一对 V 形柱，在受压环梁的受力下在一侧受压，另一侧则受拉，如图 9-14 所示，图中实线表示受压，虚线表示受拉。为了降低应力水平和减小支座拉力，设计要求在施工过程中，受拉的柱断开，不参与受力，直至屋面施工完毕再进行焊接。施工过程中断开的柱分布见图 9-15，柱设缝处处理大样图见图 9-16。

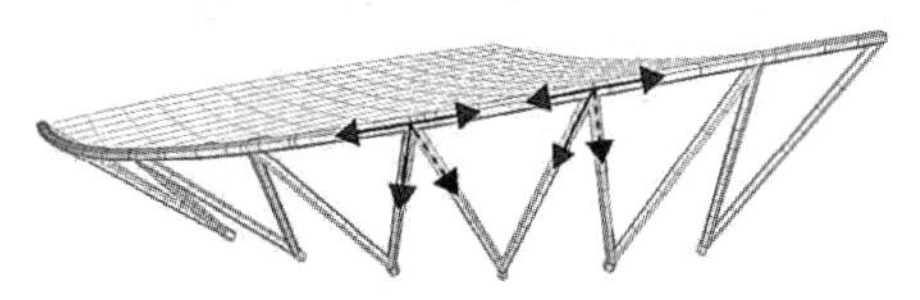

图 9-14　结构受力简图

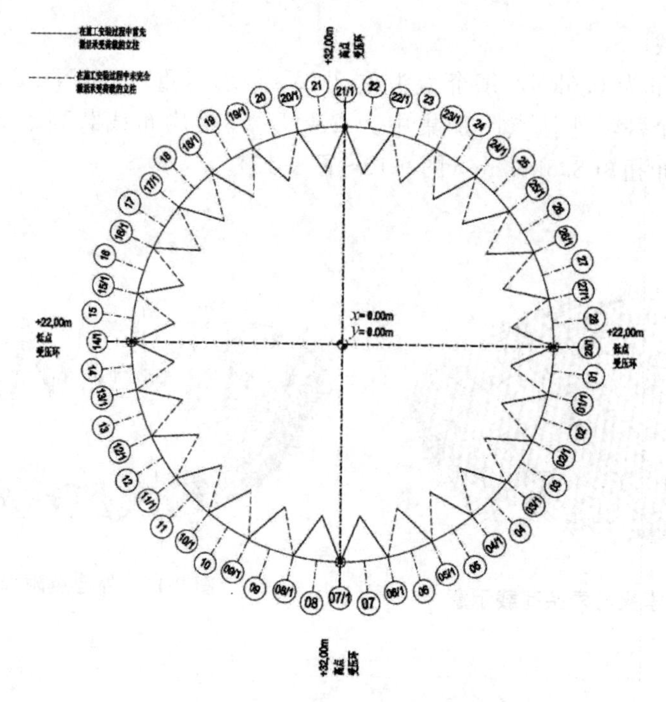

图 9-15　后焊柱设置分布图

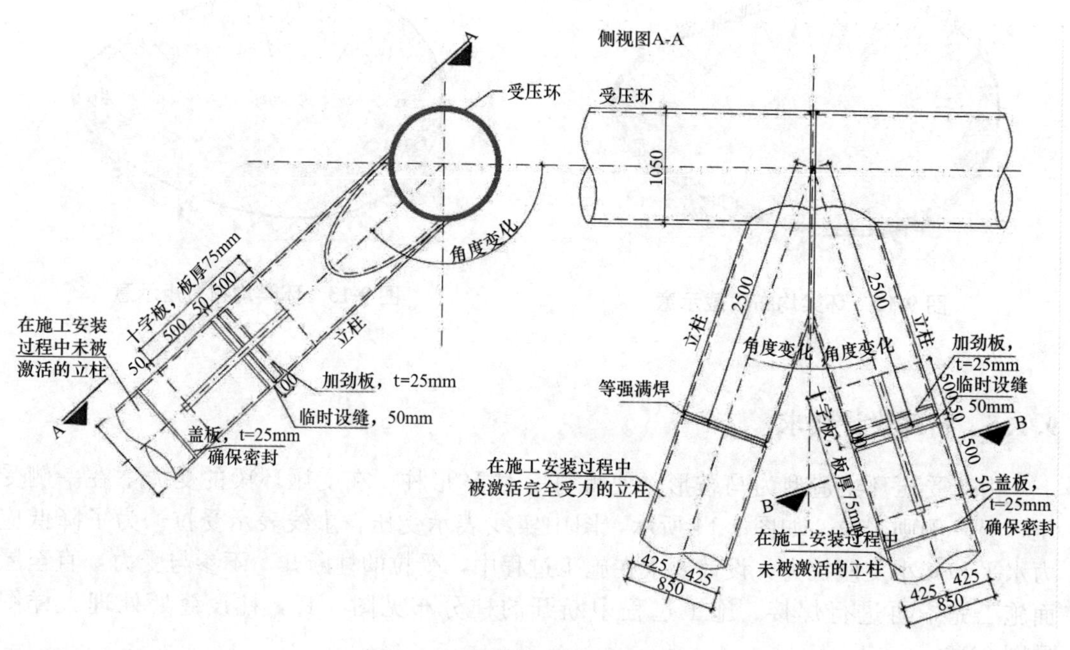

图 9-16　后焊柱设缝处连接图

9.2　施工方案简介

9.2.1　游泳馆总体施工方案

根据游泳馆的结构特点和设计要求，整个结构的总体施工步骤如下（图 9-17～图 9-20）：

（1）胎架安装；
（2）环梁安装；
（3）V形柱安装；
（4）拉索安装与张拉；
（5）未卸载胎架拆架；
（6）安装金属屋面；
（7）未激活钢柱焊接；
（8）环梁幕墙结构安装。

图 9-17　安装胎架

图 9-18　安装环梁和V形柱

图 9-19　拉索施工

图 9-20　安装金属屋面和幕墙

针对以上施工方案，利用NDFEM法对游泳馆的施工全过程进行了模拟分析。另外，拉索施工部分，为了克服传统满堂脚手架施工方案的各种不足，本章提出了索网施工的整体提升法和高空组装法两种施工方案。

9.2.2　正交单层索网结构施工的整体提升法

9.2.2.1　拉索施工步骤

索网结构包含稳定索（WD）和承重索（CZ），二者双向正交，其整体提升法分为以下三个步骤：低空无应力组装、整体牵引提升、高空分批张拉锚固。

首先将索网在地面和看台上展开编网、固定索夹，在19根承重索的两端设置38根牵引索（CQ），用液压连续提升千斤顶牵引CQ将整个索网提升至高空，最后分批将承重索和稳定索的索头与结构连接固定，完成索网施工（图9-21、图9-22）。

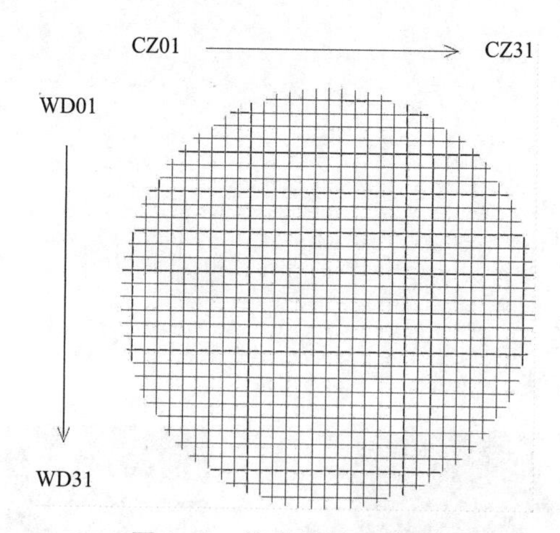

图 9-21　拉索编号示意图

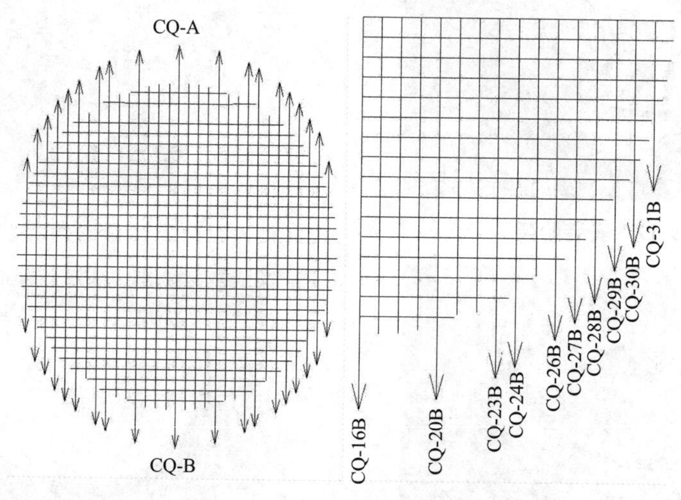

图 9-22　牵引索布置示意图

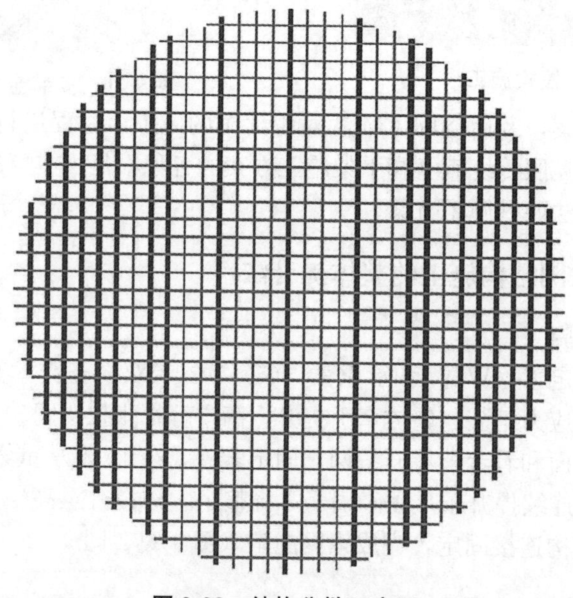

图 9-23　结构分批示意图

索网端头分批连接固定：第一批承重索（19 根）用粗实线表示，第二批承重索（12 根）用细实线表示；稳定索为第三批（31 根），用细虚线表示（图 9-23）。

索网结构预应力施工步骤（图 9-24）如下：

（1）结构索网和工装索在低空组装；

（2）牵引索 CQ 整体同步提升；

（3）牵引索 CQ 提升到位后，第一批承载索端部连接固定（牵引索 CQ 端部），并撤去该位置提升设备；

（4）第二批承重索端部连接固定；

（5）从两侧向中间对称分批张拉稳定索至 WD5 和 WD27，端部连接固定；

（6）从中间向两侧张拉稳定索至 WD14 和 WD18；

（7）待拆除完支撑胎架后继续对称向两侧张拉。

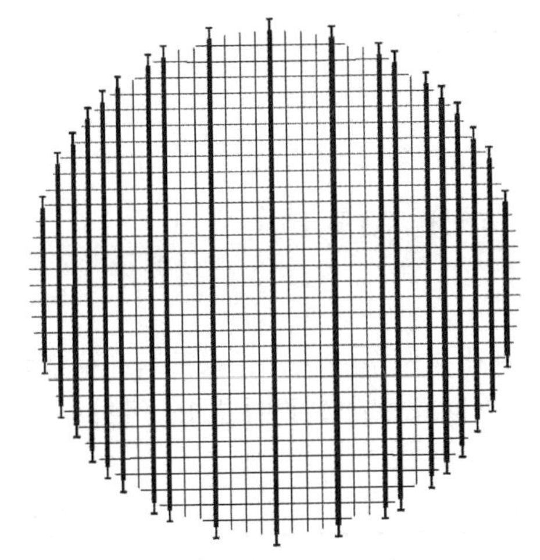

（*a*）牵引索 CQ 提升到位，第一批承重索端部连接固定

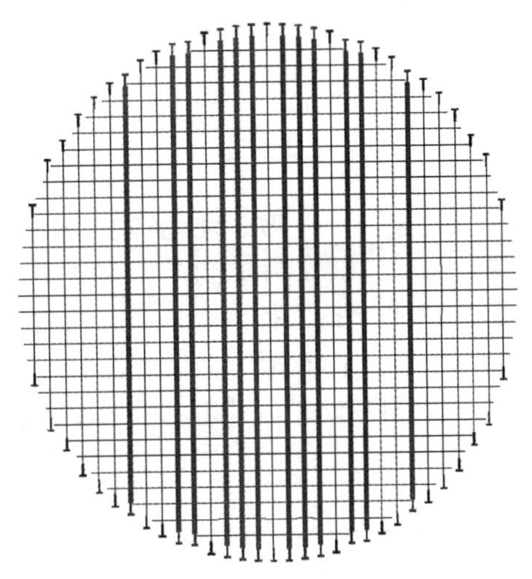

（*b*）第二批承重索端部连接固定

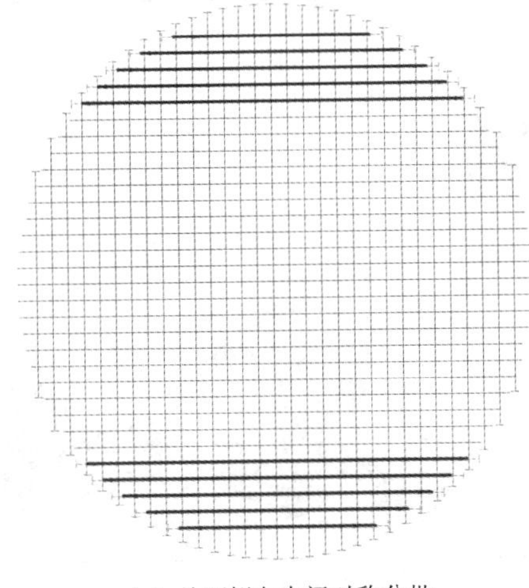

（*c*）从两侧向中间对称分批张拉稳定索至 WD5 和 WD27

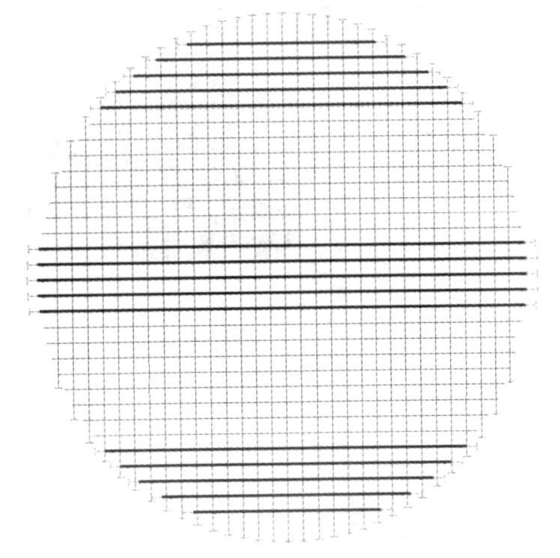

（*d*）再从中间向两边张拉至 WD14 和 WD18 并拆除支撑胎架

图 9-24　整体提升法索网预应力施工过程示意图（一）

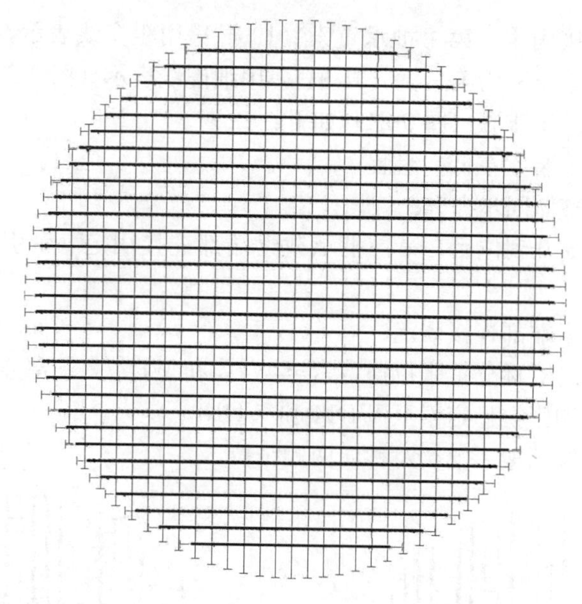

（*e*）继续对称张拉直至稳定索张拉完毕

图 9-24　整体提升法索网预应力施工过程示意图（二）

9.2.2.2　牵引张拉工装

本施工方法的索网施工过程包括拉索牵引提升和张拉两个阶段，且承重索和稳定索的施工张拉力相差较大，因此，根据不同施工阶段、不同拉索类型设计提升（张拉）工装（表 9-4）。

拉索施工张拉工装汇总表　　　　**表 9-4**

施工阶段	承重索		稳定索	
	CTA 连接类型	CTB 连接类型	CTA 连接类型	CTB 连接类型
牵引提升			\	\
张拉	\	\		

注：CTA 连接类型—索头节点板与环梁双板连接；CTB 连接类型—索头节点板与环梁单板连接。

根据施工过程分析，承重索在牵引和张拉过程中拉索索力均不超过 600kN，故承重索采用同一套工装实现牵引和张拉施工，张拉设备选用单台 YCW600 型千斤顶。承重索牵引提升和张拉示意图如图 9-25 和图 9-26 所示。

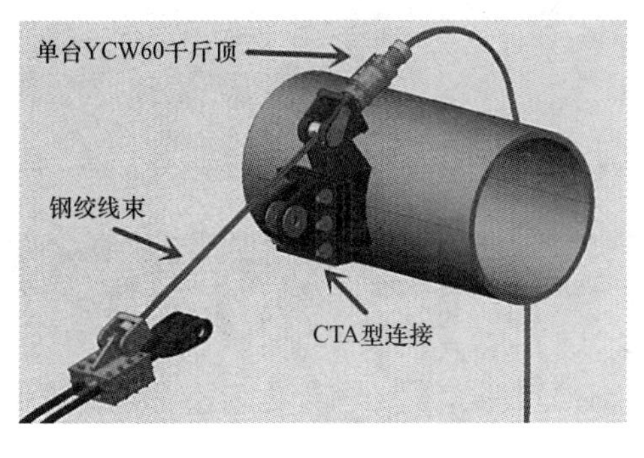

(*a*) 轴测图

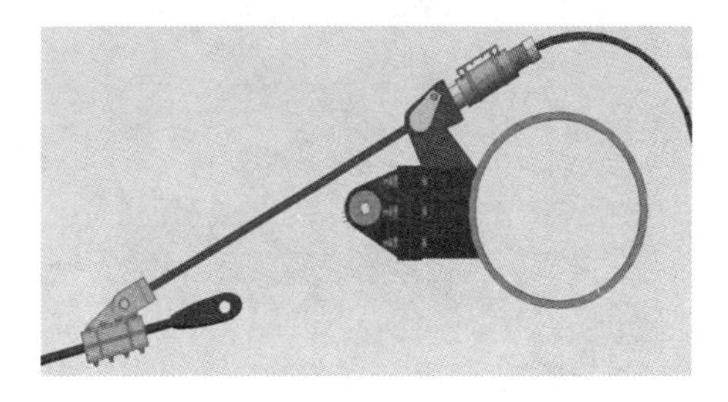

(*b*) 正视图

图 9-25　承重索 CTA 连接类型牵引、张拉示意图

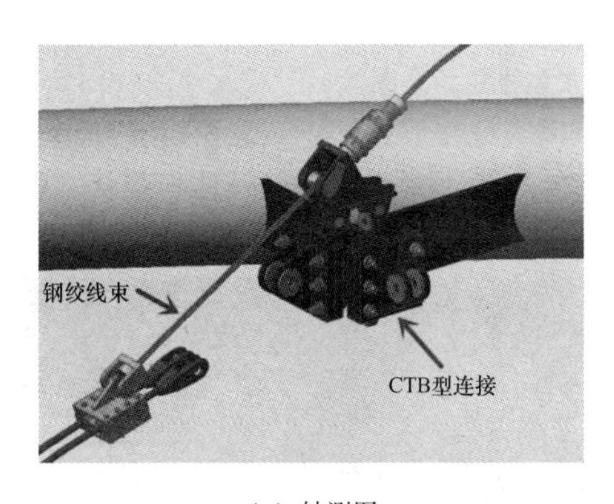

(*a*) 轴测图

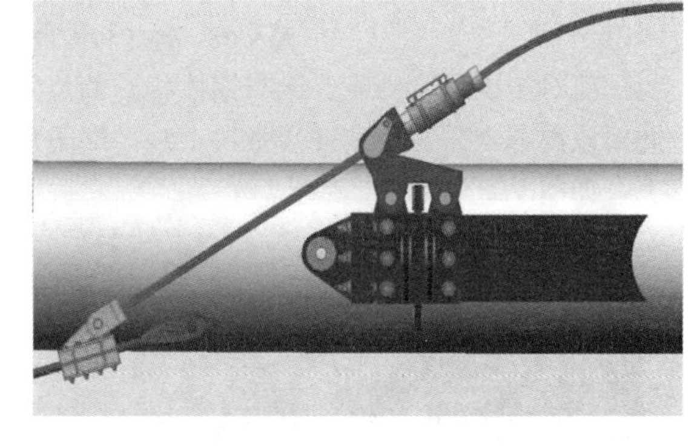

(*b*) 正视图

图 9-26　承重索 CTB 连接类型牵引、张拉示意图

索网通过牵引部分承重索完成提升施工阶段，故稳定索仅设计张拉工装，根据分析所得施工张拉力，稳定索张拉设备选用双台 YCW100B 型千斤顶，根据拉索头节点板连接类型有两种张拉工装，张拉工装如图 9-27、图 9-28 所示。

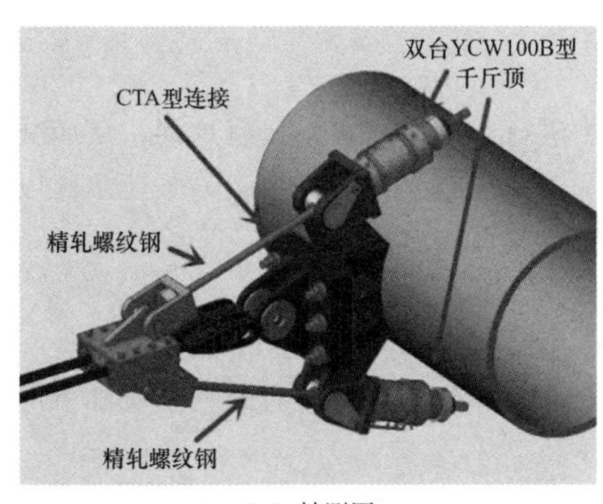

(*a*) 轴测图

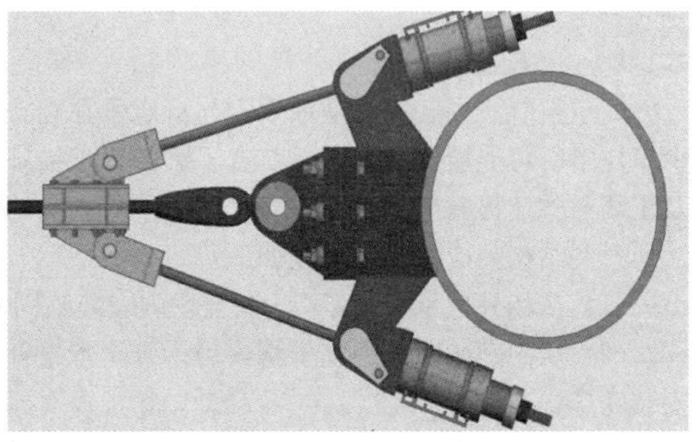

(*b*) 正视图

图 9-27　稳定索 CTA 连接类型张拉示意图

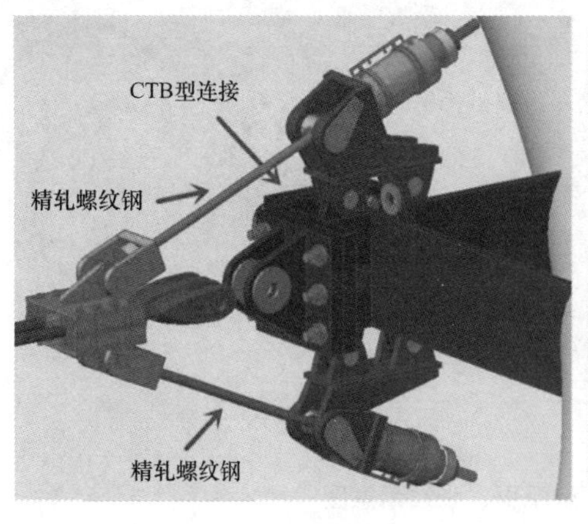

(a) 轴测图

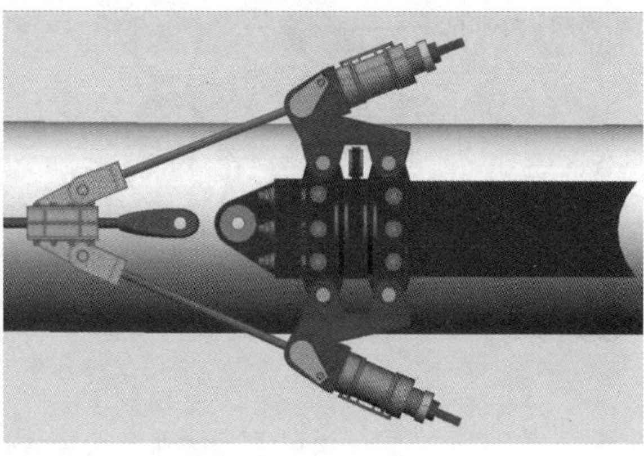

(b) 正视图

图 9-28　稳定索 CTB 连接类型张拉示意图

而对于少量索头节点板与钢柱相交的位置，难以实现在节点上下布置两台千斤顶。因此对该类节点需要单独设计张拉工装，即千斤顶布置在索头背部，下部外伸板焊接在钢柱上，如图 9-29 所示。

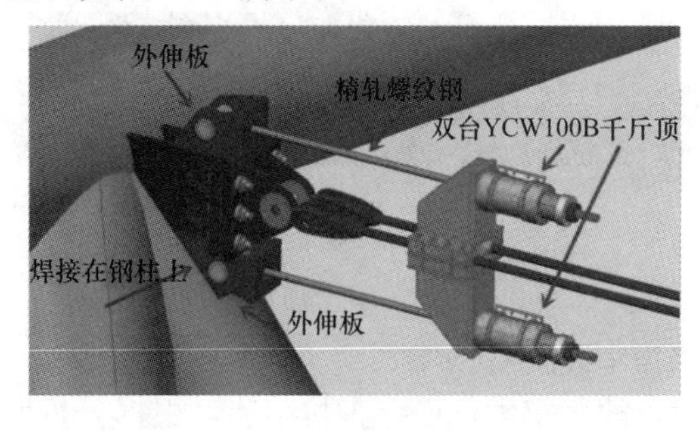

(a) 轴测图

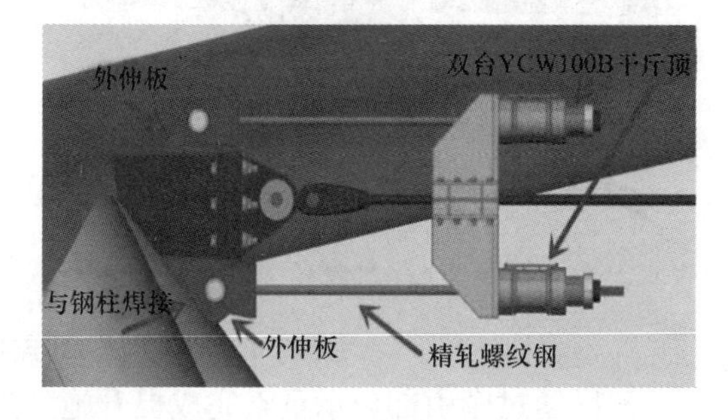

(b) 正视图

图 9-29　环梁与柱相交处张拉示意图

9.2.3　正交单层索网结构施工的高空组装法

9.2.3.1　拉索施工步骤

高空组装法顾名思义是承重索与稳定索在高空中进行组装，拉索不接触地面，从而减少了拉索所可能遭受的破坏，节省了索体保护措施费用。高空组装法的稳定索张拉步骤以及工装与整体提升法一致，差异存在于承重索和稳定索就位的方法。

索网结构预应力施工步骤如下：

(1) 从场外把承重索 CZ16 溜至场内安装锚固并流水安装中层和下层索夹；

(2) 从中间向两侧重复步骤 (1)，直至承重索全部锚固完毕，且所有索夹中层和下层安装完毕；

(3) 与承重索正交的方向上，安装猫道和防护网；

(4) 从两侧向中间，采用溜索方法，将稳定索从馆外平台运至馆内高空，沿猫道上的地滚轮展开，然后按照稳定索上的标记位置安装索夹的上层和预紧高强螺栓；

(5) 从两侧向中间对称分批张拉稳定索至 WD5 和 WD27，端部连接固定，并安装后装部分上层索夹；

（6）从中间向两侧张拉稳定索至 WD14 和 WD18，并安装对应部分后装上层索夹；

（7）待拆除完支撑胎架后继续对称向两侧张拉，并逐步安装未装的上层索夹。

索网施工步骤如图 9-30 所示。

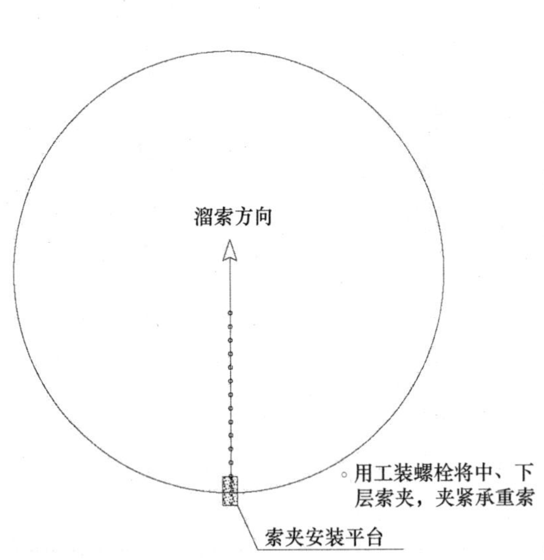

（a）从场外把承重索 CZ16 溜至场内安装锚固并流水安装中层和下层索夹

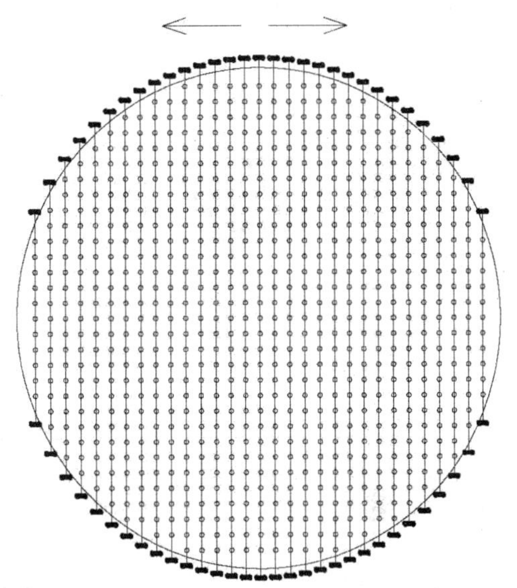

（b）从中间向两侧重复步骤①，直至承重索全部锚固完毕，且所有索夹中层和下层安装完毕

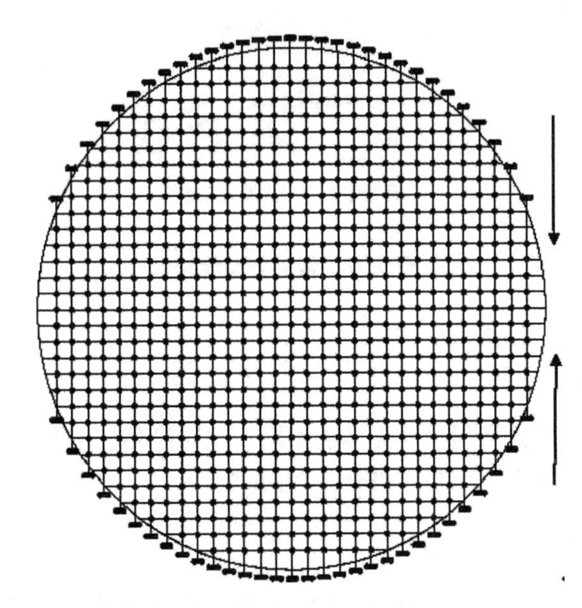

（c）从中间向两侧重复步骤③把稳定索溜至设计位置并安装大部分上层索夹（张拉步骤与整体提升法一致）

图 9-30　高空组装法索网预应力施工过程示意图

由于索夹的下层和中层需要在承重索安装时即夹紧就位，在稳定索安装完成后需要再进行上层索夹的安装，因此索夹的构造需要进行一些微调以适应整个施工步骤（图 9-31、图 9-32）。

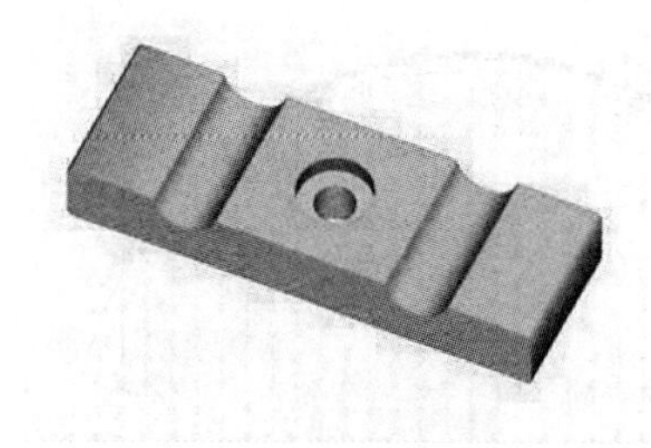

（a）索夹顶板
（底面朝上显示）

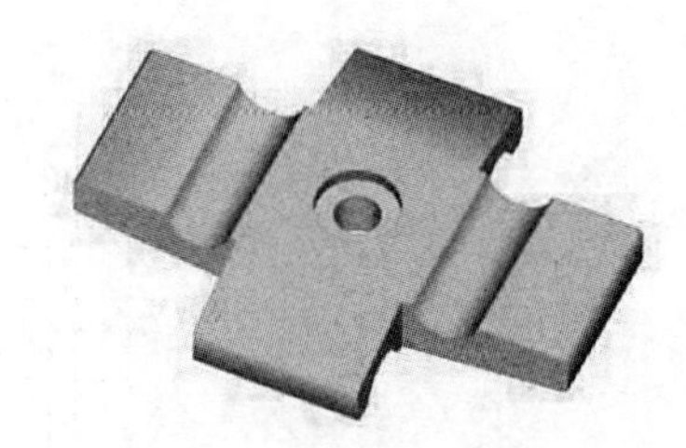

（b）索夹中间板
（表面朝上显示）

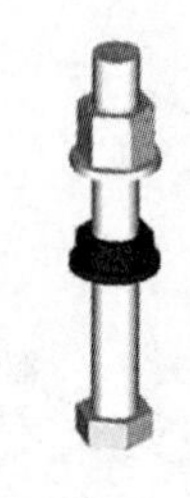

（c）M30 螺栓配 3 个螺母
（中间单螺母，顶端双螺母）

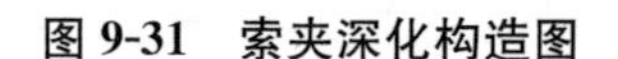

图 9-31　索夹深化构造图

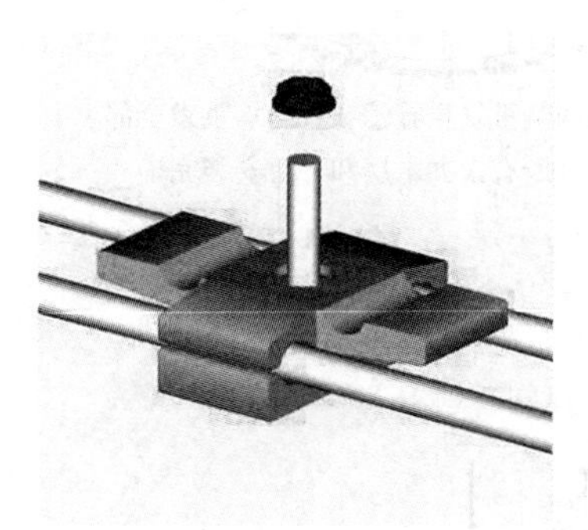

（a）安装中下层索夹

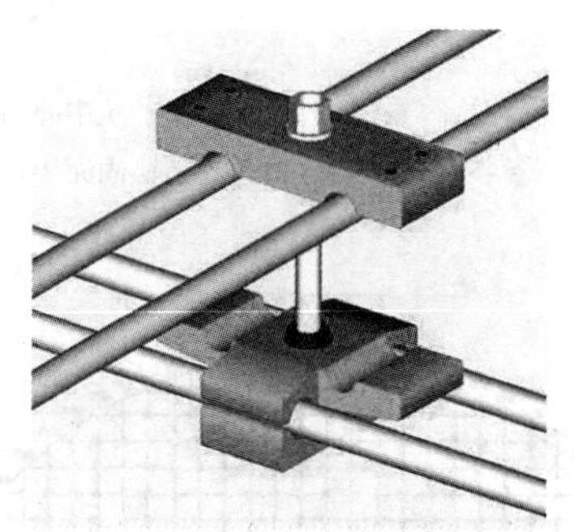

（b）预紧中间螺母夹紧承重索

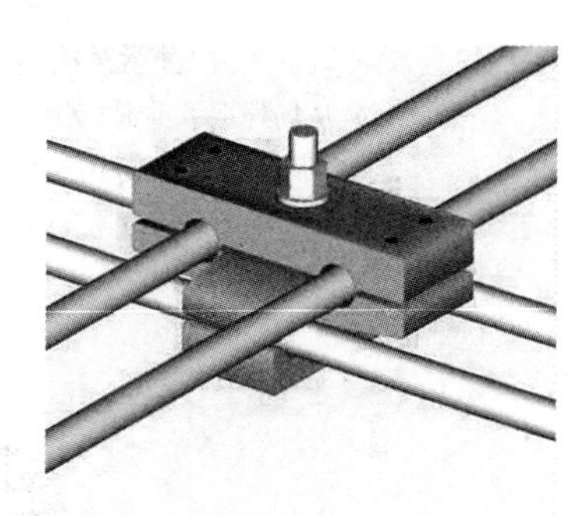

（c）安装稳定索和索夹顶板

图 9-32　索夹安装流程

9.2.3.2　牵引张拉工装

由于高空组装法张拉方案与整体提升法相同，差异仅存在于牵引就位时牵引力相对较小，故本方法的牵引张拉工装与整体提升法相同。

9.2.4　施工方案对比

整体提升施工方案和高空组装施工方案各有其特点和优势，适应于不同的施工条件：若场地条件恶劣、高差大，需要大量支架和拉索保护措施，则适合用高空组装施工法；若场地条件良好，则适合采用整体提升方案，没有高空作业，更加安全方便（表 9-5）。

整体提升法和高空组装法特点对比　　表 9-5

	整体提升方案	高空组装方案
组网时工作面条件	适用于场地条件良好，方便拉索铺开以及索夹安装，无需使用大量支架和拉索保护设施	承重索直接溜索安装到位，对场地条件要求低；以承重索作为铺设稳定索的支承平台，组网时具有良好的工作曲面
牵引提升	承重索和稳定索分别采用溜索方法从馆外平台运至馆内高空后下放至馆内地面和看台上，组网后再整体牵引提升至高空	承重索和稳定索分别采用溜索方法从馆外平台运至馆内高空。 无需再下放至地面和看台上，也无需整体牵引提升
拉索索头与销接耳板连接就位	通过牵引索将整体索网牵引提升至高空就位，牵引索张力较大，索头较难插入耳板进行销轴连接，需要其他措施辅助	单对承重索溜索至设计位置附近后即与耳板销接，此时承重索在自重作用下自然地与两端的耳板处于同一竖直平面内，且拉力较小，因此拉索的索头与销接耳板对正连接就位很方便
索夹安装精度	在地面和看台上组装索网，安装索夹，若能以超拧的方式避免二次拧紧，则无高空作业，操作过程安全方便，可高精度安装索夹	索夹的中间板和底板随承重索溜索时安装，此精度容易保证；安装上层索夹时需要高空作业，安装马道等附属设施
张拉稳定索	相同	相同
索体和看台保护	索网在下部混凝土结构上组装，搭设的支架会损坏下部结构表面，且索网组装时必然在下部混凝土结构和支架上拉扯，很容易损坏索体	整个过程拉索与下部混凝土结构无任何接触，避免了拉索与下部混凝土结构的相互损伤，非常有利于两者的保护
地面和看台的辅助设施施工	对地面和看台上的辅助设施施工影响很大，甚至一些突出地面和看台的结构需要待索网提升至高空后才能施工	无影响，甚至索网施工和地面、看台上的辅助施工可同时进行
安全性	受场内条件制约明显，若场地良好则无高空作业，安全性高	组网和紧固索夹尽管在高空进行，需要铺设猫道和下挂安全网后保证人员安全性
工期	需要在场地内铺展拉索，组网后再提升至高空；另外，拉索施工影响看台和地面的结构和辅助设施施工且需要拉索和已建结构的保护措施，因此工期较长	拉索溜索至高空后直接安装，且对看台和地面上的结构和辅助设施施工无影响，工期可缩短；但存在高空作业，可能会影响整体工期

第10章 游泳馆正交单层索网结构零状态找形分析

索网结构位形状态与荷载状态（包括初始预应力）是一一对应的，因此通常讨论结构形态时会在之前说明结构此时的荷载状态。零状态即为结构受到的荷载为零的状态，与之对应的还有自重初始态及恒载态。自重初始态即为索网结构拉索刚刚张拉完毕，结构仅受自重及拉索预应力的状态。恒载态为结构包括屋面、幕墙完全建立，受到所有恒载、预应力的状态。此三种荷载态对应的索网结构形态是各不相同的，但三者之间是相互联系的，一般已知其中一种形态即可据此推导出其他荷载态的结构形态。

一般结构设计时，建筑设计师确定的结构位形为结构成形时建筑所期望的效果。结构设计师也基于此位形对结构进行刚度、强度、稳定性以及抗震性能的设计。但如果按照此形态进行结构安装施工，在预应力张拉及其他荷载施加后结构位形将发生改变，最终结构成形时的形态将不再是当初设计时的状态，因此在结构施工时要考虑结构在受荷后的变形而进行一定的预调，周边结构包括立柱和环梁应按照预调后位置进行安装。以上即为索网零状态找形分析的意义所在（图10-1）。

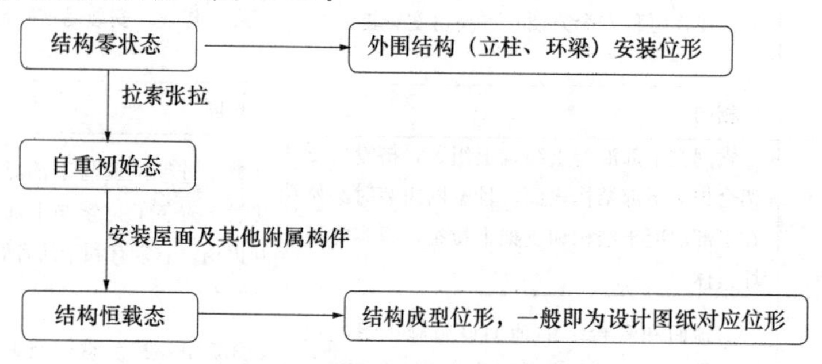

图10-1 索网结构形态逻辑图

索网结构零状态与设计态的钢结构位形一般会存在差异，此差异会对拉索的原长和等效预张力（等效温差）造成影响，故在零状态找形分析时会设计结构找形和找力的反复迭代计算，以求在位形和索力上与设计态形成对应（图10-2）。

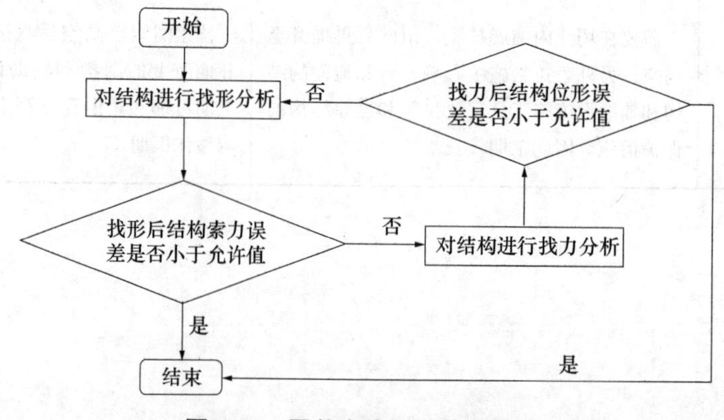

图10-2 零状态找形计算流程图

10.1　索网结构零状态找形方法

根据目标结构位形，通过零状态找形分析，确定结构安装的零状态，以满足设计对形的要求。

零状态是与初始态相对应的，初始态是在既定荷载作用下与零状态对应的平衡态。设计时，计算模型中的结构构形为设计零状态，在施加等效预张力和结构自重后，计算求解结构进入平衡态，即为设计初始态；施工时，在支撑系统上结构拼装，此时结构自重由支撑系统承担，构件内基本无应力或应力较小，此时为施工零状态，当预应力张拉且拆除支撑系统后，结构成形进入施工初始态。

设计人员一般依据建筑尺寸（如：矢高、跨度、与相连结构的连接位置等），建立计算模型，即设计零状态。对于刚性结构，在等效预张力和结构自重作用下，结构变形符合小变形理论，零状态和初始态下的结构位形差异较小，即初始态下结构位形仍能满足建筑和相连结构的要求。对于半刚性结构，特别是柔性结构，结构变形符合大变形理论，零状态和初始态下的结构位形差异较大，初始态下的结构位形不能满足建筑和相连结构的要求。

为此，就不能按照设计零状态进行结构构件的制作和安装。需要确定合理的施工零状态，待结构成形进入施工初始态后，结构位形与设计零状态一致，从而满足建筑尺寸和相连结构的要求。确定施工零状态，就是零状态找形分析。

若整体结构刚度较小，或者预应力张拉时刚构的刚度较小，导致结构的外廓尺寸，如结构的跨度、矢高等，不能满足要求，则需要进行整体结构的零状态找形；若整体结构刚度较大，预应力张拉时刚构的刚度也较大，仅仅索杆系在张拉时位形变化较大，导致结构中部分构件的空间姿态，如撑杆垂直度，不能满足要求，则需对索杆系进行子结构零状态找形。

10.1.1　全结构零状态找形分析

全结构零状态找形分析，就是确定结构各节点的施工安装坐标。一般分析都是已知未受力的结构位形，求受力后的结构状态。但零状态找形分析与之相反，已知受力状态，求未受力的结构位形，而且零状态找形对象多是具有较强几何非线性的结构。因此，零状态找形需采用逆迭代的方法，其逆迭代公式为：$X^{(1)}=X_P$，$X^{(i)}=X_P-\Delta X^{(i-1)}$ （$i\geqslant 2$）。式中：X_P 为目标初始态下结构各节点的坐标；$X^{(i)}$ 为第 i 次迭代的零状态节点坐标；$\Delta X^{(i-1)}$ 为第 $i-1$ 次迭代平衡的节点位移。

节点坐标更新后，结构位形发生了变化，包括拉索的长度也改变了。索长的变化量与索长相比是小量，因此分析中在拉索上施加不变的等效预张力，索长的变化并不会引起索力的较大变化。若对于高非线性的结构，并要求很高的精度，则可对零状态找形后的结构再次进行找力分析，重新微调拉索的等效预张力。

10.1.2　索杆系子结构零状态找形分析

当整体结构刚度较大，且其中刚构子结构的刚度也较大，则预应力张拉引起的结构外廓尺寸变换较小，满足要求时，可不必对整体结构进行零状态找形。此时，施工人员应关注索杆系子结构的空间姿态，如：弦支穹顶和张弦梁中的撑杆、斜拉网格结构的桅杆。往往这些构件在张拉时会发生较大的位形变化，不满足建筑美观性的要求，如：弦支穹顶的撑杆垂直度不够，张弦梁中的撑杆呈八字形向梁端扒开，相互之间不平行等。对此，应进行索杆系的子结构零状态找形，以确定索杆系的零状态安装位置，待结构张拉成形后，索杆系的空间姿态满足要求。

索杆系零状态找形分析方法也可采用逆迭代法，只是迭代目标和迭代公式与全结构零状态有所不同。若按照目标初始态的位形建立索杆系零状态找形分析的最初零状态，且针对撑杆下节点找形（如弦支穹顶和张弦梁），则迭代目标为：最终初始态下撑杆上、下节点空间相对坐标与最初零状态的一致，逆迭代公式为：$X_b^{(i)}=X_{0b}-\Delta X_b^{(i-1)}+\Delta X_t^{(i-1)}$。式中：$X_b^{(i)}$ 为第 i 次迭代的撑杆下节点零状态坐标；X_{0b} 为最初零状态下的撑杆下节点的坐标向量；$\Delta X_b^{(i-1)}$ 和 $\Delta X_t^{(i-1)}$ 分别为第 $i-1$ 次迭代平衡的撑杆下节点和上节点的位移。

10.2 索网结构找力方法

拉索等效预张力 P 是在索结构分析中以等效初应变 ε_0 或等效温差 ΔT_0 等方式直接施加在拉索上的非平衡力，是模拟拉索张拉的一种分析手段。在拉索等效预张力和结构自重的共同作用下达到结构自重初始态。P 与 ε_0 和 ΔT_0 的关系为：$\varepsilon_0=P/(EA)$，$\Delta T_0=-\varepsilon_0/\alpha=-P/(EA\alpha)$，式中 E、A、α 分别为拉索的弹性模量、截面积和温度线膨胀系数。

预应力钢结构工程中设计初始态是已知的，施工分析首先需要确定拉索等效预张力，从而进行找形分析和张拉过程分析，确定施工张拉力、拉索制作长度和索长调节量等相关施工参数。找力分析可分两步骤：①第一步确定等效预张力分布模式：根据结构特点和设计初始态以及实际施工情况，确定在哪些预应力构件上施加等效预张力；②第二步按照一定的算法确定满足已知目标条件的等效预张力值。

10.2.1 拉索等效预张力找力分析

等效预张力找力分析一般采用迭代方法。保持结构模型完整性，根据一定的迭代策略不断调整拉索等效预张力，使平衡态的索力满足收敛标准。迭代法保持了结构完整性，且可考虑结构大变形采用几何非线性求解，能适用于半刚性结构和柔性结构，适用范围广；但需多次迭代求解，若迭代策略选择不当则迭代收敛缓慢甚至无法收敛。迭代公式是决定收敛速度和最终能否收敛的关键因素之一。表 10-1 列出了增量比值法、定量比值法、补偿法和退化补偿法的迭代公式和假定，各迭代法的共同假定是群索结构中索力相互影响小。

迭代法找力分析的假定和迭代公式 **表 10-1**

迭代方法	假定	迭代公式
增量比值法	$[k]^{(i)}=[k]^{(i-1)}$	$P_j^{(i)}=\frac{P_j^{(i-1)}-P_j^{(i-2)}}{F_j^{(i-1)}-F_j^{(i-2)}}(F_{Aj}-F_j^{(i-1)})+P_j^{(i-1)}$
定量比值法	$[k]^{(i)}=[k]^{(i-1)}$，$\{g\}=0$	$P_j^{(i)}=\frac{P_j^{(i-1)}}{F_j^{(i-1)}}F_{Aj}$

续表

迭代方法	假　定	迭　代　公　式
补偿法	$[k]^{(1)}=\cdots=[k]^{(i)}=[k]$ $\Delta P_j^{(i)}/\Delta F_j^{(i)}=\lambda_j=\lambda$ $(1\leqslant j\leqslant n)$	$P_j^{(i)}=\lambda(F_{Aj}-F_j^{(i-1)})+P_j^{(i-1)}$
退化补偿法	$[k]^{(1)}=\cdots=[k]^{(i)}=[k]$ $\lambda=1$ $(1\leqslant j\leqslant n)$	$P_j^{(i)}=F_{Aj}-F_j^{(i-1)}+P_j^{(i-1)}$

表10-1中F_{Aj}为第j根拉索的目标索力；$P_j^{(i)}$和$F_j^{(i)}$分别为第j根拉索第i次迭代的等效预张力和索力；$[k]^{(i)}$为第i次迭代的结构刚度；$\{g\}$为结构自重和其他外荷载的荷载向量；n为拉索根数；λ为补偿因子；$\Delta P_j^{(i)}=P_j^{(i)}-P_j^{(i-1)}$，$\Delta F_j^{(i)}=F_j^{(i)}-F_j^{(i-1)}$。

各迭代法通过迭代调整来弥补各自假定的不足。迭代的收敛速度以及能否收敛，关键之一就是所采取迭代方法的假定是否接近实际。若假定与实际相差甚远甚至相悖，则迭代难以收敛。根据表10-1，各迭代方法的特点为：

（1）增量比值法的假定条件最少，在可适用条件下其收敛速度更快。但存在的问题有：①若$F_j^{(i-1)}=F_j^{(i-2)}$，则迭代发散；②需赋两次初值。

（2）当预应力钢结构中存在稳定和大刚度的刚构，且结构自重等外载在拉索中产生的拉力与目标索力相比为小量时，则定量比值法较为适用。但存在问题有：①若$F_j^{(i-1)}=0$，则迭代发散；②若结构自重等外载在拉索中产生的拉力超过目标索力时，则需在拉索中施加负的等效预张力，即等效预压力，显然该情况与假定相悖，此时无法收敛；③若在某些特殊情况下目标索力$F_{Aj}=0$，则不适用。

（3）补偿法适用于结构整体刚度大，符合小变形理论，拉索等效预张力对结构刚度影响小，且各索刚度状况基本一致的预应力钢结构。补偿因子λ值是决定补偿法收敛速度和是否收敛的关键因素之一。过小的λ值，收敛速度慢；过大的λ值，则迭代容易波动难以收敛；合理的λ值需反复试算确定，这降低了整个找力分析效率。若结构中各索的刚度差异较大，则会出现部分拉索等效预张力收敛较快，而部分收敛较慢的情况，而总的收敛速度是由收敛速度最慢的那根拉索决定的，因此单一的补偿因子λ不能同时满足所有拉索的最佳需要，导致收敛速度难以有效提高。

（4）退化补偿法是补偿法的特例，即$\lambda=1$，适用于索端刚度大的情况，收敛稳定但速度慢。

对于张弦梁和弦支穹顶，可优先采用增量比值法和定量比值法；对于群索相互影响大的结构，如桅杆斜拉挑篷结构，则应采用退化补偿法。

10.2.2　找力分析实施步骤

对结构进行找形分析，以混合迭代法（等效预张力以等效初应变的方式施加）为例，具体实施步骤如下：

（1）赋初值，赋予各组拉索等效初应变值或等效温度值，一般可取

$$\varepsilon_i^{(1)}=F_i/(E_i\times A_i)\tag{10.1}$$

（2）进行几何非线性分析，提取拉索索力，判断索力值与目标索力的误差是否满足$e_i^{(1)}<e_{\lim}$，满足，则结束，否则继续；

（3）采用退化补偿法迭代公式：

$$\varepsilon_j^{(2)}=\lambda(F_j-F_j^{(1)})/E_jA_j+\varepsilon_j^{(1)} \tag{10.2}$$

以 $\varepsilon_j^{(2)}$ 进行第 2 次迭代；

（4）提取拉索索力，判断索力值与目标索力的误差是否满足 $e_i^{(2)}<e_{\lim}$，满足，则结束，否则继续；

（5）若 $F_j^{(i-1)}\neq F_j^{(i-2)}$，则采用增量比法公式：

$$\varepsilon_j^{(i)}=\frac{\varepsilon_j^{(i-1)}-\varepsilon_j^{(i-2)}}{F_j^{(i-1)}-F_j^{(i-2)}}(F_j-F_j^{(i-1)})+\varepsilon_j^{(i-1)} \tag{10.3}$$

若 $F_j^{(i-1)}=F_j^{(i-2)}$，则采用退化补偿法迭代式：

$$\varepsilon_j^{(i)}=(F_j-F_j^{(i-1)})/E_jA_j+\varepsilon_j^{(i-1)} \tag{10.4}$$

（6）重复第（5）步，直到误差满足 $e_i^{(i)}<e_{\lim}$退出迭代，找力完成。

10.3 游泳馆正交单层索网结构零状态找形分析

索网结构的零状态找形方法总体来说可分为正算法和反算法。找形过程与施工过程相同的叫正算法。找形过程与施工过程相反方法叫反算法，也叫倒拆法。

针对游泳馆的施工过程，零状态找形方法的正算和反算思路见图 10-3 和图 10-4。

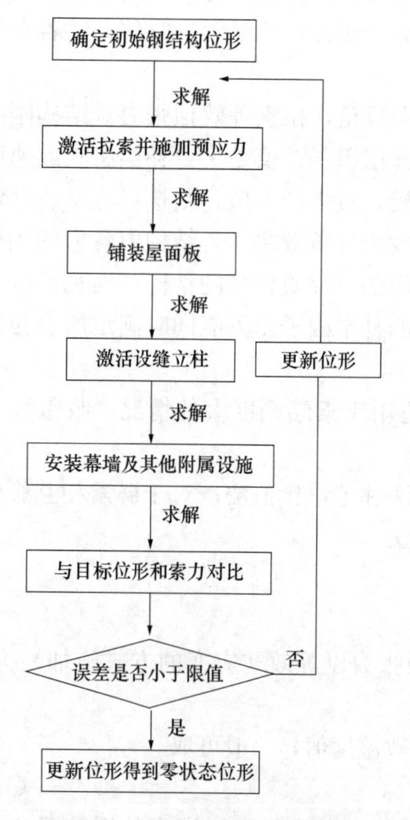

图 10-3　游泳馆正算法示意图

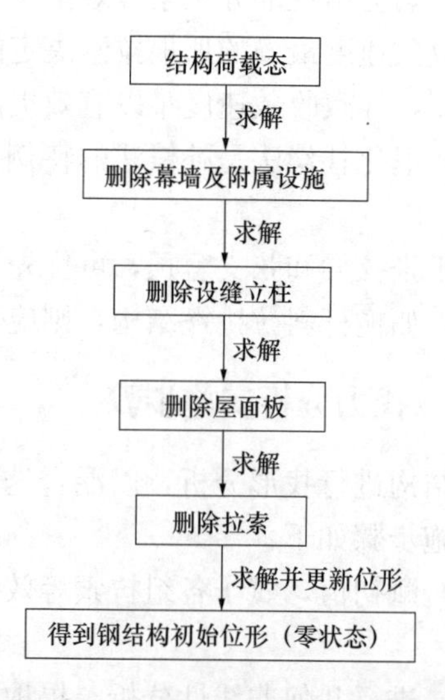

图 10-4　游泳馆反算法示意图

反算法在删除步骤结束后还需要进行施工过程分析对比结构恒载态的目标位形和索力。另外，真实的施工过程中，设缝立柱在焊接前后都是不受力的，内力为零，而反算法删除设缝立柱前，未焊接立柱的应力经计算最大拉应力为18.6MPa，最大压应力为31.9MPa。因此，反算法不适用于游泳馆工程，应采用正算法。

10.3.1 分析模型参数

采用大型通用有限元软件Ansys，考虑结构具有双重非线性（几何非线性和材料非线性），计算中考虑几何大变形和应力刚化效应。

（1）单元类型（表10-2）

结构单元类型 **表10-2**

构件		单元类型	ANSYS单元
拉索		索单元	Link10
钢构	外环梁	梁单元	Beam44
	V形立柱	梁单元	Beam44
屋面		面单元	Surf154
幕墙		面单元	Surf154
索夹及索头		质量单元	Mass21

（2）构件截面及材料特性

详见第9章。

（3）边界约束条件

详见第9章。

（4）荷载条件

详见第9章。

10.3.2 正交单层索网结构零状态找形分析结果

（1）零状态找形目标

结构在恒载态下的位形和索力达到设计目标值，位形误差在5mm以内，索力误差在5%以内。结构恒载态即结构体系完全建立（V形柱全部焊接、幕墙和屋面安装完毕），仅承受全部恒载的状态。

（2）索网与V形柱顶点编号

为方便对比找形和找力前后拉索索力及结构位形的差异，确定钢结构安装预调值，现把索网和V形柱柱顶节点编号如图10-5所示。

（3）零状态找形分析

游泳馆的零状态找形分析经历了三次找形，两次找力迭代过程。从图10-6、图10-7可知，在零状态找形过程中，结构z向位形最为敏感，找力后误差最大；x向位形误差和y向位形误差波动幅度不大，较为稳定；拉索索力误差成波浪形下降的趋势；结构位形误差和索力误差随着找形和找力的过程而交替增大或减小；最终拉索索力误差在3%以内，钢结构位移误差在4mm以内。

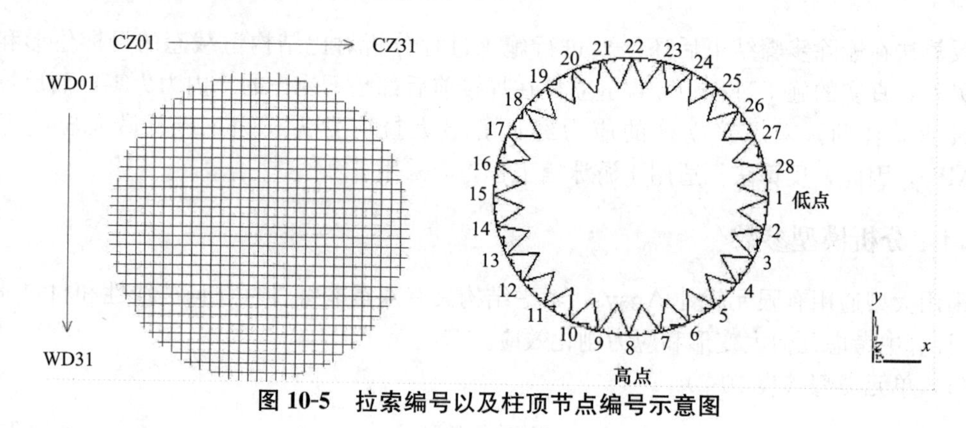

图 10-5 拉索编号以及柱顶节点编号示意图

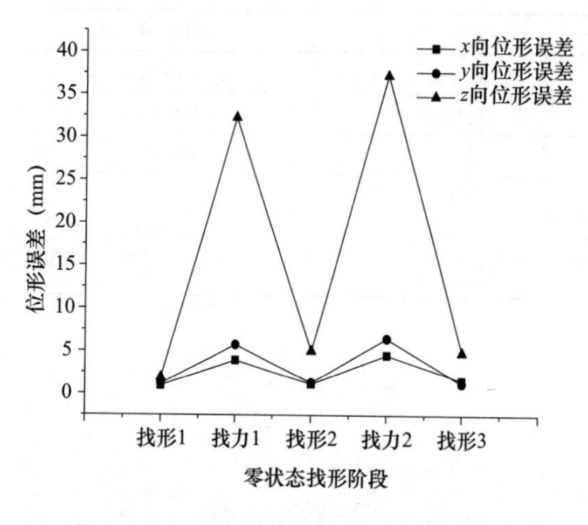

图 10-6 零状态找形过程结构位形误差

图 10-7 零状态找形过程结构索力误差

（4）钢结构安装预调值计算

钢结构安装预调值即钢结构零状态与设计图纸对应状态需要预调的节点坐标之差。钢结构在经过预调后，在目标状态下其位形和索力达到设计要求。游泳馆钢结构预调值见表10-3。由于结构的对称性，图 10-8 仅取 1/4 结构绘制。

柱顶节点位形预调值（单位：mm） 表 10-3

柱顶节点编号	安装坐标			设计坐标			预调值		
	x	y	z	x	y	z	dx	dy	dz
1	53541	0	21953	53578	0	21906	−37	0	47
2	52198	−11910	22449	52229	−11903	22406	−31	−7	43
3	48238	−23221	23842	48258	−23203	23817	−20	−18	25
4	41860	−33366	25855	41869	−33330	25853	−9	−36	2
5	33381	−41835	28089	33381	−41777	28109	0	−58	−20
6	23228	−48201	30103	23223	−48120	30142	5	−81	−39
7	11911	−52146	31503	11907	−52046	31556	4	−100	−53

续表

柱顶节点编号	安装坐标			设计坐标			预调值		
	x	y	z	x	y	z	dx	dy	dz
8	0	−53483	32010	0	−53375	32072	0	−108	−62
9	−11911	−52146	31503	−11907	−52046	31557	−4	−100	−54
10	−23228	−48200	30104	−23223	−48119	30143	−5	−81	−39
11	−33381	−41834	28089	−33381	−41776	28110	0	−58	−21
12	−41860	−33366	25855	−41869	−33330	25853	9	−36	2
13	−48238	−23221	23842	−48259	−23203	23817	21	−18	25
14	−52198	−11909	22449	−52228	−11903	22406	30	−6	43
15	−53541	0	21953	−53578	0	21906	37	0	47
16	−52198	11910	22449	−52229	11903	22406	31	7	43
17	−48238	23221	23842	−48258	23203	23817	20	18	25
18	−41860	33366	25855	−41869	33330	25853	9	36	2
19	−33381	41835	28089	−33381	41777	28109	0	58	−20
20	−23228	48201	30103	−23223	48120	30142	−5	81	−39
21	−11911	52146	31503	−11907	52046	31556	−4	100	−53
22	0	53483	32010	0	53375	32072	0	108	−62
23	11911	52146	31503	11907	52046	31556	4	100	−53
24	23228	48200	30104	23223	48119	30143	5	81	−39
25	33381	41834	28089	33381	41776	28110	0	58	−21
26	41860	33366	25855	41869	33330	25853	−9	36	2
27	48238	23221	23842	48259	23203	23817	−21	18	25
28	52198	11909	22449	52229	11903	22406	−31	6	43

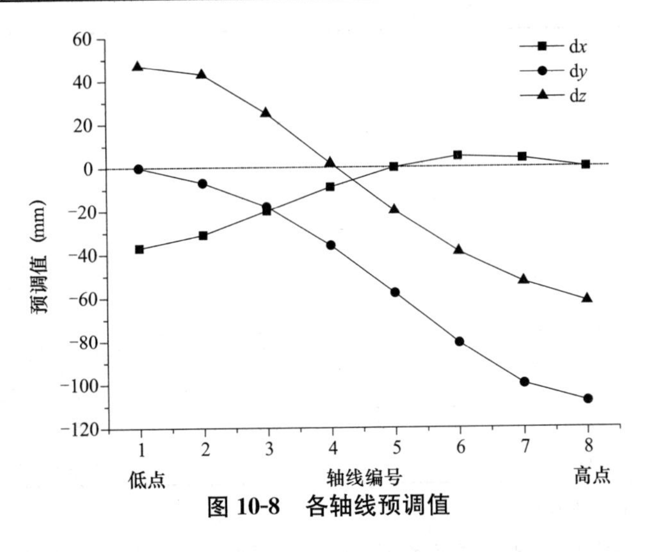

图 10-8 各轴线预调值

根据表 10-3 和图 10-8 可知，x 方向预调值低点大，高点为 0；y 方向预调值高点大，低点为 0；z 方向预调值高点和低点数值相近，但方向相反。

第 11 章　游泳馆正交单层索网结构施工过程模拟分析

索网结构的拉索预应力是在结构施工过程中逐渐建立起来的，施工过程中结构受力和变形状态与设计成形态存在诸多差异。在不同的施工阶段，索网内的索力以及位形都各不相同。拉索锚固的环梁及立柱的内力大小与分布在每个施工阶段也都不相同。另外，采用不同的施工方案整个施工过程结构受力差异也很大。因此，索网结构的施工过程模拟分析具有十分重要的意义。

本章针对前述两种拉索施工方案包括整体牵引提升方案和高空组装方案对索网施工过程分别进行模拟分析。

施工全过程模拟分析采用第 6 章中介绍的非线性动力有限元法（NDFEM），对结构按施工顺序的每个结构态逐一进行分析验算，模拟施工全过程，跟踪钢结构环梁、V 形柱应力及拉索索力和变形，保证施工安全，并为拉索施工张拉力的确定提供依据。

11.1　整体牵引提升施工过程模拟

（1）工况设置

根据索网结构的施工过程和施工方法，把整个索网施工过程合理地分为 12 个施工工况（表 11-1）。

整体牵引提升法分析工况设置　　表 11-1

<table>
<tr><th colspan="2">施工
阶段</th><th>工况号</th><th>牵引索
索长（mm）</th><th>备注</th></tr>
<tr><td rowspan="8">牵引
提升</td><td rowspan="6">阶段一</td><td>SG-1</td><td>10000</td><td rowspan="5">牵引索 CQ 提升，第一批牵引索端部靠近固定连接部位</td></tr>
<tr><td>SG-2</td><td>7000</td></tr>
<tr><td>SG-3</td><td>5000</td></tr>
<tr><td>SG-4</td><td>3000</td></tr>
<tr><td>SG-5</td><td>1000</td></tr>
<tr><td>SG-6</td><td>500</td><td rowspan="3">第一批和第二批承重索端部分别连接固定</td></tr>
<tr><td rowspan="2">阶段二</td><td>SG-7</td><td>0</td></tr>
<tr><td>SG-8</td><td>0</td></tr>
<tr><td rowspan="4">张拉</td><td rowspan="4">阶段三</td><td>SG-9</td><td>0</td><td>从两端向中间张拉稳定索，WD01～WD05、WD27～WD31 拉完成</td></tr>
<tr><td>SG-10</td><td>0</td><td>WD14～WD18 张拉完成</td></tr>
<tr><td>SG-11</td><td>0</td><td>拆除胎架</td></tr>
<tr><td>SG-12</td><td>0</td><td>稳定索张拉完成</td></tr>
</table>

（2）施工过程位形分析

在拉索施工过程中，需要对拉索结构位形进行跟踪，使索网始终保持一个合理稳定的形态。同时，牵引索的收缩长度、速度及牵引提升力都与拉索索网位形息息相关。因此，对牵引提升时拉索位形的模拟分析很有必要。

结构张拉阶段索网位形变化很小，现仅对牵引提升阶段的索网位形进行模拟分析。由于结构为 1/4 对称，施工过程中各工况的关键节点布置如图 11-1 所示。

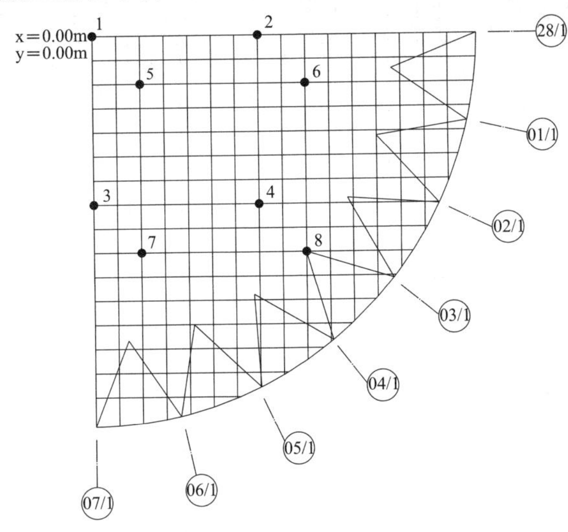

图 11-1　索网位形监测关键点设置

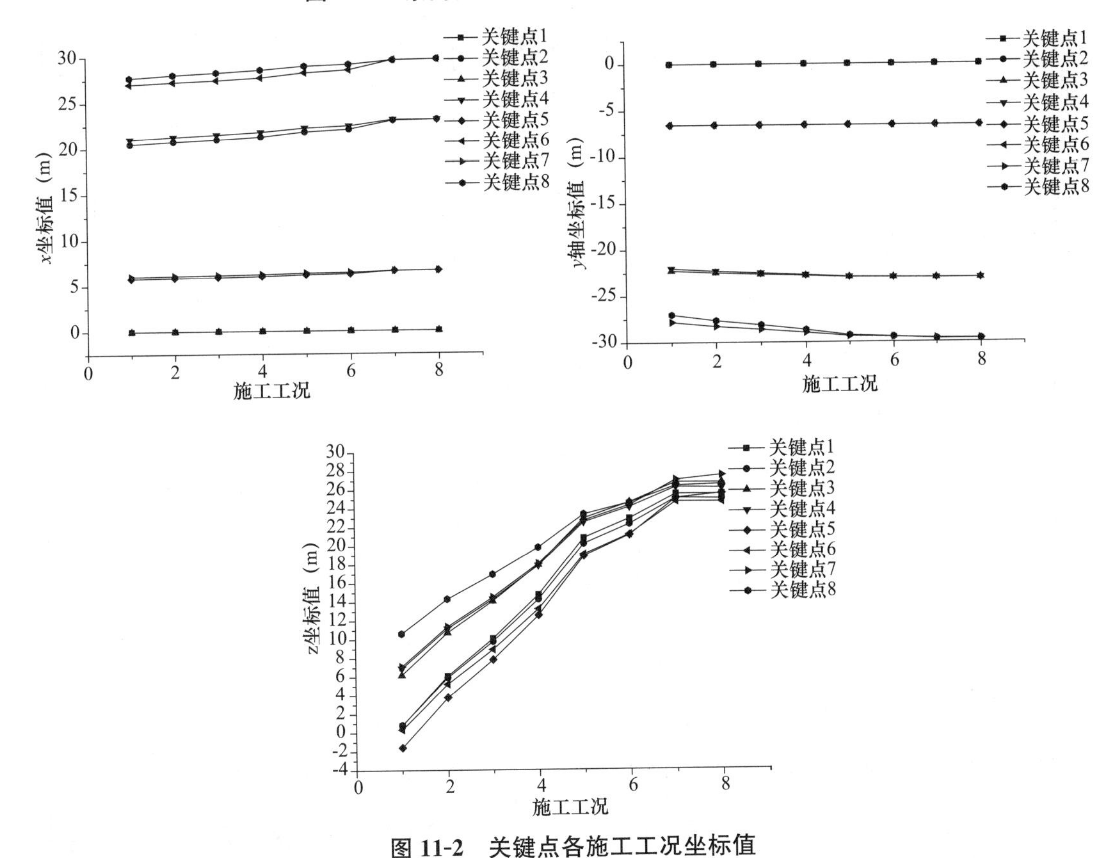

图 11-2　关键点各施工工况坐标值

由表 11-2、图 11-2 可见，在施工过程中，各关键点的水平坐标变化（包括 x 方向和 y 方向）较小；竖向坐标变化整体呈上升趋势，最大变化量约为 25m（向上）；同时，在牵引索提升过程中，各关键点的竖向坐标差逐渐减小并趋于固定值，说明索网的形态逐渐趋于稳定。

索网关键点在各工况下坐标(m)

表 11-2

施工阶段	工况号	1			2			3			4		
		x	y	z	x	y	z	x	y	z	x	y	z
牵引提升	SG-1	0.000	0.000	0.771	20.487	0.000	0.810	0.000	−22.247	6.197	21.019	−22.010	6.901
	SG-2	0.000	0.000	6.091	20.742	0.000	5.924	0.000	−22.481	10.720	21.279	−22.299	11.148
	SG-3	0.000	0.000	10.084	20.952	0.000	9.764	0.000	−22.641	14.075	21.490	−22.503	14.275
	SG-4	0.000	0.000	14.720	21.242	0.000	14.236	0.000	−22.805	17.923	21.759	−22.717	17.844
	SG-5	0.000	0.000	20.773	21.756	0.000	20.160	0.000	−22.974	22.879	22.184	−22.943	22.457
	SG-6	0.000	0.000	22.823	22.012	0.000	22.225	0.000	−23.017	24.540	22.387	−23.002	24.039
	SG-7	0.000	0.000	25.403	22.973	0.000	24.984	0.000	−23.056	26.650	23.047	−23.060	26.137
	SG-8	0.000	0.000	25.395	23.052	0.000	24.894	0.000	−23.063	26.613	23.052	−23.067	26.051
施工阶段	工况号	5			6			7			8		
		x	y	z	x	y	z	x	y	z	x	y	z
牵引提升	SG-1	5.798	−6.564	−1.575	27.035	−6.533	0.333	6.031	−27.815	7.114	27.728	−27.026	10.628
	SG-2	5.862	−6.571	3.774	27.253	−6.550	5.225	6.100	−28.281	11.360	28.031	−27.653	14.308
	SG-3	5.918	−6.575	7.808	27.436	−6.561	8.904	6.156	−28.615	14.481	28.267	−28.129	16.918
	SG-4	6.002	−6.580	12.532	27.700	−6.572	13.207	6.227	−28.976	18.038	28.544	−28.664	19.781
	SG-5	6.160	−6.584	18.837	28.215	−6.582	19.021	6.342	−29.375	22.639	28.928	−29.282	23.311
	SG-6	6.243	−6.586	21.066	28.495	−6.585	21.135	6.398	−29.484	24.244	29.094	−29.456	24.507
	SG-7	6.560	−6.586	24.973	29.575	−6.589	24.610	6.554	−29.612	26.893	29.537	−29.666	26.281
	SG-8	6.586	−6.589	25.451	29.636	−6.590	24.571	6.586	−29.651	27.380	29.640	−29.661	26.431

施工过程中各工况下索网结构整体位形如图 11-3 所示。

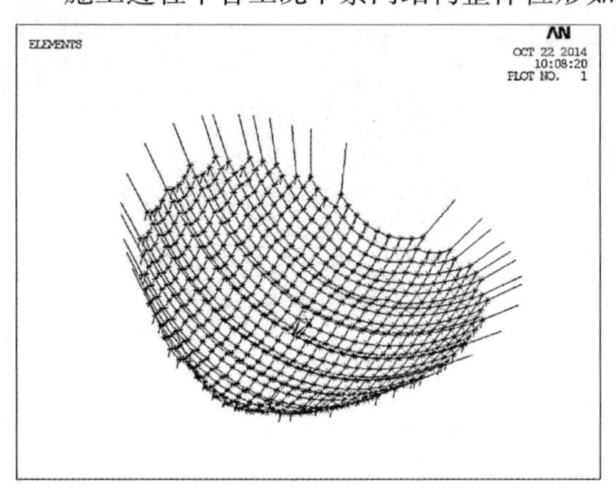

工况 1

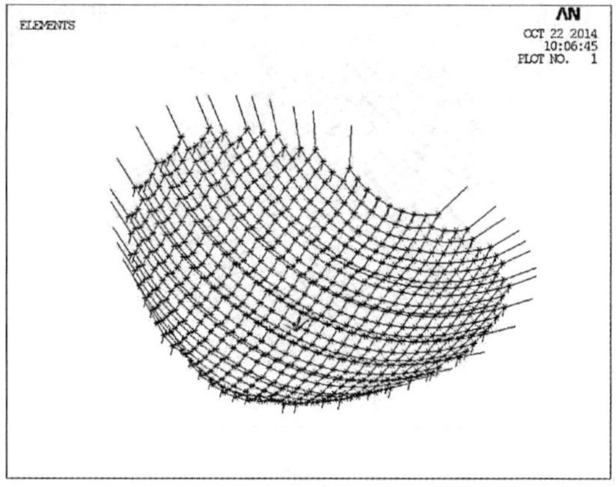

工况 2

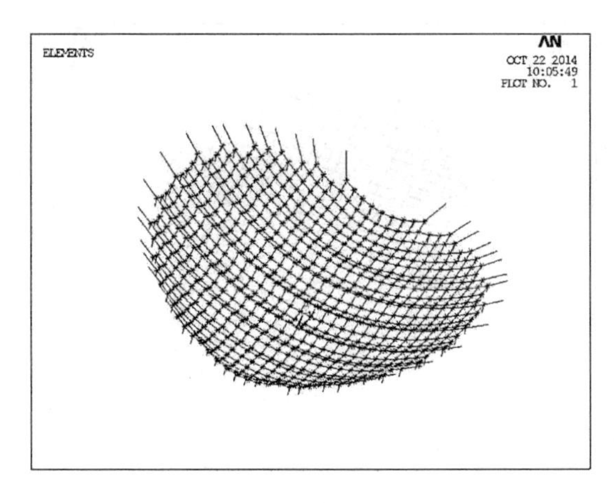

工况 3

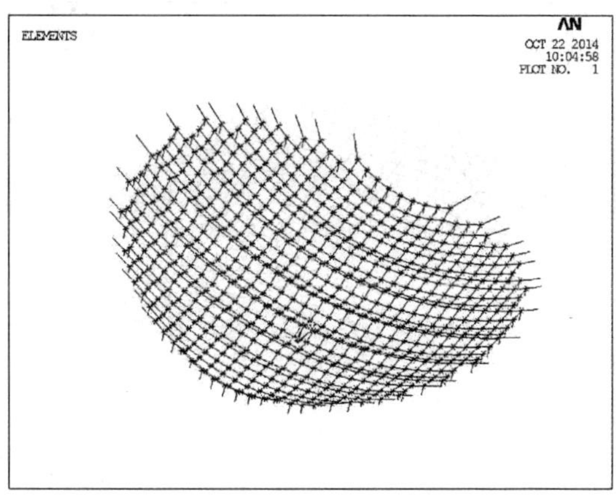

工况 4

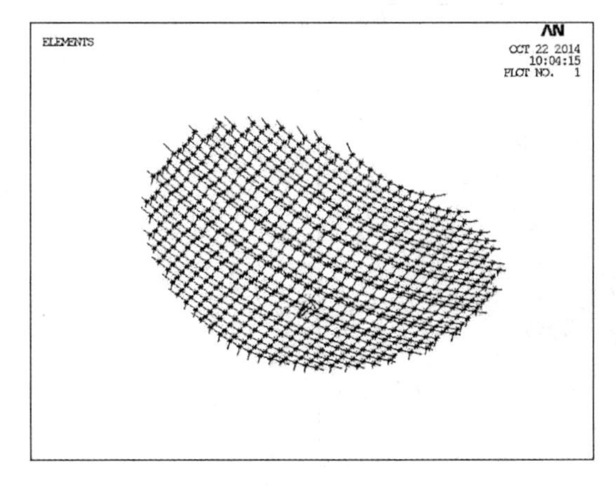

工况 5

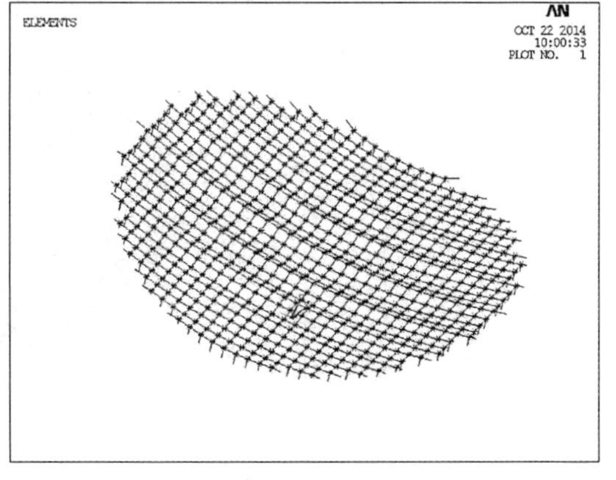

工况 6

图 11-3　各施工工况拉索整体位形图（一）

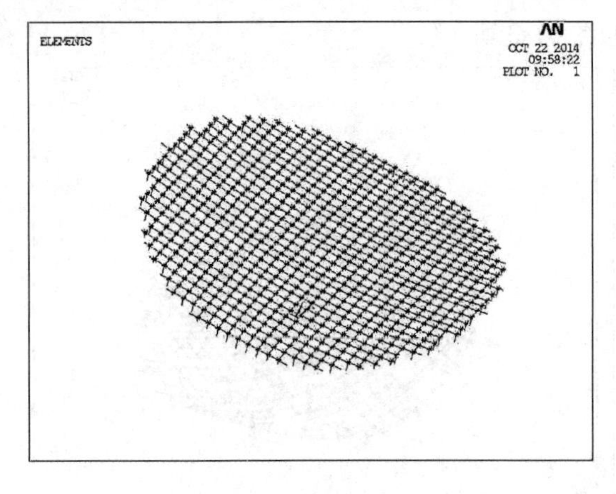

工况 7

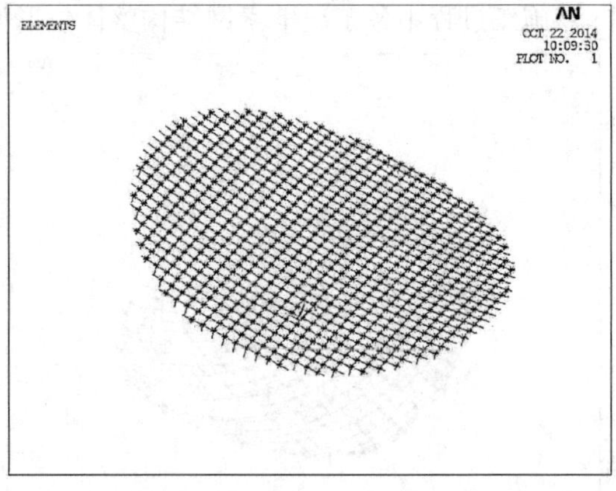

工况 8

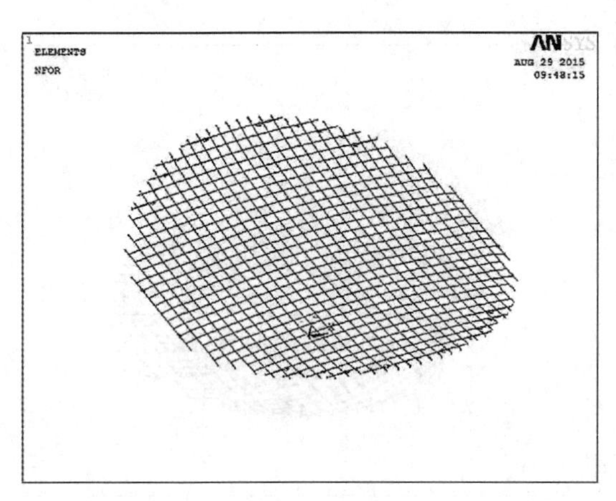

工况 9

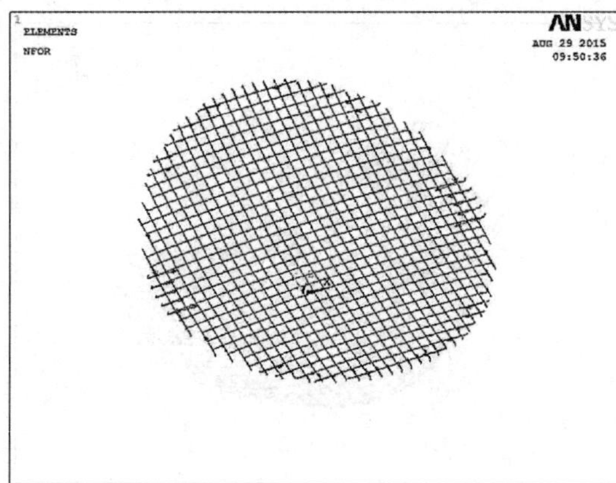

工况 10

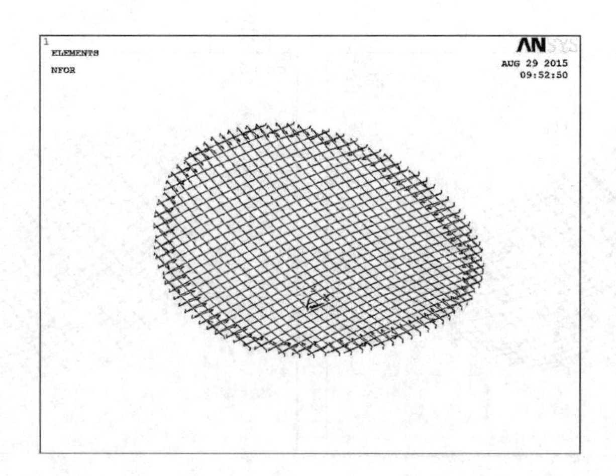

工况 12

图 11-3　各施工工况拉索整体位形图（二）

（3）施工过程索力分析

在拉索牵引提升的过程中，拉索的索力要进行跟踪分析，以确定牵引索的最大牵引力以及张拉时拉索的初始张拉力。通过分析结果，确定牵引索规格、张拉工装和张拉设备规格。

牵引过程各工况牵引索索力（单位：kN）　　　　**表 11-3**

施工阶段	工况号	CQ-16B	CQ-20B	CQ-23B	CQ-24B	CQ-26B	CQ-27B	CQ-28B	CQ-29B	CQ-30B	CQ-31B
牵引提升	SG-1	144.82	107.21	59.06	37.39	36.23	20.04	15.60	16.66	9.17	30.47
	SG-2	159.06	117.11	63.81	40.82	39.37	21.98	17.87	17.96	10.21	27.17
	SG-3	175.61	128.74	69.62	44.88	43.04	24.27	20.33	19.36	11.92	24.63
	SG-4	206.79	150.98	81.18	52.80	50.29	28.71	24.91	22.09	15.47	22.14
	SG-5	294.47	215.09	117.33	77.15	74.51	43.31	39.74	32.03	26.09	23.96
	SG-6	351.61	259.59	145.08	95.73	95.60	56.59	53.96	42.10	37.99	30.41
	SG-7	494.10	455.28	288.18	198.11	229.37	177.36	185.88	250.67	439.95	969.88

承重索锚固就位后索力（SG-8）　　　　**表 11-4**

编号	CQ-16B	CQ-17B	CQ-18B	CQ-19B	CQ-20B	CQ-21B	CQ-22B	CQ-23B
索力	129.45	128.72	128.51	132.71	143.77	130.96	128.04	147.48
编号	CQ-24B	CQ-25B	CQ-26B	CQ-27B	CQ-28B	CQ-29B	CQ-30B	CQ-31B
索力	128.56	139.75	154.82	155.25	161.97	208.71	370.06	832.75

由表 11-3、表 11-4、图 11-4 可以看出，在同步提升的过程中（SG-1 至 SG-6），各牵引索的索力缓慢增加，且索力维持在较低水平；当靠近锚固位置时（SG-7 至 SG-8），CQ-30B 和 CQ-31B 的索力均大幅增加，故在接近承重索接近环梁连接位置时，改换张拉设备进行牵引连接是必要的。

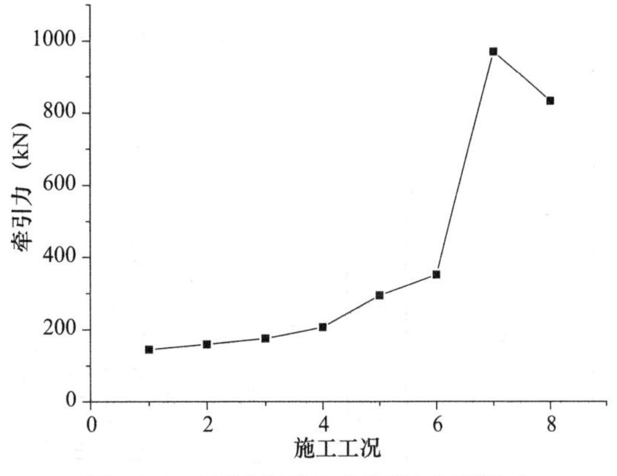

图 11-4　牵引提升工况下最大牵引力

牵引完成后，进行稳定索张拉，先从两边向中间依次对称分批张拉至 WD05 和 WD27，再从中间向两边张拉（中间同时张拉三根稳定索，再分别向两侧对称张拉），张拉索力及索力变化值见表 11-5。

表 11-5

张拉阶段拉索索力变化(单位:kN)

施工阶段	WD-01	WD-02	WD-03	WD-04	WD-05	WD-06	WD-07	WD-08	WD-09	WD-10	WD-11	WD-12	WD-13	WD-14	WD-15	WD-16
1	1067.6															
2	973.35	956.73														
3	941.53	853.82	849.94													
4	940.08	820.96	745.60	805.37												
5	955.82	821.37	698.29	676.81	839.79											
6	968.19	870.94	772.48	762.62	944.81										1232.2	1050.5
7	968.91	882.16	792.37	786.34	976.55									1211.8	932.26	899.52
8	885.08	811.73	755.73	808.12	1068.8									1294.7	956.21	913.57
9	899.88	835.79	783.94	834.04	1097.7								1325.4	899.08	779.72	755.66
10	909.00	852.78	804.70	851.89	1117.4							1349.5	966.88	788.67	709.59	695.48
11	917.22	869.35	824.33	863.77	1121.4						1282.0	1029.0	871.17	758.11	712.27	707.01
12	923.57	882.16	837.49	864.81	1103.4					1162.9	970.46	936.58	841.35	768.22	743.72	744.70
13	928.92	891.68	843.55	853.99	1061.7				1147.5	869.50	878.56	898.58	839.21	790.57	780.04	785.71
14	932.93	896.23	839.71	830.02	998.15			970.30	922.57	792.86	845.02	892.83	851.64	815.44	812.31	820.72
15	935.83	895.24	822.82	786.30	900.20		903.50	775.41	848.66	761.56	839.53	902.64	870.26	839.55	839.67	849.39
16	936.71	889.89	799.12	735.64	762.43	782.94	753.48	721.21	820.72	752.20	841.55	911.20	881.92	852.64	853.42	863.40

注:第 8 步为拆架,加粗数值为施工张拉力。

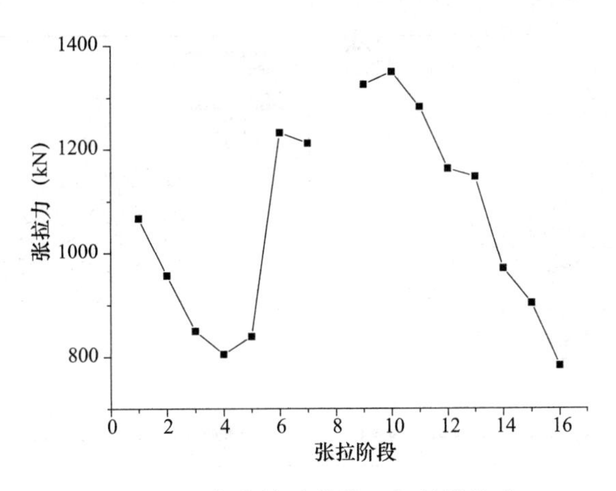

图 11-5　各张拉阶段施工初始张拉力

由表 11-5、图 11-5 可知，各稳定索施工张拉力差异较大，很不均匀。因此，针对不同的稳定索采用不同的张拉工装是一个十分经济的选择。同时，在施工过程中所有拉索的索力都不超过设计允许值，整个施工过程是安全有效的（图 11-6）。

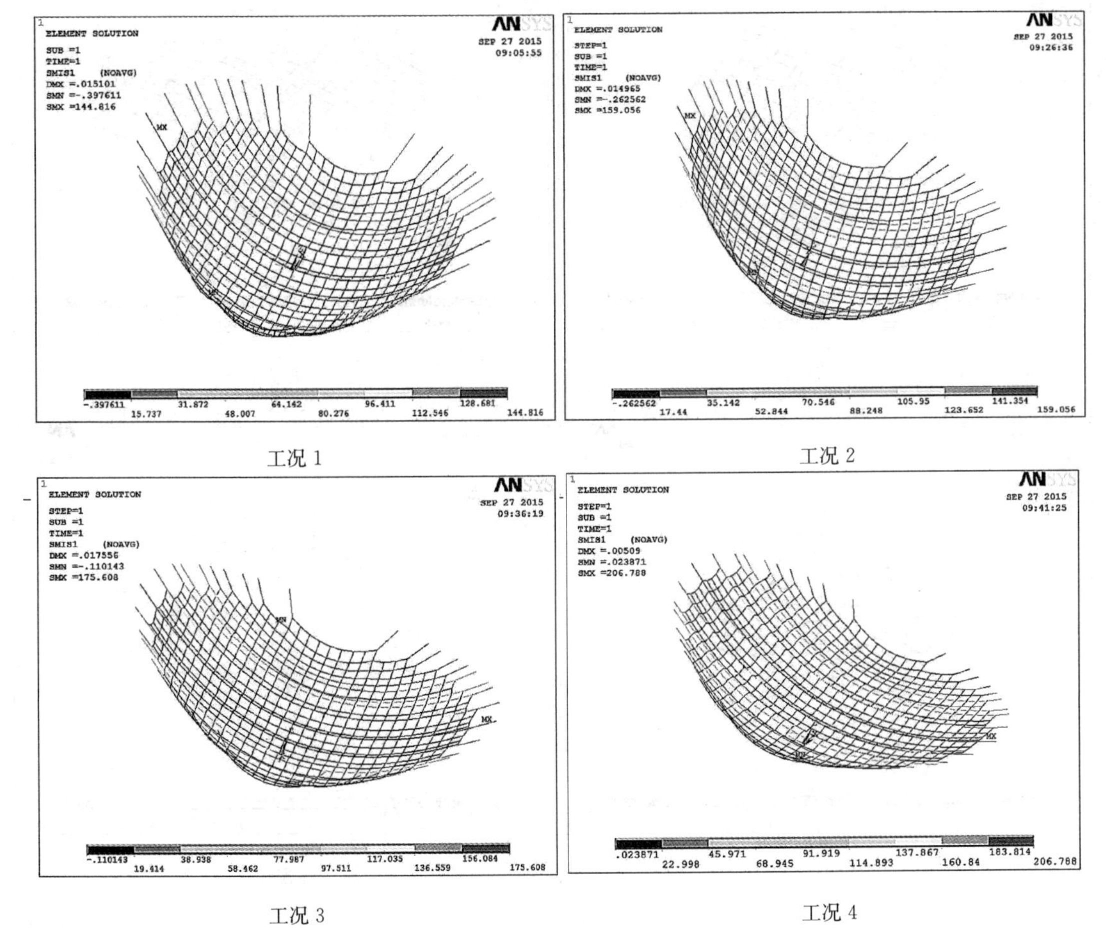

图 11-6　各工况下拉索索力（一）

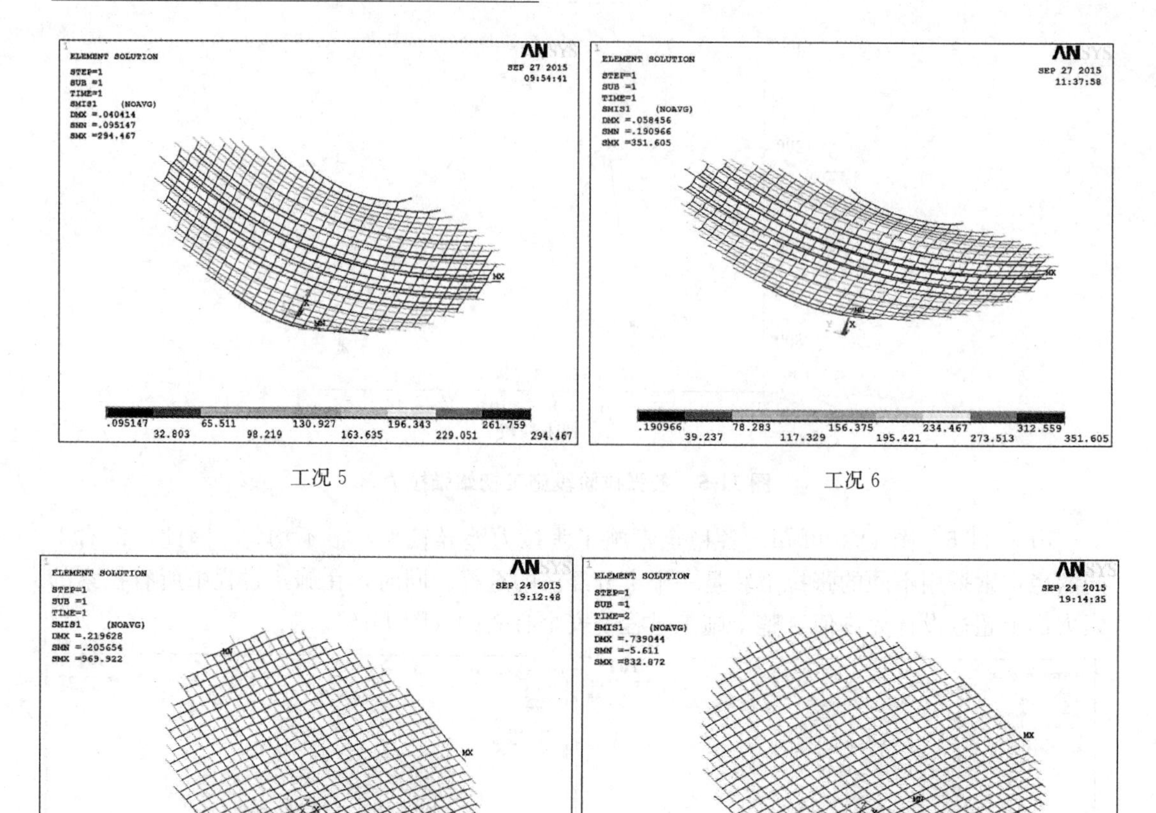

工况 5　　工况 6

工况 7　　工况 8

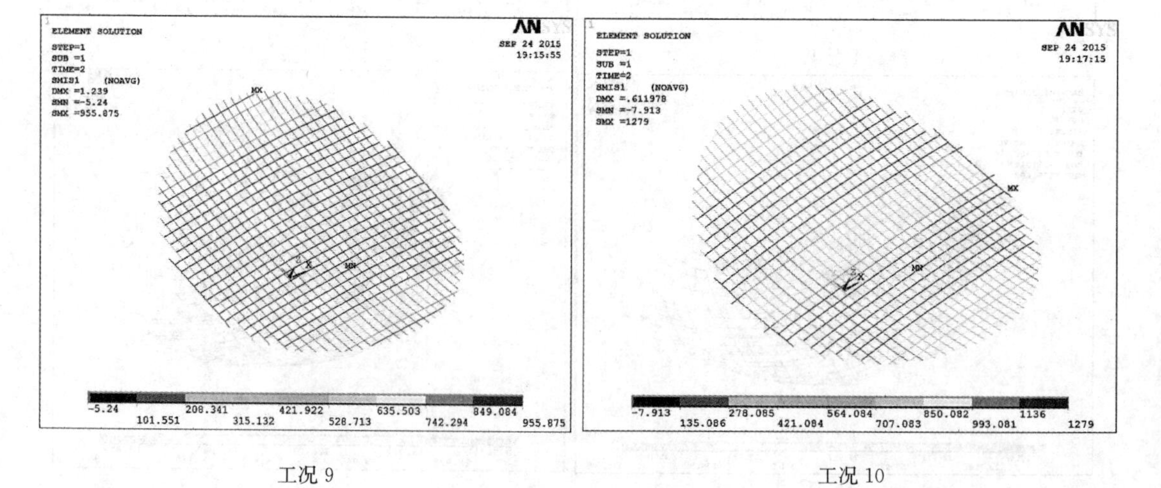

工况 9　　工况 10

图 11-6　各工况下拉索索力（二）

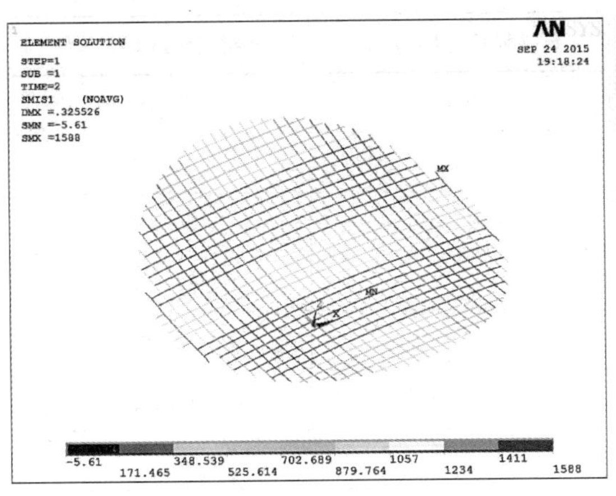

工况 11

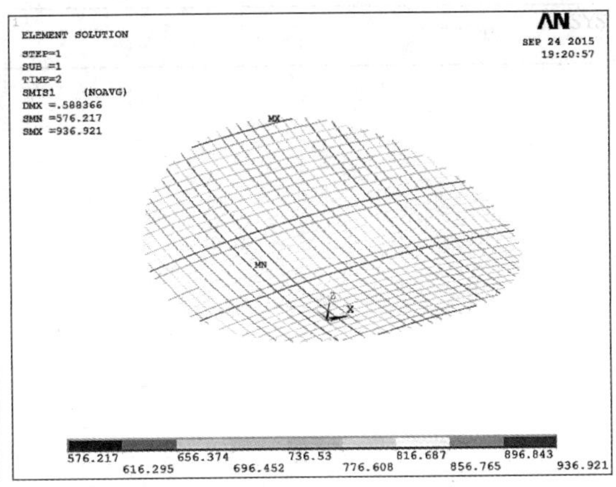

工况 12

图 11-6　各工况下拉索索力（三）

（4）施工过程钢结构应力分析

索网牵引提升和张拉过程中，会对周边钢结构柱和环梁产生影响，因此需验算在牵引提升各工况下钢结构最大应力值。另外，环梁之间的连接采用法兰连接，可承受较大压应力，但受拉承载力有限，故需要对施工过程中环梁的应力进行分析校核（表 11-6、表 11-7、图 11-7、图 11-8）。

索网牵引提升和张拉过程中柱截面应力值（单位：MPa）　　表 11-6

施工阶段	工况号	柱截面最大压应力	柱截面最大拉应力
阶段一	SG-1	−30.423	24.987
	SG-2	−30.801	24.974
	SG-3	−31.227	25.000
	SG-4	−32.007	25.110
	SG-5	−32.807	24.249
	SG-6	−31.481	27.415
阶段二	SG-7	−27.597	34.071
	SG-8	−26.727	34.374
阶段三	SG-9	−31.483	41.595
	SG-10	−40.934	52.160
	SG-12	−57.593	29.180

索网牵引提升和张拉过程中环梁截面应力值（单位：MPa）　　表 11-7

施工阶段	工况号	环梁截面最大压应力	环梁截面最大拉应力
阶段一	SG-1	−9.717	27.313
	SG-2	−10.113	27.092
	SG-3	−10.554	26.032
	SG-4	−11.306	26.769
	SG-5	−13.669	26.664
	SG-6	−15.530	26.672
阶段二	SG-7	−53.924	14.159
	SG-8	−47.664	12.353
阶段三	SG-9	−46.506	28.766
	SG-10	−192.095	1.028
	SG-12	−159.212	—

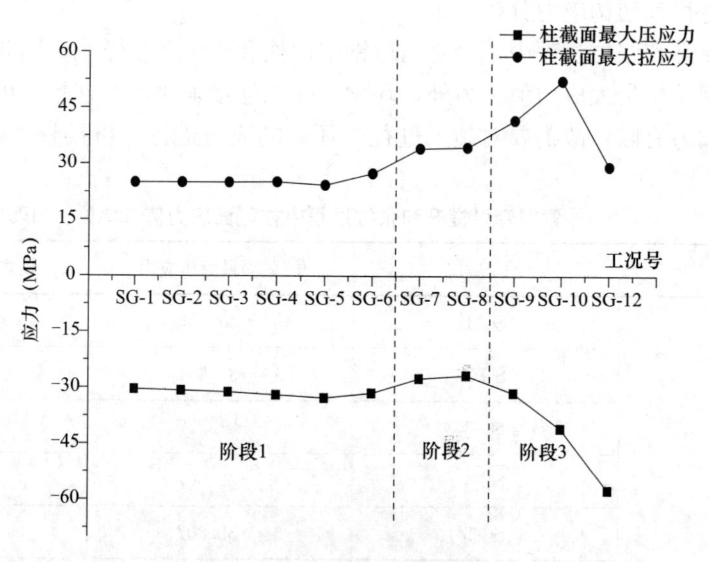

图 11-7　各施工工况柱截面应力

在施工过程中的第一阶段和第二阶段（SG-1 至 SG-8），由于牵引索力较小，在周边钢结构中产生的应力值维持在较低水平，数值略有增加，但各截面拉、压应力均未超过 70MPa。

在第三阶段中（SG-9 至 SG-11），即承重索已经提升到位，稳定索张拉的过程中，环梁截面拉、压应力值显著增长，部分应力值将近 200MPa，但随着张拉的进行，稳定索预应力逐渐建立，柱和环梁截面拉、压应力值均显著下降，直到张拉完成，柱截面应力在 50MPa 左右，环梁截面处于完全受压状态，压应力最大在 160MPa 左右。

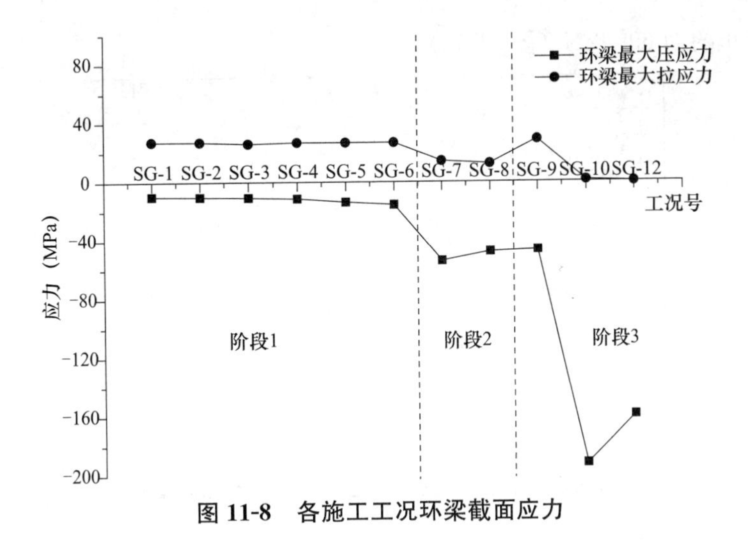

图 11-8　各施工工况环梁截面应力

11.2　索网高空组装施工过程模拟

（1）工况设置

根据索网结构的施工过程和施工方法，把整个索网施工过程合理地分为 6 个施工工况（表 11-8）。与整体提升方案相比，二者有相同的索网张拉方案，区别在于整体牵引提升的提升阶段和高空组装方案的溜索阶段。高空组装方案的分析工况设置较为简单明了，施工过程模拟也较整体提升方案要方便得多。

施工过程分析工况表　　**表 11-8**

施工阶段		工况号	备　注
溜索	阶段 1	SG-1	承重索溜索就位
		SG-2	稳定索安装就位
张拉	阶段 2	SG-3	从中间向两端张拉稳定索，WD01～ WD05、WD27～WD31 张拉完成
		SG-4	WD14～WD18 张拉完成
		SG-5	拆除胎架
		SG-6	稳定索张拉完成

（2）溜索分析

承重索和稳定索通过溜索的方式就位，在溜索前要确定工装索的垂跨比，而导索（1860 级钢绞线）的内力与垂跨比息息相关。本节以跨中最长的承重索为例计算导索索力。

通过分析，在溜索过程中，导索最大索力为 112kN，此时拉索中索力为 0，选用 1860 级 ϕ15.2 钢绞线可以满足要求，且拉索可以轻松地连接到环梁端板上（图 11-9）。承重索溜索就位后端部对称各 2 根垂跨比较小，索长较短，索力最大为 709.6kN，其余承重索索力均较小，最小的为 69. 9kN（图 11-10）。

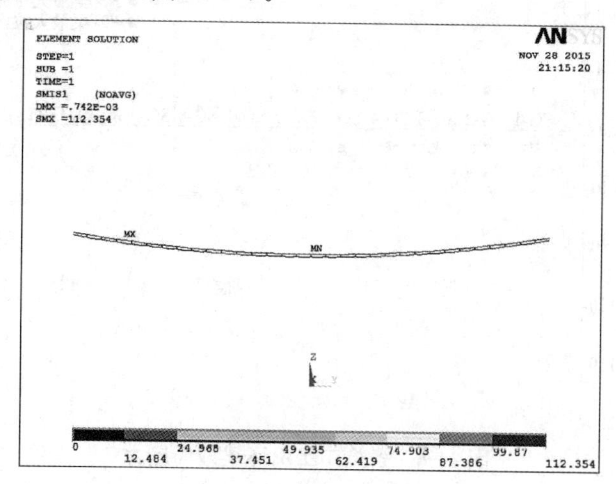

图 11-9　溜索就位索力图（单位：kN）

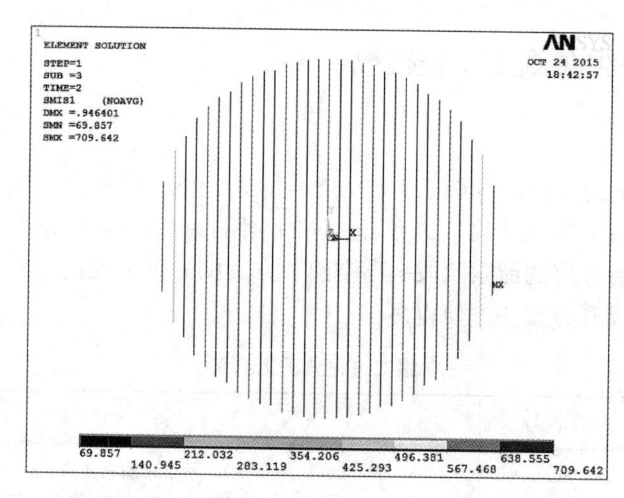

图 11-10　阶段 1 承重索溜索就位索力图（单位：kN）

稳定索安装就位后及张拉阶段的索力、位移、钢结构应力等各结构参数与整体牵引提升的方法一致。

第 12 章 游泳馆正交单层索网结构索长误差影响分析

对于正交索网结构，拉索的形态和索力对结构的刚度和承载力有着十分重要的影响。为了了解施工过程中索长误差和钢结构安装（索网外联节点）误差对结构自重初始态索力的影响，有必要对索长误差和钢结构安装误差进行相应的误差影响分析。尤其对于定长拉索且不设调节量的索网结构来说，通过索长误差影响分析确定拉索制作误差和钢结构安装误差的标准是一项十分有意义的工作。

12.1 误差分析方法

误差对索网结构的影响与索网结构的特性密切相关。根据索网形式和施工方案将拉索分为主动索和被动索，通过张拉主动索，在整体结构中建立预应力。根据拉索是否直接与外围结构连接，分为外联索和内联索。外联索与外围结构连接的节点即为外联节点。这些误差可表示为矩阵形式。

$$\Delta_{(i)}=\begin{bmatrix}\Delta_{L(i)}^{\mathrm{OP}} & \Delta_{C(i)}^{\mathrm{OP}} & 0\\ \Delta_{L(i)}^{\mathrm{IP}} & 0 & 0\\ \Delta_{L(i)}^{\mathrm{A}} & \Delta_{C(i)}^{\mathrm{A}} & \Delta_{T(i)}^{\mathrm{A}}\end{bmatrix}=\begin{bmatrix}\delta_{l(i,1)}^{\mathrm{op}} & \delta_{c(i,1)}^{\mathrm{op}} & 0\\ \delta_{l(i,2)}^{\mathrm{op}} & \delta_{c(i,2)}^{\mathrm{op}} & 0\\ \vdots & \vdots & \vdots\\ \delta_{l(i,k)}^{\mathrm{op}} & \delta_{c(i,k)}^{\mathrm{op}} & 0\\ \delta_{l(i,1)}^{\mathrm{ip}} & 0 & 0\\ \delta_{l(i,2)}^{\mathrm{ip}} & 0 & 0\\ \vdots & \vdots & \vdots\\ \delta_{l(i,m)}^{\mathrm{ip}} & 0 & 0\\ \delta_{l(i,1)}^{\mathrm{a}} & \delta_{c(i,1)}^{\mathrm{a}} & \delta_{t(i,1)}^{\mathrm{a}}\\ \delta_{l(i,2)}^{\mathrm{a}} & \delta_{c(i,2)}^{\mathrm{a}} & \delta_{t(i,2)}^{\mathrm{a}}\\ \vdots & \vdots & \vdots\\ \delta_{l(i,n)}^{\mathrm{a}} & \delta_{c(i,n)}^{\mathrm{a}} & \delta_{t(i,n)}^{\mathrm{a}}\end{bmatrix} \tag{12.1}$$

其中：$\Delta_{(i)}$是结构第 i 个误差工况的误差矩阵；$\Delta_{L(i)}^{\mathrm{OP}}$是外联被动索索长误差列向量；$\Delta_{C(i)}^{\mathrm{OP}}$是外联被动索节点安装坐标误差列向量；$\Delta_{L(i)}^{\mathrm{IP}}$是内联被动索索长误差列向量；$\Delta_{L(i)}^{\mathrm{A}}$是主动索索长误差列向量；$\Delta_{C(i)}^{\mathrm{A}}$是主动索节点安装坐标误差列向量；$\Delta_{T(i)}^{\mathrm{A}}$是主动索张拉力误差列向量；$k$、$m$ 和 n 分别是外联被动索、内联被动索和主动索的数量；$\delta_{l(i,j)}^{\mathrm{op}}$是结构第 i 个误差工况下第 j 个外联被动索索长误差的值（$j=1$，2，…，k）；$\delta_{c(i,j)}^{\mathrm{op}}$是结构第 i 个误差工

况下第 j 个外联被动索节点安装坐标误差的值（$j=1,2,\cdots,k$）；$\delta^{ip}_{l(i,j)}$ 是结构第 i 个误差工况下第 j 个内联被动索索长误差的值（$j=1,2,\cdots,m$）；$\delta^{a}_{l(i,j)}$ 是结构第 i 个误差工况下第 j 个主动索索长误差的值（$j=1,2,\cdots,n$）；$\delta^{a}_{c(i,j)}$ 是结构第 i 个误差工况下第 j 个主动索节点安装坐标误差的值（$j=1,2,\cdots,n$）；$\delta^{a}_{t(i,j)}$ 是结构第 i 个误差工况下第 j 个主动索张拉力误差的值（$j=1,2,\cdots,n$）。

通过分析可得，外联索节点安装坐标误差相当于是额外增加的外联索索长误差。因此，外联索总的索长误差可以定义为：$e^{op}_{lc(i,j)}=e^{op}_{l(i,j)}+e^{op}_{c(i,j)}$（$j=1,2,\cdots,k$）。则式(13.1) 可改写为（$k+m+n$）×2 的矩阵（式（12.2））。

$$\Delta_{(i)}=\begin{bmatrix}\Delta^{OP}_{LC(i)} & 0\\ \Delta^{IP}_{L(i)} & 0\\ \Delta^{A}_{LC(i)} & \Delta^{A}_{T(i)}\end{bmatrix}=\begin{bmatrix}\Delta^{OP}_{L(i)}+\Delta^{OP}_{C(i)} & 0\\ \Delta^{IP}_{L(i)} & 0\\ \Delta^{A}_{L(i)}+\Delta^{A}_{C(i)} & \Delta^{A}_{T(i)}\end{bmatrix}=\begin{bmatrix}\delta^{op}_{l(i,1)}+\delta^{op}_{c(i,1)} & 0\\ \delta^{op}_{l(i,2)}+\delta^{op}_{c(i,2)} & 0\\ \vdots & \vdots\\ \delta^{op}_{l(i,k)}+\delta^{op}_{c(i,k)} & 0\\ \delta^{ip}_{l(i,1)} & 0\\ \delta^{ip}_{l(i,2)} & 0\\ \vdots & \vdots\\ \delta^{ip}_{l(i,m)} & 0\\ \delta^{a}_{l(i,1)}+\delta^{a}_{c(i,1)} & \delta^{a}_{t(i,1)}\\ \delta^{a}_{l(i,2)}+\delta^{a}_{c(i,2)} & \delta^{a}_{t(i,2)}\\ \vdots & \vdots\\ \delta^{a}_{l(i,n)}+\delta^{a}_{c(i,n)} & \delta^{a}_{t(i,n)}\end{bmatrix} \tag{12.2}$$

则索长和索力可表示为：

$$l^{op}_{0(i,j)}=l^{op}_{0(j)}+\delta^{op}_{lc(i,j)}=l^{op}_{0(j)}+\delta^{op}_{l(i,j)}+\delta^{op}_{c(i,j)}\quad (j=1,2,\cdots,k) \tag{12.3}$$

$$l^{ip}_{0(i,j)}=l^{ip}_{0(j)}+\delta^{ip}_{l(i,j)}\quad (j=1,2,\cdots,m) \tag{12.4}$$

$$l^{a}_{0(i,j)}=l^{a}_{0(j)}+\delta^{a}_{lc(i,j)}=l^{a}_{0(j)}+\delta^{a}_{l(i,j)}+\delta^{a}_{c(i,j)}\quad (j=1,2,\cdots,n) \tag{12.5}$$

$$t^{a}_{(i,j)}=(1+\delta^{a}_{t(i,j)})\,t^{a}_{0(j)}\quad (j=1,2,\cdots,n) \tag{12.6}$$

则初应变可表示为：

$$\varepsilon^{op}_{(i,j)}=l^{op}_{(j)}/l^{op}_{0(i,j)}-1\quad (j=1,2,\cdots,k) \tag{12.7}$$

$$\varepsilon^{ip}_{(i,j)}=l^{ip}_{(j)}/l^{ip}_{0(i,j)}-1\quad (j=1,2,\cdots,m) \tag{12.8}$$

$$\varepsilon^{a}_{(i,j)}=l^{a}_{(j)}/l^{a}_{0(i,j)}-1\quad (j=1,2,\cdots,n) \tag{12.9}$$

其中：$\Delta_{LC(i)}^{OP}$和$\Delta_{LC(i)}^{A}$分别为外联被动索总的索长误差和主动索总的索长误差；$l_{(j)}^{op}$、$l_{(j)}^{ip}$和$l_{(j)}^{a}$分别为第j根外联、内联被动索和主动索的模型索长；$l_{0(i,j)}^{op}$、$l_{0(i,j)}^{ip}$和$l_{0(i,j)}^{a}$分别为第j根外联、内联被动索和主动索在第i个误差工况下的原长；$l_{0(j)}^{op}$、$l_{0(j)}^{ip}$和$l_{0(j)}^{a}$分别为第j根外联、内联被动索和主动索的理论原长；$t_{(i,j)}^{a}$为第j根主动索在第i个误差工况下的索力；$t_{0(j)}^{a}$为第j根主动索的理论索力。

通常有索长误差的误差分析中，索力受$\Delta_{LC(i)}^{OP}$、$\Delta_{L(i)}^{IP}$和$\Delta_{LC(i)}^{A}$的影响。但有索长误差和索力误差等多种误差的误差分析中，主动索的索力是确定的，且等于（$1+\Delta_T$）T_0，即不受$\Delta_{LC(i)}^{OP}$、$\Delta_{L(i)}^{IP}$和$\Delta_{LC(i)}^{A}$的影响。因此，可以利用小弹性模量方法进行误差分析：

（1）将主动索的弹性模量乘以一个很小的折减系数（式（12.10））。

（2）根据$t_{(i,j)}^{a}$确定主动索的初应变（式（12.11））。

（3）在力平衡态下，得到模型中主动索的索力$f_{(i,j)}^{a}$（式（12.12））。

可见，若$\eta\approx0$，则$\Delta f_{(i,j)}^{a}\approx0$，即$f_{(i,j)}^{a}\approx t_{(i,j)}^{a}$。只要$\eta$足够小，就可以很容易改变主动索的索力，提高模型分析效率。

$$E_{(j)}^{a}=\eta\cdot E_{0(j)}^{a}\quad(j=1,2,\cdots,n)\tag{12.10}$$

$$\varepsilon_{(i,j)}^{a}=t_{(i,j)}^{a}/(\eta E_{0(j)}^{a}A_{0(j)}^{a})\quad(j=1,2,\cdots,n)\tag{12.11}$$

$$f_{(i,j)}^{a}=t_{(i,j)}^{a}+\Delta f_{(i,j)}^{a}=t_{(i,j)}^{a}+\eta E_{0(j)}^{a}A_{0(j)}^{a}\Delta l_{(i,j)}^{a}/l_{(j)}^{a}\quad(j=1,2,\cdots,n)\tag{12.12}$$

其中：η为弹性模量折减系数；$E_{0(j)}^{a}$、$A_{0(j)}^{a}$和$l_{(j)}^{a}$分别为第j根主动索的设计弹模、截面积和索长；$E_{(j)}^{a}$为第j根主动索乘以折减系数后的弹性模量；$\varepsilon_{(i,j)}^{a}$为第i个误差工况下第j根主动索的初应变；$t_{b(i,j)}^{a}$、$\Delta t_{b(i,j)}^{a}$和$\Delta l_{(i,j)}^{a}$分别为第i个误差工况下第j根主动索的张拉力、张拉力增量和索长增量；$f_{(i,j)}^{a}$和$\Delta f_{(i,j)}^{a}$分别为第i个误差工况下模型中第j根主动索的索力和索力增量。

12.2　游泳馆索长误差影响分析

12.2.1　误差模拟

（1）基本假设：假设制作索长误差和索网外联节点安装误差，都满足均值为0的正态分布，其3倍标准方差为误差限值。

（2）误差分布模式：索长误差沿索长按照各索段长度比例分布；外联节点安装误差布置在索端。

（3）误差样本数量：1000个。

图12-1是其中一根拉索随机产生1000个工况下的索长误差，最大值为0.01371，最小值为−0.01364，平均值为0.00002，方差为0.00003，服从正态分布。

误差分析标准：根据《索结构技术规程》JGJ 257—2012，结构自重初始态下索网施工完成后，索力偏差应≤±10%。

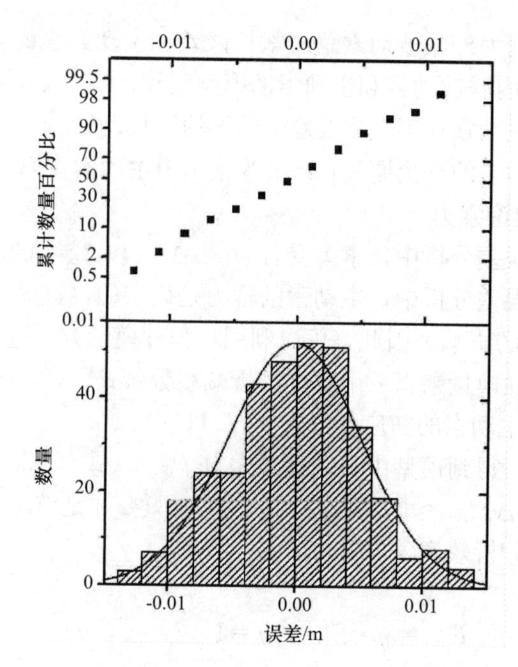

图 12-1　一根拉索在 1000 个误差工况中的索长分布情况

12.2.2　误差条件

游泳馆的结构特点为拉索采用定长索，索端不设置调节量。根据此结构特点，结合 DIN EN 10213 和《索结构技术规程》JGJ 257—2012，设计方提出了更加严格的拉索索长制作误差的限制标准。因此设置了三个误差限值条件，得出每个误差限值条件下结构成形时最终的索力误差。通过比较分析对三个误差限值条件作出合理的评价（表 12-1）。

误差限值条件设置　　表 12-1

误差条件	索长误差	外联节点安装误差
Ⅰ	$L\leqslant$50m，$\Delta\leqslant\pm$15mm；50m$<L\leqslant$100m，$\Delta\leqslant\pm$20mm；$L>$100m，$\Delta\leqslant\pm L/5000$	—
Ⅱ	$L\leqslant$100m，$\Delta\leqslant\pm$10mm；$L>$100m，$\Delta\leqslant\pm L/10000$	—
Ⅲ	$L\leqslant$100m，$\Delta\leqslant\pm$10mm；$L>$100m，$\Delta\leqslant\pm L/10000$	$\Delta\leqslant\pm$30mm
Ⅳ	$L\leqslant$100m，$\Delta\leqslant\pm$10mm；$L>$100m，$\Delta\leqslant\pm L/10000$	以索力误差≤±10%计算

12.2.3　误差分析

（1）误差条件Ⅰ

经过分析，索力误差延索长分布较为均匀，边索的索力误差较大，最大索力误差达到 19.24%，索力误差最大处位于 CZ01；承重索索力误差在 8.82%～19.24%之间，仅 CZ12 和 CZ20 的误差值小于 10%，其余均大于 10%的限值；稳定索索力误差在 5.76%～15.2%之间，WD01～WD04、WD28～WD31 共 8 根索索力误差大于 10%，不能满足要求

（图 12-2、图 12-3）。

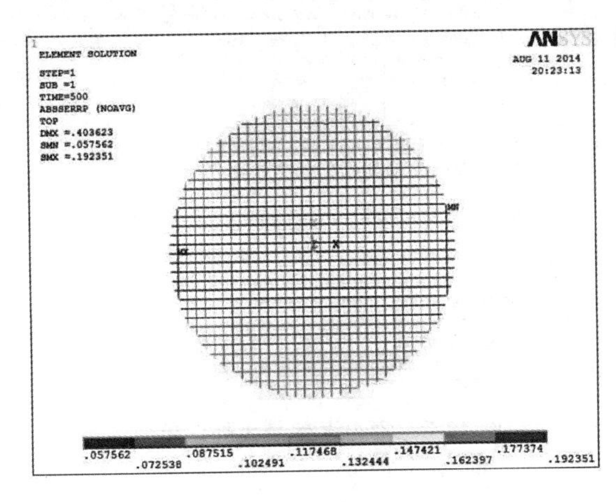

图 12-2　索力误差绝对值分布

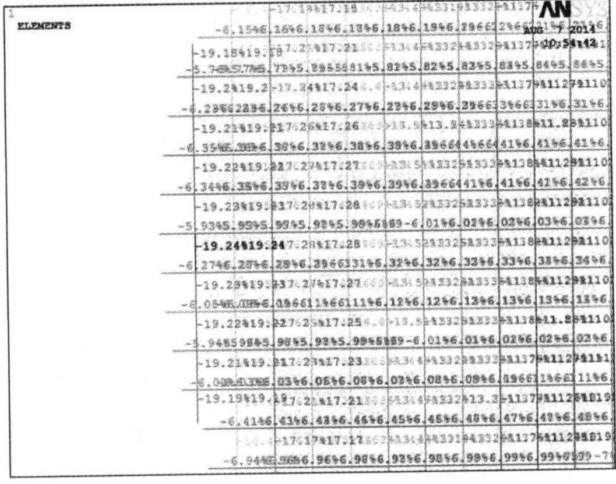

图 12-3　索力误差最大处误差值

（2）误差条件Ⅱ

经过分析，索力误差延索长分布较为均匀，边索的索力误差较大，最大索力误差达到 12.78%，索力误差最大处位于 CZ01；承重索索力误差在 4.41%～12.78%之间，稳定索索力误差在 2.88%～10.09%之间；除 CZ01、CZ31、WD01、WD31 不能满足要求外，其他拉索均满足规范要求（图 12-4、图 12-5）。

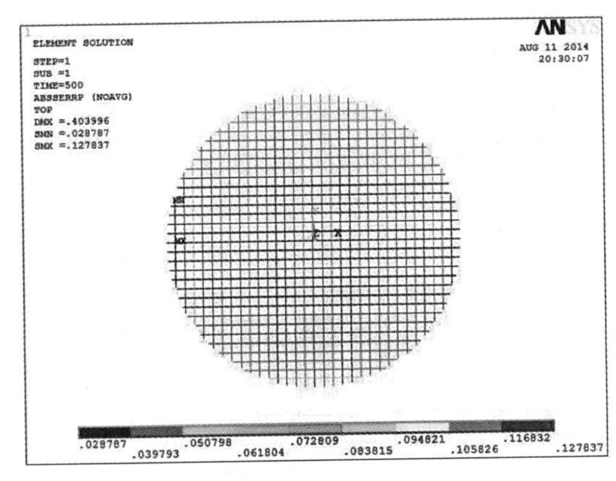

图 12-4　索力误差绝对值分布图

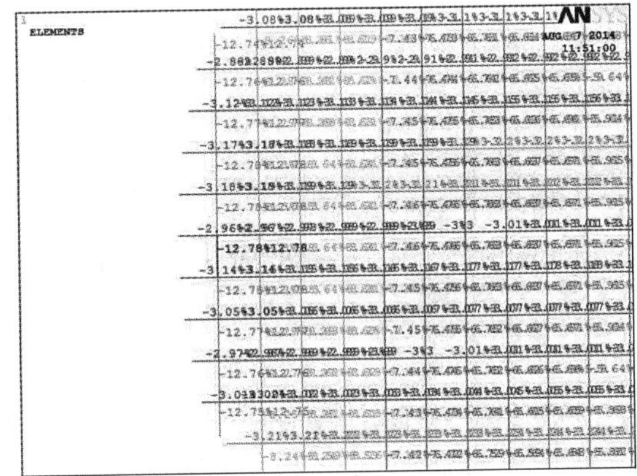

图 12-5　索力误差最大处误差值

（3）误差条件Ⅲ

经过分析，由于增加了索端外联节点安装误差，索力偏差沿索长分布不均匀，误差延索长分布中部小，索端大；边索的索力误差较大，最大索力误差达到 58.54%，索力误差最大处位于 CZ31；承重索索力误差在 16.54%～58.54%之间，稳定索索力误差在 10.23%～43.9%之间；所有拉索索力误差均超过规范允许值（≤±10%）（图 12-6、图 12-7）。

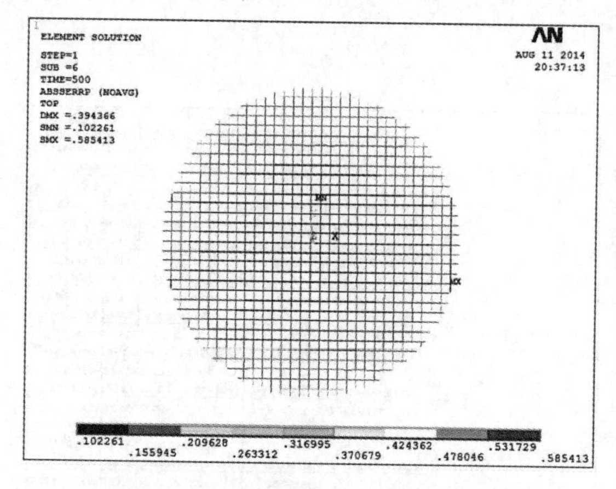

图 12-6　索力误差绝对值分布图

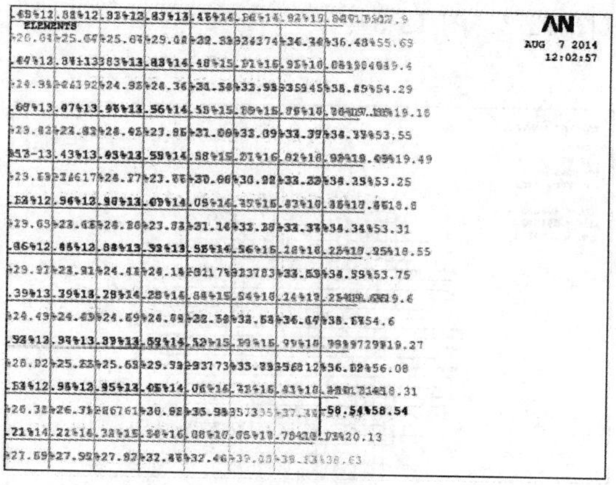

图 12-7　索力误差最大处误差值

（4）误差条件Ⅳ

由误差条件Ⅱ的结果可知，CZ01、CZ31、WD01 和 WD31 四根索的索力误差超过了允许值，因此在本处对这四根索进行索力控制。以索力误差在±10%以内为计算目标，索网外联节点安装误差的理论值 δ 在表 12-2 中列出。同时，为了满足工程要求，取安全系数 $k=1.2$，即误差允许值 $[\delta]=\delta/1.2$。

各拉索外联节点安装误差（一端）　　表 12-2

拉索编号	δ（±m）	$[\delta]$（±m）	拉索编号	δ（±m）	$[\delta]$（±m）
CZ01	索力控制	—	WD01	索力控制	—
CZ02	0.0025	0.00208	WD02	0.0075	0.00625
CZ03	0.003	0.00250	WD03	0.0075	0.00625
CZ04	0.005	0.00417	WD04	0.0075	0.00625
CZ05	0.005	0.00417	WD05	0.01	0.00833
CZ06	0.005	0.00417	WD06	0.0125	0.01042
CZ07	0.005	0.00417	WD07	0.01	0.00833
CZ08	0.005	0.00417	WD08	0.01	0.00833
CZ09	0.006	0.00500	WD09	0.0125	0.01042
CZ10	0.006	0.00500	WD10	0.0125	0.01042
CZ11	0.006	0.00500	WD11	0.015	0.01250
CZ12	0.0075	0.00625	WD12	0.015	0.01250
CZ13	0.0075	0.00625	WD13	0.015	0.01250
CZ14	0.006	0.00500	WD14	0.015	0.01250
CZ15	0.006	0.00500	WD15	0.015	0.01250

续表

拉索编号	δ（±m）	[δ]（±m）	拉索编号	δ（±m）	[δ]（±m）
CZ16	0.006	0.00500	WD16	0.015	0.01250
CZ17	0.006	0.00500	WD17	0.015	0.01250
CZ18	0.006	0.00500	WD18	0.015	0.01250
CZ19	0.0075	0.00625	WD19	0.015	0.01250
CZ20	0.0075	0.00625	WD20	0.015	0.01250
CZ21	0.006	0.00500	WD21	0.015	0.01250
CZ22	0.006	0.00500	WD22	0.0125	0.01042
CZ23	0.006	0.00500	WD23	0.0125	0.01042
CZ24	0.005	0.00417	WD24	0.01	0.00833
CZ25	0.005	0.00417	WD25	0.01	0.00833
CZ26	0.005	0.00417	WD26	0.0125	0.01042
CZ27	0.005	0.00417	WD27	0.01	0.00833
CZ28	0.005	0.00417	WD28	0.0075	0.00625
CZ29	0.003	0.00250	WD29	0.0075	0.00625
CZ30	0.0025	0.00208	WD30	0.0075	0.00625
CZ31	索力控制	—	WD31	索力控制	—

经过分析，索力误差延索长分布跨中小，索端大，索力误差较大处集中在靠近外联环梁附近的边缘拉索中；最大索力误差达到10.77%，索力误差最大处位于CZ10；承重索索力误差在5.91%～10.77%之间，稳定索索力误差在5.55%～10.33%之间；最大索力误差略大于限值，但其他索的索力误差基本上均小于误差限值，可以认为误差条件Ⅳ即为本工程索长和索网外联节点的误差极限（图12-8、图12-9）。

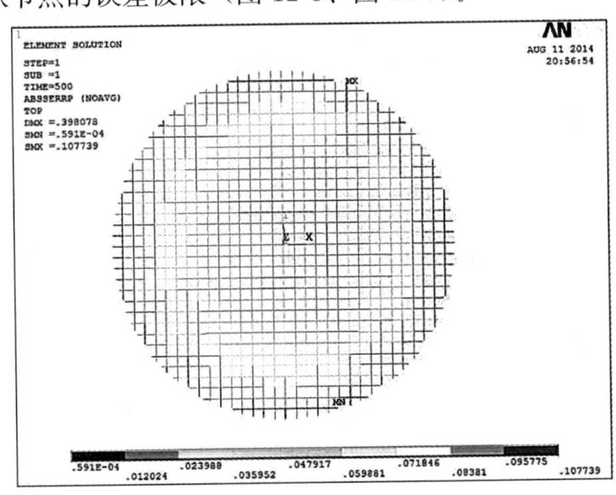

图12-8　索力误差绝对值分布图

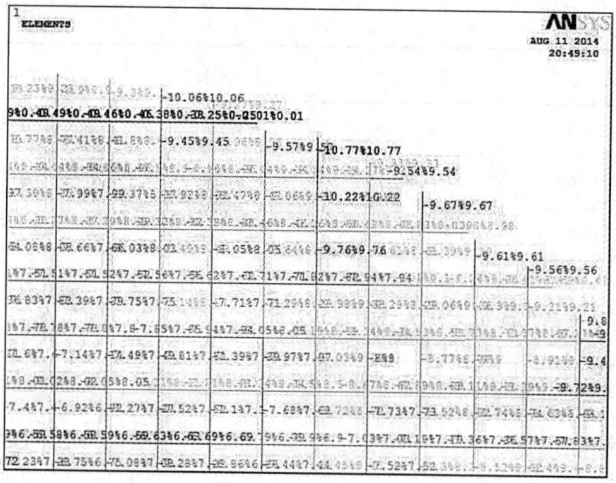

1
ELEMENTS
ANSYS
AUG 11 2014
20:49:10

-10.06%10.06
[illegible]0.01
-9.45%9.45
-9.57%9.57
-10.77%10.77
-9.54%9.54
-10.22%10.22
-9.67%9.67
-9.76%9.76
-9.61%9.61
-9.56%9.56
-9.21%9.21
-9.72%9.[illegible]

图 12-9 索力误差最大处误差值

12.2.4 小结

本工程采用定长索且索长满足设计要求的前提下，拉索端部连接板必须设置足够的调节量来克服钢结构安装误差和拉索制作误差。因此，要求在钢结构安装后实测安装误差，在拉索制作后实测索长误差，然后根据两者误差值来调整索端连接板的制作长度。根据计算结果，结合工程经验，钢结构安装精度一般在±30mm 以内，则除端部 4 根拉索的端头板调节量应达到±24mm～±28mm，即可满足索力误差在±10%以内，而端部 4 根拉索需要±40mm 的调节量（图 12-10）。

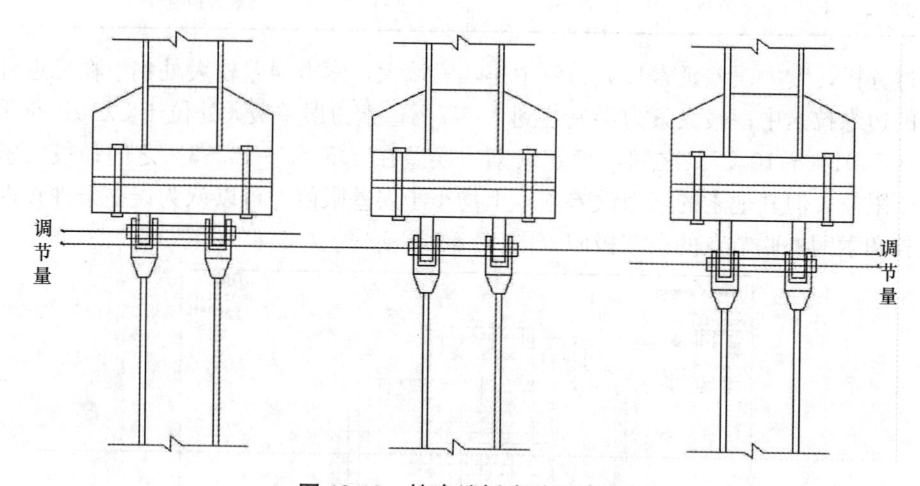

图 12-10 拉索端板容差示意图

第 13 章　游泳馆正交单层索网结构设计优化分析

13.1　马鞍形索网 V 形钢结构柱研究

马鞍形索网结构的结构柱是结构的关键构件，除了承受整个结构的重力外，还承担着各类外荷载和拉索的张拉力。不仅如此，结构柱连接成的空间结构对结构的径向刚度也有不容忽视的影响。因此，以苏州奥林匹克体育中心游泳馆为工程案例，对马鞍形索网结构的 V 形柱的结构特性予以研究，了解其在受荷和刚度方面的作用机理。

游泳馆外圈倾斜的 V 形柱在空间上形成了一个圆锥形的空间壳体结构，从而形成刚度良好的支撑结构，直接支撑设置于顶部的外侧受压环。为了获得柱脚和屋顶外环间相等的间距，倾斜的屋面结构立柱的倾角沿整个立面是变化的，柱的倾角在 46°～66°之间变化。

根据设计要求，游泳馆的 V 形立柱并非一次焊接完成，而是分成两批，其中一批在施工开始时建立并开始承担荷载，另外一批立柱在拉索张拉完毕和屋面安装完毕后再进行后焊。后焊的立柱在屋面安装完成后才开始承受荷载并贡献刚度。为进一步分析 V 形柱在结构中的受力特性并理解设计内涵，主要研究内容包括以下两个方面：

(1) 对比 V 形柱一次焊接受荷（过程Ⅱ）和分批焊接受荷（过程Ⅰ）二者在结构受力和变形方面的差别；

(2) 通过改变柱脚和屋顶外环投影间距进而改变 V 形柱与地面夹角，对比分析 V 形柱在结构受荷和刚度方面的特性。

13.1.1　V 形柱激活批次分析研究

根据设计要求，V 形柱的激活批次见图 13-1，立柱（实线）在拼装钢结构时即承受荷载，立柱（虚线）在屋面安装完成后才对接并承受荷载（记为过程Ⅰ）。另一种要对比的状态为 V 形柱在拼装时全部受荷且发挥刚度（记为过程Ⅱ）。本节设定两种对比条件，具体如下：

(1) 过程Ⅰ结构与过程Ⅱ结构具有相同的零状态和拉索等效预张力，对比各典型施工工况和正常使用状态下结构受力和变形特性；

(2) 过程Ⅰ结构与过程Ⅱ结构具有相同的恒载态，对比其零状态位形、各典型施工工况和正常使用状态下结构受力和变形特性。

根据游泳馆的总体施工方案，用于结构对比的施工过程中典型工况设置见表 13-1。

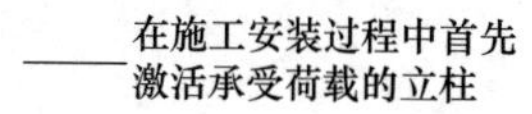

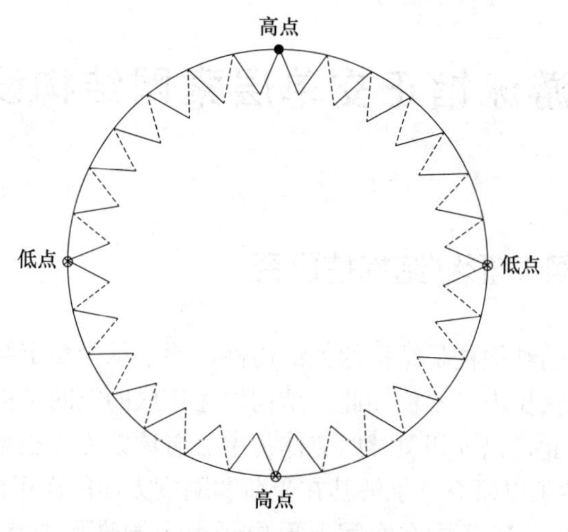

图 13-1 V 形柱激活分批示意图

典型施工工况设置 表 13-1

工况编号	典型施工工况
CS1	拉索张拉完毕
CS2	屋面安装完毕
CS3	幕墙及附属构件安装完毕
CS4	正常使用阶段（施加雪载和活载中的较大值，取 0.5kN/m²）

13.1.1.1 零状态一致结构特性分析

以相同的零状态为基点，拉索具有相同的等效预张力，对比过程Ⅰ和过程Ⅱ结构 V 形柱对结构整体的影响。为了形象地描述 V 形柱应力和拉索索力，根据结构的对称性，取 1/4 结构进行说明，具体编号如图 13-2、图 13-3 所示。

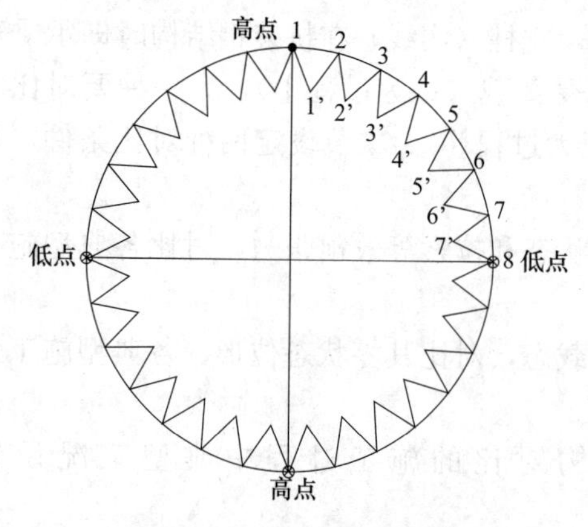

图 13-2 V 形柱编号示意图

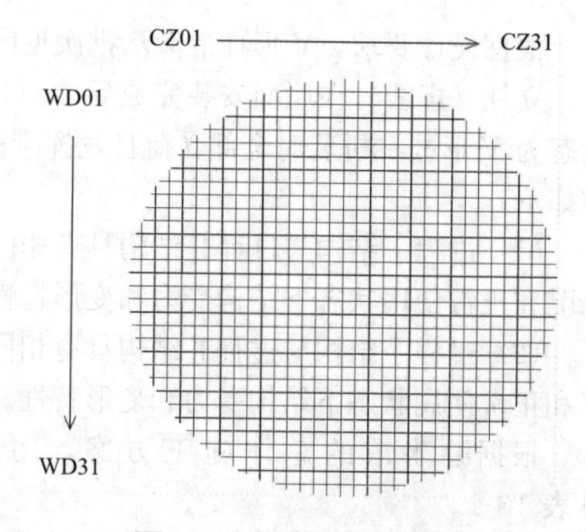

图 13-3 拉索编号示意图

两种 V 形柱受力结构在典型工况下的拉索索力、V 形柱轴向应力、支座竖向反力以及拉索中心点位移对比结果如图 13-4～图 13-7 所示。根据对比分析结果可得出如下结论：

（1）在施工过程中，各施工工况（CS-1～ CS-4），两种受力结构的承重索索力相差较小且分布符合同一规律；稳定索索力过程Ⅱ结构在安装屋面之后（CS-2～ CS-4）有较大的下降，小于过程Ⅰ结构，因此在使用阶段时，抵抗风吸力方面过程Ⅰ结构刚度要大于过程Ⅱ结构；稳定索的索力大小分布两种结构都遵循同一规律（见图 13-4）。

（2）在拉索张拉完成后（CS-1～ CS3），过程Ⅰ结构中不存在的柱子在过程Ⅱ结构中几乎全部受拉，而结构设计时支座的抗拉承载力远低于抗压承载力；由于过程Ⅱ成形结构中有柱受拉，导致另一根钢柱压应力较过程Ⅰ大得多，拉高了钢结构的应力水平，不利于结构整体受力；在安装屋面后（CS-2），过程Ⅱ结构的部分 V 形柱拉压反转，这也对结构有不利影响；在使用阶段（CS-4），过程Ⅰ结构和过程Ⅱ结构的 V 形柱轴向应力分布规律基本一致，但过程Ⅰ结构的轴向应力水平要明显小于过程Ⅱ成形结构（见图 13-5）。

（3）在拉索张拉完成时（CS-1），过程Ⅰ和过程Ⅱ结构的支座竖向反力呈现基本相反的规律，过程Ⅰ结构支座竖向反力较小处的支座在过程Ⅱ结构中反力较大，而过程Ⅰ结构中较大处在过程Ⅱ结构中却较小；在屋面安装完毕后（CS-2），过程Ⅱ结构的支座出现受拉的情况，对结构支座抗拔提出了较高的要求，且过程Ⅱ结构的支座反力水平要高于过程Ⅰ结构；在幕墙等附属构件安装完毕后（CS-3），过程Ⅰ结构的支反力分布均匀，各支座竖向反力值相差不大，而过程Ⅱ结构支反力相差较大；在使用阶段（CS-4），两种结构的支座竖向反力呈现相似的规律，但过程Ⅱ结构的反力水平较高（见图 13-6）。

（4）通过各施工工况下（CS-1～ CS-4）拉索中心的竖向位移对比，两种结构呈现相同的位移变化规律，过程Ⅱ成形结构的位移数值要远小于过程Ⅰ成形结构，过程Ⅱ成形结构的索网整体刚度要大于过程Ⅰ成形结构（见图 13-7）。

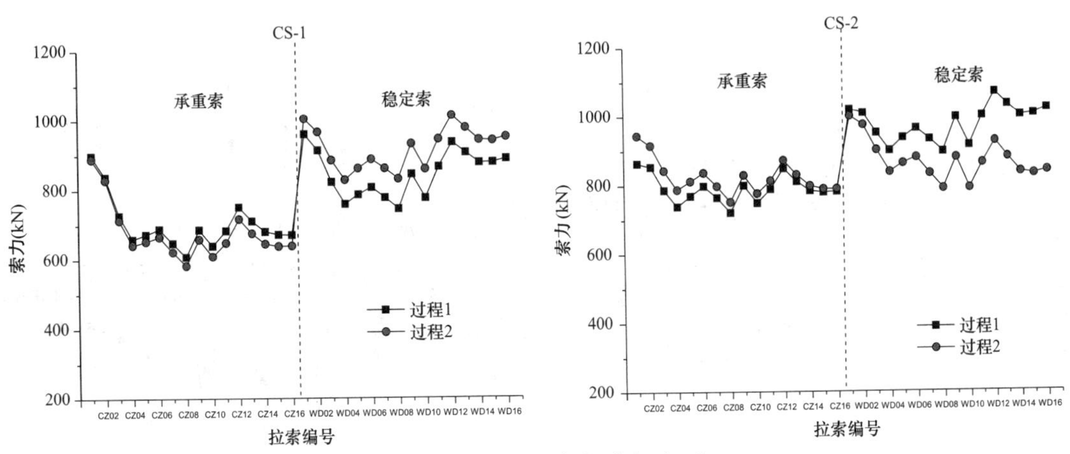

图 13-4 各工况索力对比（一）

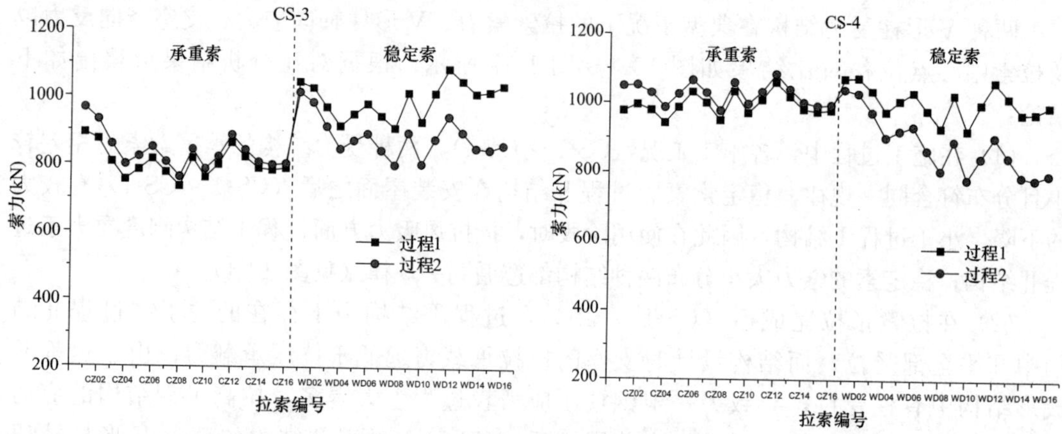

图 13-4　各工况索力对比（二）

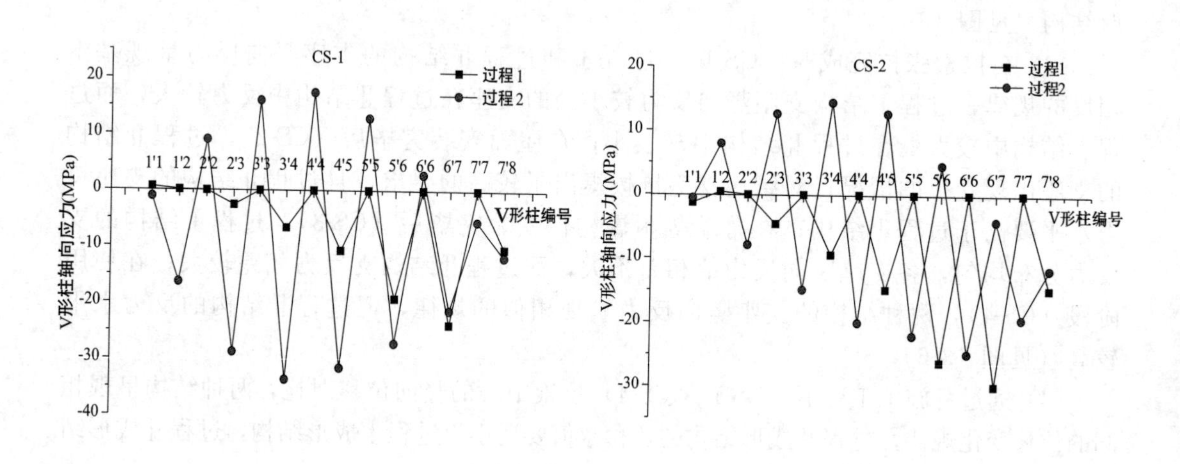

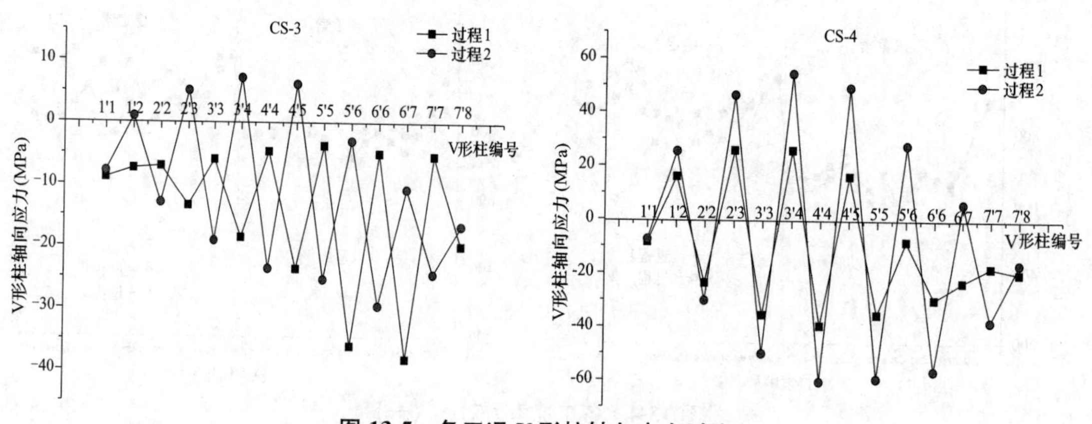

图 13-5　各工况 V 形柱轴向应力对比

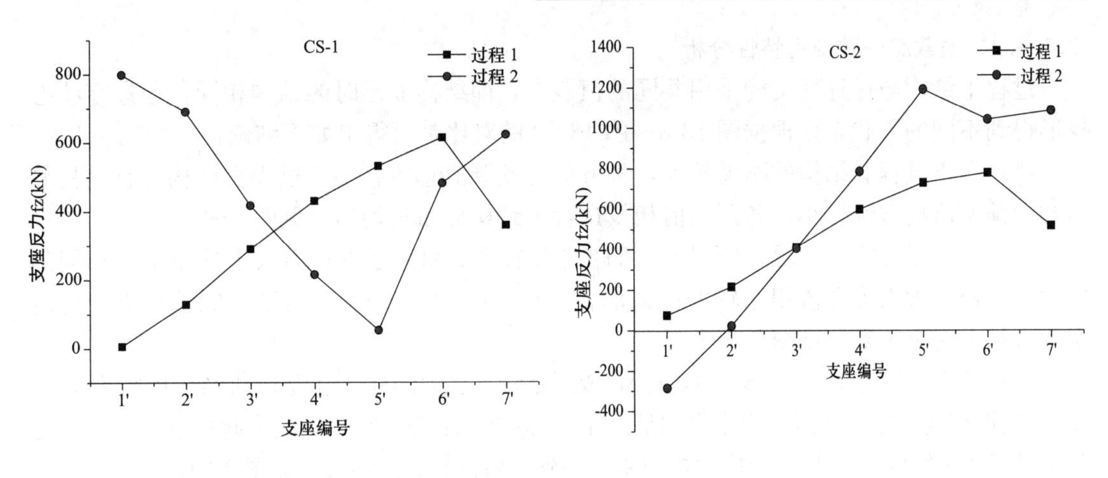

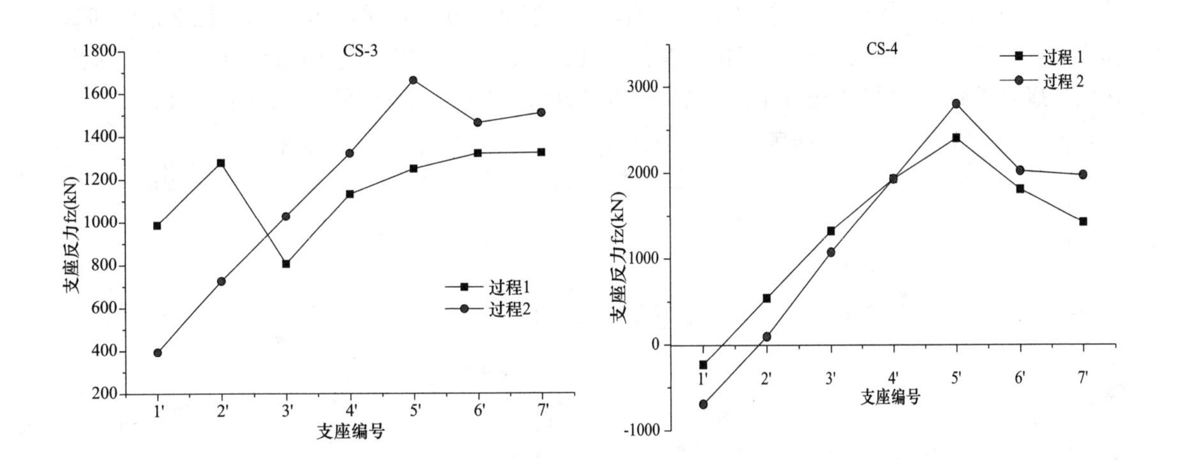

图 13-6　各工况支座竖向反力对比

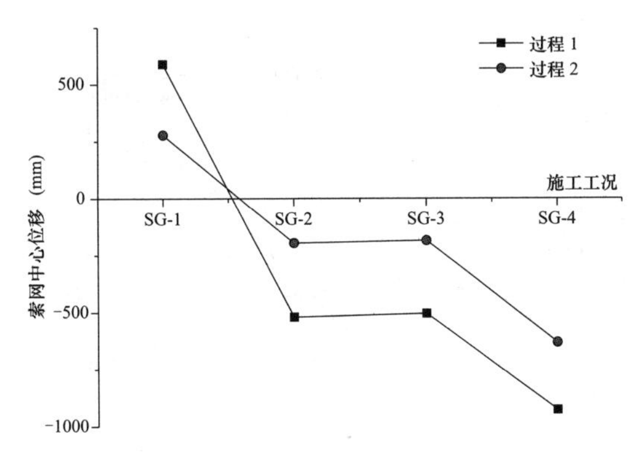

图 13-7　各工况索网中心竖向位移对比

13.1.1.2 恒载态一致结构特性分析

过程Ⅰ结构与过程Ⅱ结构采用共同的恒载态，即结构成形时的结构相同，通过零状态找形得到不同的零状态。根据图 13-8～图 13-12 的对比，可得出如下结论：

（1）由于过程Ⅱ结构的刚度较大，各方面的预调值总体要小于过程Ⅰ结构，且过程Ⅱ结构的预调值离散性较小，各预调值相较过程Ⅰ结构分布较均匀（见图 13-8）。

（2）拉索张拉完毕工况（CS-1），两种结构承重索和稳定索索力大小分布呈现相同的规律，但稳定索索力数值相差较大；其他各工况（CS-2～CS-4）两结构的承重索和稳定索索力基本完全一致（见图 13-9）。

（3）拉索张拉完毕后（CS—1），过程Ⅰ成形结构未受力的柱在过程Ⅱ成形结构中受拉，且过程Ⅱ成形结构其他立柱压应力水平明显高于过程Ⅰ成形结构，在各工况中起控制作用；其他各工况，两种结构 V 形柱轴向应力规律基本一致，数值也相差不大（见图 13-10）。

（4）各工况下，两种结构的竖向支座反力无明显规律可循，但在使用阶段（CS-4），两结构的竖向支座反力规律相似且数值接近（见图 13-11）。

（5）在过程Ⅰ成形结构未焊接柱受力之前，其刚度小于过程Ⅱ成形结构，因此拉索张拉到屋面安装（CS-1～CS-2）索网中心点位移变化幅度较大；在屋面安装完毕，过程Ⅰ成形结构未焊接柱焊接完毕后，两结构刚度相同，故拉索中心竖向位移曲线二者相平行（见图 13-12）。

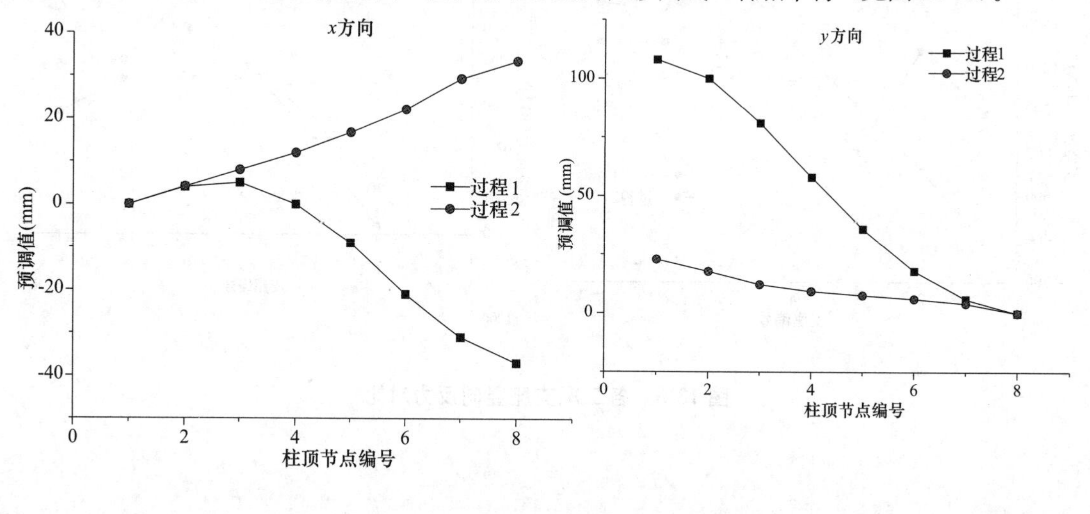

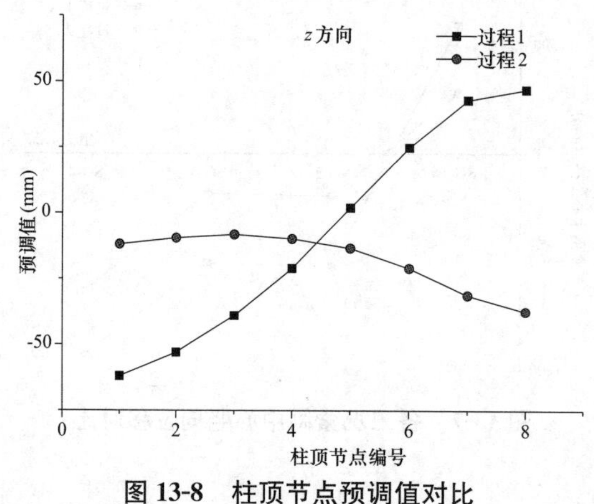

图 13-8　柱顶节点预调值对比

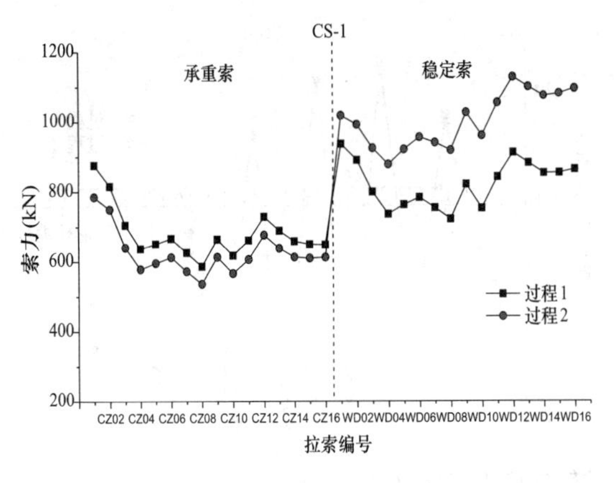

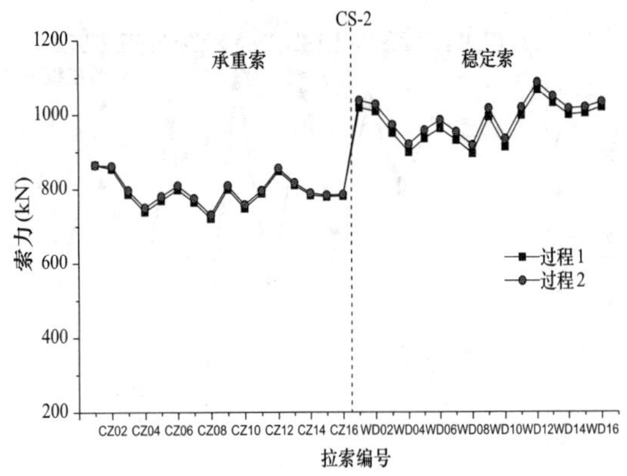

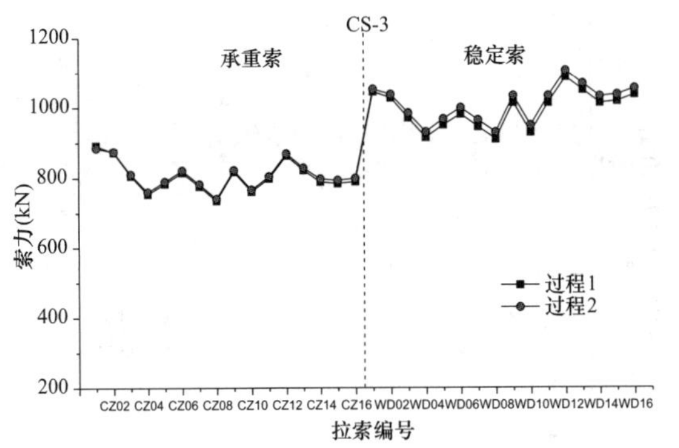

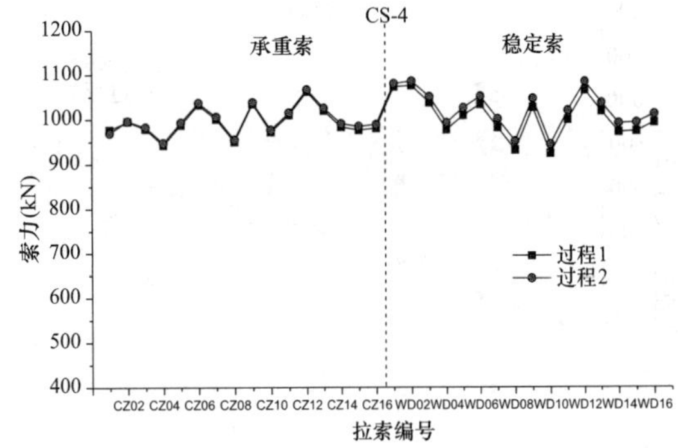

图 13-9　各工况索力对比

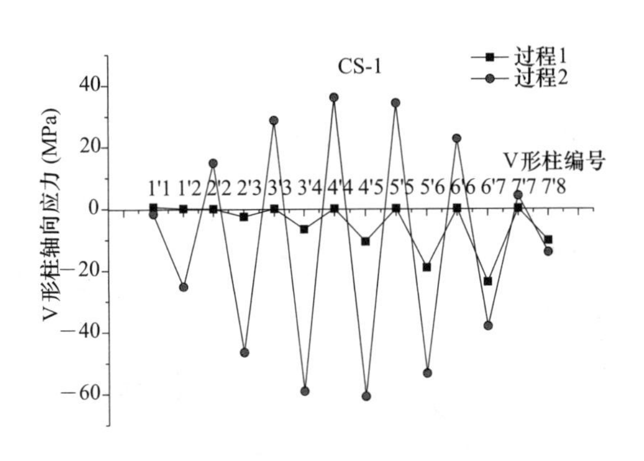

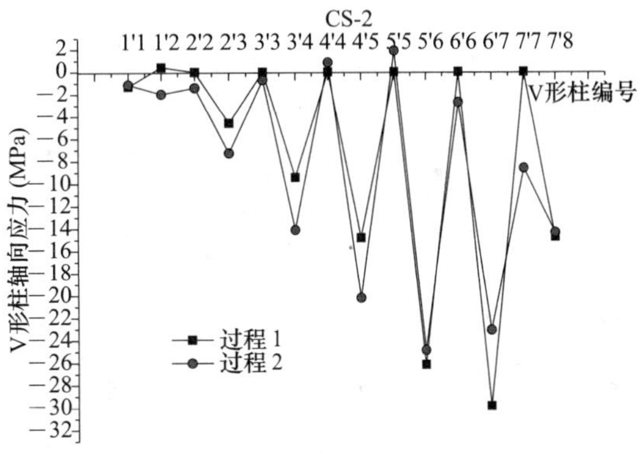

图 13-10　各工况 V 形柱轴向应力对比（一）

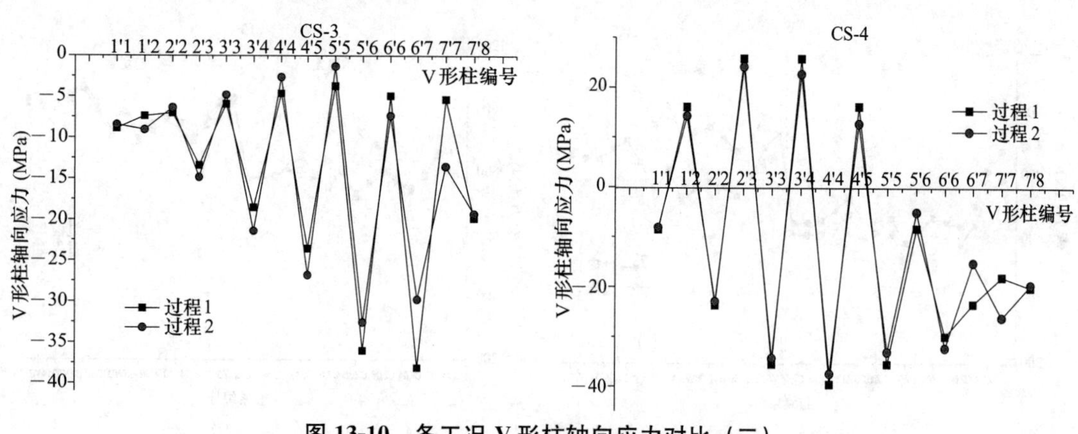

图 13-10 各工况 V 形柱轴向应力对比（二）

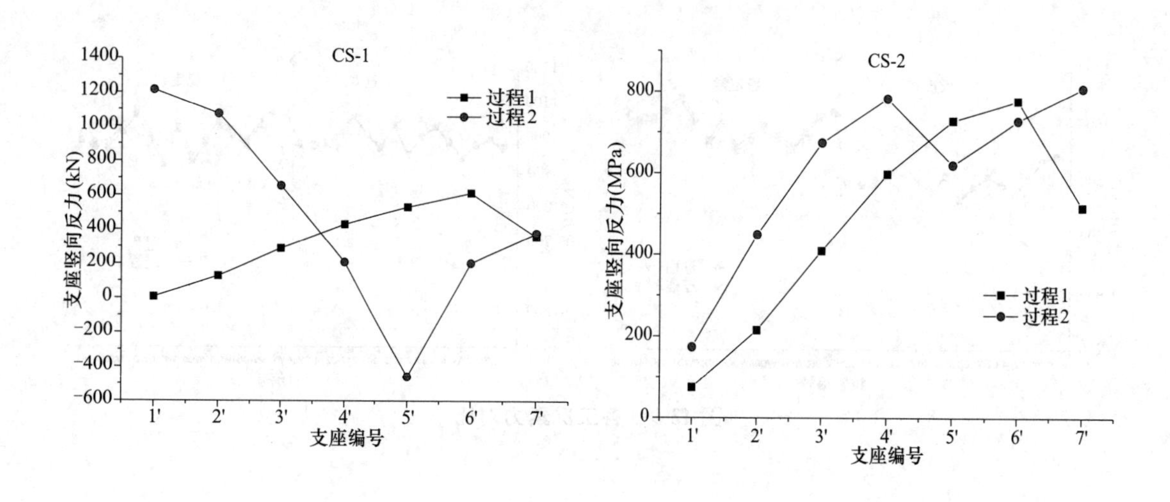

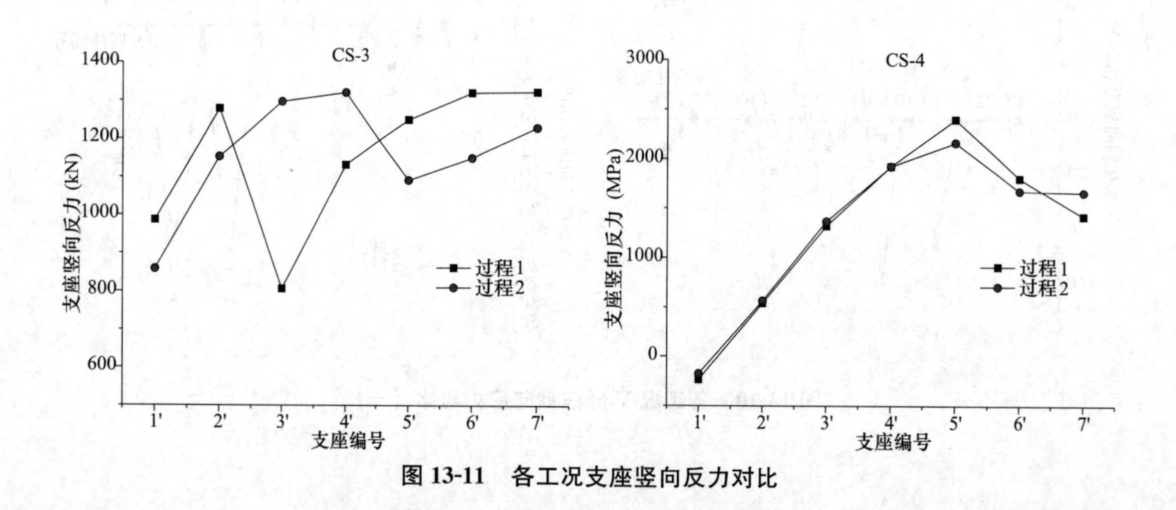

图 13-11 各工况支座竖向反力对比

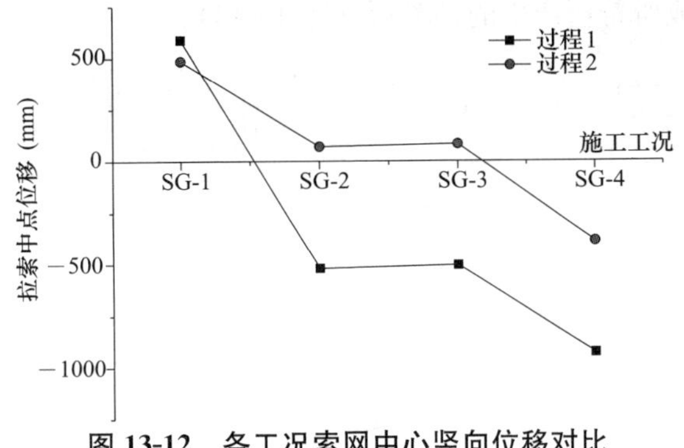

图 13-12　各工况索网中心竖向位移对比

13.1.1.3　小结

在相同零状态情况下，过程Ⅰ结构较过程Ⅱ特征如下：(1) V 形柱轴向应力分布均匀，且应力水平小，基本上无拉应力出现；(2) 竖向支座均受压，仅在使用工况下回出现较小拉应力值；(3) 成形时稳定索索力较大，结构抗风刚度更大；(4) 在 V 形柱未完全焊接之前结构刚度较小，安装屋面时索网位形变化较大。

在相同恒载态情况下，过程Ⅰ结构较过程Ⅱ特征如下：(1) 零状态预调值数值较大，且离散程度较高；(2) 拉索索力除张拉后略有不同外，V 形柱焊接完毕后，承重索和稳定索索力基本完全一致；(3) V 形柱轴向应力的差别也仅局限在拉索张拉和屋面安装时，此时 V 形柱轴向应力较小；(4) 支座竖向反力无明显规律，但使用阶段二者接近。

综上，结构施工采用过程Ⅰ（即部分柱先焊接受力，其余部分待屋面安装完毕后再焊接受力）更有利于优化结构受力性能。

13.1.2　V 形柱倾角分析

13.1.2.1　研究目的

结构根据其受力特性可分为弯矩结构和轴力结构。弯矩结构是指由结构截面的抵抗弯矩平衡作用产生的外弯矩的结构。弯矩结构一般有两类：屋盖弯矩结构和多、高层弯矩结构。轴力结构是指作用产生的轴力，主要由结构截面上的抵抗轴力平衡。轴力结构是一种由于结构形状而产生效益的结构，在屋盖中叫作屋盖形效结构。典型的轴力结构包括拱结构、空间网格结构以及索网结构等。弯矩结构材料失效的标准是截面边缘的应力达到材料的设计屈服强度。根据现行规范，结构截面可以允许一定程度的塑性发展。弯矩结构的截面应力分布图见图 13-13 (*a*) 和 (*b*)，由此可见当弯矩结构被认为失效时，截面中性轴两侧的钢材远远小于屈服应力，从而造成了钢材的浪费。轴力结构的截面应力是基本上均匀的（图 13-13 (*c*)），构件失效时的截面应力基本上达到设计屈服应力，钢材得到了充分的利用。综上所述，在结构设计时，目标是使结构构件尽量接近轴力结构，以节约钢材，减少自重。

游泳馆外圈倾斜的 V 形柱在空间上形成了一个圆锥形的空间壳体结构，从而形成刚度良好的支撑结构，直接支撑设置于顶部的外侧受压环。其设计思路为：(1) 位于标高 11.92m 的游泳馆柱脚支座均匀布置，在平面上围成一个半径为 41.95m 的圆形平面；(2) 在标高 27.0m 高度处，设置一个直径为 107m 的受压环；(3) 此时将受压环的 z 向坐标根据余弦曲线变化而形成所希望产生的马鞍形（图 13-14）。

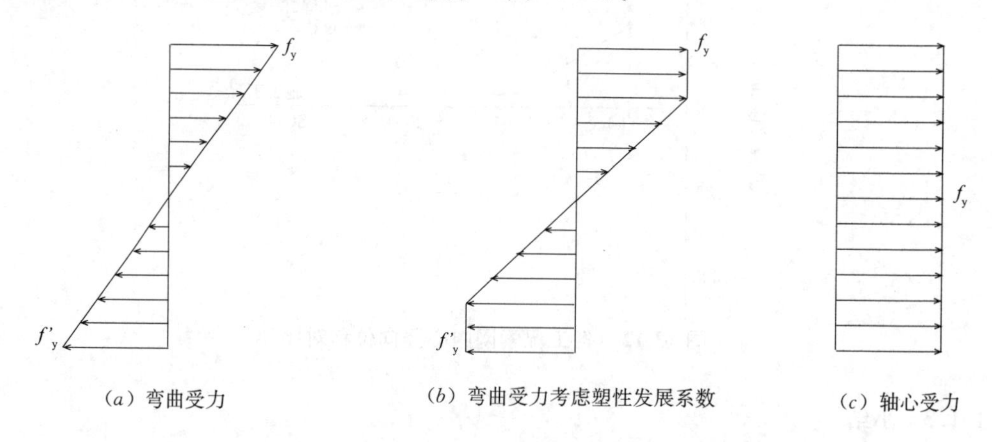

（a）弯曲受力　　（b）弯曲受力考虑塑性发展系数　　（c）轴心受力

图 13-13　弯曲受力和轴心受力截面应力分布图

本节研究内容是在保持柱脚平面和环梁平面高差以及受压环直径不变的情况下，改变柱脚平面的圆形直径以此使结构 V 形柱的倾角发生相应的变化，从而研究 V 形柱倾角对结构整体的作用效应。根据以上表述，若 V 形柱的倾角可使得柱内力以轴力为主，则可认为此时的结构位形是最优的，即当 V 形柱所受合力与水平方向的夹角 α 与 V 形柱倾角 β 相等时，柱中轴应力为主，结构形式受力最优，钢材最省（图 13-15）。

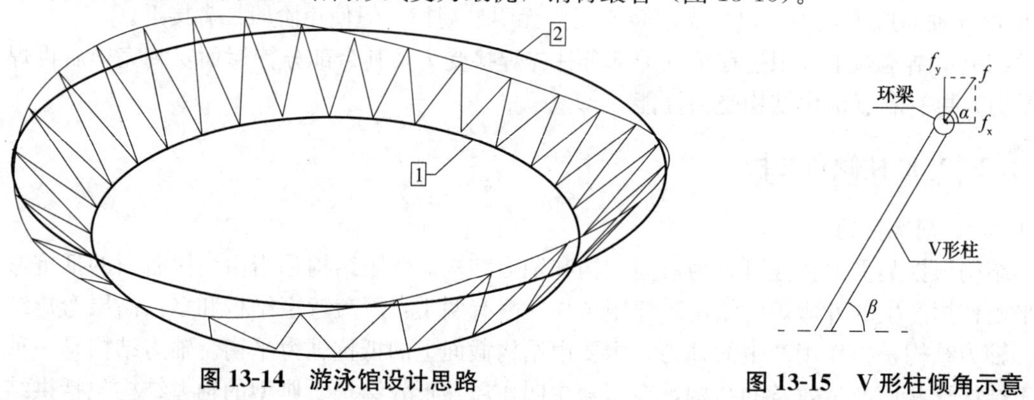

图 13-14　游泳馆设计思路　　**图 13-15　V 形柱倾角示意**

13.1.2.2　研究方法

（1）迭代法初始内力找力分析理论

有一弹性模量为 E，截面积为 A 的拉索，拉索原长为 L；受到一集中力为 F，根据材料力学假定索完全弹性，索的伸长量为 $\Delta L=\dfrac{FL}{EA}$，应力应变为 $\varepsilon_L=\dfrac{F}{EA}$。若在一开始就对拉索施加初应变 $\varepsilon_0=\dfrac{F}{EA}$ 或温度效应 $\Delta T=\dfrac{\varepsilon_0}{\alpha}$（$\alpha$ 为拉索线膨胀系数），使得 $\varepsilon_0=\varepsilon_L$，则拉索在已知力 F 作用下依然能保持位形的不变。

找力分析就是寻求满足既定位形静力平衡条件的预应力分布比值。

迭代法找力分析是根据一定的迭代策略，不断调整拉索的等效预张力，使平衡态下拉索索力满足收敛标准，得到目标索力。

迭代法在保持结构的完整性的前提下，考虑结构的大变形效应，采用几何非线性方法求解，适用性更广。但是，迭代法需要多次迭代调整拉索索力进行有限元求解，选择合适求解方法、迭代策略和迭代初值至关重要，这些直接关系到迭代的收敛性。

找力分析中迭代策略的选择直接关系到迭代的速度和收敛性，迭代法找力分析方法主要有：增量比值法、定量比值法、补偿法和退化补偿法。每种方法都是建立在一定假定的基础上的，都有其各自适用的对象。

(2) 迭代法找力分析实施步骤

迭代法找力分析实施时，对给定形状的索杆系施加一组迭代初始预应力值，进行静力分析后结构会发生较大的变形，以该次静力分析得到的索力值作为预应力值，调整结构各索的初应变或改变施加的等效温差，再进行静力分析，如此反复，使静力分析后的结构变形很小，即初始应变与应力应变相等，在最后一次迭代后的预应力计算结果就和期望的可行预应力分布足够相似。

具体算法如下：

① 赋初值，赋予环索等效初应变值或等效温度值，取环索初始应变 $\varepsilon_L^{(0)}$。由于整个结构比较柔，给环索一些初应变以使计算更容易收敛。

② 静力分析，得到各索单元的弹性应力应变 $\varepsilon_L^{(0)}$。

③ 进行迭代，给索杆系增加初应变，迭代公式为：

$$\varepsilon_0^{(i)}=\varepsilon_0^{(i-1)}+\Delta\varepsilon_0^{(i)} \tag{13.1}$$

$$\Delta\varepsilon_0^{(i)}=\varepsilon_l^{(i-1)}-\varepsilon_0^{(i)} \tag{13.2}$$

式中：$\Delta\varepsilon_0^{(i)}$ 为在第 i 次迭代开始时给拉索增加的初应变；$\varepsilon_l^{(i-1)}$ 为第 $i-1$ 次迭代后的弹性应力应变；$\varepsilon_0^{(i-1)}$ 为第 $i-1$ 次迭代前赋予拉索的初应变。

④ 重复迭代，直至第 n 次迭代进行静力分析后弹性应力应变与迭代前施加的初始应变比较接近时退出循环，即二者误差 $\Delta\varepsilon^{(n)}<\delta$ 时退出迭代，δ 为迭代停止条件，其值视具体情况而定。

将公式（13.1）、（13.2）相加可得：

$$\varepsilon_0^{(i)}=\varepsilon_l^{(i-1)} \tag{13.3}$$

式（13.3）的意义就是第 i 次迭代时拉索的初应变就等于前一次迭代后拉索的弹性应力应变。

13.1.2.3 对比分析

在索网结构设计中共有两种设计方法，一种是把设计模型直接作为施工安装模型（设计方法1），而另一种设计方法则是把设计模型作为最终完成态模型（设计方法2）。本节为避免此两种不同设计方法造成结论不同，对此两种设计方法进行对比分析。第二种设计方法是利用力迭代法，以模型位移为目标值，在钢结构中赋予温差以实现设计模型在目标荷载作用下保持位形基本不变。

通过改变柱脚投影圆半径尺寸（表13-2），以恒载态索网位形和拉索等效温差相同为基本条件，对比各分析工况下拉索索力、环梁应力及 V 形柱应力情况，从而为 V 形柱合理位形提供参考依据。柱脚投影圆半径与 V 形柱倾角的关系为柱脚投影半径越大则 V 形柱倾角越大即 V 形柱越接近竖直。

分析工况设置 表 13-2

分析工况	柱脚圆形平面半径 R（m）
AC1	36.95
AC2	39.45
AC3	41.95
AC4	44.45
AC5	46.95

（1）拉索索力对比

两种设计方法下，不同柱脚半径（即不同柱倾角）的拉索索力分布情况如图 13-16 和图 13-17 所示。拉索索力不同的设计方法呈现相似的变化规律：柱倾角对稳定索索力影响较为明显，稳定索索力随着柱脚半径的增大基本呈线性减小；承重索索力受柱倾角的影响很小，基本可以忽略不计。两种不同设计方法区别在于设计方法 2 的拉索索力较设计方法 1 普遍高 100～200kN。

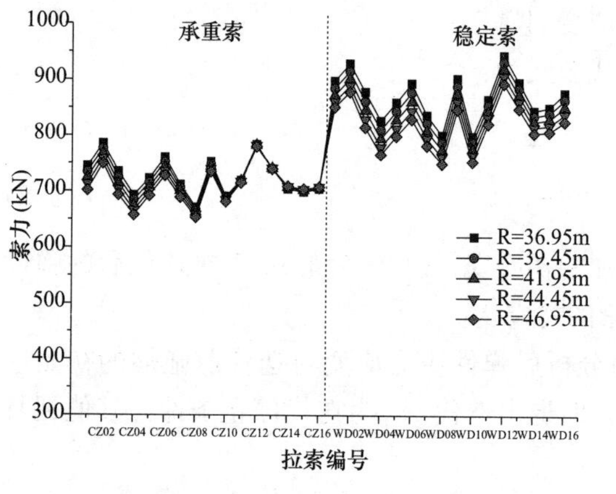

图 13-16　设计方法 1 拉索索力

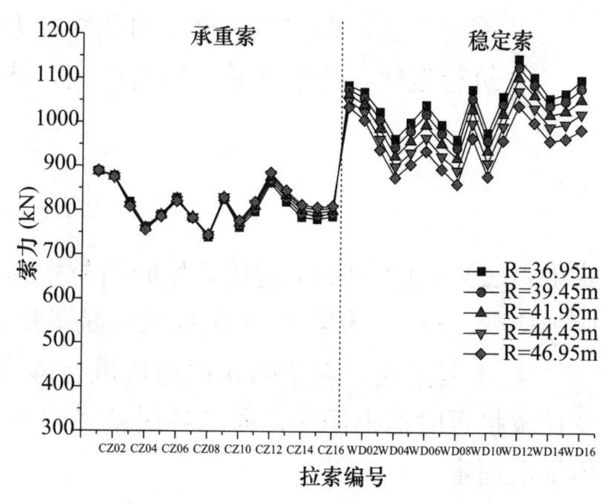

图 13-17　设计方法 2 拉索索力

（2）环梁应力对比

两种设计方法下，不同柱脚半径（即不同柱倾角）的环梁应力分布情况如图 13-18～图13-20 所示。两种设计方法的变化规律相同：环梁轴向应力随柱脚半径增大而呈线性增大；环梁弯曲应力随柱脚半径增大而近似呈线性减小；环梁弯曲应力与轴向应力之比随柱脚半径增大近似呈线性减小。在数值方面，设计方法 1 的环梁轴向应力和弯曲应力都要偏小，但弯曲应力与轴向应力之比基本相同。

（3）V 形柱应力对比

两种设计方法下，不同柱脚半径（即不同柱倾角）的 V 形柱应力分布情况如图 13-21～图 13-26所示。两种设计方法共同之处在于：V 形柱弯曲应力随柱脚半径的增大而下降，设计方法 1 下降趋势近似为线性，设计方法 2 下降趋势在 R=44.45m 处有明显的放缓；V 形柱弯曲应力与轴向应力之比虽在 R 增大的过程中有所波动，但总体的最终趋势是降低的。两种设计方法也有一些不同的规律：设计方法 1 的 V 形柱轴向应力随 R 的增大有增有减，而设计方法 2 的 V 形柱轴向应力随 R 的增大呈降低或基本不变的趋势。

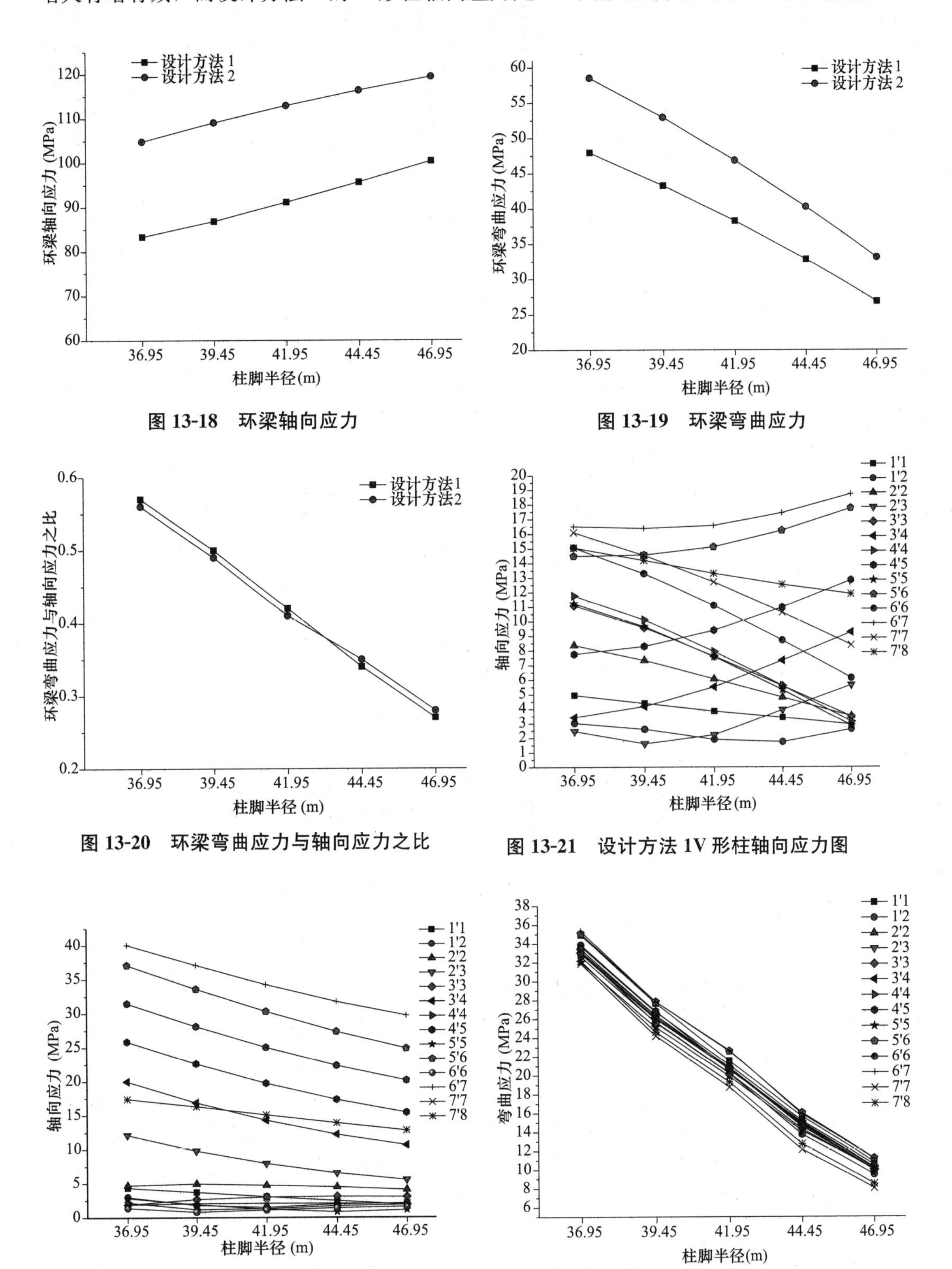

图 13-18　环梁轴向应力

图 13-19　环梁弯曲应力

图 13-20　环梁弯曲应力与轴向应力之比

图 13-21　设计方法 1V 形柱轴向应力图

图 13-22　设计方法 2V 形柱轴向应力图

图 13-23　设计方法 1V 形柱弯曲应力图

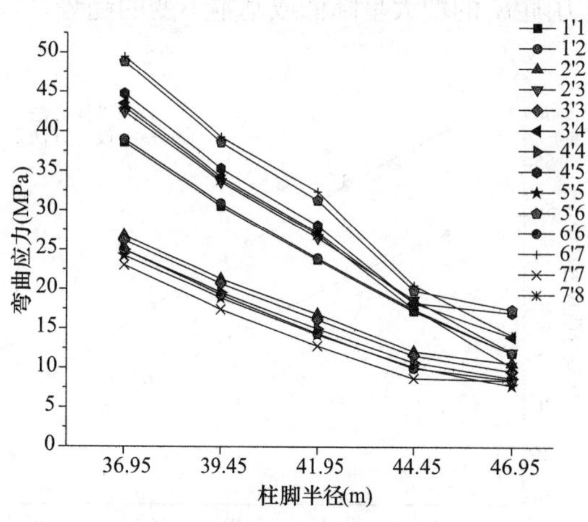

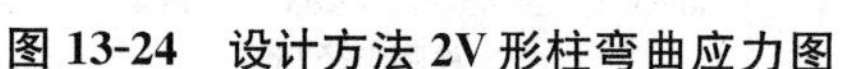
图 13-24　设计方法 2V 形柱弯曲应力图

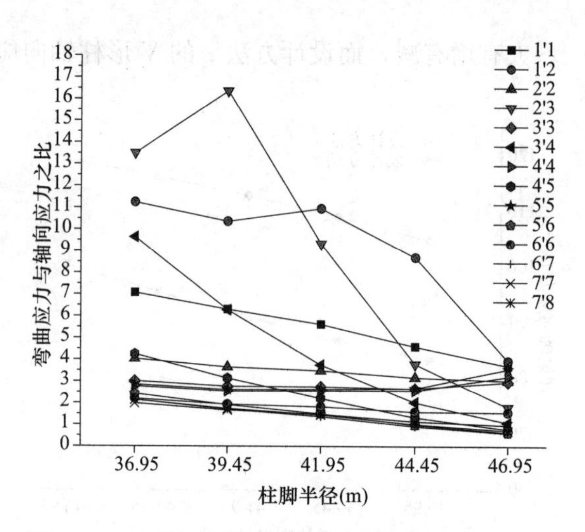

图 13-25　设计方法 1V 形柱弯曲与轴向应力之比

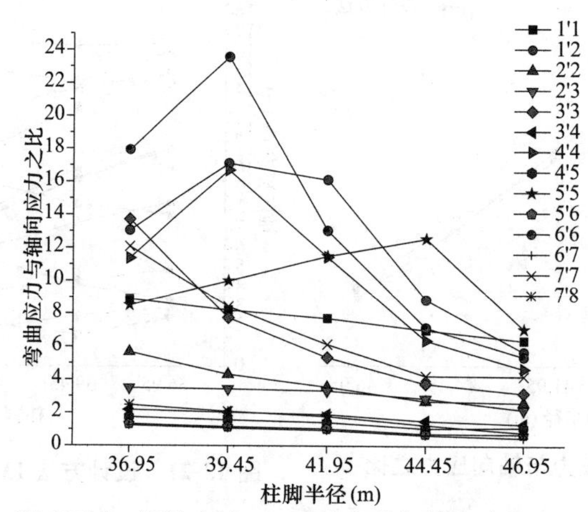

图 13-26　设计方法 2V 形柱弯曲与轴向应力之比

13.1.2.4　小结

对马鞍形索网结构的外围支撑结构柱的倾角进行了分析研究。在环梁刚度较大的情况下，V 形柱倾角改变对拉索索力影响有限，其中对稳定索的影响较大，索力下降数值与柱脚半径增大基本呈线性关系。由于 V 形柱倾角增大（倾向直立），柱对外围结构提供的刚度在下降，因此环梁当中的轴向应力随柱脚半径增大而线性增大，但环梁的弯曲应力却线性减小。鉴于幕墙重量的存在以及 V 形柱自重影响，V 形柱倾角越小受力特性越接近于梁，弯矩应力增大，同时 V 形柱倾角越小其轴向与竖直方向夹角越大，而幕墙及柱自重方向均为竖直方向且大小恒定，因此 V 形柱倾角越小其轴力越大以平衡竖向荷载。

综上，在不考虑结构的建筑效果，仅从结构受力优化以节省材料的角度上来看，当环梁具有相当刚度以承受索网拉力的情况下，V 形柱倾角越大越有利，并且在环梁与地面高差不变的情况下，V形柱倾角越大其长度越短，也有利于节约材料使结构更加经济。另外，若环梁刚度较柔，经过计算当把环梁壁厚削弱一半，柱脚半径从36.95m增加到46.95m时，在等效预张力不变的情况下，拉索索力最大会降低16%，同时V形柱倾角较小时轴力会有较大的增加，柱内弯曲应力与轴向应力之比的峰值会大大降低，此种情况下V形柱的倾角对结构的刚度和受力具有十分重要的意义，应当保证V形柱存在适当倾角。

13.2　环梁刚度对比分析

马鞍形索网中，环梁是直接锚固连接拉索的结构构件，起着连系拉索屋面结构和下部支承结构的作用，因此上对整个索网的刚度和索力有着重要影响，下对结构柱的受力尤其是受弯和变形也至关重要。本节将研究重点放在环梁的刚度上，通过改变环梁的弹性模量以改变环梁的刚度，通过比较索网索力、钢结构应力、径向位移及支座反力等参数以确定其变化规律，为马鞍形索网结构的设计提供参考。

13.2.1　工况设置及对比

为对环梁不同的索网结构进行对比分析，以游泳馆为工程实例进行分析，把钢环梁的弹模以钢材弹模2.06×10^5MPa为基数进行放大或折减。取钢材弹模的0.5倍、0.75倍、1.0倍、1.25倍、1.5倍、1.75倍以及2.0倍进行对比分析，分析结果如图13-27～图13-33所示，可总结出如下规律：

（1）拉索索力随着环梁刚度增大而增大，且刚度提高对索力增加的影响逐渐减小，拉索索力变化曲线以等效张拉力为渐近线慢慢接近（类似于对数函数）；端部拉索即曲率较小和索长较短的拉索索力对环梁刚度的变化较为敏感，环梁刚度对其索力影响较大；承重索和稳定索随环梁刚度变化呈现同一种规律（见图13-27）。

（2）V形柱最大应力随环梁刚度增加有增有减，且增大或减小的V形柱交替出现；V形柱的最大应力随环梁刚度增加离散性变大，即最大应力的最大值和最小值差距加大；V形柱最大应力随环梁刚度增大而变化趋向平缓，即当环梁刚度增加到一定程度时，V形柱最大应力基本上维持不变（类似于对数函数）；所有V形柱最大应力之和（代表V形柱整体应力水平）随环梁刚度的增大略有下降，下降数值有限（见图13-28）。

（3）环梁最大应力随其刚度增加而增加，环梁刚度增加4倍，其最大应力增加数值约45MPa；根据折线图所示，在倍率1.25倍之前环梁刚度和最大应力之间基本上遵循对数函数规律，但1.25倍以后较接近于线性变化（见图13-29）。

（4）拉索竖向最大位移和环梁最大径向位移随环梁刚度增大而减小，变化趋向平缓，即当环梁刚度增加到一定程度时，拉索竖向最大位移和环梁最大径向位移基本上维持不变（类似于对数函数）；拉索竖向最大位移出现位置随环梁刚度增加逐渐向马鞍形高点转移，由椭圆变为哑铃状，最终变为两个独立的位移最大区域；环梁径向位移在所取的环梁刚度下全为内缩，内缩数值最小的位置在环梁刚度变化过程中保持不变，均位于高点与低点之间的中心位置，但内缩最大处随环梁刚度变大从高点转移到低点（见图13-30～图13-33）。

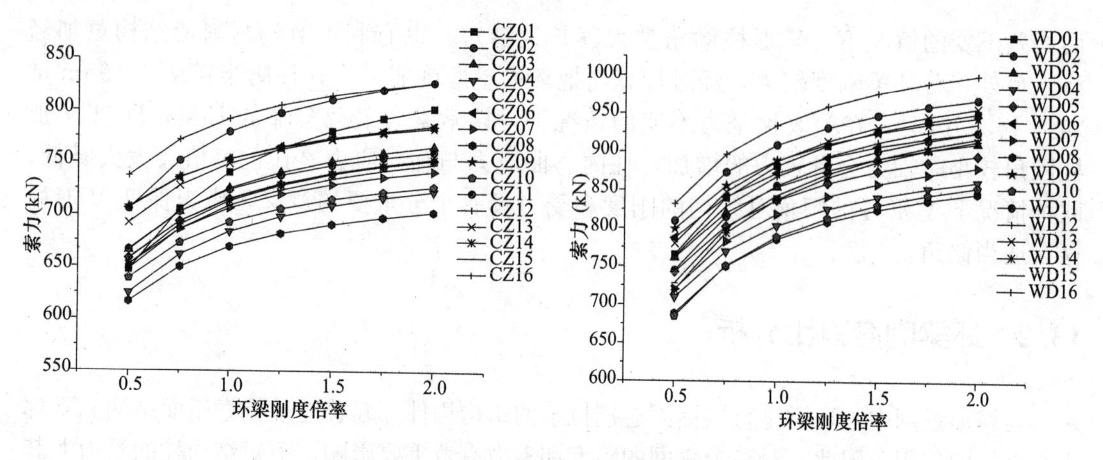

图 13-27　拉索索力随环梁刚度变化图

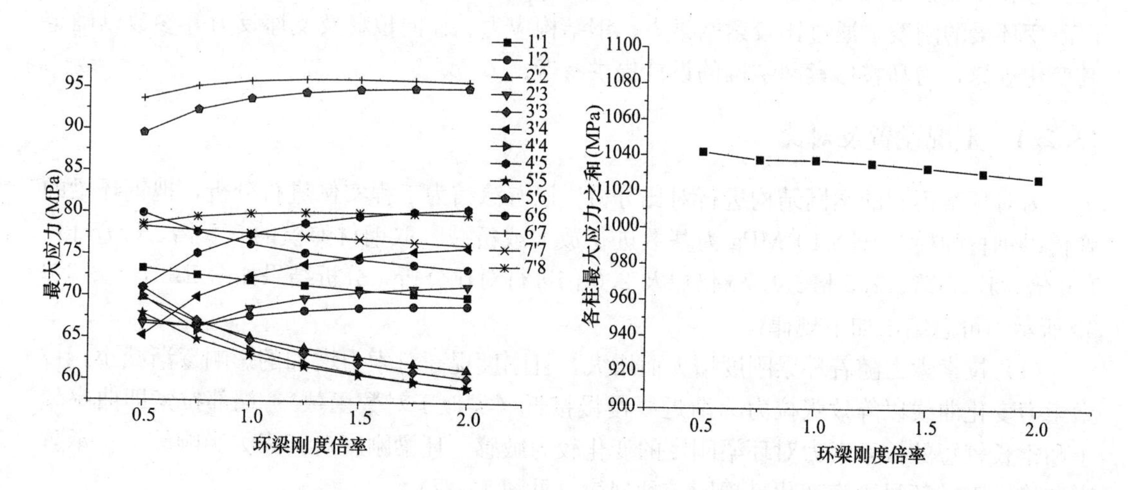

图 13-28　V 形柱最大应力随环梁刚度变化图

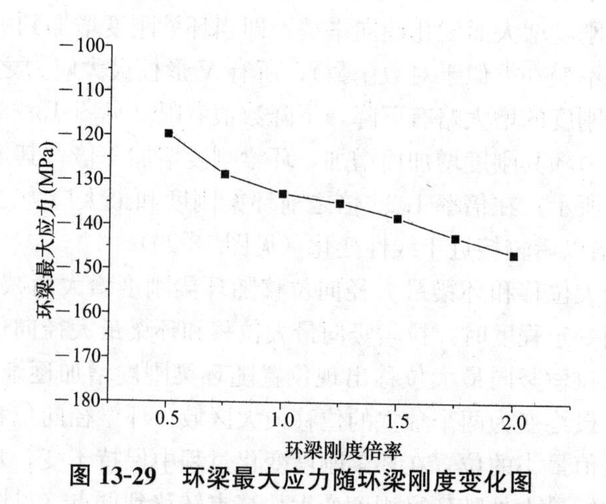

图 13-29　环梁最大应力随环梁刚度变化图

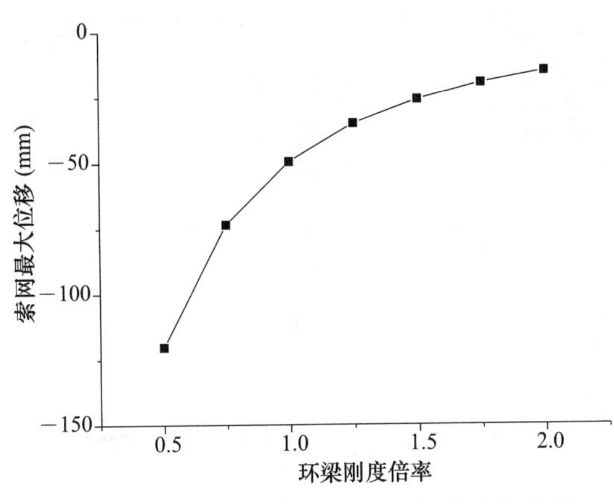

图 13-30　索网最大位移随环梁刚度变化图

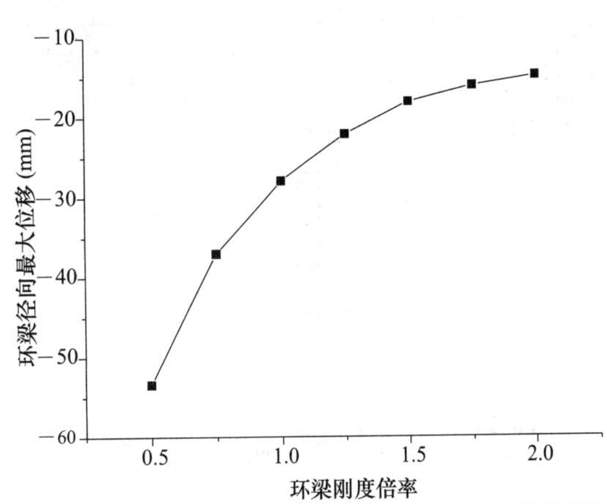

图 13-31　环梁径向最大位移随环梁刚度变化图

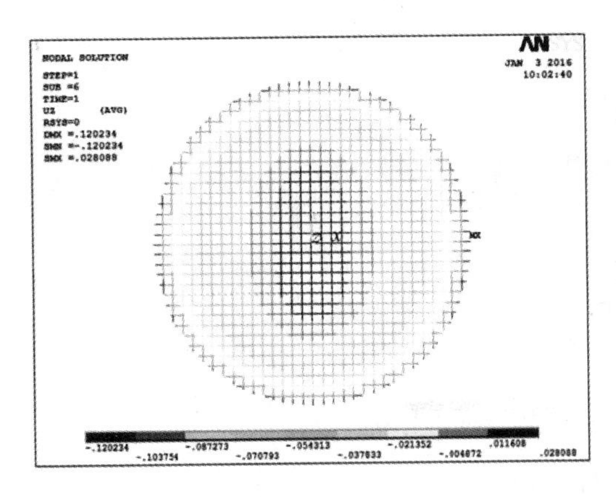

（*a*）环梁刚度倍率 0.5

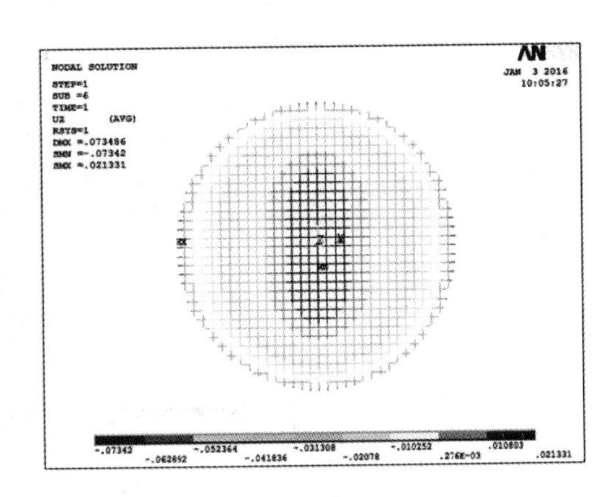

（*b*）环梁刚度倍率 0.75

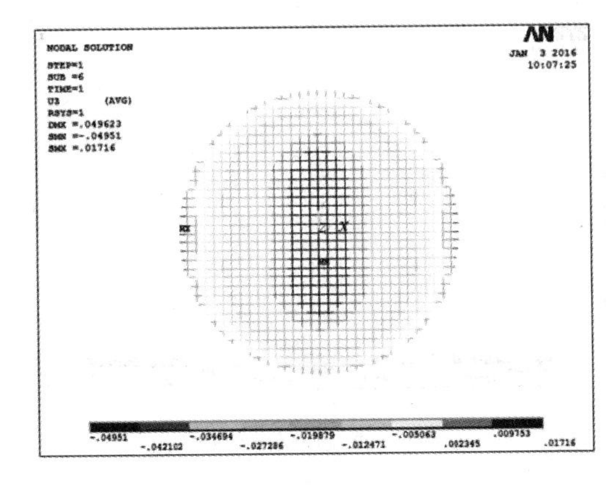

（*c*）环梁刚度倍率 1.0

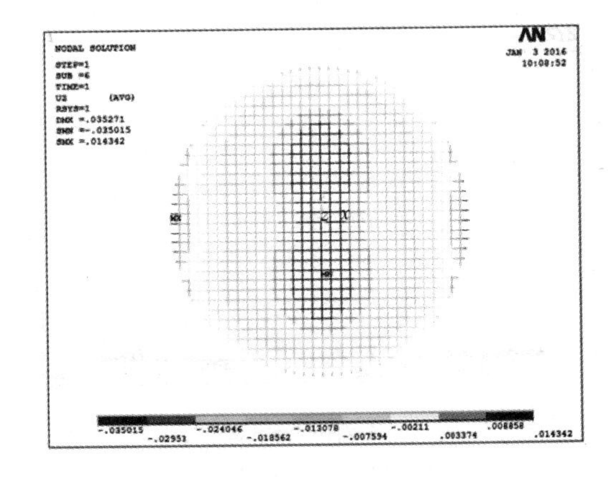

（*d*）环梁刚度倍率 1.25

图 13-32　索网竖向位移云图（单位：m）（一）

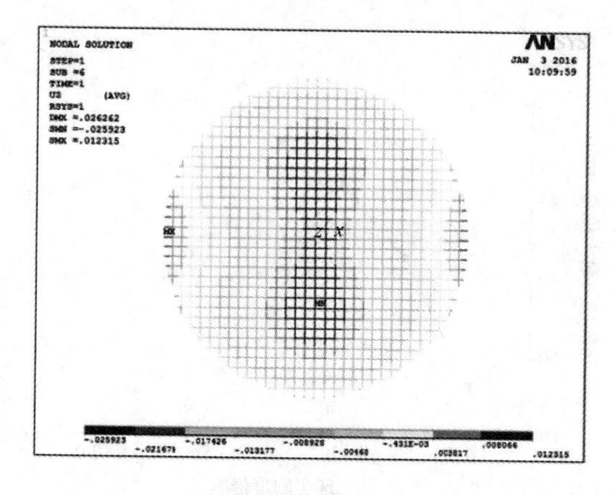

（*e*）环梁刚度倍率 1.5

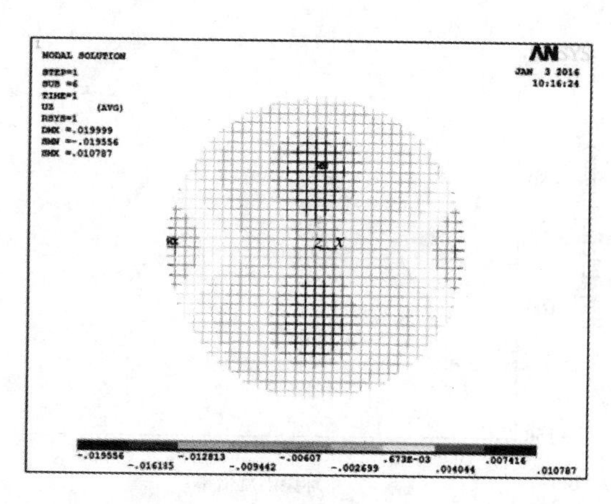

（*f*）环梁刚度倍率 1.75

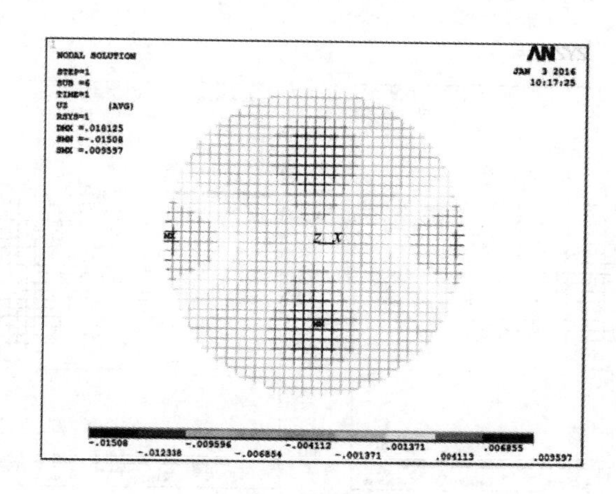

（*g*）环梁刚度倍率 2.0

图 13-32　索网竖向位移云图（单位：m）（二）

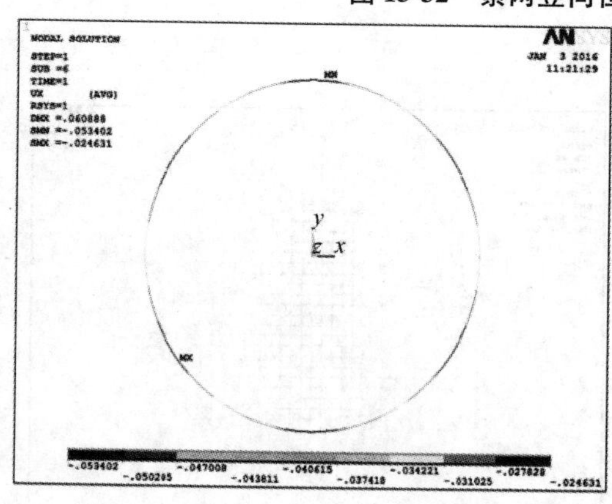

（*a*）环梁刚度倍率 0.5

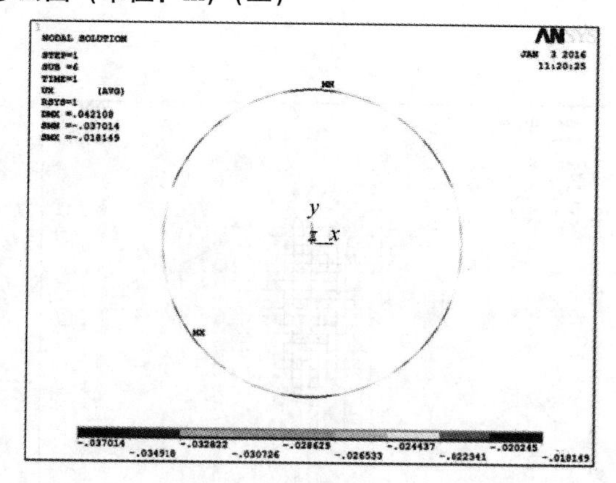

（*b*）环梁刚度倍率 0.75

图 13-33　环梁径向位移云图（单位：m）（一）

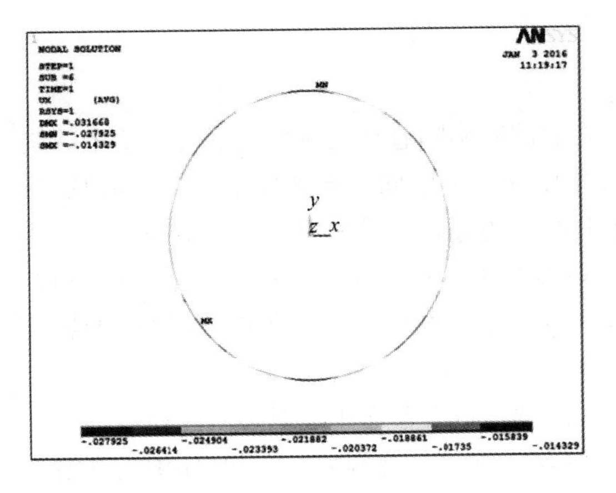

（*c*）环梁刚度倍率 1.0

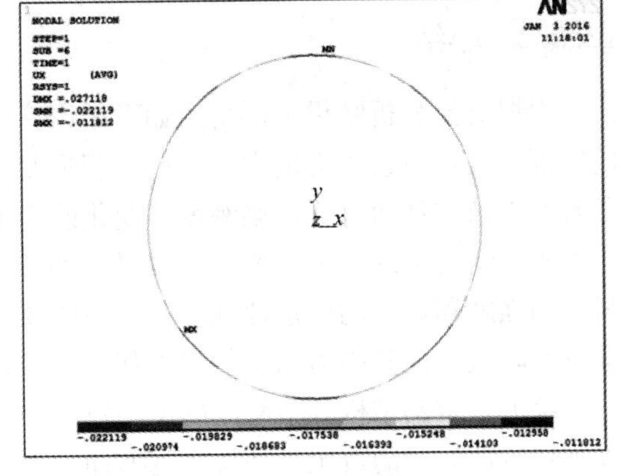

（*d*）环梁刚度倍率 1.25

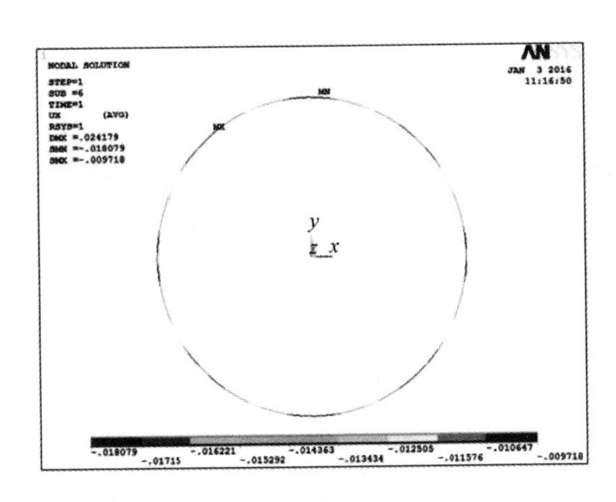

（*e*）环梁刚度倍率 1.5

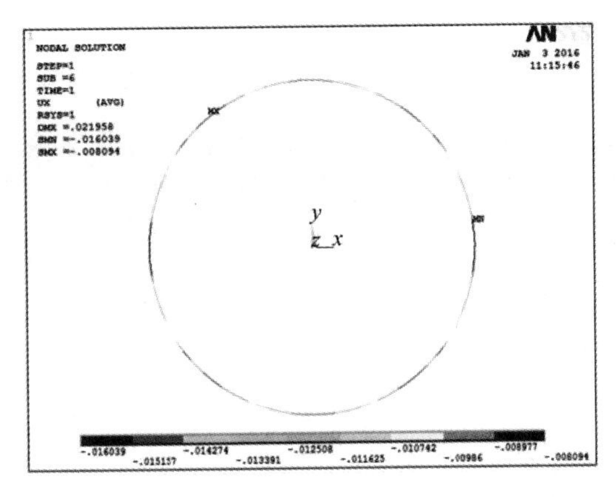

（*f*）环梁刚度倍率 1.75

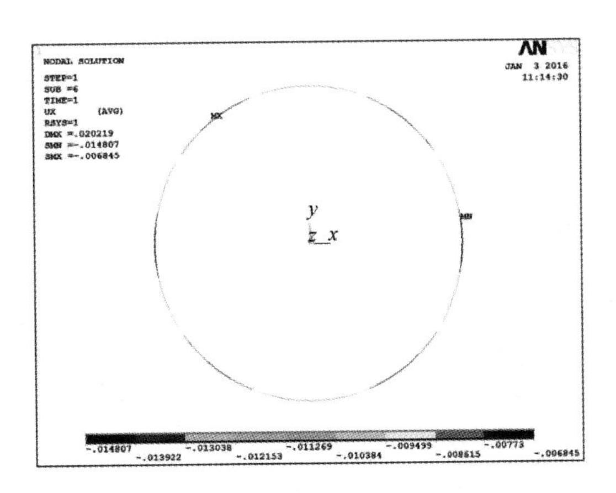

（*g*）环梁刚度倍率 2.0

图 13-33　环梁径向位移云图（单位：m）（二）

13.2.2 小结

根据对比分析结果，可得出如下结论：(1) 索网结构随着环梁刚度的提高，整个结构的刚度增大，拉索索力增大，结构在竖向荷载作用下拉索竖向变形和环梁径向变形减小；(2) 对于结构柱而言，环梁刚度的变化改变了其内力的分布，最大应力变化不一，但整体应力水平略有下降；(3) 对于环梁本身而言，刚度越大其内力越大，在刚度增加的同时，材料的强度和环梁的稳定性都会有更高的要求；(4) 环梁刚度增加对结构整体刚度的提高会逐渐降低，但其内力的增加水平却未明显地降低。

综上，索网结构环梁刚度的增加对结构整体刚度存在有益作用，但会增加环梁本身强度和稳定性方面的负担且环梁刚度增加带来的积极作用呈现下降趋势，同时环梁刚度增加还会改变整个结构的位移变化规律，故在索网设计时应综合考虑各方面因素，切忌一味提高环梁刚度。

参考文献

[1] R. B. Fuller. Tensile-integrity Structures, U. S. Patent, 3063521 [P], 1962.

[2] P. Krishna. Cable-suspended roofs. McGraw-Hill, 1978.

[3] H. M. Irvine. Cable Structures. Cambridge: The MIT Press, 1981.

[4] H. Chi Tran, J. Lee. Advanced form-finding for cable-strut structures. International Journal of Solids and Structures, 2010, 47: 14-15.

[5] HANGAIY. The oretical analysis of structures in unstable state and shape analysis of unstable structures [M] . Tokyo: [s. n.], 1991.

[6] H. LALIANI. Origins of Tensegrity: Views of emmerich, fuller and snelson [J] . Int J Space Structures, 1996, 11 (1&2): 27-55.

[7] M. R. Barnes. Form and stress engineering of tension structures, J. Structure Engineering Review, 1994, 6 (3-4), pp. 175-202.

[8] M. R. Barnes. Form finding and analysis of tension structures by dynamic relaxation, Int. J. Space Structures, 1999, 14 (2), pp. 89-104.

[9] M. Elnahas, K. Nassar. Digital Form-Finding: A Case Study in Complex Geometry [J] . Building Integration Solutions: pp. 1-7.

[10] X. Xu, Y. Luo. Force Finding of Tensegrity Systems Using Simulated Annealing Algorithm [J] . Struct. Eng. , 2010, 136 (8), 1027-1031.

[11] H. LALIANI. Origins of Tensegrity: Views of emmerich, fuller and snelson [J] . Int J Space Structures, 1996, 11 (1&2): 27-55.

[12] C. R. Calladine. Buckminster Fuller's " Tensegrity" structures and Clerk Maxwell's rules for the construction of stiff frames [J]. International Journal of Solids Structures, 1978, 14.

[13] S. Pellegrino. Structural computations with the singular value decomposition of the equilibrium matrix [J] . International Journal of Solids Structures, 1993, 30 (21): 3025-3035.

[14] S. Pellegrino. Calladine C R. Matrix analysis of statically and kinematically indeterminate frameworks [J] . International Journal of Solids Structures, 1986, 22 (4): 409-428.

[15] S. Pellegrino. Reduction of equilibrium, compatibility and flexibility matrices in the force method [J] . International Journal for numerical methods in engineering, 1992, 35: 1219-1236.

[16] S. Pellegrino. Analysis of prestressed mechanisms [J] . Journal of solids and structures, 1989, 26: 1329-1350.

[17] C. R. Calladine. Modal stiffness of pretensioned cable net [J] . Journal of solids and structures, 1982, 18: 829-846.

[18] C. R. Calladine, S. Pellegrino. First-order Infinitesimal mechanisms [J] . Int. J. Solids Structures, 1991, 27 (4): 505-515.

[19] C. R. Calladine. Modal stiffness of pretensioned cable net [J] . Journal of solids and structures, 1982, 18: 829-846.

[20] Gao Bo-qing, Weng En-hao. Sensitivity analysis of cables to suspend-dome structural system. Journal of Zhejiang University Science, 2004, 5 (9): 1045-1052.

[21] Sang-Eul Han, Kyong-Su Lee. A Study of Stabilizing Process of Unstable Structures by Dynamic Relaxation Method [J] . Computers and Structures, 2003, 81 (3): 1677-1688.

[22] Evans M., Hastings N., Peacock B.. Statistical Distributions (3rd edition) [M]. New York: Wiley, 2000: 187-188.
[23] ASCE/SEI STANDARD 19-10 Structural applications of steel cables for buildings [S]. Reston, Virginia: The American Society of Civil Engineers, 2010.
[24] HANGAIY. Theoretical analysis of structures in unstable state and shape analysis of unstable structures [M]. Tokyo: [s. n.], 1991.
[25] LALIANI H. Origins of Tensegrity: Views of emmerich, fuller and snelson [J]. Int J Space Structures, 1996, 11 (1&2): 27-55.
[26] Sang-Eul Han, Kyong-Su Lee. A Study of Stabilizing Process of Unstable Structures by Dynamic Relaxation Method [J]. Computers and Structures, 2003, 81 (3): 1677-1688.
[27] ASCE/SEI STANDARD 19-10 Structural applications of steel cables for buildings [S]. Reston, Virginia: The American Society of Civil Engineers, 2010.
[28] 董石麟，罗尧治，赵阳．新型空间结构分析、设计与施工［M］．北京：人民交通出版社，2006.
[29] 陆赐麟，尹思明，刘锡良．现代预应力钢结构（修订版）［M］．北京：人民交通出版社，2006.
[30] 沈世钊．十年来中国悬索结构的发展［C］．第六届空间结构学术会议论文集．北京：地震出版社，1996：23-29.
[31] 沈世钊．大跨空间结构的发展、回顾与展望［J］．土木工程学报，1998，31（3）：9-12.
[32] 沈世钊，徐崇宝，赵臣等．悬索结构设计［M］．北京：中国建筑工业出版社，2006. 8-10.
[33] 张其林．索和膜结构［M］．上海：同济大学出版社，2002. 1-14.
[34] 安妮特，博格勒．约格・施莱希，鲁道夫・贝格曼，等．轻型结构．北京：中国建筑工业出版社，2004.
[35] 中国钢结构协会空间结构分会，中国建筑科学研究院．CECS158：2004. 膜结构技术规程［S］．北京：中国计划出版社，2004.
[36] 中国建筑科学研究院．JGJ 257—2012. 索结构技术规程［S］．北京：中国建筑工业出版社，2012.
[37] SBP 设计事务所．上海建筑设计研究院．苏州工业园区体育中心体育场屋盖钢结构初步设计报告［R］．斯图加特：SBP 设计事务所，2014.
[38] 石开荣，郭正兴，罗斌．环形辐射状预应力张弦梁钢屋盖张拉优化［J］．东南大学学报（自然科学版），2005，(S1)：55-60.
[39] 罗斌．确定索杆系静力平衡状态的非线性动力有限元法［P］．中国：200910032743，2009.
[40] 罗斌，郭正兴．大跨度空间钢结构预应力施工技术研究与应用［J］．施工技术，2011，40：101-106.
[41] 罗斌，郭正兴，仇荣根．预应力柔性结构中拉索预张力模拟的迭代算法和无应力索长计算［J］．建筑技术，2007（2）：142-144.
[42] 王永泉．大跨度弦支穹顶结构施工关键技术与试验研究［D］．东南大学，2009.
[43] 罗斌．张拉膜结构的非线性分析和织物膜材的拉伸试验研究［D］．东南大学，2003.
[44] 王永泉，郭正兴，罗斌，等．空间预应力钢结构拉索等效预张力确定方法研究［J］．土木工程学报，2013，46（6）：53-61.
[45] 郭彦林，田广宇．索结构体系、设计原理与施工控制［M］．北京：科学出版社，2014. 179-189.
[46] 郭彦林，王小安，田广宇，等．车辐式张拉结构施工随机误差敏感性研究［J］．施工技术，2009，38（3）：35-39.
[47] 郭彦林，田广宇，王昆，等．宝安体育场车辐式屋盖结构整体模型施工张拉试验［J］．建筑结构学报，2011，32（3）：1-10.
[48] 郭彦林，江磊鑫，田广宇，等．车辐式张拉结构张拉过程模拟分析及张拉方案研究［J］．施工技术，

2009，38（3）：30-35
[49] 郭彦林，王昆，田广宇，等．车辐式张拉结构体型研究与设计［J］．建筑结构学报，2013，34（5）：1-10.
[50] 郭彦林，王昆，孙文波，等．宝安体育场结构设计关键问题研究［J］．建筑结构学报，2013，34（5）：11-19.
[51] 王昆．车辐式张拉结构的体型研究与设计［D］．北京：清华大学土木工程系，2011.
[52] 田广宇．车辐式张拉结构设计理论与施工控制关键技术研究［D］．北京：清华大学土木工程系，2012.
[53] 曹宇．深圳宝安体育场屋盖索膜结构施工监测与分析［D］．广州：华南理工大学，2011.
[54] 张莉．张拉结构形状确定理论研究［D］．上海：同济大学土木工程系，2000.
[55] 杜敬利，保宏，崔传贞，等．索网结构初始平衡状态的优化设计［J］．华南理工大学学报（自然科学版），2011，39（6）：142-147.
[56] 翁振江，单建．单层平面索网结构找形分析［J］．建筑结构，2011，41（3）：14-18.
[57] 于滨，梁存之等．深圳宝安体育场环形空间索桁屋盖张拉成形关键技术［J］．建筑结构，2011，41：799-803.
[58] 王新敏．ANSYS工程结构数值分析［M］．北京：人民交通出版社，2007.
[59] 孙文波，杨叔庸．深圳宝安体育场设计［J］．建筑结构，2007，2：99-101.
[60] 袁行飞，董石麟．索穹顶结构整体可行预应力概念及其应用［J］．土木工程学报，2001，34（2）：33-37.
[61] 孙文波，王剑文，刘永桂，等．车辐式大跨度张拉索膜结构的自振和静风作用分析［J］．工业建筑，2007，37（增刊）：672-675.
[62] 周丽君．大跨度环形空间索结构成形技术研究［D］．北京：中国建筑科学研究院，2014.
[63] 韩立峰．单层悬索结构初始形态优化研究［D］．江苏南京：东南大学，2015.
[64] 刘小聪．索网找形与静力性能计算研究［D］．四川成都：西南交通大学，2004.
[65] 孙文波，陈伟，陈汉翔．深圳宝安体育场屋盖轮辐式索膜结构设计［J］．建筑结构，2011，41（10）：47-49.
[66] 任涛，陈务军，付功义．索网张力结构初应力分析新方法及结构特性［J］．华南理工大学学报（自然科学版），2008，36（6）：25-29.
[67] 郭云．弦支穹顶结构形态分析、动力性能及静动力试验研究［D］．天津：天津大学土木工程系，2003.
[68] 汤荣伟，钱基宏，宋涛等．张拉结构找形分析理论研究进展［J］．建筑科学，2013，29（1）：107-110.
[69] 杨钦．索结构的找形及静动力性能分析［D］．黑龙江哈尔滨：哈尔滨工业大学，2009.
[70] 张建．索膜结构形态分析及自振特性的研究［D］．陕西西安：西安建筑科技大学，2007.
[71] 王洪军．大跨度悬索拱屋盖的计算和设计理论［D］．上海：同济大学，2007.
[72] 万红霞．索和膜结构形状确定理论研究［D］．湖北武汉：武汉理工大学，2004.
[73] 孔新国，罗忆，徐宁，等．索结构预应力、几何非线性和刚度关系的研究［J］．工业建筑，2002，32（2）：49-54.
[74] 李仁佩．索网结构的非线性有限元分析［D］．重庆：重庆大学，2006.
[75] 余凯．新型张拉空间结构受力性能研究与优化［D］．陕西西安：西安理工大学，2007.
[76] 邓光睿．新型张弦结构张拉及静力性能试验研究［D］．陕西西安：西安建筑科技大学，2013.
[77] 朱昊梁，孙文波，耿艳丽，等．深圳宝安体育场屋盖索膜结构设计［J］．钢结构，2009，24（125）：36-39.

[78] 王建华．索膜结构找形方法及自振特性研究［D］．江苏南京：河海大学，2005.
[79] 蔺军，董石麟，王寅大，等．大跨度索杆张力结构的预应力分布计算［J］．土木工程学报，2006，5：16-22，50.
[80] 蔺军，董石麟，袁行飞．环形平面空间索桁张力结构的预应力设计［J］．浙江大学学报（工学版），2006，40（1）：67-84.
[81] 蔺军，董石麟．大跨度索杆张力结构的预应力分布计算［J］．土木工程学报，2006，5（5）：16-22.
[82] 张峥，丁洁民，张月强，等．环形索桁结构体系构成研究及其工程应用［J］．建筑结构学报，2014，35（4）：11-19.
[83] 杨小飞．月牙形索桁架结构性能和成形关键技术研究［D］．东南大学硕士论文，2012.
[84] 张毅刚，薛素铎．大跨度空间结构［M］．北京：机械工业出版社，2005.
[85] 葛冬云，王向东．中国石油大厦主中庭钢结构索桁架整体提升施工技术［J］．建筑技术，2008，39（4）：305-307.
[86] 仇俊．轮辐式预应力索桁结构性能与施工工艺研究［D］．东南大学硕士学位论文，2005.
[87] 吴文奇，刘航．广东佛山世纪莲花体育场屋盖索网结构施工仿真分析［J］．施工技术，2008，37（5）：26-29.
[88] 于滨，梁存之．深圳宝安体育场环形空间索桁屋盖张拉成形关键技术［J］．建筑结构，2011，41（增刊）：799-803.
[89] 阚远，叶继红．索穹顶结构的找力分析方法—不平衡力迭代法［J］．应用力学学报，2006，23（2）：250-254.
[90] 刘郁馨．张拉集成体系的动力松弛法．空间结构，第3期，1998.
[91] 贡金鑫，魏巍巍．工程结构可靠度设计原理．北京：机械工业出版社，2007：103-111.
[92] 尤德清，张建华，张毅刚．支座施工误差对索穹顶结构初始预应力的影响［J］．工业建筑，2007（增刊）：1123-1127.
[93] 蒋本卫．受荷连杆机构的运动稳定性和索杆结构的索长误差效应分析［D］．浙江大学硕士论文，2008.
[94] 伍晓顺，邓华．基于动力松弛法的松弛索杆体系找形分析［J］．计算力学学报，2008，25（2）：229-236.
[95] 于彬．预应力斜拉钢结构施工成套技术研究［D］．东南大学，2009.
[96] 沈祖炎，张立新．基于非线性有限元的索穹顶施工模拟分析［J］．计算力学学报，2002，19（4）：414-419.
[97] 袁行飞，董石麟．新型索弯顶结构形式初探［J］．工业建筑，2003，增刊：222-226.
[98] 罗尧治．索杆张力体系的理论分析［D］．杭州：浙江大学，2000.
[99] 张志宏，董石麟，王文杰．索杆张拉结构的设计和施工全过程分析［J］．空间结构，2003，9（2）.
[100] 邓华，姜群峰．松弛悬索体系几何非稳定平衡状态的找形分析［J］．浙江大学学报（工学版），2004，38（11）：1455-1459.
[101] 袁行飞，董石麟．索穹顶结构施工控制反分析［J］．建筑结构学报，2001，22（2）：75-79.
[102] 罗尧治，董石麟．空间索桁结构的力学性能及其体系演变［J］．空间结构，2002，8（4）：17-21.
[103] 罗尧治，董石麟．含可动机构的杆系结构非线性力法分析［J］．固体力学学报，2002，23（3）：288-294.
[104] 袁行飞，董石麟．新型索弯顶结构形式初探［J］．工业建筑，2003，增刊：222-226.
[105] 伍晓顺，邓华．基于动力松弛法的松弛索杆体系找形分析［J］．计算力学学报，2008，25（2）：

229-236.

[106] 张丽梅，陈务军，董石麟．正态分布钢索误差对索穹顶体系初始预应力的影响［J］．空间结构，2008，14（1）：40-42.

[107] 黄呈伟，陶燕，罗小青．索穹顶的施工张拉及其模拟计算［J］．昆明理工大学学报，2000，25（1）：15-18.

[108] 张建华．索穹顶结构施工成形理论及试验研究［D］．北京工业大学，2008.

[109] 索结构技术规程．JGJ 257-2012.

[110] 欧贵兵，刘清国．概率统计及其应用［M］．北京：科学出版社，2007：48-90.

[111] 曹喜，刘锡良．张拉整体结构与富勒的结构思想［J］：第八届空间结构学术会议论文集．开封：1997.

[112] 张立新，沈祖炎．预应力索结构中的索单元数值模型［J］．空间结构：2000，6（2）：18-23.

[113] 张其林，罗晓群．索结构分析中的索单元力学模型［J］．特种结构：2006，23（3）：93-96.

[114] 陈志华．张拉整体结构的理论分析与实验研究［D］．天津：天津大学，2000.

[115] 刘郁馨．张拉集成体系的动力松弛法．空间结构，第3期，1998.

[116] 刘锡良，陈志华．一种新型空间结构—张拉整体体系．土木工程学报，第4期，1995.

[117] 钱若军，杨联萍．张力结构的分析·设计·施工．南京：东南大学出版社，2003.

[118] 张其林．索和膜结构［M］．上海：同济大学出版社，2002.

[119] 于彬．预应力斜拉钢结构施工成套技术研究［D］．东南大学，2009.

[120] 沈祖炎，张立新．基于非线性有限元的索穹顶施工模拟分析［J］．计算力学学报，2002，19（4）：414-419.

[121] 欧贵兵，刘清国．概率统计及其应用［M］．北京：科学出版社，2007：48-90.

[122] 严福生．柔性索网结构找力分析的方法研究［J］．钢结构，2011，26（5）：35-37.